普通高等教育农业农村部“十三五”规划教材
全国高等农林院校“十三五”规划教材
全国高等农业院校优秀教材
山东省普通高等教育一流教材

作物种子学

第二版

张春庆　李　岩　主编

中国农业出版社
北　京

图书在版编目（CIP）数据

作物种子学 / 张春庆，李岩主编. —2 版. —北京：中国农业出版社，2019.8（2024.6 重印）
普通高等教育农业农村部“十三五”规划教材　全国高等农林院校“十三五”规划教材
ISBN 978-7-109-25784-9

Ⅰ. ①作…　Ⅱ. ①张… ②李…　Ⅲ. ①作物育种—高等学校—教材　Ⅳ. ①S33

中国版本图书馆 CIP 数据核字（2019）第 167844 号

作物种子学　第二版
ZUOWU ZHONGZIXUE

中国农业出版社出版
地址：北京市朝阳区麦子店街 18 号楼
邮编：100125
责任编辑：李国忠　宋美仙
版式设计：杨　婧　　责任校对：巴洪菊
印刷：中农印务有限公司
版次：2010 年 4 月第 1 版　　2019 年 8 月第 2 版
印次：2024 年 6 月第 2 版北京第 3 次印刷
发行：新华书店北京发行所
开本：787mm×1092mm　1/16
印张：20.25
字数：480 千字
定价：49.50 元

第二版编者

主　编　张春庆　李　岩

副主编　黄英金　余四斌　张文明　孙爱清

编　者　（按姓氏笔画排序）

马　庆（内蒙古农业大学）
马守才（西北农林科技大学）
马金虎（山西农业大学）
孔广超（石河子大学）
孙爱清（山东农业大学）
李　岩（山东农业大学）
杨小环（山西农业大学）
杨存义（华南农业大学）
吴承来（山东农业大学）
何丽萍（云南农业大学）
佘跃辉（四川农业大学）
余四斌（华中农业大学）
张文明（安徽农业大学）
张春庆（山东农业大学）
陈燕红（山东农业大学）
季彪俊（福建农林大学）
赵林茂（山东农业大学）
黄英金（江西农业大学）
傅军如（江西农业大学）
舒英杰（安徽科技学院）

第 一 版 编 者

主　编　高荣岐　张春庆

副主编　（按姓氏笔画排序）

尹燕枰　孙庆泉　张文明　黄英金

编　者　（按姓氏笔画排序）

马　庆（内蒙古农业大学）

马守才（西北农林科技大学）

马金虎（山西农业大学）

尹燕枰（山东农业大学）

宁书菊（福建农林大学）

孙庆泉（山东农业大学）

孙爱清（山东农业大学）

时侠清（安徽科技学院）

吴承来（山东农业大学）

何丽萍（云南农业大学）

佘跃辉（四川农业大学）

张文明（安徽农业大学）

张春庆（山东农业大学）

高荣岐（山东农业大学）

黄英金（江西农业大学）

第二版前言

QIANYAN

作物种子学是适用于除种子科学与工程专业以外的其他植物生产类专业的一门专业骨干课，是研究各种植物种子特别是作物种子的生物学特性、加工贮藏和质量检验的理论与技术，为农业生产和种子产业服务的一门应用科学。作物种子学涉及种子形态学、种子生理学、种子发育学、种子生态学等相关基础知识，以及种子生产、种子加工、种子贮藏、种子检验等相关技术的理论，可为提高种子品质、保证品种增产潜力的发挥提供有效的科技支撑。

1876 年 F. Nobbe 出版《种子学手册》一书，标志着种子学作为一门独立学科的诞生。种子学作为作物种子学的重要基础，它的发展只有 140 多年的历史，主要经历了从形态研究到生理生化研究，再到遗传和分子机制研究的发展历程。进入 21 世纪，随着生命科学的快速发展，种子生物学、种子加工贮藏理论和技术、种子检验的理论和技术都得到了迅速发展。《作物种子学》于 2009 年出版后，得到众多院校使用，深受师生欢迎。但是该教材出版已近 10 年，其中部分内容已显陈旧，大家在使用中也提出了一些宝贵的修改建议，促成了我们对该书进行修订。

全书基本保持了第一版的结构，其中种子生物学部分 6 章，种子加工与贮藏部分 3 章，种子检验部分 3 章。在第一版的基础上，第 3 章增加分子生物学及组学方面的进展；第 4 章改为种子休眠及其释放，增加了种子休眠的调控机制；第 5 章增加了种子活力形成机制；第 6 章增加了近几年与种子萌发相关的分子生物学及组学方面的进展；第 11 章种子纯度测定和种子健康测定部分变动较大，主要介绍了分子检测的相关技术。

本书注重理论知识与应用技术的密切结合，所举实例广泛涉及农作物、蔬菜、林木、果树、花卉、牧草等多种植物种子，内容系统、新颖，除作为高等院校植物生产类专业学生的教材外，亦可作为种子工作者、农业科技人员、农业管理者的参考书。希望本书的修订出版能促进作物种子学的发展。不当之处，恳请广大读者批评指正。

编　者

2019 年 5 月

第一版前言

QIANYAN

作物种子学是适用于除种子科学与工程专业以外的其他植物生产类专业的一门专业骨干课，是研究各种植物种子特别是作物种子的生物学特性、加工贮藏和质量检验的理论与技术，为农业生产和种子产业服务的一门应用科学。

面对粮食安全问题，世界各国都在积极采取措施。我国是农业大国，也是人口大国，长期以来一直承受着人口持续增长、耕地不断减少、水资源紧缺等多重压力，资源安全形势严峻。在此形势下，提高单产是解决我国粮食安全问题的重要途径。在影响产量的诸多因素中，品种改良是经济有效的途径。作物种子学将为提高种子质量、保证品种增产潜力的发挥提供有效的科技支撑。

作物种子学是一门比较年轻的科学。1876 年 F. Nobbe 出版《种子学手册》一书，标志着种子学作为一门独立科学诞生。种子学作为作物种子学的重要基础，它的发展仅有 120 余年的历史。近 20 年来，随着生命科学的快速发展，种子生物学、种子加工贮藏理论和技术、种子检验的理论和技术都得到了迅速发展。为了满足植物生产类专业人才培养的需求，在 1995 年版《作物种子学》（高荣岐、张春庆，中国科学技术出版社）的基础上，山东农业大学联合安徽农业大学、江西农业大学、山西农业大学、内蒙古农业大学、福建农林大学、西北农林科技大学、云南农业大学、四川农业大学等高等学校从事作物种子学教学的老师编写了本教材。全书分为 12 章，其中种子生物学部分 6 章，分为种子的形态构造与机能，种子的化学成分，种子的形成发育和成熟，种子休眠，种子的活力、劣变和寿命，种子萌发；种子加工与贮藏部分 3 章，分为种子的物理特性，种子加工原理与技术，种子贮藏原理与技术；种子检验部分 3 章，分为种子检验与扦样，种子质量的室内检验，田间检验与种子纯度的种植鉴定。

本教材注重理论知识与应用技术的密切结合，所举实例广泛涉及农作物、蔬菜、林木、果树、花卉、牧草等多种植物种子，内容系统、新颖，除可作为高等农林院校植物生产类专业学生的教材外，亦可作为种子工作者、农业科技人员、农业管理者的参考书。希望本教材的出版能促进作物种子学的发展。不当之处，恳请广大读者批评指正。

编　者

2009 年 12 月

目录

MULU

绪　论

种子是植物界长期进化的产物，是种子植物个体发育的一个阶段。它是遗传信息的携带者，肩负着植物世代繁衍的使命。种子是农业最基本的生产资料，对人类的生存、发展及进步起着极其重要的作用。

0.1　种子的含义

种子通常具有两种定义，一种是植物学上所指的狭义的种子，另一种是农业生产上所指的广义的种子。《中华人民共和国种子法》中所定义的种子，仅限于农作物和林木的种植材料或者繁殖材料。

在植物学上，种子是指由胚珠发育而成的繁殖器官。它不包含花器的其他组织发育来的部分，若由子房发育而来，则称为果实。在农业生产上，种子泛指播种材料，即凡是用作播种材料的植物器官，统称为广义的种子。广义的种子多种多样，可分为真种子、类似种子的果实、营养器官和人工种子 4 大类。

(1) 真种子　真种子就是植物学上所定义的种子，整个籽粒由受精的胚珠发育而成。生产上常见的真种子有多数豆类、十字花科、瓜类、棉花、烟草、蓖麻、黄麻、茄子、番茄、辣椒、葱类、柑橘、茶、苹果、梨、银杏、松、柏等植物的种子。

(2) 类似种子的果实　类似种子的果实即植物学上定义的许多干果，由子房发育而来，有的还附有花器的其他部分发育而成的附属物如稃壳、花萼等。常见的类似种子的果实有颖果（例如小麦、玉米等）、假颖果（例如水稻、大麦等）、瘦果（例如向日葵、大麻、苎麻、莴苣等）、坚果（例如板栗、核桃、甜菜、菠菜等）、核果（例如桃、李、杏、杨梅、枣等）、悬果（例如胡萝卜、芹菜等）。

(3) 营养器官　营养器官是指繁殖器官以外的植物器官。生产上常见的用于繁殖的营养器官有甘薯和山药的块根、马铃薯和菊芋的块茎、洋葱和大蒜的鳞茎、芋艿和荸荠的球茎、莲和竹子的地下茎、甘蔗的地上茎、苎麻的吸枝等。利用这些营养器官作播种材料是因为它们具有比种子更方便、简单且产量高的优点，个别的则为常规生产上难以产生种子。

(4) 人工种子　人工种子是随着农业科学技术的发展而产生的新类型，是指把通过组织培养产生的胚状体或芽包裹在胶囊中，使其外观、结构、功能类似天然种子，用于播种或流通。严格地说，人工种子仍属于营养繁殖的范畴，但它利用的不是某些天然器官而是人工制成的繁殖单位。

0.2　作物种子学的内容

作物种子学是研究各种作物种子的特征、特性和生命活动规律，并将其应用于种子的加工、贮藏、检验等方面，为农业生产服务的一门应用科学。作物种子学包括种子学的基础理论部分即种子科学（seed science）和应用技术部分即种子技术（seed technology）。种子科学部分即种子生物学，它包括种子形态学、种子生理学、种子发育学、种子生态学等内容，在细胞、亚细胞和分子水平上系统阐述种子的解剖结构、显微结构、超微结构、化学组成；分析形态结构、化学成分在种子发育、成熟、萌发、劣变等生命历程中的功能、变化；探讨生态环境因素对种子生长、发育、成熟、休眠、衰老、萌发等影响的生理生化机制，以及以上过程中的基因表达与调控。种子技术部分则以种子科学的理论指导种子加工、种子贮藏、种子检验等技术的开发研究及应用。

作物种子学是一门综合性很强的科学，其内容广泛涉及植物学、植物生理学、生物化学、细胞生物学、分子生物学、生物物理学、生物统计学、农业气象学、农业生态学、植物遗传学、植物育种学、植物栽培学等。要想很好地学好作物种子学这门课程，就必须加强以上各方面的理论与技术学习，坚持理论学习与实验相结合，勤于思考，勇于探索。

0.3　作物种子学的发展

种子学是一门较为年轻的科学，到目前只不过百余年的历史。但关于种子的研究已经有几千年乃至上万年的历史。种子科学的发展历史可以划分为以下 4 个阶段。

（1）18 世纪前　这是古代种子科学知识经验积累阶段，其特点是以作物生产和安全贮藏为重点的零散知识。自从人类定居下来，就开始种子的利用、生产和研究。我国作为世界四大文明古国之一，农业已有几千年的历史，有关种子方面的知识也极为丰富，例如西汉氾胜之的《氾胜之书》、北魏末年贾思勰的《齐民要术》、唐代韩鄂的《四时纂要》、元代王祯的《王祯农书》、明代徐光启的《农政全书》等均有关于种子贮藏、生产或处理等方面的知识。例如《齐民要术》引用《杂阴阳书》中的记载："禾生于枣或杨，九十日秀，秀后六十日成。黍生于榆，六十日秀，秀后四十日成……稻生于柳或杨，八十日秀，秀后七十日成。"详细记述了多种作物从播种到开花抽穗再到成熟所需的时间。元代娄元礼《田家五行》（14 世纪）记载了水分对种子发育的影响："稻秀雨浇""将秀之时，得雨则堂肚大，谷穗长；秀实之时，得雨则米粒圆，见收数"。《陈旉农书》（1149）载："然肥沃之过，或苗茂而实不坚……"论述了肥力对种子发育的影响。《氾胜之书》载："著三实，以马箠其心，勿令蔓延；多实，实细。"这是用物理调控果实数量的办法来确保种子的质量，同时也是我国古代打顶摘心的最早记载。该书还记载了作物的后熟现象及适时早收的好处："获豆之法，荚黑而茎苍，辄收无疑。其实将落，反失之。故曰：豆熟于场，于场获豆，即青荚在上，黑荚在下"以及关于贮藏的方法："种，伤湿、郁，热则生虫也""取干艾杂藏之，麦一石，艾一把，藏以瓦器竹器”。《齐民要术》载：“蒿艾箪盛之，良；以艾蒿闭窖埋之亦佳”。

古希腊诗人赫西奥德（Hesiod）（可能生于公元前 8 世纪）在他的 *Works and Days* 中，介绍了何时收获和耕种，以及如何播种，收获和碾碎谷物。Theophrastus（公元前 372—前 287）可以被称为最早的种子生理学家，他的著作涉及形态学、解剖学、系统学、生理学、生药学、农业与应用植物学等方面。Morton（1981）在他的《植物科学史》中，称 Theophrastus 为“植物学创始人”。当然，这些知识都是零散的，离一门系统学科的建立还差得很远。接下来的 1 700 年（公元 1 世纪到 17 世纪末），种子科学在西方几乎是空白期（Johansen，1951）。

（2）19 世纪　这是种子学科的创立阶段。19 世纪中叶，欧洲农业发展迅速，种子贸易逐渐增多，一些不法商贩为了经济利益以次充好，以假充真。在此情况下，F. Nobbe 在德国的萨兰德主持建立了国际上第一个种子试验站，并做了大量研究工作，于 1876 年出版了《种子学手册》一书。该书的出版标志着种子学的创立，因此种子学是一门只有百余年历史的年轻学科。在此前后，许多科学家对种子科学的发展也做出了重大贡献。在种子形成和发育方面，Sachs（1865，1868，1887，1895）对种子成熟过程中营养物质积累进行了研究；Nawashin（1898）对被子植物双受精进行了研究。在种子寿命方面，Haberlandt（1874）进行了大量研究。在种子萌发方面，Wiesner（1894）对萌发抑制物质进行了研究；Cieslar（1883）就光对发芽的影响进行了研究；关于温度对发芽的影响的知识主要来自 Sachs（1860，1862）、de Vries 和 Haberlandt 的研究。Sachs 定义了温度三基点，并了解了淀粉酶、纤维素和蛋白分解在发芽过程中发挥作用，他因此而被称为现代种子生理学（和现代植物生理学）之父。光的影响来自 Caspary、Cieslar、Heinricher 和 Kinzel 的研究。光谱的作用首先由 Cieslar、Hint 和 McAllister 研究，Borthwick 等最先发现了光对萌发（以及许多其他生理现象）的作用，以及红光-远红光（R-FR）可逆系统，之后导致光敏色素的发现。19 世纪末 20 世纪初，出现了大量关于种子发芽的研究报道。Caspary（1860）报道了刺激效应，Heinricher（1903）指出了光的抑制作用。Lehmann（1871）研究了种子大小与发芽和幼苗活力之间的关系。Liebenberg（1884）描述了变温的影响。1880 年 Detmer 编写了《种子萌发的比较生理学》。Nobbe（1876）在他的《种子学手册》中提供了关于种子及其生理学的丰富信息，详细介绍了种皮不透水性。在种子活力方面，除 Nobbe（1876）在《种子学手册》中提到种子发芽过程中存在着发芽强度（shooting strength）或驱动力（driving force）的差异外，Churchill（1890）研究了大豆的大粒种子和小粒种子出苗和生长的差异；Hays（1896）、Hicks 和 Dabney（1897）等研究表明大粒饱满的种子在种子生产上具有优势。这些都是有关活力的早期研究。在种子处理方面，Tillet（1755）最早利用石灰和盐进行种子处理试验；Schulthess（1761）、Tesier（1779）、Prevost（1807）和 Kühn（1873）等利用硫酸铜防治小麦黑穗病和腥黑穗病。Geuther（1895）、Bolley（1897）则利用甲醛水溶液防治以上两种病害。总之，19 世纪的种子学在各个方面都有了一定程度的发展。19 世纪的植物学家花了约 80 年的时间，对从胚珠形成（Treviranus，1815）到授粉（Strasburger，1884）和双受精（Guignard，1899；Nawashin，1898）等方面进行了较系统的研究。从 Dutrochet（1837）开始，许多 19 世纪的植物学家认识到解剖结构和种子传播之间的关系（Ascherson，1892；Eichholz，1886；Hildebrand，1872，1873；Steinbrinck，1873，1878，1883，1891）。

（3）20 世纪　这是种子科学研究处于以生理生化为手段的发展时期。这个时期对种子的萌发生理、休眠生理、贮藏生理、生活力与活力、劣变与寿命、种子生产加工等方面进行了较为系统的研究。Atterberg（1899，1900）和 Gassner（1910，1918）证明高温和（或）低温处理加速成熟种子的休眠释放。Wiesner（1894）提到了内源性发芽抑制剂。Gassner（1910）和 Kinzel（1912—1928）进一步研究了光照和温度对种子萌发的相互作用。莱曼（1909）发现硝酸盐（例如硝酸钾）能刺激发芽，Thompson 和 Kosar（1939）发现硫脲有类似作用。Lehmann（1913）提出酶参与发芽的光效应。作为发芽抑制剂的香豆素首先由 Siegmund（1914）提及。Sperlich（1919）报道了 *Alectorolophus* 萌发的内生年度节律。有些植物种子成熟后需要干燥、高温后熟（Naylor 和 Simpson 1961；Quail 和 Carter 1969），有些需要低温层积（Bazzaz，1970；Koornneef 和 Karssen，1994；Born，1971），Harper（1959）把不发芽的种子称为休眠种子。Nikolaeva（1969）对休眠种子进行了分类。后来，Bewley 和 Black（1994）、Hilhorst（1995）也进行了分类。生理休眠的发生，被认为是由生长抑制物质和促进物质的平衡控制的（Amen，1968）。Khan 和 Waters（1969）提出了激素作用的三因子模式。环境因素（例如温度、光照和氧气）被认为通过引起抑制剂和促进剂之间平衡的变化来影响发芽。根据拟南芥突变体研究得出，发芽的抑制和促进归因于脱落酸（ABA）和赤霉素（GA）之间的平衡（Hilhorst 和 Karssen，1992；Koornneef 和 van der Veen，1980；Karssen 和 Lacka，1986）。由于发芽结果和田间出苗率的差异，Hiltner 和 Ihssen（1911）提出了驱动力（driving force）和出苗强度（shooting strength）的概念，1950 年国际种子检验协会（ISTA）正式使用活力的概念（vigor）。Isely（1957）、Delouche 和 Caldwell（1960）、Perry（1973）分别对活力的概念进行了定义，1977 年国际种子检验协会提出了活力的概念，一系列活力测定方法得到建立。

1931 年，在荷兰阿姆斯特丹召开的第六次国际种子检验大会上，颁布了第一个《国际种子检验规程》。品种纯度和种子活力测定是检测技术研究中最为活跃的部分。种子活力测定中，抗冷测定被认为是最古老的活力测定方法，也是美国最受欢迎的种子活力评估方法（Dickson 和 Holbert，1926）。幼苗分级法在大豆、棉花、玉米等种子活力测定中得到应用（Woodstock，1976；McDonald，1977）。Crocker 和 Groves（1915）最早用加速老化法预测种子的相对耐贮性，后来被 Delouche 和 Baskin（1973）等改进用于种子活力测定，目前的方法是由 McDonald 和 Phannendranath（1978）开发的。电导率（electricity conductivity，EC）试验的原理最早由 Fick 和 Hibbard（1925）提出，由 Matthews 和 Bradnock（1967）用于种子活力测定。南斯拉夫的 Turina（1922）和俄罗斯的 Neljubow（1925）首次成功地用四唑染色测定种子生活力。1950 年，Lakon 提出用四唑染色测定种子活力。Moore（1962）、Edie 和 Burris（1970）、Pederson 等（1993）提出了基于种苗生长的活力评价体系，Maguire（1962）提出了最常用的统计方法。Matthews 和 Powell（2011）建立了快速的胚根计数（radical emergence，RE）活力测定方法。

Haberlandt（1874）进行了第一个种子寿命试验，随后是 Beal，他著名的长期试验始于 1879 年，长达 100 年。Beal 之后，de Vries（1891）和 Burgerstein（1896）也进行了种子寿命试验。后来，Mayer 和 Poljakoff-Mayber（1982）总结了这些试验。后来众多的研究者发现，贮藏条件（例如温度、湿度、空气组成等）对种子寿命有重要的影响。1972 年，Roberts 使用统计学的方法推导出了著名的种子生命力方程，更加科学地表述了种子含水量、贮藏温度和种子生命力三者的数量关系。并在此基础上，于 1973 年提出了正常型种子和顽拗型种子的概念。1991 年，Ellis、Hong 和 Roberts 一起又定义了一种新的种子贮藏类型——中间型种子（intermediate seed），形成了基于种子贮藏行为的种子分类系统。

自 Nobbe（1876）出版《种子学手册》后，一批有关种子的书籍应运而生，如 1934 年日本近藤万太郎的《农林种子学》，对种子界的影响很大，还有 20 世纪中叶 Crocker 和 Barton 的《种子生理学》，苏联柯兹米娜的《种子学》、什马尔科的《种子贮藏原理》、菲尔索娃的《种子检验和研究方法》等。在种子研究方面，有关种子形成发育、种子休眠、种子寿命、种子活力、种子劣变、种子加工、种子贮藏、种子处理、种子萌发等方面的报道不胜枚举，使种子科学的研究从群体到个体，从细胞水平到分子水平，都出现了许多重大突破。但在种子的休眠、后熟、活力、劣变等方面仍有大量理论问题尚待探讨，需要更多的科学工作者投身到种子科学的研究中去。

（4）21 世纪 这是种子科学进入以分子生物学为手段的快速发展时期。生物技术的发展，特别是一些物种基因测序的完成，以及表观遗传学的研究，推动了种子生物学方面的快速发展。拟南芥是第一个基因测序的植物，在解决基础生物学的基本问题上发挥了关键作用。

种子对环境信号（例如光和温度）响应的分子机制已经得到很好的研究（Bae 和 Choi，2008；Toh 等，2008；Seo 等，2009；Lim 等，2013；Barrero 等，2014；Lee 和 Choi，2017）。另一个对种子萌发至关重要的环境信号是土壤成分。硝酸盐是土壤环境中的一个主要信号（Bewley 等，2013），对于种子感知周围环境、成功地萌发和形态建成发挥重要作用。种子萌发对硝酸盐的响应是众所周知的，然而就休眠释放而言，种子中硝酸盐响应性基因表达的机制尚不清楚。在 *NITRITE REDUCTASE 1*（*NIR1*）的启动子区域（Konishi 和 Yanagisawa，2010）中鉴定出了硝酸盐应答性顺式元件（NRE）。含有 NRE 的启动子能够以硝酸盐依赖的方式进行有效的基因诱导（Konishi 和 Yanagisawa，2010）。

在拟南芥种子中，硝酸盐通过上调脱落酸分解代谢基因 *CYP707A2*（Matakiadis 等，2009；Kushiro 等，2004）来降低吸胀期间的脱落酸水平。种子生物学研究取得了突破性进展，揭示了 *NLP8* 在吸胀阶段Ⅰ的非常狭窄的窗口中表达，并直接与 *CYP707A2* 启动子区域的 NRE 结合诱导其表达（Yan 等，2016）。这是一个重要的发现，因为脱落酸代谢是种子发芽的主要决定因素，因此鉴定其上游调节子对于解析种子休眠的核心机制是必不可少的。除脱落酸代谢以外的因素，例如 *DELAY OF GERMINATION 1*（*DOG1*）（Bentsink 等，2006），对于种子休眠机制也是至关重要的。一个重要的生物学问题是：脱落酸生物合成和分解代谢基因的“命运”在早期吸胀时在休眠或非休眠种子中如何确定和改变？鉴定 NLP8 作为 *CYP707A2* 的直接调控者，至少部分地解决了种子休眠和萌发研究中的这个重要问题。此外，揭示 NLP8 作为硝酸盐与脱落酸代谢之间的直接联系也是朝着更好地理解土壤环境信号如何转化为种子中的激素生物学前进了重要一步。

硝酸盐可以产生一氧化氮（NO），这也会刺激 *CYP707A2* 的表达（Liu 等，2009；Arc 等，2013）导致种子萌发（Bethke 等，2004，2007，2011）。一氧化氮靶向脱落酸信号转导的主要调节因子基因 *ABA INSENSITIVE 5*（*ABI5*），说明一氧化氮和脱落酸途径之间存在相互影响。一氧化氮通过 N 末端规则途径（Gibbs 等，2014，2015）调节Ⅶ族乙烯反应因子（ERFⅦ），负调节 *ABI5* 的表达。N 末端规则途径是泛素依赖的蛋白水解途径，其中蛋白质的N末端残基充当降解信号（N-degron）并确定蛋白质的半衰期（Bachmair等，1986；Tasaki和Kwon，2007；Tasaki等，2012）。一氧化氮通过N末端规则和26S蛋白酶体途径使作为*ABI5*上游调节剂的ERFⅦ去稳定，从而抑制*ABI5*表达（Gibbs等，2014，2015）。在这种情况下，一氧化氮在转录水平调节*ABI5*，间接通过ERFⅦ调节*ABI5*。相比之下，一个新的途径，其中一氧化氮直接影响ABI5蛋白的稳定性，已被确定。

种子中的激素水平主要由其生物合成和分解代谢两方面决定。另一个可能显著影响种子中激素反应的关键因素是激素及其前体在种子不同组织之间的转运。种子中激素转运领域的研究有几项重要突破。拟南芥ATP结合盒（ABC）转运蛋白G家族成员25（AtABCG25）是一种质膜定位的脱落酸转运蛋白，负责脱落酸从维管束中运出，而AtABCG40负责将脱落酸导入保卫细胞（Kang等，2010；Kuromori等，2010，2014），它们对于脱落酸在植物体内的转运非常重要。AtABCG30和AtABCG31同样具有脱落酸运进和运出作用。AtABCG31和AtABCG25主要定位在拟南芥种子的胚乳中，而AtABCG30和AtABCG40主要定位在胚中，表明在胚乳中产生的脱落酸被运送到胚中并在胚中发挥作用（Kang等，2015）。

胚乳和成熟种子中的胚的细胞不是直接连接的，而是由空间间隔分开的。因此胚乳细胞可能只是分泌脱落酸，然后通过被动扩散到达胚。尚不知道吸胀种子的胚芽中的脱落酸载入是否通过特定细胞（例如与胚乳或内层相邻的表皮细胞），也不知道从胚乳输出的脱落酸与胚本身产生的脱落酸是否有不同的作用。种子ABCG转运的研究结果表明，胚乳和胚之间脱落酸的转运是主动运输，是解释种子休眠和萌发的新进展。

除了来自NITRATE TRANSPORTER 1/肽转运蛋白（NRT1/PTR）家族（NPF）（Leran等，2014）的脱落酸转运蛋白ABCG外，还有一种不同类型的脱落酸转运蛋白。鉴定为低亲和力硝酸盐转运蛋白NRT1.2的拟南芥NPF4.6（AtNPF4.6）被鉴定为脱落酸转运蛋白1（ABA IMPORTING TRANSPORTER1，AIT1）（Kanno等，2012）。并确定AIT1（和其他AIT）为高亲和力、质膜定位的脱落酸转运蛋白。

有关赤霉素（GA）转运蛋白的信息也正在出现。一些赤霉素生物合成基因在拟南芥种子的胚轴的不同组织中表达（Yamaguchi等，2001）。禾谷类胚分泌的赤霉素进入糊粉层，进而刺激淀粉酶基因的表达（Jones和Armstrong，1971）。在拟南芥中发现了赤霉素转运蛋白NPF3，*NPF3*基因主要在根部表达，其表达被赤霉素抑制并由脱落酸促进（Tal等，2016）。有趣的是，NPF3也可以作为脱落酸运入载体，即赤霉素和脱落酸在转运水平上相互拮抗（Tal等，2016），而且在代谢和信号转导水平上也存在拮抗作用（Seo等，2009）。这一有趣的机制为种子赤霉素-脱落酸（GA-ABA）拮抗作用增加了一个新的维度。

发芽过程胚中活性赤霉素的产生位点可能是内皮层（和皮层），因为催化非活性赤霉素（GA_{20}和GA_9）最终转化为活性形式（GA_1和GA_4）的关键基因*GA3ox1*和*GA3ox2*的mRNA在内皮层（和皮层）中被检测到（Yamaguchi等，2001）。研究NPF3和其他赤霉素转运蛋白在种皮破裂前吸胀种子的胚轴（和胚乳）中的定位非常有意义。关于种子不同组织中所有脱落酸和赤霉素代谢酶和转运蛋白的定位信息将清楚地描述种子休眠和萌发过程中的激素产生、转运及其拮抗作用。

表观遗传在解释种子萌发和休眠方面的研究进展迅速。种子萌发过程中重要的赤霉素诱导基因被DELLA抑制，进而抑制种子萌发（Cao等，2006）。通过受体感受赤霉素及其与DELLA的相互作用，阻遏蛋白被泛素化并经26S蛋白酶体途径降解或失活（McGinnis等，

2003；Dill 等，2004；Uguchi-Tanaka 等，2005，2007）。在这种情况下，翻译后水平的抑制和去抑制在种子从休眠状态向萌发状态的转变中起重要作用。在转录水平上，小 RNA 对特定转录因子的抑制作用也已经在种子发芽的激素调节中得到证实（Liu 等，2007；Reyes 和 Chua，2007；Nonogaki，2010）。

种子休眠本身是一种抑制机制，它防止成熟的种子在不利于发芽的条件下发芽（Bewley 等，2013）。通过染色质重塑抑制主要休眠基因（例如 *DOG1*、*ABI3*）的表观遗传机制，例如组蛋白和 PRC2 和 KRYPTONITE（KYP）途径的 DNA 甲基化（Nonogaki，2014）。虽然更多研究强化了 PRC2 和 KYP 参与 *DOG1* 调控的猜测（Footitt 等，2015）。然而，*DOG1* 和 *ABI3* 沉默的 PRC2 和 KYP 途径的详细机制仍然未知。

关于 *DOG1* 表达调控机制的研究解释了种子休眠基因如何被抑制。首次鉴定 *DOG1* 基因时，报道了几种剪接变体的存在（Bentsink 等，2006）。进一步的分析提供了关于产生 3 种不同蛋白质的 5 种转录本变体（α、β、γ、δ 和 ε）的更详细的信息（Nakabayashi 等，2015）。其中，DOG1-ε 是发育中的拟南芥种子中的主要形式（尽管 DOG1-ε 不完全是剪接变体）（Nakabayashi 等，2015）。可以推测，选择性剪接导致蛋白质的功能差异，包括其亚细胞定位和施加休眠的可能性。然而，所有这 3 种蛋白质都被转运到细胞核（Nakabayashi 等，2015），这对 DOG1 作为调控蛋白的功能至关重要（Nakabayashi 等，2012）。过表达分析表明，所有 3 种同工类型在种子休眠诱导方面均有功能，但当共表达时它们更稳定。在蛋白质复合体中，DOG1 以同源二聚体行使功能（Nakabayashi 等，2015）。因此，异二聚体的形成难以解释 DOG1 蛋白为什么会更稳定。DOG1 亚型共表达对其稳定性产生积极作用的机制尚不清楚。

组蛋白 H3 第 9 位和第 18 位的赖氨酸（H3K9/18）去乙酰化抑制基因表达，在通过赤霉素、乙烯和脱落酸途径调节种子萌发中起关键作用（Nonogaki，2014）。HISTONE DEACETYLASE 2B（HD2B）通过抑制赤霉素分解代谢基因 *GA2ox2* 和（间接）增强 *GA3ox1* 和 *GA3ox2* 促进种子中赤霉素的积累（Yano 等，2013）。相反，组蛋白去乙酰化酶（HDAC）复合物中的 SWI-INDEPENDENT3（SIN3）-LIKEs（SNLs）通过抑制乙烯生物合成基因 1-氨基环丙烷-1-羧酸酯氧化酶基因（*ACOs*）而降低种子中的乙烯水平，从而抑制发芽（Wang 等，2013）。SNLs 对萌发的抑制也是通过抑制脱落酸分解代谢基因 *CYP707A1* 和 *CYP707A2*，导致种子中脱落酸积累的结果（Wang 等，2013）。SNLs 也通过生长素途径对萌发产生负面影响。SNL1 和 SNL2 通过 H3K9/18 去乙酰化抑制 AUXIN RESISTANT 1（AUX1）（Wang 等，2016）。AUX1 被认为是通过合成和分配胚根中的生长素来影响萌发的（Wang 等，2016）。AUX1 通过激活在萌发中起作用的 D 型细胞周期蛋白 CYCDs（Wang 等，2016），对发芽速度起着重要作用（Masubelele 等，2005）。AUX1 作为转运蛋白在种子中的功能仍有待进一步研究。然而，SNL-AUX1 研究已经对种子的表观遗传学和激素转运的认识产生了双重影响。种子活力，包括发芽速度，是农业种子品质的重要表现。表观遗传学调控种子萌发的组蛋白与乙酰化酶结合因子（SNL）类型可能受到种子生产条件的影响，并作为种子的“记忆”，可能是种子活力的重要组成部分。因此这个领域的研究也应该扩大到种子生物学的应用方面。

种子发育、休眠和萌发不同阶段的蛋白质分析提供了关于这些过程的生物化学的宝贵信息。例如蛋白质组分析揭示了种子萌发过程中蛋白质合成的重要性（Rajjou 等，2004），以及涉及种子活力和寿命的因素（Rajjou 等，2008），而代谢组分析显示代谢开关（合成与分解过程的转换）是种子成熟和发芽的重要方面（Fait 等，2006）。拟南芥种子的靶向代谢物分析阐明了次生代谢物的生物合成和积累的分子机制（Kliebenstein 等，2001；Lepiniec 等，2006；Macquet 等，2007）。在这个问题上，Bai 等利用靶向的和非靶向的代谢组分析来比较在重复的水合-脱水循环之后 4 种拟南芥属种子的代谢物变化。发现了一系列与水合-脱水循环相关的发芽特性的代谢变化。这项研究表明，强大的代谢组学可以用来回答有关种子发芽生理学的突出问题。

与种子休眠和萌发机制有关的表观遗传学研究的另一个新发展是母本印记在种子中的发现。深度休眠拟南芥和轻度休眠拟南芥亲本之间进行正反杂交时，两个 F_1 种子表现出不同程度的休眠（Piskurewicz 等，2016）：作为母体的深度（D）休眠种质产生的 F_1 种子比作为母体的弱（W）休眠种质产生的 F_1 种子休眠程度更深。母本的基因表达和组蛋白修饰可能是一种机制（Alonso-Peral 等，2017；Zhu 等，2017）。这是基础科学的重大问题，也是种子科学的重要基础。加强种子表观遗传学领域研究将有助于推进种子生物学的基础和应用性研究。

种子生物学还有很多问题需要回答。例如同一植株种子发育的差异对种子品质影响的机制是什么？种子耐超干能力是如何形成的？种子寿命差异的机制如何？在进化的背景下还有其他重要的问题。*DOG1* 是如何在进化过程中出现的，以及 *DOG1* 何时出现并成为抑制子？印记对种子休眠的影响确实有利于植物生存吗？如果是这样的话，缺少胚乳的裸子植物种子的机制是什么？在基因沉默和染色质重塑机制方面，胚与胚乳之间的关键区别是什么？这些问题的解决，使种子生物学研究前景令人激动。

0.4　我国的种子工作

近代中国内忧外患，种子研究几成空白，直到中华人民共和国成立，种子工作才开始受到重视。1953 年，种子学课程首先由浙江农学院开设，叶常丰先生是该课程的先导。他先后主持编写了《种子学》(1961)、《种子贮藏与检验》(1961)、《作物种子学》(1981) 等教材，为我国种子科学的发展做出了重大贡献。自 20 世纪 50 年代以来，种子科学的研究在我国逐渐兴起。叶常丰等对主要禾谷类作物和油菜种子的休眠萌发生理、贮藏特性及品种鉴定进行了系统的研究；郑光华等对种子休眠及其控制、种子活力等进行了广泛研究；傅家瑞等对种子萌发生理、贮藏生理、种子活力等进行了大量研究；山东农业大学自 1978 年以来在种子活力测定、种子贮藏、种子纯度测定、种子处理等方面进行了大量研究。国内还有许多科技工作者在种子发育、活力测定、贮藏技术和品种鉴定等方面做了大量研究工作。这些都为我国种子科学的发展做出了较大的贡献。

中华人民共和国成立后，我国的种子工作在党和政府的关怀重视下得到了迅速发展。回顾近 70 年来我国的种子工作，大致可分为以下 3 个发展阶段。

(1) 计划经济阶段　“九五”以前（1995 年以前），种子行业的管理体制是完全的计划经济管理体制，科研、繁种、推广和经营是完全割裂的 4 个环节，各司其职。

1957 年以前是我国种子工作恢复发展阶段。1949 年 12 月的第一次全国农业会议，就把推广良种作为恢复发展农业生产的一项重要措施提出来。1952 年 2 月农业部召开华北农业技术会议，制定了“五年良种普及规划（草案）”，提出进行全国性良种普查，积极发掘优良农家品种。1956 年农业部成立种子管理局，同年发出《征集农作物地方品种》的通知，1957 年在北京双桥开办全国种子检验学习班。这个时期，作物良种的生产、供应以农户自留种为主，调剂部分由农业部门提计划、粮食部门为主组织收贮、调拨。政府部门的重视和各地农业工作者的积极工作为我国种子业的发展奠定了基础。

1958—1978 年的 20 年间，是我国种子业发展的初级阶段。1958 年 2 月，国务院批转粮食部、农业部《关于成立种子机构意见的报告》；同年 4 月，农业部在北京召开全国种子工作会议，总结了前几年种子工作的经验教训，根据当时农业合作社集体经济发展的形势和要求，提出了“依靠农业合作社自选、自繁、自留、自用，辅之以必要调剂”的“四自一辅”种子工作方针。遵照中央政府的指示精神，各省、地、县农业部门相继成立了种子站、良种场，逐步建立起了一支专门的种子工作队伍，从事引种、试种、调剂余缺、贯彻“四自一辅”种子工作方针的工作，有力地推动了我国种子事业的进程。这个时期，在品种选育、推广上以常规品种为主，后期开展了杂交种的引进、选育和推广。尽管受到了“文化大革命”的干扰，但我国的种子队伍还是从无到有，从小到大，种子事业有了较好的发展。

1978 年党的十一届三中全会，提出我国整个工作重点转移到经济建设上来，实行对外开放，对内搞活的改革政策，开创了我国种子工作现代化新局面。1978 年 5 月，国务院批转农业部《关于加强种子工作的报告》，要求健全良种繁育推广体系，省、地、县建立种子公司，并制定了“种子生产专业化，种子加工机械化，种子质量标准化，品种布局区域化，以县为单位统一组织供种”的“四化一供”种子工作新方针。各省、地、县相继在原种子站的基础上建立起行政、技术、经营“三位一体”的国营种子公司。农业部先后在全国 460 多个县进行“四化一供”的试点工作。1981 年，全国品种审定委员会成立，随后各省也建立起地方品种审定委员会，进一步健全了种子机构，壮大了种子工作队伍，全面开展起粮食、油料、蔬菜等主要农作物品种的试验、示范、审定、销售工作。随着改革开放的不断深入，各种子公司的良种经营工作蓬勃开展，良种繁育基地、仓储设施、加工运输机械、质量检测仪器等都有了很大改进，种子工作的实力逐渐壮大。

(2) 经营转型阶段 自“九五”(1995) 到 2000 年，国家开始实施“种子工程”以后，开始使种子行业向市场化方向发展，行业的各个环节开始融合，市场上开始出现各种类型的种子公司，开始出现育种、繁种、加工、推广和销售等一体化的种子公司。

1995 年制定并实施的“种子工程”，启动了我国种子行业行政、经济体制的真正改革。为了解决长期计划经济造成的种子经营规模小、全、散，种子单位政、事、企不分，种子科技育、繁、推脱节等问题，促进我国种子业的快速发展，1995 年党的十四届五中全会决定在全国范围内实施种子工程，并将其列入了国民经济和社会发展“九五”计划。种子工程即种子产业化工程，是以实现种子产业化为目的的系统工程。种子工程的总体目标是建立适应社会主义市场经济体制和种子产业发展规律的现代化种子产业，形成结构优化、布局合理的种子产业体系和富有活力的、科学的管理制度，实现种子生产专业化、经营集团化、管理规范化，育种、繁殖、推广一体化，大田育种商品化。

(3) 市场经济阶段 从 2000 年《中华人民共和国种子法》颁布至今，种子行业开始真正进入市场化阶段。由此开始，我国的种子公司开始进入整合期，没有实力的公司逐渐被淘汰，种子市场开始通过整合少数有实力的企业不断发展壮大。

2000 年 12 月 1 日起《中华人民共和国种子法》施行，表明我国的种子工作真正步入法制化、规范化的轨道。在多年实践的基础上，对《中华人民共和国种子法》进行了修订，新的《中华人民共和国种子法》自 2016 年 1 月 1 日起施行。新修订的《中华人民共和国种子法》涉及种质资源保护、种业科技创新、植物新品种权保护、主要农作物品种审定和非主要农作物品种登记、种子生产经营许可和质量监管、种业安全审查、转基因品种监管、种子执法体制、种业发展扶持保护和法律责任，共 10 个方面的内容，是发展现代种业在制度上的顶层设计，其意义是重大和深远的。

随着我国由计划经济向市场经济的转变，种子迅速朝着商品化方向发展，经营途径也由国营向多元化发展。1985 年时，全国仅有 2 300 多家国营种子公司。1995 年我国开始实施“种子工程”，至 1996 年，全国证照齐全的种子经营单位发展到 32 450 多个，其中国有种子公司 2 790 个；2000 年实施种子法以后，种业企业数量有所减少，到 2006 年全国注册资金 3 000 万元以上的种子公司有 97 家，注册资金 500 万元以上的种子公司有 8 500 多家。新的种子法的实施，加速了种子企业的整合重组，截至 2016 年年底，种子企业已经减少到 3 951 家，其中注册资本 1 亿元以上企业 298 家。种子企业逐步发展成为技术创新的主体。

经过改革开放以来的发展，我国已经形成了较完备的种子生产技术体系。在技术研究和实践的基础上，我们已经制定（修订）了主要农作物的种子生产技术操作规程，形成了较完备的种子生产技术体系，为种子生产奠定了良好的技术基础。制种向制种优势区域布局，专业化制种队伍和规模化制种格局初步形成。例如在甘肃、新疆、内蒙古等地形成玉米制种优势区，在四川、湖南等地形成水稻制种优势区。种子品质不断提高，为确保国家粮食安全、推动农作物增产增收做出了重要贡献。

复习思考题

1. 真种子、农业种子的定义各是什么？农业种子包括哪些类型？
2. 我国种子产业化工程的内容及实施意义各有哪些？

第1章

种子的形态结构与机能

种子植物种类繁多，所产生种子的形态多种多样，结构也各有不同。种子外形和结构上的差异，是进行种子真实性鉴定、纯度测定、清选分级、加工包装、安全贮藏的重要依据。因此熟练地掌握各主要作物种子的形态结构特点，正确运用种子的分类方法，是做好种子工作必须具备的基本技能。

1.1 种子的外部形态

从外观上能够看到的性状为种子的外部形态，包括种子的外形和种被上的结构。种子的外部形态主要因植物种类不同而异，同时亦受环境条件的影响。

1.1.1 种子外形及其差异

从外形上看，植物种子是千差万别的。种子的外形主要由形状、颜色和大小3方面性状组成。植物种子的形状多种多样，主要因植物种类不同而异，例如豌豆为圆形、大豆为椭圆形、菜豆为肾形、大麦为纺锤形、荞麦为三棱形、棉花为卵形、瓜类为扁卵形、黄花苜蓿为螺旋形、葱为盾形等。种子的表面性状也各不相同，有的富有光泽（例如蚕豆、蓖麻），有的具短绒（例如棉花），有的皱缩（例如甜豌豆、甜玉米），有的则有疣状突起（例如苘麻）。在同种作物的不同品种间，种子形状多数差异较小，但也有差异大的，例如水稻有的为近椭圆形，有的则为瘦长的线形。

种子因含有不同的色素而呈现各种颜色和花纹，即使同种作物的不同品种间，颜色的差异也很明显。例如大多数玉米品种的籽粒呈橙黄色，而“金皇后”呈鲜黄色，“白马牙”呈玉白色，也有的品种呈红色、紫黑色。大豆由于种皮颜色不同可分为黄豆、黑豆、青豆、褐豆、花豆等。小麦也是根据外表颜色的不同分成白皮和红皮两大类，每种类型的不同品种之间，又有深浅明暗之差；还有一些黑色、蓝色类型。不同作物种子色素种类不同、存在的部位不同，使种子呈现多种颜色，例如紫稻的花青素存在于颖壳内，荞麦的黑色素存在于果皮内，红米稻和高粱的红色素存在于种皮内，玉米的色素主要存在于胚乳内，偶有少量色素存在于果种皮，而青仁大豆的色素存在于子叶内。

种子大小的表示方法一般有两种，一种是以种子的长、宽、厚表示，另一种是以千粒重

（1 000 粒种子的质量）表示。前一种方法在种子的清选分级上有重要意义，千粒重则多用来作为种子品质的指标并用于计算播种量。不同植物间种子的大小相差悬殊，最大的种子如海椰子的果实，一个就有 15～25 kg；农作物中的花生、蚕豆，千粒重也能达到 500 g 以上；而小的像烟草，其千粒重仅为 0.06～0.08 g。一般农作物种子的千粒重和大小见表 1-1。种子的形状和颜色在遗传上是相当稳定的性状，并且在同种作物的不同品种间也往往存在显著差异，因此是鉴别植物种和品种的重要依据。种子的大小虽然也是遗传特性之一，但受环境条件影响较大，即使同一品种，在不同的地区和年份，其种子的饱满充实程度也有较大变异，例如小麦，不同年份收获的同一品种，其千粒重可相差 10 g 以上。所有这些，在鉴别种子时都要特别注意。

表 1-1　主要作物种子的大小

作物	种子大小（mm）			千粒重（g）	作物	种子大小（mm）			千粒重（g）
	长	宽	厚			长	宽	厚	
水稻	5.0～11.0	2.5～3.5	1.5～2.5	15～43	黄秋葵	5.5	4.8	4.6	50～70
小麦	4.0～8.0	1.8～4.0	1.6～3.6	15～88	粉皮冬瓜	12.2	8.2	2.2	30～60
玉米	6.0～17.0	5.0～11.0	2.7～58	50～700	刺籽菠菜	4.5	3.8	2.2	11～14
大麦	7.0～14.6	2.0～4.2	1.2～3.6	20～55	油菜	—	1.5～2.2	—	2～6
黑麦	4.5～9.8	1.4～3.6	1.0～3.4	13～45	四季萝卜	2.9	2.6	2.1	7～10
燕麦	8.0～18.6	1.4～4.0	1.0～3.6	15～45	芫荽	4.2	2.3	1.5	5～11
稷	2.6～3.5	1.5～2.0	1.4～1.7	3～8	石刁柏	3.8	3.0	2.4	20～25
荞麦	4.2～6.2	2.8～3.7	2.4～3.4	15～40	结球白菜	1.9	1.9	1.6	2.5～4.0
大豆	6.0～9.0	4.0～8.0	3.0～6.5	130～220	大葱	3.0	1.9	1.3	2.0～3.6
花生	10.0～20.0	7.5～13	—	500～900	洋葱	3.0	2.0	1.5	3.0～4.0
陆地棉	8.0～11.0	4.0～6.0	—	90～110	韭菜	3.1	2.1	1.3	2.4～4.5
蓖麻	9.0～12.0	6.0～7.0	4.5～5.5	100～700	茄子	3.4	2.9	0.95	3.5～7.0
向日葵	10.0～20.0	6.0～10.0	3.5～4.0	50～60	辣椒	3.9	3.3	1.0	3.7～6.7
烟草	0.6～0.9	0.4～0.7	0.3～0.5	0.06～0.08	甘蓝	2.1	2.0	1.9	3.0～4.5
甜菜	—	2.0～4.0	—	15～25	牛蒡	6.6	3.0	1.5	13.7
番茄	4.0～5.0	3.0～4.0	0.8～1.1	2.5～4.0	茼蒿	2.9	1.5	0.8	1.3～2.0
胡萝卜	3.0～4.0	1.2～1.4	1.5～1.7	1.0～1.5	莴苣	3.8	1.3	0.6	0.8～1.5
大籽西瓜	12.3	8.3	2.3	60～140	芥菜	1.3	1.2	1.1	1.2～1.4
小籽西瓜	8.12	4.73	2.12	40	苋菜	1.2	1.1	1.9	0.4～0.7
黄瓜	10.0	4.25	1.40	16～30	马铃薯	1.7	1.3	0.3	0.4～0.6
菜豆	15.8	7.0	6.9	100～700	芹菜	1.6	0.8	0.7	0.3～0.6
莲子	24.0	11.0	—	1 388	荠菜	1.1	0.9	0.5	0.08～0.20
豇豆	9.5	5.2	3.25	100～200	苦苣	3.8	1.3	0.55	1.65
大籽南瓜	12.3	7.8	2.3	60～140	豆瓣菜	1.0	0.75	0.60	0.14

1.1.2　种被上的结构与种子鉴别

真种子是由受精后的胚珠（ovule）发育而成，因而在种皮上多遗留有胚珠时期的痕迹。果实类种子（真果）是由子房（ovary）发育而成，种被（果皮、种皮）上也多遗留有子房时期的遗迹。而假果的果皮外还常附有宿存的花被等附属物。不同植物种和品种间这些遗迹的差异（例如着生部位、大小、颜色、形状等），是进一步进行种子鉴别的重要依据。

1.1.2.1　种皮上的结构

一般种皮上可看到种脐、发芽口、脐条、内脐和种阜几种结构。

（1）种脐　种脐（hilum）是种子成熟后从种柄上脱落时留下的疤痕，或说是种子附着在胎座上的部位，是种子发育过程中营养物质从母体流入子体的通道。种脐的形状、颜色、凹凸及存在部位等因植物种类和品种不同而异。所有种子均有种脐，但最明显的是豆类种子的种脐，例如蚕豆的种脐呈粗线状，黑色或青白色；菜豆的种脐呈短卵形，白色或边缘有色；大豆的种脐呈长椭圆形，有黄白色、红色、蓝色、黑色等。种脐按其高低可分为凸出种皮的（例如饭豆）、与种皮相平的（例如大豆）、凹入种皮内的（例如菜豆）。种脐在种子上的着生部位决定于形成种子的胚珠类型（图 1-1），直生胚珠形成的种子，种脐位于种子顶端，例如银杏、荞麦、核桃、板栗等；半倒生胚珠形成的种子，种脐位于种子的侧面，例如豆类；倒生胚珠形成的种子，种脐位于种子基部，例如棉花、瓜类；横生胚珠形成的种子，种脐位于种子中部；弯生胚珠形成的种子，种脐位于偏基部位置。某些带有种柄的种子，种脐自然就位于种子与种柄接触处。

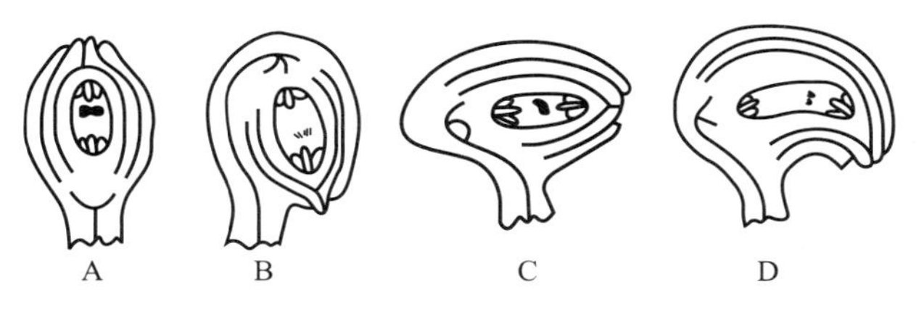

图 1-1　主要类型的胚珠结构
A. 直生胚珠　B. 倒生胚珠　C. 横生胚珠　D. 弯生胚珠

有些植物的种子从种柄上脱落时，种柄的残片附着在脐上，称为脐褥或脐冠。带有脐褥的种子有蚕豆、扁豆等。

（2）发芽口　发芽口（micropyle）又称为种孔，是胚珠时期珠孔的遗迹。发芽口的内侧是胚根的尖端，种子萌发时，随着胚根细胞吸水膨胀和细胞伸长，胚根生长从此孔中伸出。倒生胚珠形成的种子，发芽口与种脐位于同一部位；半倒生胚珠形成的种子，发芽口位于种脐靠近胚根的一端；直生胚珠形成的种子，发芽口则正好位于种脐相反的一端；横生胚珠形成的种子，发芽口位于种子一端；弯生胚珠形成的种子，发芽口位于与种脐相对的种子一端。

（3）脐条　脐条（raphe）是倒生胚珠和半倒生胚珠从珠柄通到合点的维管束遗迹，又称为种脉、种脊，为种皮上的一道脊状突起。这些胚珠在发育成种子的过程中，来自母体通过珠柄的维管束并不直接进入胚珠内部，而是沿珠被上行直达合点，再由合点处进入胚囊供应养分。珠被发育成种皮后，经过珠被的维管束就遗留在种皮内，从表面上看似一道条状突起即脐条。因此种皮上脐条的有无、长短决定于形成种子的胚珠类型，倒生胚珠形成的种子，由于合点离珠柄的距离远，脐条长而明显，例如棉花，脐条从种子基部直通到种子顶部；半倒生胚珠的合点离珠柄较近，形成的种子脐条也较短，例如豆类；直生胚珠的合点紧靠珠柄，形成的种子无脐条；横生胚珠和弯生胚珠形成的种子，其脐条类似于半倒生胚珠形成的种子。

(4) 内脐　内脐（chalaza）是胚珠时期合点的遗迹，位于脐条的终点部位，稍呈突起状。棉花、豆类的内脐在外观上较为明显。内脐是种子萌发时最先吸胀的部位，表明遗留在种皮内的维管束（脐条）是水分进入种子的主要通道。

(5) 种阜　种阜（strophiole）是靠近种脐部位种皮上的瘤状突起，是由外种皮细胞增殖或扩大而形成。蓖麻和西瓜种子的种阜最明显，豆类也有。

有些裸子植物种子的种皮上还连着一片薄的种鳞组织，称为翅，便于风力传播，例如松树种子。

1.1.2.2　果皮上的结构

一般果实种子（真果）表面的构造有果脐、发芽口、茸毛、花柱遗迹或花柱残留物。果脐即果实与果柄接触的部位，有的裸露可见，例如小麦、高粱、向日葵、板栗等的种子；有的则为附着的果柄所掩，例如玉米的种子。果脐、发芽口的位置同样是由发育成种子的子房内胚珠的类型决定的，与真种子相同。外果皮上常长有茸毛，但其长短、稀密不同，小麦颖果顶端有茸毛区，其区域的大小和明显程度可作为鉴别品种的依据。有些果实种子收获脱粒时花柱脱落后在果实上留有痕迹，有的为疤痕状（例如向日葵的种子），有的则为刺形突起状（例如玉米的种子）。玉米花柱遗迹的突出程度因品种及籽粒在果穗上的着生部位而不同，可作为鉴别品种的依据。还有的果实种子花柱多数不脱落，残存在果实上成为花柱残留物，例如胡萝卜种子。

另有一些果实种子的外面附有附属物，例如甜菜、荞麦果实种子附有宿存花萼，水稻、谷子、大麦等果实种子附有内颖、外颖和护颖。这些附属物的形状、颜色也是品种鉴别的重要依据。

1.2　种子的内部结构与机能

从以上所述可以看出，种子的外部形态是形形色色、复杂多变的，但从植物形态学进行观察，则绝大多数种子的内部结构具有共性，即每粒种子都由种被、种胚和胚乳 3 大部分组成。

1.2.1　种被

种被是种子外表的保护组织，其层次的多少、结构的致密程度、细胞的形状及细胞壁的加厚状况等，因植物种类而有较大差异，是种子鉴别的重要依据，同时也会直接或间接地影响种子的干燥、加工、休眠、寿命、发芽、预措（预处理）等。

果实种子的种被包括果皮（pericarp）和种皮（seed coat），而真种子的种被仅包括种皮。有些种子具内外两层种皮，例如蓖麻和松子，其外种皮质厚、强韧，内种皮膜质、柔软。有些种子仅具一层种皮，例如豆类和葱类、十字花科种子，但十字花科中不同作物种子的种皮有较大差异，常依此进行种子鉴别。极少数植物种子仅具中种皮和内种皮，例如银杏，其外种皮（肉质）脱落，中种皮坚硬，内种皮膜质。果皮由子房壁发育而来，一些肉质果的果皮常可明显分为外、中、内 3 层，而作为种子用的干果多分化不明显。禾本科的颖果果皮很薄，由表皮、中层、横细胞、内表皮等十几层细胞构成，且与里边更薄的种皮紧密相连。

1.2.2　种胚

种胚（embryo）通常是由受精卵即合子发育而成的幼小植物体，是种子中最重要的部分。种胚一般由胚芽、胚轴、胚根（三者又合称为胚本体）和子叶 4 部分组成。

1.2.2.1　胚芽

胚芽（plumule）又称为幼芽或上胚轴，位于胚轴的上端，为茎叶的原始体，萌发后发育成植株的地上部。不同植物成熟种子的胚芽分化程度不同，有些植物种子的胚芽仅由生长点构成，例如棉花、蓖麻，而有些植物种子的胚芽则由生长点及其周围的数片真叶构成。禾本科作物的胚芽一般分化有 4～6 片真叶，真叶的外边还分化有一个锥筒形叶状体，称为胚芽鞘（coleoptile），是种子萌发时最先出土的部分。

1.2.2.2　胚轴

胚轴（hypocotyl）又称为胚茎，是连接胚芽和胚根的过渡部分，位于子叶的着生点以下，所以又称为下胚轴。胚轴在种子萌发时伸长的程度，决定幼苗子叶的出土与否。

1.2.2.3　胚根

胚根（radicle）又称为幼根，位于胚轴的下部，萌发后发育成植株的地下部。多数作物仅具 1 条胚根，但禾本科作物种子除 1 条初生胚根外，还在子叶的叶腋内和胚轴外方分化有 2～3 条次生胚根，且在初生胚根的外面包有一层薄壁组织，称为胚根鞘。当种子萌发时，胚根鞘突破果种皮外露，胚根再突破胚根鞘伸入土中。

少数植物种子在胚根的尖端宿存有胚柄，例如长豇豆和松子。

1.2.2.4　子叶

子叶（cotyledon）是种胚的幼叶，常比真叶厚且大，有的有明显的叶脉，例如蓖麻。子叶的数目和功能因植物不同而异。裸子植物的种子往往是多子叶的，一般为 8～12 片，例如松子。双子叶植物具 2 片子叶，多数对称少数不对称，其功能是保护胚芽和贮藏养分，萌发后若能出土还可作为幼苗最初的同化器官。单子叶植物仅具 1 片子叶，农作物中主要有禾本科和百合科。禾本科作物的子叶位于胚本体和胚乳之间，为一片很大的组织，形状像盾或盘，常称为盾片（scutellum）或子叶盘；由于种子萌发时它并不露出种外，有人也称之为内子叶。盾片贮藏有丰富的营养物质，其与胚乳相接的上皮细胞能在种子萌发时分泌水解酶到胚乳中去，分解胚乳中的养分并吸收过来供胚本体生长利用。有些禾本科植物（例如小麦），在盾片的相对面有一小突起，称为外胚叶（epiblast）；而有些禾本科植物（例如玉米）是没有外胚叶的。

实际上，凡是有胚乳种子，其子叶不论单双，功能均与盾片相似。

胚的大小、形状及在种子中的位置因植物种类不同而有很大差异。根据这些差异，可把胚分为 6 种类型（图 1-2）。

（1）直立型　直立型胚的整个胚体直生，其长轴与种子纵轴平行，子叶多大而扁，插生于胚乳中央，例如蓖麻、柿子等植物的种子。

(2) 弯曲型　弯曲型胚的胚根、胚芽和子叶弯曲呈钩状，子叶大而肥厚填满种皮以内空间，例如大豆等豆科种子。

(3) 螺旋型　螺旋型胚的胚体瘦长，在种皮内盘旋呈螺旋状，胚体周围为胚乳，例如番茄、辣椒等茄科种子。

(4) 环状型　环状型胚细长，在种皮内绕一周，胚根与子叶几乎相接呈环状，环的内侧为外胚乳，例如藜科的菠菜和甜菜的种子。

(5) 折叠型　折叠型胚的子叶大而薄，反复折叠填满于种皮以内，将胚本体裹在下部中央，例如锦葵科的棉花的种子。

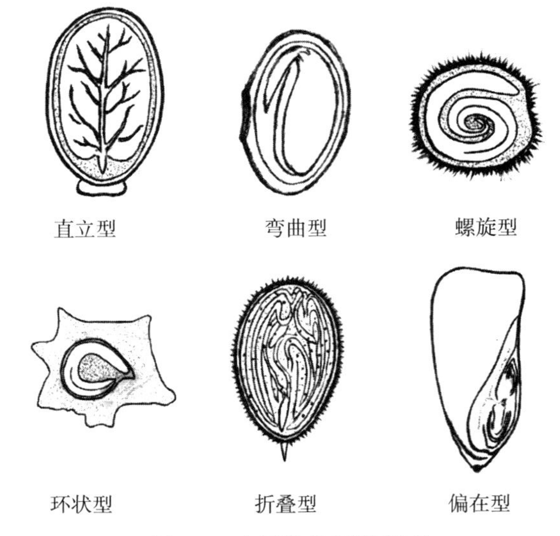

图 1-2　主要作物胚的类型

(6) 偏在型　偏在型胚的胚体较小，子叶盾状，胚体斜生于种子背面的基部或胚乳的侧面，禾本科作物种子属此类。

1.2.3　胚乳

胚乳是有胚乳种子的贮藏组织，根据胚乳发育的细胞起源不同，胚乳有内胚乳（endosperm）和外胚乳（perisperm）之分。极核受精发育而成的贮藏组织称内胚乳（为 $3n$），而由珠心细胞发育成的贮藏组织称为外胚乳（$2n$）。绝大多数种子的胚乳为内胚乳，只有少数植物（例如甜菜、菠菜、石竹等）的种子为外胚乳。胚乳在种子中所占比例、组织的质地、细胞的形状及所含物质的种类因植物种类有很大差异，在同种植物的不同品种间也不尽相同。绝大多数植物的胚乳都是固体的，但也有极少数植物的胚乳为液体，例如椰子中心的胚乳呈液体状态（即椰乳）。有些种子的胚乳位于胚的四周，即胚位于胚乳的中央（例如蓖麻和荞麦的种子）或基部中央（例如柿子和银杏的种子），也有的植物胚乳位于胚的中央（例如甜菜的种子），还有些植物的胚乳与胚体相互镶嵌（例如葱类和番茄的种子），禾本科的胚乳则位于胚的侧上方。多数植物的胚乳为薄壁细胞，也有少数植物的胚乳为厚壁细胞（例如大葱）。一般油质种子胚乳的主要成分是脂肪和蛋白质，而粉质种子胚乳的主要成分是淀粉和蛋白质。

禾谷类种子的胚乳根据其色泽和坚硬程度可分为角质和粉质两种。角质胚乳坚硬致密、蜡质透明，而粉质胚乳组织较松软、白色不透明。其主要原因是角质胚乳中的淀粉粒为多角形，淀粉粒结合紧密，与蛋白体结合也紧密；而粉质胚乳中的淀粉粒为球形且疏松，与蛋白体结合也较松（图 1-3 和图 1-4）。另据研究，胚乳透明与否还与可溶性糖含量有关，可溶性糖含量高的胚乳呈透明的角质，例如甜玉米。硬粒小麦、爆裂型玉米及优质粳稻的胚乳几乎全为角质，而普遍小麦的胚乳为半角质或粉质。籼稻和某些粳稻品种在胚的上方有一个粉质胚乳区域称为腹白，少数籽粒的中央也有部分粉质胚乳称为心白。普通玉米籽粒中两种胚乳的界限也较分明，一般角质胚乳分布在籽粒中上部的外围，粉质胚乳分布在籽粒下部和中上部中央。角质胚乳的食用品质好，因而角质胚乳所占的比例是禾谷类种子食用品质的重要指标。角质胚乳占总胚乳的比率（%）称为角质率或透明度，一般爆裂玉米角质率接近 100%，普通玉米中的硬粒型品种角质率在 60%以上，马齿型品种角质率在 50%以下；甜玉米胚乳虽然瘦秕，但由于质体中形成的淀粉粒周围围绕着大量可溶性糖，形成糖淀粉复合体，淀粉粒不暴露，复合体间充满大量蛋白质体（图 1-5 和图 1-6），故多数甜玉米品种角质率也接近 100%。

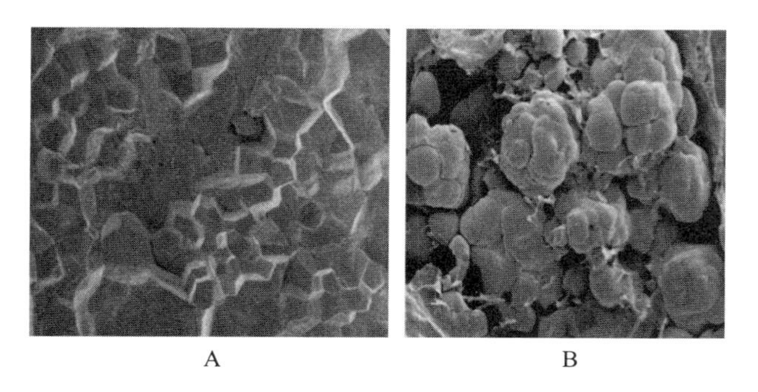

A　　B

图 1-3　水稻种子的胚乳扫描电子显微镜照片

A. 角质　B. 粉质

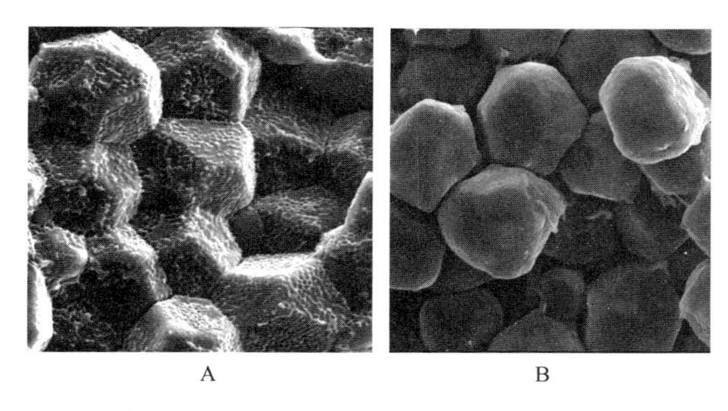

A　　B

图 1-4　玉米角质胚乳（A）和粉质胚乳（B）的扫描电子显微镜照片

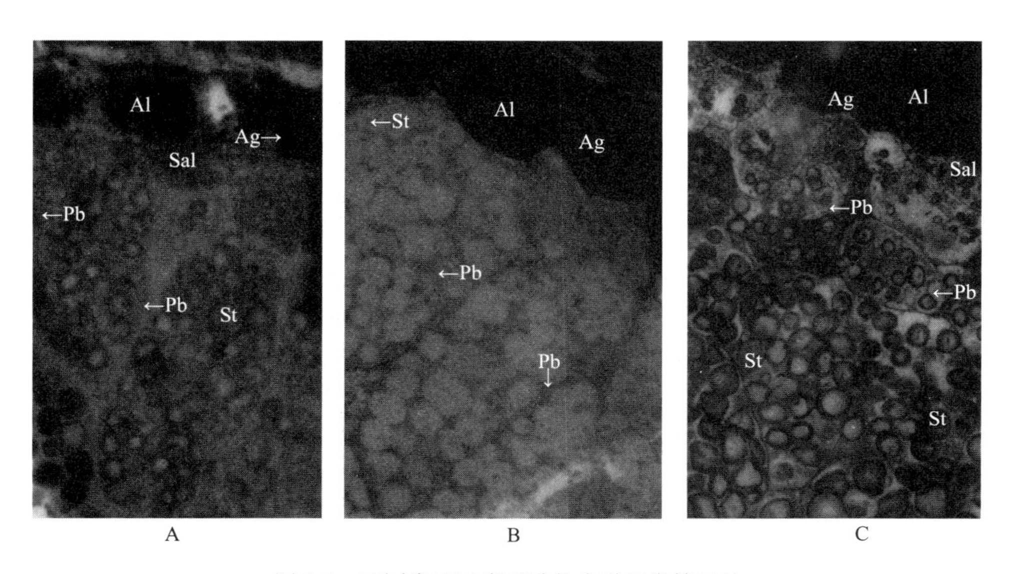

A　　B　　C

图 1-5　不同类型玉米胚乳的光学显微镜照片

A. 爆裂玉米　B. 甜玉米　C. 普通玉米

Al. 糊粉层　Sal. 亚糊粉层　Ag. 糊粉粒　Pb. 蛋白体　St. 淀粉粒

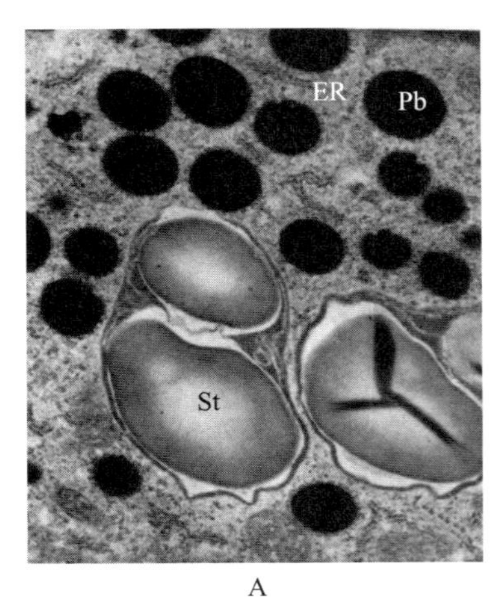

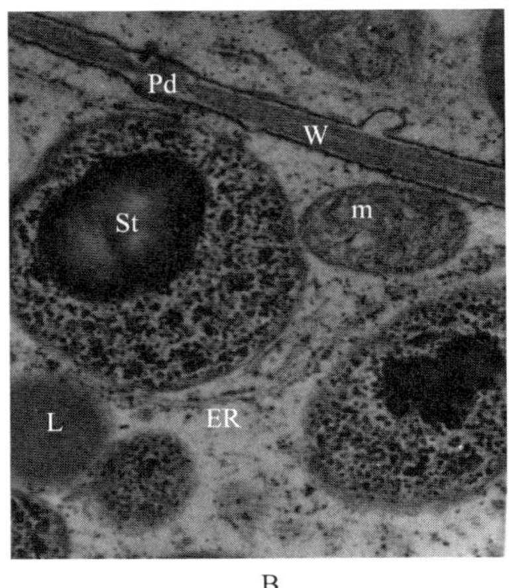

A　　　　B

图 1-6　普通玉米胚乳中的淀粉粒（A）和甜玉米胚乳中的糖淀粉复合体（B）
ER. 粗糙内质网　L. 脂肪体　m. 线粒体　Pd. 胞间连丝　Pb. 蛋白体　St. 淀粉粒　W. 细胞壁

一般认为，具有小胚和丰富胚乳的种子是原始的，并且在进化上向着带有很少或没有胚乳、而胚占据种子绝大部分的成熟种子类型发展的总体趋势。

1.3　主要作物种子的形态结构特点

了解主要作物种子的形态结构特点，是做好种子工作的基础。有些作物种子在形态结构上差异大而易于区别，而有些种子差异较小，必须用显微切片的方法，从细胞的形状及层次上加以区别。例如大豆、豌豆的不同品种间，十字花科的不同种和品种的鉴别，就要根据其种皮栅状细胞和柱状细胞的形态来进行。

下面以主要科的作物种子为例，介绍不同类型种子的形态结构和解剖特点。

1.3.1　禾本科作物种子的形态结构特点

许多粮食作物是禾本科植物，例如小麦、玉米、水稻、大麦、高粱、谷子、燕麦、薏苡等。这些作物的种子实为颖果，常称为籽实或籽粒；其中有些如水稻、有皮大麦、谷子等颖果的外面带有稃壳，称为假颖果。颖果的果种皮均很薄，且紧密愈合在一起不易分开，麦类颖果的腹面有一条纵沟，称为腹沟（crease）。禾本科种子都含有丰富的胚乳，其胚乳最外的一至几层细胞富含糊粉粒（aleurone grain），称为糊粉层（aleurone layer），往内的胚乳细胞含有大量淀粉粒，称为淀粉胚乳（starchy endosperm）。禾本科的胚较小，位于种子基部一侧，胚中子叶所占比例大而胚本体所占比例小，如水稻（图 1-7）、小麦（图 1-8）、大麦（图 1-9）和玉米（图 1-10）的种子。禾本科的子叶常称为盾片或子叶盘（图 1-11），富含脂肪、蛋白质、淀粉等营养物质，其与胚乳相接的表皮细胞具有传递细胞的特征，称为上皮细胞，具有从胚乳中吸收养分供胚本体发育或萌发的功能。胚本体可分为胚芽、胚轴和胚根，胚芽由 4～6 片真叶和生长点构成，真叶外包被一层叶状组织为胚芽鞘，胚根外包被一层薄壁组织为胚根鞘，胚轴与子叶相连，在子叶叶腋和胚轴外侧有 3～5 条次生胚根原基（图 1-12）。小麦、水稻等的胚轴外侧还可观察到外胚叶，而玉米则无外胚叶。果种皮很薄且紧密愈合在一起（图 1-8）。

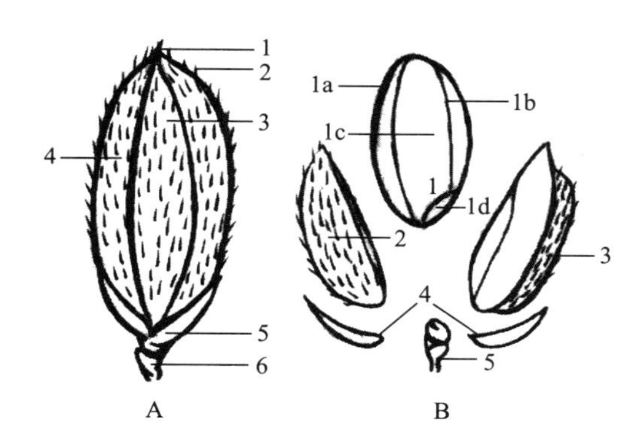

图 1-7　水稻种子形态结构

A. 籽粒外形（1. 稃尖　2. 稃毛　3. 外稃　4. 内稃　5. 护颖　6. 小穗柄）

B. 籽粒结构［1. 米粒（颖果）　1a. 果种皮　1b. 纵沟　1c. 胚乳　1d. 胚

2. 内稃　3. 外稃　4. 护颖　5. 小穗柄］

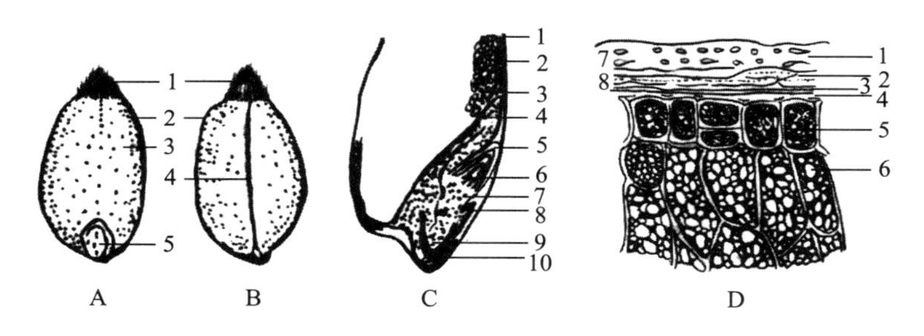

图 1-8　小麦种子形态结构

A. 籽粒背面　B. 籽粒腹面（1. 茸毛　2. 果种皮　3. 胚乳　4. 腹沟　5. 胚）

C. 籽粒纵切面（1. 果种皮　2. 糊粉层　3. 淀粉层　4. 盾片　5. 胚芽鞘

6. 胚芽　7. 胚轴　8. 外胚叶　9. 胚根　10. 胚根鞘）

D. 皮层（1～4. 皮层　3. 色素层　5. 糊粉层　6. 淀粉层　7. 种皮　8. 果皮）

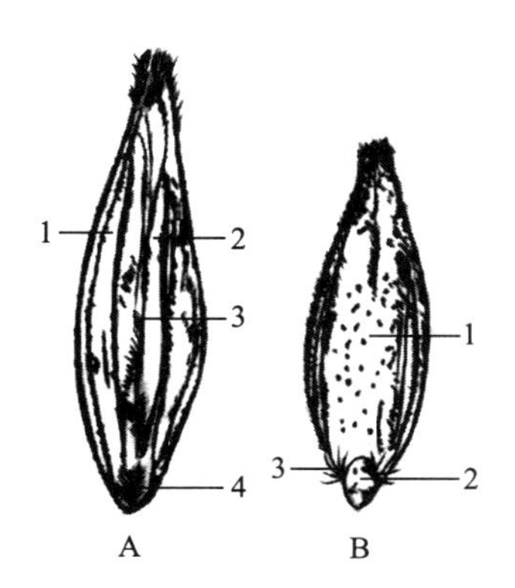

图 1-9　大麦种子形态结构

A. 籽粒腹面（1. 外稃　2. 内稃

3. 腹沟　4. 小基刺）

B. 籽粒背面（1. 胚乳　2. 胚　3. 浆片）

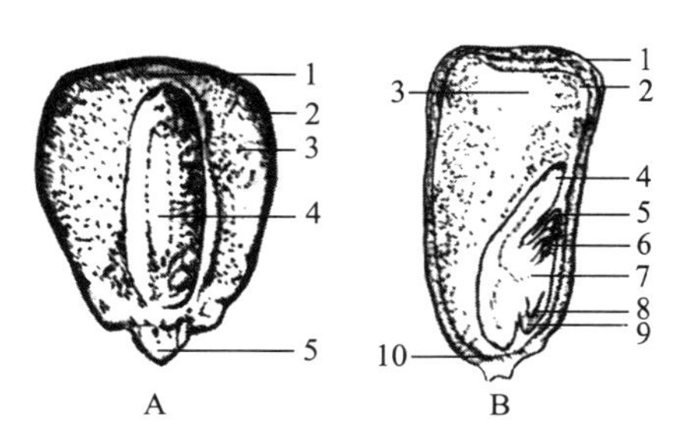

图 1-10　玉米种子形态结构

A. 籽粒背面（1. 花柱遗迹　2. 果种皮　3. 胚乳　4. 胚　5. 果柄）

B. 粒纵切面（1. 果种皮　2. 角质胚乳　3. 粉质胚乳　4. 盾片

5. 胚芽鞘　6. 胚芽　7. 胚轴　8. 胚根　9. 胚根鞘　10. 黑色层）

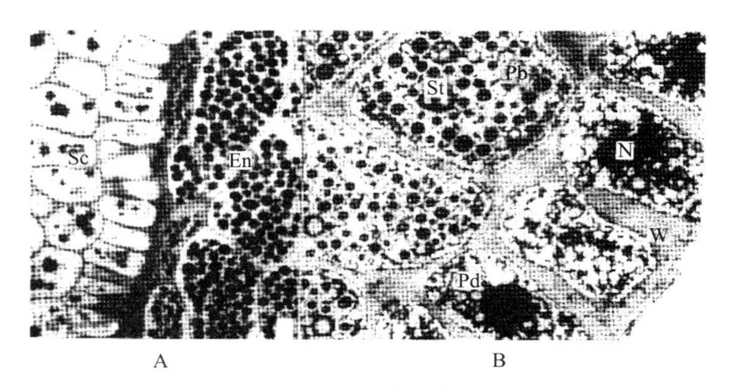

图 1-11　禾本科盾片结构

A. 玉米盾片的显微结构（En. 胚乳　Sc. 盾片）

B. 薏苡盾片的超微结构（N. 细胞核　Pb. 蛋白体　Pd. 胞间连丝　St. 淀粉粒　W. 细胞壁）

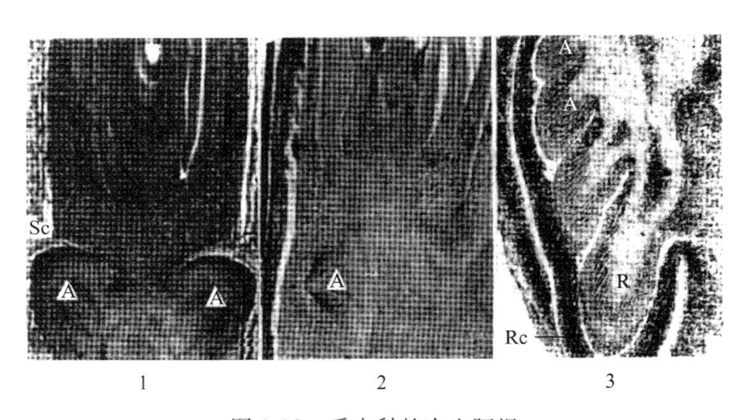

图 1-12　禾本科的次生胚根

1、2. 玉米　3. 薏苡

A. 次生胚根　R. 胚根　Rc. 胚根鞘　Sc. 盾片

1.3.2　豆科作物种子的形态结构特点

我国重要的豆类作物主要有大豆、绿豆、豌豆、菜豆、豇豆、花生等。豆类是半倒生胚珠形成的种子，花生种皮较薄，其余的种皮均较厚，其上常有颜色和花纹，种皮上可观察到大而明显的脐、内脐、发芽口、较短的脐条。内部子叶发达，胚体弯曲成钩状，完全无胚乳（例如豇豆）或有极少量胚乳（例如大豆）。其种皮由外向内为角质层、栅状细胞、柱状或骨状细胞和海绵组织，栅状细胞排列紧密，外壁和径向壁明显加厚，具良好的保护和隔水功能；再向内为一层内胚乳细胞构成的蛋白质层，即胚乳遗迹（图 1-13）。

花生虽也是豆科植物，但其种子形态结构与其他豆类有许多不同（图 1-14）。花生的荚果不自然开裂，人工脱掉果皮后的种子顶部钝圆，基部尖斜成喙状，种皮肉色至红色不等，在其基部一侧有一白色疤痕为种脐，胚根突出的尖端处是发芽口；种皮上分布有 7～9 条纵向的维管束，其中最粗大的一条连接脐，为脐条。花生为完全无胚乳种子，整个胚体直生，胚根向基部突出，胚轴粗而短，胚芽分化明显，可观察到 4～6 片羽状真叶。花生种皮中没有栅状细胞和柱状细胞，厚薄不匀且脆，非常容易破裂而对种子保护性能差，因而花生种子需带果皮贮藏。

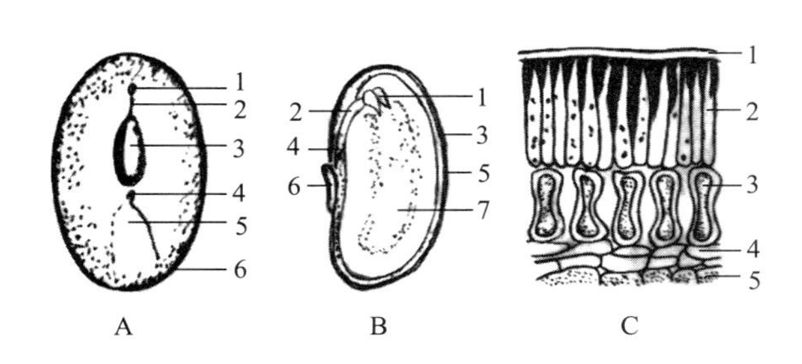

图 1-13　大豆种子形态结构

A. 种子外形（1. 内脐　2. 脐条　3. 种脐　4. 发芽口　5. 胚根所在部位　6. 种皮）

B. 种子纵切面（1. 胚芽　2. 胚轴　3. 种皮　4. 胚根　5. 胚乳遗迹　6. 种脐　7. 子叶）

C. 种皮横切面（1. 表皮　2. 栅状细胞　3. 骨状细胞　4. 海绵组织　5. 胚乳遗迹）

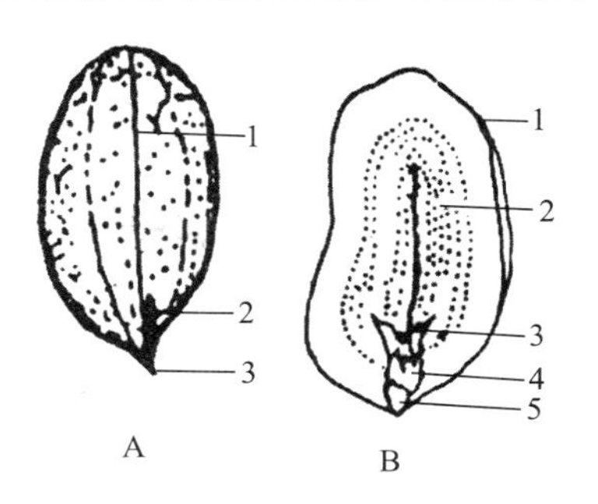

图 1-14　花生种子形态结构

A. 种子外形（1. 脐条　2. 种脐　3. 发芽口）

B. 种子纵切面（1. 种皮　2. 子叶　3. 胚芽　4. 胚轴　5. 胚根）

1.3.3　锦葵科作物种子的形态结构特点

栽培较多的锦葵科作物主要是棉花。棉花种子具坚厚的种皮和发达的胚。大多数棉籽的种皮上有短绒，也有少数无短绒的称为光籽或铁籽。棉花种子由倒生胚珠形成，呈卵形，基部尖顶部阔，基部的尖端部位常有刺状的种柄，种柄脱落处是种脐，也即发芽口的所在。种子腹面有一条突起的棱，从基部直通到顶部，即为脐条（图 1-15 A）。种子的顶端即脐条的终点部位是内脐，此部位的种皮较疏松，其内侧膜上有一个褐斑。若内脐部位的种皮硬化，则种子往往成为硬实。种皮以内还有一层两列细胞组成的乳白色薄膜包围在胚外，是外胚乳和内胚乳的遗迹。胚乳遗迹以内为发达的子叶，子叶大而较薄且两片常不等大，反复折叠填满于种皮以内。子叶细胞内充满糊粉粒和油脂。胚根、胚轴、胚芽被包围在子叶中间，胚芽分化极不明显，仅为一个生长点。整个胚体上密布深色腺体，其中含棉酚（图 1-15 B）。

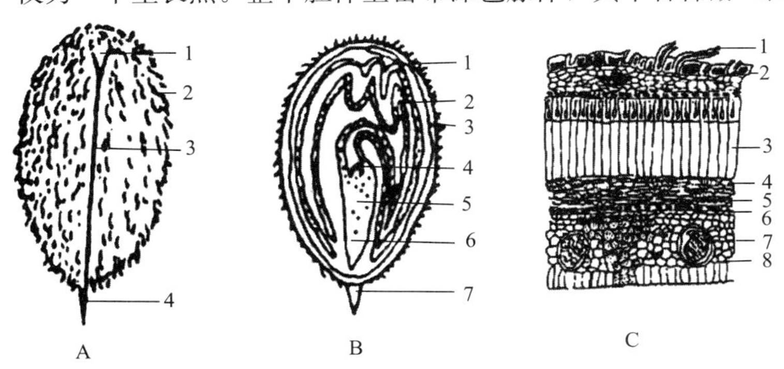

图 1-15　棉花种子形态结构

A. 种子外形（1. 内脐　2. 短绒　3. 脐条　4. 种柄）

B. 种子纵切面（1. 种皮　2. 子叶　3. 胚乳遗迹　4. 胚芽　5. 胚轴　6. 胚根　7. 种柄）

C. 棉花种皮横切面（1. 短绒　2. 表皮　3. 栅状细胞　4. 内褐色层　5. 外胚乳遗迹　6. 内胚乳遗迹　7. 腺体　8. 子叶）

棉籽的种皮由表皮、外褐色层、无色层、栅状细胞层和内褐色层组成。表皮是一列大型厚壁细胞，棉花的长绒和短绒就是此层的部分细胞延伸而成。外褐色层有3～4列细胞，其中贯穿许多维管束并含有褐色素。无色层有1～2列细胞，细胞较小无色。无色层下面是长形厚壁细胞组成的栅状细胞层，上有清晰可见明线。内褐色层是6～7列压缩的柔细胞，呈深褐色（图1-15 C）。

1.3.4　十字花科作物种子的形态结构特点

十字花科作物中，油料作物及蔬菜在生产上占有重要地位。北方地区较重要的十字花科作物有油菜（油用或菜用）、白菜、萝卜、甘蓝等，其种子较小近圆形，子叶对折且叶顶有缺口。十字花科作物种子子叶的折叠方式及种皮细胞的形状和层次是区别属、种的重要依据。下面以油菜为例介绍十字花科芸薹属种子的形态结构。

油菜种子较小，呈圆形，由种皮及胚两部分组成。种皮褐色，仔细观察时，在种皮上可看到脐和胚根痕。油菜种子的胚充满整个种子内部，两片子叶发达，对折包在种皮内，外面一片较大而内侧一片较小，每片子叶外缘有一个缺口，胚根弯生于两片子叶外（图1-16）。

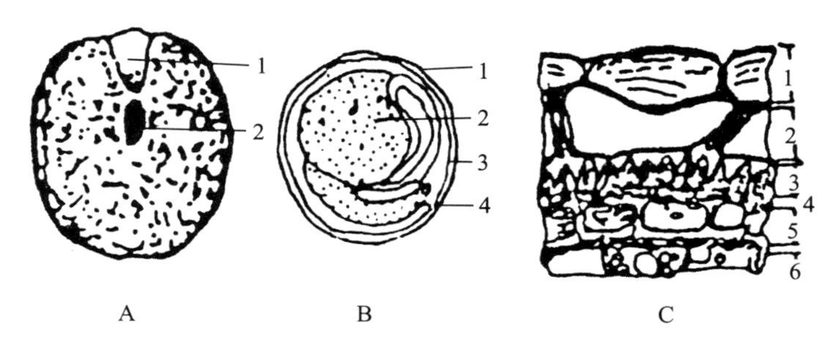

图1-16　油菜种子形态

A. 种子外形（1. 胚根所在部位　2. 种脐）

B. 种子纵切面（1. 种皮　2. 子叶　3. 胚乳遗迹　4. 胚根）

C. 种皮横切面（1. 表皮层　2. 表皮下层　3. 栅状细胞层　4. 色素层　5. 胚乳细胞　6. 子叶）

油菜种子的种皮包括4层细胞，第一层壁厚无色，压缩成一薄层；第二层细胞较大且呈狭长形，细胞壁薄，成熟后干缩；第三层为厚壁的机械组织，由红褐色的长形细胞组成，胞壁多木质化，为栅状细胞层；第四层是带状色素层，细胞长形，薄壁。种皮以内还有一层极薄的透明细胞，为胚乳遗迹。

1.3.5　藜科作物种子的形态结构特点

种植较多的藜科作物主要是甜菜和菠菜。甜菜是北方地区的主要糖料作物，而菠菜则是重要的叶用蔬菜。甜菜种子通常是3～5个坚果聚合在一起成为果球，每个果球附有一片苞叶，组成果球的每个坚果外有5片宿存花萼。

甜菜果皮坚硬且与种皮分离，种子上阔下尖呈反逗号形，种皮红褐色，在胚根突出的尖端内侧可看到脐，种皮以内是种胚，胚体狭长，沿种皮内弯曲呈环状，胚围成的环以内有白色粉块状组织为外胚乳，富含淀粉（图1-17）。

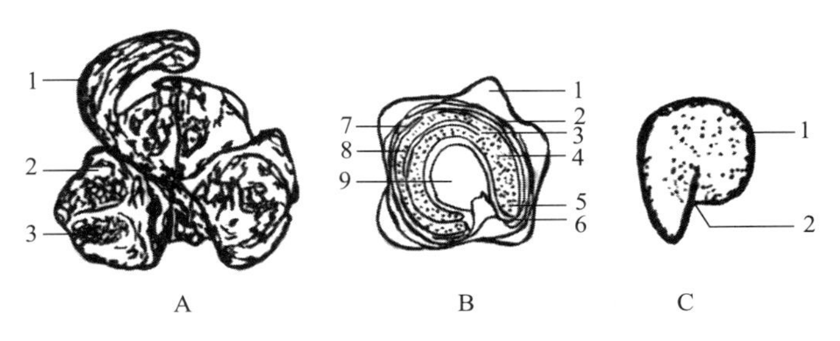

图 1-17　甜菜种子形态结构

A. 果球外形（1. 苞叶　2. 花萼　3. 果实）

B. 果实纵切面（1. 花萼　2. 果皮　3. 胚芽　4. 胚轴　5. 胚根　6. 内胚乳　7. 种皮　8. 子叶　9. 外胚乳）

C. 种子外形（1. 种皮　2. 种脐）

1.3.6　大戟科作物种子的形态结构特点

栽培较多的大戟科作物主要是蓖麻（图 1-18）和橡胶（图 1-19），均为经济作物，其种子较大，内外两层种皮明显分离。蓖麻外种皮厚而硬，表面有花纹并富有光泽，为倒生胚珠所形成，脐条很长从基部直通到顶端。种子基部的种皮细胞突起形成白色海绵样瘤状物为种阜，种脐和发芽口被其覆盖，内种皮为白色膜状。蓖麻是双子叶有胚乳种子，胚乳发达，形成厚厚的一层包在胚体周围，内富含油脂。胚体呈扇状，胚根、胚芽和子叶排列与种子纵轴平行，为直立型，子叶薄而大，生于种子中央，上有明显叶脉。胚根较粗，胚轴较短，两片子叶间的胚芽仅为一个小突起。橡胶种子的内部结构与蓖麻类似，外部形态有差异。

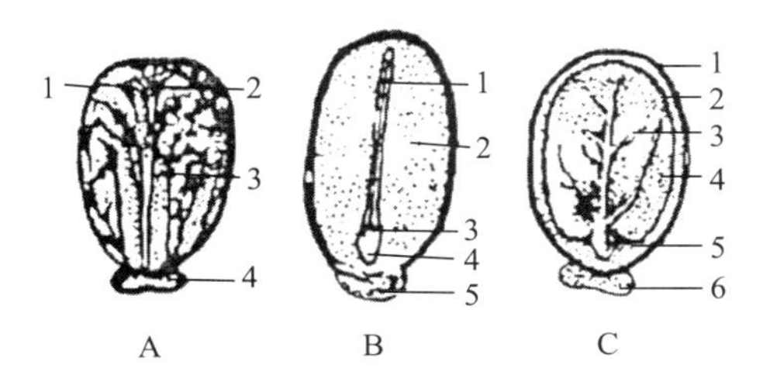

图 1-18　蓖麻种子形态结构

A. 种子外形（1. 外种皮　2. 内脐　3. 脐条　4. 种阜）

B. 与宽面垂直的纵切面（1. 子叶　2. 胚乳　3. 胚芽　4. 胚根　5. 种阜）

C. 与宽面平行的纵切面（1. 外种皮　2. 内种皮　3. 子叶　4. 胚乳　5. 胚根　6. 种阜）

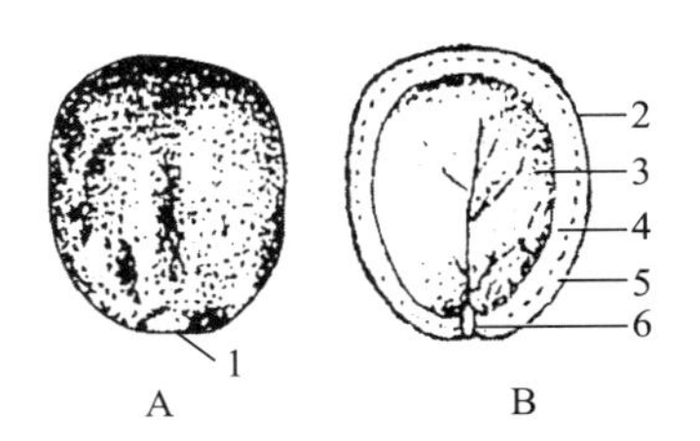

图 1-19　橡胶种子形态结构

A. 种子外形　B. 种子纵切面

1. 发芽口　2. 外种皮和中种皮　3. 子叶　4. 胚乳　5. 内种皮　6. 胚根

1.3.7　蓼科作物种子的形态结构特点

栽培较多的蓼科作物主要有荞麦。荞麦的子实为瘦果，呈三棱形，最外是较厚的黑褐色果皮，包括外表皮、皮下组织、柔组织和内表皮 4 层。果皮内为直生胚珠形成的双子叶有胚乳种子。瘦果的基部有果脐及宿存的五裂花萼，喙状的顶部尖端为发芽口。种子的种皮很薄，包括表皮和柔组织两部分，呈黄绿色，紧附着富含淀粉的内胚乳。胚体位于种子中央，子叶薄而大且扭曲，位于果脐一端；胚根较粗大位于发芽口一端（图 1-20）。

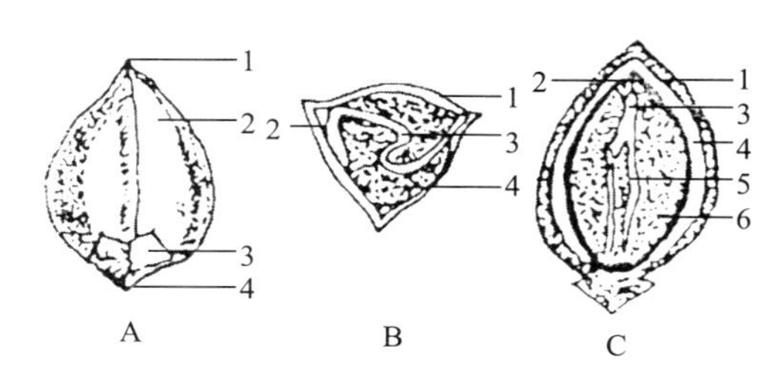

图 1-20　荞麦种子形态结构

A. 籽粒外形（1. 发芽口　2. 果皮　3. 花萼　4. 果脐）

B. 籽粒横切面（1. 果皮　2. 种皮　3. 子叶　4. 胚乳）

C. 籽粒纵切面（1. 果皮　2. 种皮　3. 胚根

4. 子房腔　5. 子叶　6. 胚乳）

1.3.8　茄科作物种子的形态结构特点

茄科作物在蔬菜中占有重要地位。我国广泛栽培的茄科作物主要有茄子、番茄、辣椒、烟草等。茄类种子小且薄，为双子叶有胚乳种子。图 1-21 为番茄种子形态结构，可看到圆薄片状的种子上有种皮表皮细胞突起形成的种毛，其凹陷处是种脐和发芽口。种皮内胚体瘦长，呈螺旋状，螺旋状胚体以外是一层内胚乳。茄子的种子与番茄相似但无种毛。烟草种子肾形，种皮凹凸不平，胚直立，亦有胚乳（图 1-22）。

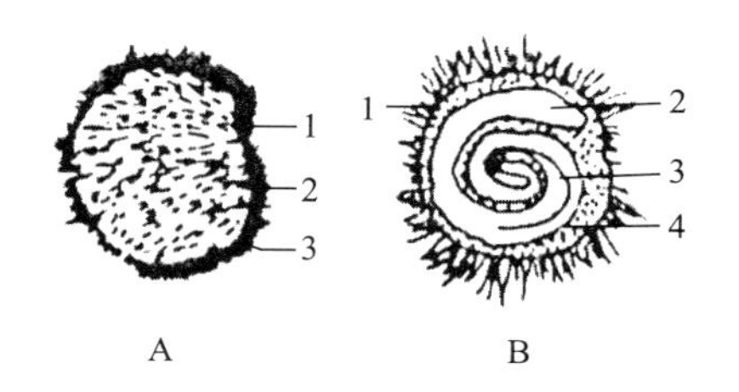

图 1-21　番茄种子形态结构

A. 种子外形（1. 种脐　2. 种皮　3. 种毛）

B. 种子纵切面（1. 种皮　2. 胚根　3. 子叶　4. 内胚乳）

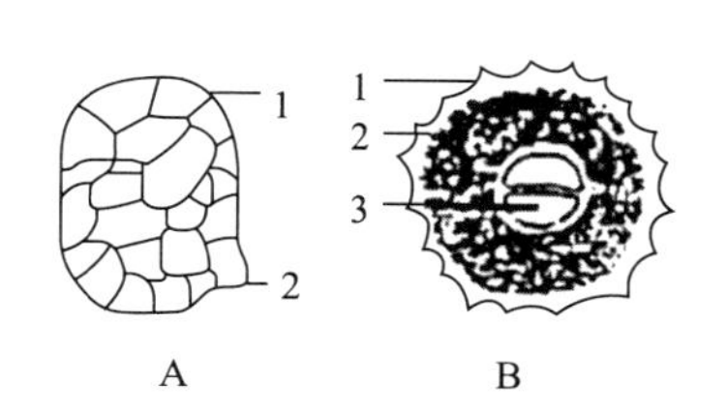

图 1-22　烟草种子形态结构

A. 种子外形（1. 种皮　2. 种脐）

B. 种子横切面（1. 种皮　2. 胚乳　3. 子叶）

1.3.9　葫芦科作物种子的形态结构特点

葫芦科植物中不少为重要蔬菜，例如南瓜、冬瓜、丝瓜、瓠子、黄瓜、葫芦、西葫芦、西瓜、甜瓜等。瓜类种子较大而扁，外表为外种皮，呈现白色、黑色、乳黄色、褐色等颜色，多致密且较坚硬；内种皮较薄而松脆；两片子叶大而富有营养，胚芽分化程度较低，胚轴较短，无胚乳（图 1-23）。西瓜种子有明显的种阜（图 1-24）。

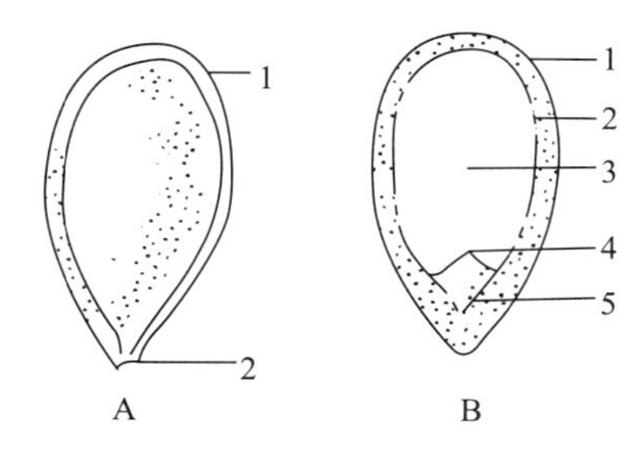

图 1-23　南瓜种子形态结构
A. 种子外形［1. 外种皮　2. 种脐（发芽口）］
B. 种子纵切面（1. 外种皮　2. 内种皮
3. 子叶　4. 胚芽　5. 胚根）

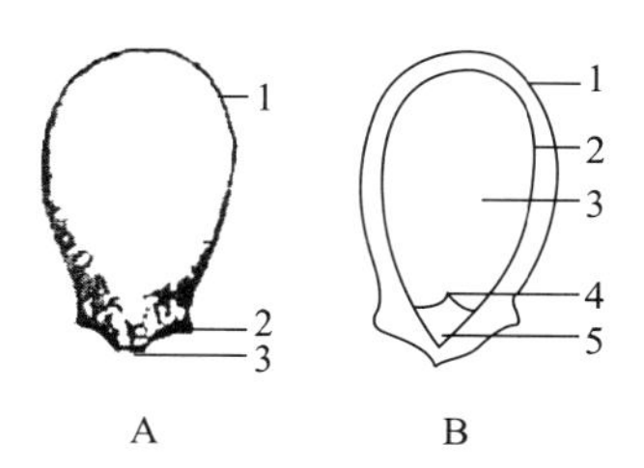

图 1-24　西瓜种子形态结构
A. 种子外形［1. 外种皮　2. 种阜
3. 种脐（发芽口）］
B. 种子纵切面（1. 外种皮　2. 内种皮　3. 子叶
4. 胚芽　5. 胚根）

1.3.10　菊科作物种子的形态结构特点

菊科是被子植物中最大的一个科，有许多为观赏植物（例如菊花类），栽培作油料（或食用）的主要有向日葵，栽培作蔬菜的主要有莴苣。向日葵种子实为瘦果，较大，长形；果皮呈现各种颜色和花纹，顶端有一疤痕为花柱遗迹；种皮白色膜状，两片子叶肥大，胚芽分化程度较差；无胚乳（图 1-25）。莴苣的瘦果较小，果皮凹凸成棱，种皮与胚之间留有一层胚乳残迹（图 1-26）。

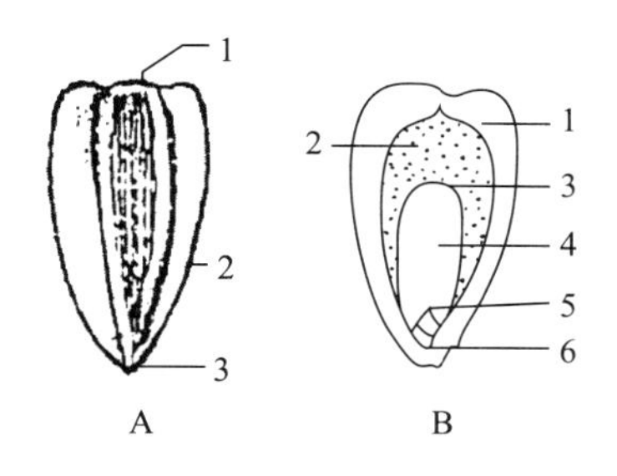

图 1-25　向日葵种子形态结构
A. 瘦果外形［1. 花柱遗迹　2. 果皮　3. 发芽口（果脐）］
B. 瘦果纵切面（1. 果皮　2. 子房腔　3. 种皮　4. 子叶
5. 胚芽　6. 胚根）

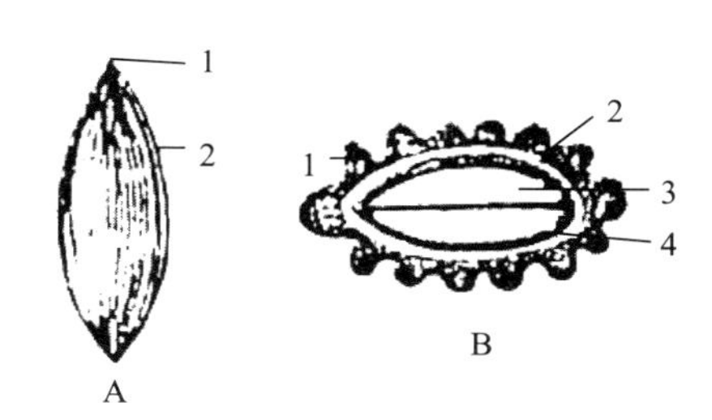

图 1-26　莴苣种子形态结构
A. 瘦果外形（1. 发芽口　2. 果皮）
B. 瘦果横切面（1. 果皮　2. 子房腔
3. 子叶　4. 种皮）

1.3.11　胡椒科作物种子的形态结构特点

我国的胡椒科作物主要生长在南方，属热带作物，其中种植较多的为调味植物胡椒。胡椒为多年生攀缘藤本，其种子实为蒴果。果实球形，果皮上有明显的果脐；果皮皱缩，内含 1 粒种子，由直生胚珠形成；种皮较薄，胚很小，内外胚乳皆具，含胡椒碱和挥发油（图 1-27）。

1.3.12　百合科作物种子的形态结构特点

百合科中作为重要蔬菜栽培的有葱、洋葱、韭葱、韭菜等。其种子多为黑色，体积较小，盾形，种皮上可看到种脐和发芽口；胚瘦长，单子叶弯曲，有胚乳（图 1-28）。胚乳细胞壁厚，胞质内富含脂肪体和蛋白质体。

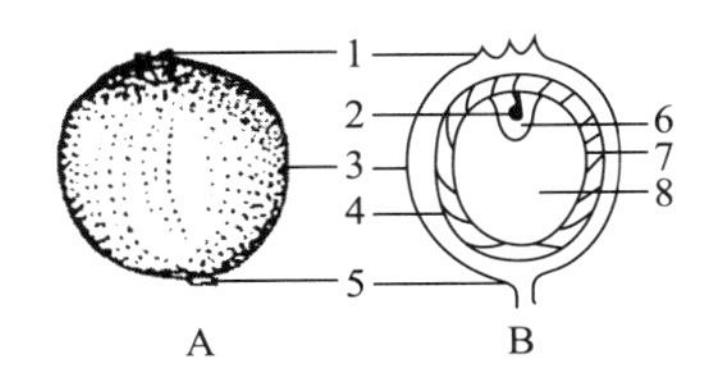

图 1-27　胡椒种子形态结构
A. 籽粒外形　B. 果实纵切面
1. 花柱遗迹　2. 胚　3. 果皮　4. 子房腔
5. 果柄　6. 内胚乳　7. 种皮　8. 外胚乳

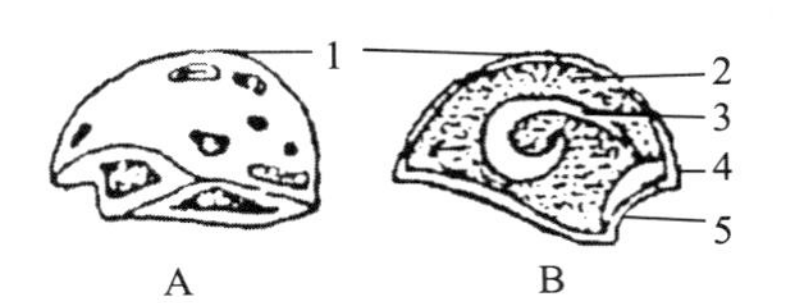

图 1-28　大葱种子形态结构
A. 种子外形　B. 种子纵切面
1. 种皮　2. 胚乳　3. 胚
4. 发芽口　5. 种脐

1.3.13　伞形科作物种子的形态结构特点

伞形科中作蔬菜栽培的主要有胡萝卜、芹菜、芫荽等，其果实为胞果（又称为双悬果），由两个心皮构成的 2 室子房发育而成，每果含 2 粒种子，成熟时下部果皮分离，故又称为分果。果皮内为一层珠被发育成的单层种皮，种子有胚乳，胚较小，2 片子叶（图 1-29）。胡萝卜的果皮外有刺毛，芹菜、芫荽的果实不具刺毛。

1.3.14　壳斗科植物种子的形态结构特点

壳斗科植物广泛分布于我国各地，为高大乔木，主要经济树种有板栗、橡子等，其种子实为坚果。板栗的果实呈倒陀螺形；果皮褐色或黑褐色，厚且具韧性，上有大而明显的果脐、突出成喙状的发芽口；果脐和发芽口分别位于种子两端。每颗果实内含 1 粒种子，由直生胚珠形成；种皮膜质，褐色；子叶 2 片，肥大，内富含淀粉；萌发时子叶留土，无胚乳（图 1-30）。

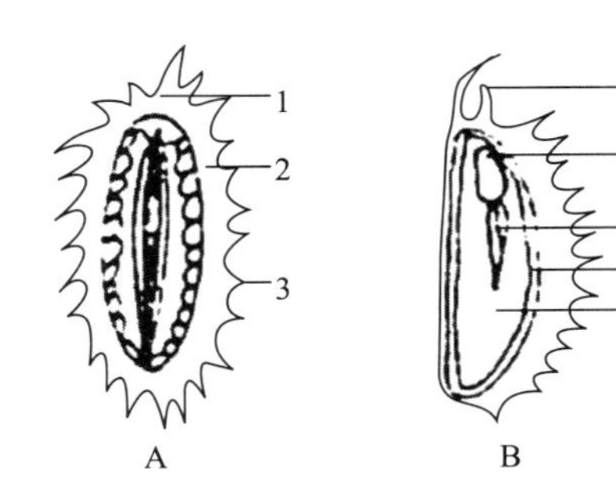

图 1-29　胡萝卜种子形态结构
A. 果实外形（1. 发芽口　2. 果皮　3. 刺毛）
B. 果实纵切面（1. 花柱残留物　2. 胚根
3. 子叶　4. 种皮　5. 胚乳）

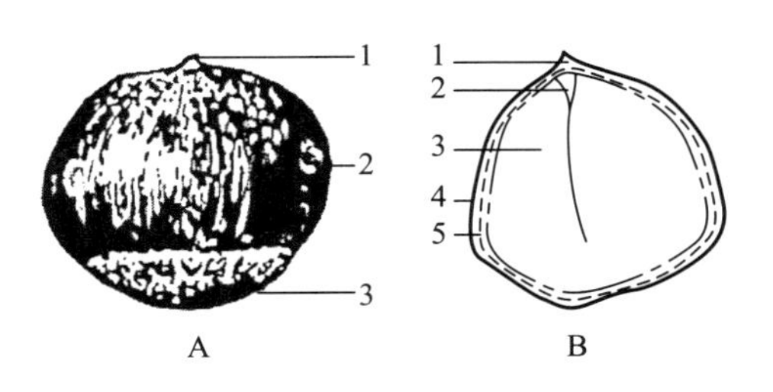

图 1-30　板栗种子形态结构
A. 坚果外形（1. 发芽口　2. 果皮　3. 果脐）
B. 坚果纵切面（1. 发芽口　2. 胚根
3. 子叶　4. 果皮　5. 种皮）

1.3.15　蔷薇科植物种子的形态结构特点

蔷薇科包括许多果树。苹果是多年生落叶果树，乔木，原产于欧洲、中亚和我国新疆西部一带。苹果的果实是由子房和花托发育而成的假果。苹果的正常果实，每果有 5 个心室，每心室有 2 粒种子（图 1-31）。

桃是落叶小乔木。其果实略呈球形，最外层膜质部分为外果皮，中果皮肉质，内果皮坚硬成核（图 1-32）。子房原有 2 枚胚珠，通常仅 1 枚受精并发育成种子。因此桃果实都是一半稍大于另一半，两半连合之处稍显一纵向浅沟，这是核果的特征。果肉有白色、黄色和红色。有的品种果核与果肉容易分离，称为离核型，有的则紧密相连称为粘核型。多数品种的桃成熟后表面有茸毛，果皮光滑的品种称为油桃。成熟种子种皮膜质，2 片子叶较肥大，无胚乳，种子外附有坚硬如骨的内果皮。

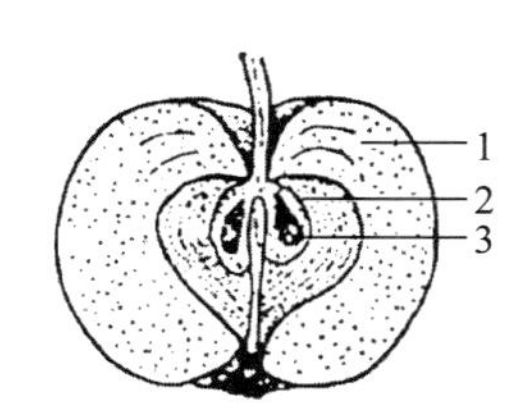

图 1-31　苹果果实纵切面及其种子

1. 假果皮　2. 果皮　3. 种子

（引自叶常丰和戴心维，1994）

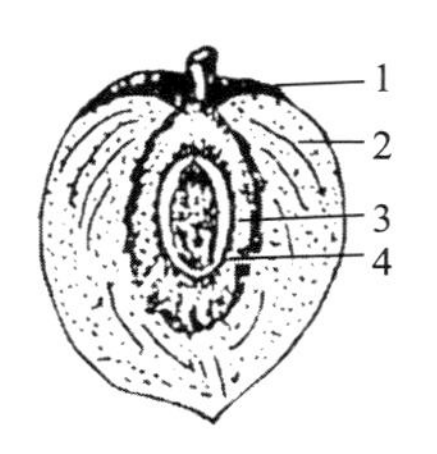

图 1-32　桃果实纵切面及其种子

1. 外果皮　2. 中果皮　3. 内果皮　4. 种子（仁）

（引自叶常丰和戴心维，1994）

1.3.16　裸子植物种子的形态结构特点

裸子植物有许多是重要的经济树种（例如松、柏、杉、铁树、银杏等），其种子或被孢子叶球所包被（例如松、柏等），或裸生（例如银杏），一般具坚硬的种皮，含有丰富的单倍体胚乳，胚乳中富含脂肪。松子的胚呈白色棒状，胚根尖端常有一丝状物为残存的胚柄，胚轴上轮生着 4～16 片子叶（图 1-33）。银杏种子为直生胚珠所形成，其胚倒生于种子的顶部中央，胚体较小，子叶 2 片（图 1-34），或有少数种子无胚；种内充满单倍体胚乳，胚乳中含有大量营养成分。

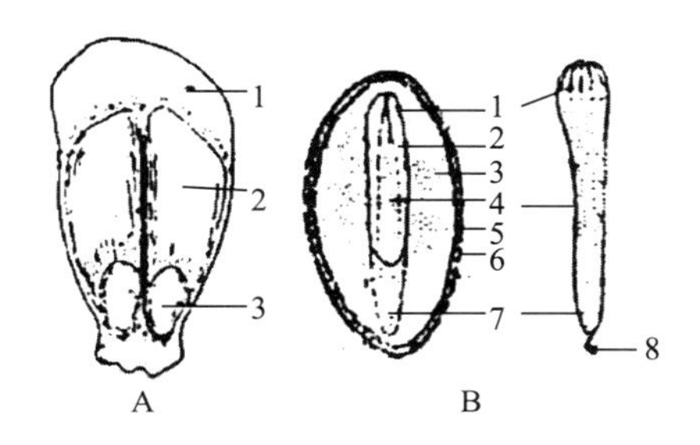

图 1-33　松树种子形态结构

A. 种鳞及种子（1. 种鳞　2. 种翅　3. 种子）

B. 种子纵剖面（1. 子叶　2. 胚芽　3. 胚乳

4. 胚轴　5. 外种皮　6. 内种皮　7. 胚根　8. 胚柄）

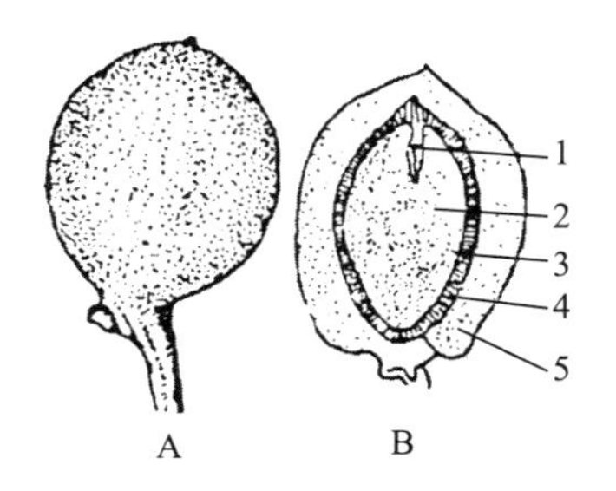

图 1-34　银杏种子形态结构

A. 种子外形（1 个胚珠发育成种子）

B. 种子纵切面（1. 胚　2. 胚乳　3. 内种皮

4. 中种皮　5. 外种皮）

1.4　种子的植物学分类

种子分类的方法很多，人们可以根据不同的需要选择不同的方法。在种子工作中，常用的分类方法主要有两种，一种是根据胚乳的有无分类，另一种是根据植物形态学分类。这两种方法各有其优缺点，前者比较简单，有利于对种子的识别和利用，但有时不很确切，按照这种方法，十字花科和豆科的某些属列入无胚乳种子，而事实上这些植物却含有极少量胚乳（遗迹）；后者虽然较为麻烦，但却能将种子的形态特征和亲缘关系相联系，与植物分类相联系，有助于种子的检验、加工、贮藏。现将两种方法分述如下。

1.4.1　根据胚乳有无分类

根据种子中胚乳的有无和多少，可将种子分为有胚乳种子和无胚乳种子两大类。

1.4.1.1　有胚乳种子

有胚乳种子均具较发达的胚乳。

(1) 依子叶数目分类　根据子叶数目的不同，有胚乳种子又可分为单子叶有胚乳种子和双子叶有胚乳种子。单子叶有胚乳种子主要有禾本科、百合科、姜科、鸭跖草科、棕榈科、天南星科等植物的种子；双子叶有胚乳种子主要有大戟科、蓼科、茄科、伞形科、藜科、苋科、番木瓜科等植物的种子。

(2) 依胚乳来源分类　若根据胚乳的来源，有胚乳种子又可分为以下3种类型。

①内胚乳发达型　在有些种子中，胚只占据种子的一小部分而其余大部分为内胚乳，例如禾本科、大戟科、蓼科、茄科、伞形科、百合科、棕榈科等植物的种子。

②外胚乳发达型　有些植物的种子，在形成过程中消耗了所有的内胚乳，但由珠心层发育成的外胚乳保留下来，例如藜科、石竹科、苋科等植物的种子。

③内外胚乳同时存在型　在同一种子中既有内胚乳又有外胚乳的植物很少，只有胡椒（图1-27）、姜等的种子。

1.4.1.2　无胚乳种子

无胚乳种子是在其发育过程中，胚乳中的营养物质大都转移到了胚中，因而有较大的胚，子叶尤其发达，而胚乳却不复存在。也有些植物种子的胚乳没有完全消失而有少量残留，亦应归于此类。无胚乳种子主要包括豆科、十字花科、锦葵科、葫芦科、蔷薇科、菊科等植物的种子。

1.4.2　根据植物形态学分类

从植物形态学的观点来看，同一科属的种子常具有共同特点。根据种子的形态特点，可以把种子分为以下5大类。

1.4.2.1　包括果实及其外部的附属物的种子

(1) 禾本科　属于这类的禾本科（Gramineae）的种子为颖果，外部包有稃（即内颖和外颖，有的还包括护颖），植物学上常称为假果，例如稻、大麦（有皮大麦）、燕麦、二粒小麦、斯卑尔脱小麦（*Triticum spelta*）、莫迦小麦（*Triticum macha*）、薏苡、粟、黍稷、蜡烛稗、苏丹草等的种子。

(2) 藜科 藜科(Chenopodiaceae)的种子为坚果,外部附着花被及苞叶,例如甜菜、菠菜等的种子。

(3) 蓼科 蓼科(Polygonaceae)的种子为瘦果,花萼不脱落,成翅状或肉质,附着在果实基部,称为宿萼,例如荞麦、食用大黄等的种子。

1.4.2.2 包括果实的全部的种子

(1) 禾本科 属于这类的禾本科(Gramineae)的种子为颖果,例如普通小麦、黑麦、玉米、高粱和裸大麦的种子。

(2) 棕榈科 棕榈科(Palmaceae)的种子为核果,例如椰子的种子。

(3) 蔷薇科 属于这类的蔷薇科(Rosaceae)的种子为瘦果,例如草莓的种子。

(4) 豆科 属于这类的豆科(Leguminosae)的种子为荚果,例如黄花苜蓿(金花菜)的种子。

(5) 大麻科 大麻科(Cannabinaceae)的种子为瘦果,例如大麻的种子。

(6) 荨麻科 荨麻科(Urticaceae)的种子为瘦果,例如荨麻的种子。

(7) 壳斗科 壳斗科(Fagaceae)的种子为坚果,例如栗、槠、栎和槲的种子。

(8) 伞形科 伞形科(Umbelliferae)的种子为悬果,例如胡萝卜、芹菜、茴香、防风、当归、芫荽等的种子。

(9) 菊科 菊科(Compositae)的种子为瘦果,例如向日葵、菊芋、除虫菊、苍耳、蒲公英和橡胶草的种子。

(10) 睡莲科 属于此类的睡莲科(Nymphaeaceae)的种子有莲的种子等。

1.4.2.3 包括种子及果实的一部分(主要是内果皮)的种子

(1) 蔷薇科 属于这类的蔷薇科(Rosaceae)的种子有桃、李、梅、杏和樱桃的种子。

(2) 桑科 属于这类的桑科(Moraceae)的种子有桑和楮的种子。

(3) 杨梅科 属于这类的杨梅科(Myricaceae)的种子有杨梅的种子。

(4) 胡桃科 属于此类的胡桃科(Juglandaceae)的种子有胡桃和山核桃的种子。

(5) 鼠李科 属于此类的鼠李科(Rhamnaceae)的种子有枣的种子。

(6) 五加科 属于此类的五加科(Araliaceae)的种子有人参和五加的种子。

1.4.2.4 包括种子的全部的种子

(1) 百合科 属于此类的百合科(Liliaceae)的种子有葱、洋葱、韭菜和韭葱的种子。

(2) 樟科 属于此类的樟科(Lauraceae)的种子有樟的种子。

(3) 山茶科 属于此类的山茶科(Theaceae)的种子有茶和油茶的种子。

(4) 椴树科 属于此类的椴树科(Tiliaceae)的种子有黄麻的种子。

(5) 锦葵科 属于此类的锦葵科(Malvaceae)的种子有棉和苘麻的种子。

(6) 番木瓜科 属于此类的番木瓜科(Caricaceae)的种子有番木瓜的种子。

(7) 葫芦科 属于此类的葫芦科(Cucurbitaceae)的种子有南瓜、冬瓜、西瓜、甜瓜、黄瓜、葫芦和丝瓜的种子。

(8) 十字花科 属于此类的十字花科(Cruciferae)的种子有油菜、甘蓝、萝卜、芜菁、芥菜、白菜和荠菜的种子。

(9) 苋科 属于此类的苋科(Amaranthaceae)的种子有苋菜的种子。

(10) 蔷薇科 属于此类的蔷薇科(Rosaceae)的种子有苹果、梨和蔷薇的种子。

（11）豆科 属于此类的豆科（Leguminosae）的种子有大豆、菜豆、绿豆、花生、刀豆、扁豆、豇豆、蚕豆、豌豆、豆薯、猪屎豆、紫云英、田菁、三叶草、苜蓿、苕子、紫穗槐和羽扇豆的种子。

（12）亚麻科 属于此类的亚麻科（Linaceae）的种子有亚麻的种子。

（13）芸香科 属于此类的芸香科（Rutaceae）的种子有柑、橘、柚、金橘、柠檬、佛手柑的种子。

（14）无患子科 属于此类的无患子科（Sapindaceae）的种子有龙眼、荔枝和无患子的种子。

（15）漆树科 属于此类的漆树科（Anacardiaceae）的种子有漆树的种子。

（16）大戟科 属于此类的大戟科（Euphorbiaceae）的种子有蓖麻、橡皮树、油桐、乌桕、巴豆和木薯的种子。

（17）葡萄科 属于此类的葡萄科（Vitaceae）的种子有葡萄的种子。

（18）柿树科 属于此类的柿树科（Ebenaceae）的种子有柿的种子。

（19）旋花科 属于此类的旋花科（Convolvulaceae）的种子有甘薯和蕹菜的种子。

（20）茄科 属于此类的茄科（Solanaceae）的种子有茄子、烟草、番茄和辣椒的种子。

（21）胡麻科 属于此类的胡麻科（Pedaliaceae）的种子有芝麻的种子。

（22）茜草科 属于此类的茜草科（Rubiaceae）的种子有咖啡、栀子和金鸡纳树的种子。

（23）松科 属于此类的松科（Pinaceae）的种子有马尾松、杉、落叶松、赤松和黑松的种子。

1.4.2.5 包括种子的主要部分（种皮的外层已脱去）的种子

这类种子有银杏科（Ginkgoaceae）的银杏的种子。

复 习 思 考 题

1. 名词解释

种脐　脐条　发芽口　内脐　种阜

2. 直生胚珠形成的种子与倒生胚珠形成的种子形态构造有何差异？

第2章

种子的化学成分

种子作为植物繁衍后代的最佳器官，含有多种多样的化学物质，这些化学物质既是种子生命活动的基质，又是萌发时幼苗生长所必需的养料来源。同时，所含化学成分种类、含量及其分布的差异，直接影响种子的生理特性和物理特性，也就与种子加工、贮藏、萌发和营养价值有着密切的联系。只有深入了解种子的化学成分，才能较好地把握种子的生命活动规律，为合理地进行种子生产、加工、贮藏提供理论支撑，同时也为给农业生产提供高活力的种子奠定基础。

2.1 种子的主要化学成分及其分布

2.1.1 种子的主要化学成分及其差异

2.1.1.1 种子的主要化学成分

植物为了满足新个体的生存和继续生长，在种子中贮存多种化学物质，这些化学物质，依其在种子中的作用，可分为4大类：第一大类是构成种子细胞的结构物质，例如构成原生质的蛋白质、核酸、磷脂，构成细胞壁的纤维素、半纤维素、木质素、果胶质、矿物质等。第二大类是贮藏营养物质，在种子中含量很高，主要有糖类、脂肪和蛋白质及其他含氮物质。第三大类是生理活性物质，例如酶、植物激素、维生素等，在种子中相对含量虽少，但对种子生命活动起重要的调控作用。第四大类是水分，水分虽不是种子中的营养成分，却是维持种子生命活动不可缺少的化学组成。除了这些大多数植物种子所共有成分外，某些植物种子还含有一些对人畜有害的物质，例如芥子苷、棉酚、鞣质（单宁）、茄碱等。

农作物种子中普遍含有各种营养成分，按其营养成分的差异，把种子划分为粉质种子（starch seed）、蛋白质种子（protein seed）和油质种子（oil seed）3大类。粉质种子是指淀粉含量特别高的禾谷类种子（禾本科和荞麦），其淀粉含量为60%～70%，以淀粉粒形式贮存在发达的胚乳中，蛋白质含量为8%～12%，脂肪含量为2%～3%。蛋白质种子是指蛋白质含量较高的豆类种子，蛋白质含量在25%～35%。其中有些是蛋白质含量高，油脂含量也高的油用或油蛋白两用类型，例如大豆和花生，大豆的脂肪含量是稻米、小麦和玉米的数倍；有些则是蛋白质含量高、淀粉含量也高而脂肪含量极少的食用豆类，例如豌豆、绿豆、蚕豆等。油质种子包括许多科的多种作物种子，其共同特点是脂肪含量高，在30%～50%，同时蛋白质含量也较高。薯类种子实际为营养器官，水分含量较高，营养成分主要是糖类。

2.1.1.2　种子中化学成分的差异

不同植物种子所含化学成分差异显著。表 2-1 列出了主要作物种子化学成分的含量，从表 2-1 中可以看出，分类学上亲缘关系相近的植物，其种子的化学成分大体上相似，而亲缘关系较远的植物种子之间差异往往较大。

种子中化学成分的差异不仅表现在不同植物种间，同种植物不同品种间差异也很明显。我国李鸿恩（1992）对收集的 20 184 份小麦品种资源分析，籽粒蛋白质含量在 7.5%～28.9%，平均为 15.1%。生产上推广的小麦品种籽粒蛋白质含量变幅较小，一般在 12%～16%。玉米杂交种蛋白质含量在 9.50%～11.17%，但高蛋白玉米品种蛋白质含量可达 16.9%。不同类型，不同品种间化学成分变幅大，品种改良的潜力大，品质育种前景广阔。

种子的化学成分和种子的许多物理性质及种子品质密切相关。例如糙米的蛋白质和灰分含量与种子的千粒重、比重、容重呈显著的负相关，而糖类含量则与这些性质及种子的大小呈显著正相关。小麦种子蛋白质含量越高，其硬度和透明度越高。粉质种子和蛋白质种子的淀粉和蛋白质含量与种子容重呈正相关，而油料作物种子的脂肪含量与种子容重呈负相关。种子蛋白质与种子活力的关系也十分密切，山东农业大学（2018）发现小麦、玉米种子中的蛋白质含量可以作为新收获种子活力评价的指标。棉花种子中的蛋白质和脂肪的含量与活力密切相关。花生主要贮藏蛋白的球蛋白含量与种子活力呈显著的正相关。

表 2-1　主要作物种子的化学成分含量（%）

作物种类		水分	糖类	蛋白质	脂肪	纤维素	灰分	特殊成分
禾谷类	小麦	10.4	69.8	13.5	2.1	2.4	1.8	
	大麦	10.1	71.0	8.7	1.9	5.7	2.6	
	水稻	11.4	64.7	8.3	1.8	8.8	5.0	
	普通玉米	11.5	71.0	9.8	4.3	1.9	1.5	可溶性糖 1.5～3.7
	爆裂玉米	9.4	69.7	12.1	5.2	2.0	1.6	
	甜玉米	9.3	67.2	11.5	7.9	2.3	1.8	可溶糖 10～16
	谷子	10.6	71.2	11.2	2.9	2.2	1.9	
	白高粱	13.7	64.8	11.9	5.0	1.6	3.0	鞣质 0.04～0.09
	红高粱	9.0	72.0	9.9	4.7	1.8	2.5	鞣质 0.14～1.55
	黑麦	10.0	71.7	12.3	1.7	2.3	2.0	
	燕麦	8.9	62.2	9.6	7.2	8.7	3.4	
	黍子	9.3	64.2	11.7	3.3	8.1	3.4	
	荞麦	9.6	63.8	11.9	2.4	10.3	2.0	
豆类	大豆	8.8	26.3	36.9	17.2	4.5	5.3	皂苷 0.46～0.50
	花生（仁）	5.3	11.7	30.5	47.7	2.5	2.3	
	绿豆	12.0	58.7	22.1	0.8	3.1	3.3	
	豌豆	9.5	56.2	23.8	1.2	6.2	3.1	
	菜豆	11.8	56.1	22.9	1.4	3.5	4.3	
	蚕豆	12.0	50.8	25.7	1.2	6.2	3.1	蚕豆毒素 0.9～1.0

（续）

作物种类		水分	糖类	蛋白质	脂肪	纤维素	灰分	特殊成分
油料	芝麻	5.4	12.4	20.3	53.6	3.3	5.0	
	向日葵（仁）	4.5	16.3	27.7	41.4	6.3	3.8	
	棉籽（仁）	6.4	14.8	39.0	33.2	2.2	4.4	棉酚 0.51～1.59
	油菜	5.8	15.6	26.3	40.0	4.5	4.4	芥子苷 3～7
	蓖麻	—	27.0	19.0	51.0	—	—	
	亚麻	6.2	24.0	24.0	35.9	6.3	3.6	
	大麻	7.5	20.0	24.0	30.0	15.0	3.5	
薯类	甘薯（块根）	71.3	25.2	2.0	0.2	0.5	0.8	
	马铃薯（块茎）	70.8	24.6	1.7	0.6	1.2	1.1	茄碱 0.002～0.13

2.1.2　农作物种子化学成分的分布

不同作物种子的胚、胚乳和种被的组成比例差异很大，各部分所含化学成分种类和数量明显不同，从而决定了各部分生物化学特性和生理机能以及营养价值和利用价值的不同。例如无胚乳种子，主要是种胚和种皮，种胚占的比例很大，而且营养物质主要存在于胚中尤其是子叶中，子叶很发达，胚芽、胚轴、胚根所占的比例较小，例如大豆。

对于有胚乳的种子来说，种被、种胚和胚乳 3 部分所占的比例和所含成分因作物而异。以小麦为例，果种皮占籽粒质量的 4%～8%，所含成分主要是纤维素和戊聚糖，另有部分蛋白质，它们都是不易消化利用的成分，矿物质的含量也高。果种皮以内是胚乳，其中糊粉层约占全粒质量的 6%；淀粉层占全粒质量的 82%～85%，是人类食用的主要部分。胚乳中的主要成分为淀粉，几乎占胚乳干物质量的 80%；其次是贮藏蛋白质，含量约为 13%，明显低于全粒（表 2-2），但其绝对含量高。若以籽粒中的蛋白质作为 100%，则胚乳蛋白质占 65%左右（表 2-3），而可溶性糖、纤维素、脂肪、灰分的含量很低，这使面粉较易贮藏。小麦胚所占比例很小，一般为 2.0%～3.6%，胚几乎不含淀粉，但其蛋白质、脂肪含量和可溶性糖较高，并含多种维生素，例如 B 族维生素（表 2-4），因而具有较高的营养价值，但在贮藏过程中极易吸湿、变质和发霉生虫，不耐贮藏。需要注意的是，种子同一器官的不同部位（如禾本科种子的胚乳）的化学成分也有一定差异。

表 2-2　小麦种子各部分的化学成分含量（%）

种子部分	质量比例	蛋白质	淀粉	脂肪	可溶性糖	戊聚糖	纤维素	灰分
全粒	100	16.06	63.07	2.24	4.32	8.1	2.76	2.18
胚乳	82～85	12.91	78.82	0.68	3.54	2.72	0.15	0.45
胚	2.0～3.6	41.3	0	15.04	25.12	9.74	2.46	6.32
糊粉层	6	53.16	—	8.16	6.85	15.44	6.41	13.93
果种皮	4～8	10.56	—	7.46	2.58	51.43	23.73	4.28

表 2-3　小麦种子各部分化学成分的分布（%）

化学成分	全粒	胚乳	糊粉层	胚	果种皮
淀粉	100	100	0	0	0
蛋白质	100	65	约 20	<5	约 5
脂肪	100	25	55	20	0
纤维素	100	<5	15	约 5	75
可溶性糖	100	80	约 18.5	约 1.5	0

表 2-4　小麦不同部位中 B 族维生素含量（μg/g）

种子部位	维生素 B_1	维生素 B_2	维生素 B_6	维生素 PP
全粒	3.7～6.1	0.6～3.7	5	46～63
胚	10.6～30.0	7.8～14.5	13	84～76
麸皮	7.0～28.0	2.8～6.1	—	120～325

麸皮主要由果种皮组成。其主要成分是纤维素。果种皮细胞是死的，无原生质而仅剩空细胞壁。糊粉层是胚乳的外层，在种子中所占的比例极小，在小麦中仅一层细胞，但却含有非常丰富的蛋白质、脂肪、矿物质和维生素，具有很高的营养价值，但在加工中很难与果种皮分开，从而混到麸皮之中，从营养学观点看，是很可惜的。

玉米种子各部分的化学成分（表 2-5）与小麦基本一致，只是胚中除蛋白质和可溶性糖含量高外，脂肪含量也高，达 30%～54%或以上，加之胚占比例大，一般占种子质量的 10%～15%，甜玉米和高油玉米的胚可高达 20%以上，更不耐贮藏，现在许多地方在玉米加工中将胚和胚乳分开，胚乳制粉，胚榨油，既增强了玉米粉的耐贮性，又使胚中的营养成分得到充分利用。

有些籽粒外包有稃壳（例如水稻、大麦、燕麦等），稃壳由高度木质化的细胞构成，纤维素和矿物质含量特别高，能对种子起良好的保护作用，使种子容易贮藏。

双子叶植物种皮有着与禾本科种皮相类似的化学成分特点，只是有些种子的种皮还具有蜡质物组成的角质层，使种皮具有不透水性。

表 2-5　玉米种子各部分的化学成分含量（%）

种子部分	质量比例	蛋白质	淀粉	脂肪	可溶性糖	灰分
全粒	100	8.2	74.0	3.9	1.8	1.5
胚乳	80～85	7.2	87.8	0.8	0.8	0.5
胚	10～15	18.9	9.0	31.1	10.4	1.0
果种皮	5～8	3.8	7.0	1.2	0.5	11.3

2.2　种子水分

种子水分是种子细胞内部新陈代谢作用的介质，在种子的成熟、萌发、发芽和贮藏期间，种子的各种物理性质和生理生化变化以及安全贮藏都与水分的状态及含量有密切的关系。

2.2.1　种子水分的存在状态

种子中的水分是一个复杂的体系，一般种子中的水分是以游离水（free water）和结合水（bound water）两种状态存在的。游离水又称为自由水，是指不被种子中的胶体吸附或吸附力很小，能自由流动的水。游离水主要存在于种子的毛细管和细胞间隙中，具有一般水的性质，可作溶剂，0 ℃以下能结冰，自然条件下易蒸发。结合水又称为束缚水，是指被种子中亲水胶体所紧紧吸引，不能自由流动的水。结合水不具有普通水的性质，不能作溶剂，0 ℃以下低温不会结冰，自然条件下不易蒸发。

种子水分的存在状态与种子生命活动密切相关。当种子只含束缚水时，种子中的酶，尤其是水解酶呈钝化状态，种子的新陈代谢极其微弱，这有利于种子活力的保持和寿命的延长。而自由水一旦出现，水解酶就由钝化状态转变为活化状态，呼吸强度迅速升高，新陈代谢加快，其生命活动就会由弱转强，种子耐贮性下降，种子的活力和生活力很快降低甚至丧失。

2.2.2　种子的临界水分和安全水分

2.2.2.1　种子的临界水分

种子中自由水和束缚水的分界即临界水分，是指种子中自由水刚刚去尽，而只剩下饱和束缚水时的种子含水量，又称为束缚水量。束缚水分子间的吸引力，称为吸附引力。水分子具有永久偶极，能通过分子间的静电引力被强烈地吸附于极性物质上。种子中的淀粉和蛋白质，含有很多能与水作用的极性亲水基（例如羧基、羟基、醛基、氨基等），为亲水胶体。种子饱和束缚水含量即临界水分因种子中亲水胶体的含量及其所含有的亲水基数量和种类的不同而有差异。蛋白质的亲水基多且亲水性强，所以蛋白质含量高的种子其临界水分也高。同样，淀粉也具有较强的亲水性，其临界水分也较高。脂肪中不含亲水基，也就不能吸附水分子。一般禾谷类种子的临界水分为 12%～13%；油料作物种子的临界水分为 8%～10%，甚至更低，这取决于种子的含油量，含油量愈高，临界水分愈低。

2.2.2.2　种子的安全水分

种子安全贮藏必须低于该种子的临界水分，否则由于新陈代谢加强易引起种子劣变而丧失发芽力，影响播种品质和食用品质。因此为了种子的贮藏安全，种子水分就必须控制在一定范围内，这个保证种子安全贮藏的种子含水量范围，称为种子的安全水分。每逢种子入库，都要先确定该批种子的安全水分。种子安全水分的确定，最重要的依据是临界水分，临界水分高的种子，其安全水分也可高一些，反之则应低。种子的安全水分除了因作物种类不同而不同外，还在很大程度上受温度和仓储条件的影响，一般温度越高，仓储条件越差，安全水分越低（表 2-6）。在我国南方温度高、空气湿度大，安全水分要略低于北方。禾谷类作物种子的安全水分，在温度 0～30 ℃范围内，温度一般以 0 ℃为起点，水分以 18%为基点，以后温度每增高 5 ℃，种子的安全水分就相应降低 1 个百分点。

表 2-6　种子贮藏在不同温度下的最大安全含水量（%）

作　物	4.5～10 ℃（40～50 ℉）	21 ℃（70 ℉）	26.5 ℃（80 ℉）
菜豆	15	11	8
利马豆	15	11	8
甜菜	14	11	9
甘蓝	9	7	5
胡萝卜	13	9	7
芹菜	13	9	7
甜玉米	14	10	8
黄瓜	11	9	8
莴苣	10	7	5
秋葵	14	12	10
洋葱	11	8	6
豌豆	15	13	9
花生（仁）	6	5	3
辣椒	10	9	7
菠菜	13	11	9
番茄	13	11	9
芜菁	10	8	6
西瓜	10	8	7

2.2.3　种子的吸湿性和平衡水分

2.2.3.1　种子的吸湿性

种子是具有多孔性毛细管结构的胶体物质。种子的表面和毛细管内壁可以吸附水蒸气或其他挥发性物质的气体分子，这种性能称为吸附性（absorbability）。同样，被吸附的气体分子也可以从种子表面或毛细管内部释放到周围环境中去，这个过程是吸附作用的逆转，称为解吸。种子对水蒸气的吸附作用称为吸湿性。

2.2.3.2　种子平衡水分的含义

种子水分随着吸附与解吸过程的变化而变化，当吸附过程占优势时，种子含水量增加；当解吸过程占优势时，种子水分含量降低。如果将种子放在一个固定的温度和湿度条件下，经过一段时间后，种子的吸附和解吸达到了平衡。这时种子水分含量基本上稳定不变，此时的种子含水量就称为该温度和湿度条件下的平衡水分（equilibrium moisture content）。在自然条件下，种子实有水分与当时温度和湿度下的平衡水分经常有一定的差距（表 2-7）。因此在生产上可以利用平衡水分来判断种子水分的变化趋向，即在当时的温度和湿度条件下，种子是趋向吸湿还是散湿，并以此为依据对贮藏中的种子采取通风、密闭、摊晒、干燥降水等处理。

表 2-7　种子在不同温度和相对湿度下的平衡水分（%）

作物种子	温度（℃）	相对湿度（%）							
		20	30	40	50	60	70	80	90
小麦	0	8.7	10.1	11.2	12.4	13.5	15.0	16.7	21.3
大麦		9.2	10.6	12.1	13.1	14.4	16.4	18.3	21.1
黍		8.7	10.2	11.7	12.5	13.6	15.2	17.1	19.1
水稻	20	7.5	9.1	10.4	11.4	12.5	13.7	15.2	17.6
玉米		8.2	9.4	10.7	11.9	18.2	14.9	16.9	19.2
小麦		7.8	9.0	10.5	11.6	12.7	14.3	15.9	18.3
大麦		7.8	9.2	10.7	11.3	13.1	14.3	16.0	19.9
黍		8.8	9.5	10.9	12.0	13.4	15.2	17.5	20.9
大豆		5.4	6.5	7.1	8.0	9.5	14.4	15.3	20.9
亚麻籽		—	—	5.1	5.9	6.80	7.9	9.2	12.1
蓖麻籽		—	—	—	—	5.5	6.1	7.1	8.90
小麦	30	7.4	8.8	10.2	11.4	12.5	14.0	15.7	19.3
大麦		7.6	9.1	10.4	12.2	13.2	14.3	16.6	19.0
黍		7.2	8.7	10.2	11.0	12.1	13.6	15.3	17.7

2.2.3.3　种子平衡水分的主要影响因素

（1）空气湿度　种子水分随空气相对湿度的改变而变化。在一定温度下，空气中相对湿度愈高，种子的平衡水分也愈高。例如在 25 ℃时，水稻种子在空气相对湿度 60%、75%和 90%时，平衡水分分别为 12.6%、13.8%和 18.1%。总的来说，在相对湿度较低时，平衡水分随相对湿度的提高而缓慢地增长，而在相对湿度较高时，种子水分随相对湿度的提高而急剧增长。因此在相对湿度较高的情况下，要特别注意种子的吸湿返潮问题。

开放环境中空气相对湿度在一昼夜和一年四季内都有变化，种子平衡水分也会随之变化。

（2）温度　温度对平衡水分有一定的影响，因此大多数平衡水分在 25 ℃条件下测定。在同样的相对湿度下，气温愈低，平衡水分愈高，反之亦然。这是因为空气中水汽的绝对含量虽因降温而减少，但种子水分的散失也随之降低。温度对种子平衡水分的影响远小于湿度对种子平衡水分的影响。

（3）种子化学物质的亲水性　种子化学成分组成中含有大量极性亲水基团［例如—OH（羟基）、—CHO（醛基）、—COOH（羧基）、$—NH_2$（氨基）、—SH（巯基）等］，蛋白质与糖类的分子中均含有这类极性基团，故亲水性强；脂肪分子中不含极性基团，表现疏水性。这就说明为什么一般蛋白质丰富的种子吸湿力强，而含油多的种子吸湿力较弱。因此在相同温度和湿度条件下，禾谷类种子和蚕豆种子比大豆和向日葵种子有较高的水分含量。

（4）种子的部位与种子结构　种子不同部位由于化学成分不同，其亲水基团含量有明显差异，胚比胚乳等其他部分含有更多亲水基团，因而种子胚部的含水量明显超过其他部位的含水量。例如玉米种子水分为 24.2%时，胚部含水量为 27.8%，而当种子水分达 29.5%时，胚部含水量高达 39.4%；小麦种子水分为 18.5%时，胚部水分达到 20.0%。这也是种子胚部较其他部位容易变质的一个重要原因。有些作物的种皮可能成为种子吸湿的限制因素，例如豆科的紫云英、绿豆等种子，其种皮结构致密并覆有蜡质，影响种子吸水。种子结构也会影响吸水。玉米的角质胚乳明显影响种子吸水量和吸水速度。因此玉米采用果穗贮藏，可使籽粒的胚乳角质部分朝外，减少吸水。

2.3　种子中的营养成分

糖类、脂肪和蛋白质是种子的主要营养成分，也是人类食物中的主要可利用养分。糖类和脂肪是呼吸作用的基质，蛋白质主要用于合成幼苗的原生质和细胞核。在糖类或脂肪缺乏时，蛋白质也可通过转化作用成为呼吸作用的基质。

2.3.1　糖类

糖类是种子中的3大贮藏物质之一，是种子生命活动中的呼吸作用的主要基质，为种子提供生长发育所必需的养料。例如在种子发芽时，糖类在分解过程中产生的某些中间产物可作为新细胞中蛋白质、脂类等物质合成的碳架。糖与蛋白质所形成的糖蛋白还是细胞组成成分之一。种子中所含的糖类总量占干物质量的25%～70%，因作物种类而不同。其存在形式包括不溶性糖和可溶性糖两大类，不溶性糖是主要贮藏形式。

2.3.1.1　可溶性糖

种子中的可溶性糖主要有葡萄糖、果糖、麦芽糖和蔗糖。大多数禾谷类成熟种子中可溶性糖含量不高，一般占干物质量的2.0%～2.5%，其中主要是蔗糖。种子中的可溶性糖集中分布于胚部及种子的外围组织（包括果皮、种皮、糊粉层及胚乳外层），在胚乳中的含量很低。胚部的蔗糖含量因作物种类而不同，通常在10%～23%。例如小麦胚部蔗糖含量为16.2%，黑麦胚部蔗糖含量为22.9%，玉米胚部蔗糖含量为11.4%。这些可溶性糖在种子发芽时对幼胚的初期生长具有重要的作用。另外，蔗糖也是有机物质转运的主要形式，是种子萌发时的主要养分来源。

可溶性糖的种类和含量因种子的生理状态不同而发生变化，未充分成熟或处于萌动状态种子的可溶性糖含量很高，其中单糖占了不小的比率；随着成熟度的增高可溶性糖含量下降。种子在不良条件下贮藏时，亦会引起可溶性糖含量的增高。因此种子的可溶性糖含量的动向，可在一定程度上反映种子的生理状况。

2.3.1.2　不溶性糖

种子中的不溶性糖主要包括淀粉、纤维素、半纤维素和果胶等，完全不溶于水或吸水而成黏性胶溶液。其中淀粉和半纤维素可在酶的作用下水解成可溶性糖而被利用，纤维素和果胶则难以被分解利用。果胶含量少，无生理活性，生理意义小。

（1）淀粉　淀粉在植物种子中分布广泛，又是禾谷类种子的最主要贮藏物质。它以淀粉粒的形式贮存于胚乳细胞中，种子的其他部位极少。

种子中的淀粉为白色粉状物。淀粉在绝对干燥条件下的相对密度（比重）为1.65，而湿淀粉的相对密度（比重）为1.3。淀粉在冷水中不溶解且很快沉降。淀粉沉降的速度因颗粒的大小而不同，颗粒越大，沉降越快，因而可用沉降速度的差异进行淀粉分级。

淀粉以淀粉粒的形式存在于种子的胚乳或无胚乳种子的子叶中，胚和种皮中一般不含淀粉。淀粉粒的主要成分是多糖，一般在 95%以上，还含有少量矿物质、磷酸及脂肪酸。淀粉粒由细胞中的质体发育而来，1 个质体中形成 1 个淀粉粒的称为单粒，1 个质体中形成 2 个以上淀粉粒的则称为复粒。复粒是许多单粒的聚合体，其外包有膜。玉米、小麦、蚕豆等的淀粉粒为单粒，水稻和燕麦的淀粉粒以复粒为主。马铃薯的淀粉粒一般是单粒，但有时也形成复粒或半复粒（图 2-1 和图 2-2）。淀粉粒的大小、形态和结构在不同作物间存在一定差异，是鉴定淀粉或粮食粉及粉制品的依据。一般作物种子的淀粉粒直径为 12～50 μm，大的如马铃薯为 45 μm，蚕豆和豌豆为 32～37 μm；中等的如大小麦为 25 μm；较小的如甘薯为 15 μm，水稻为 7.5 μm。同种种子不同部位也有差异，一般子叶中的淀粉粒比胚本体的大，而胚乳中则愈向内淀粉粒的直径愈大。淀粉粒刚形成时均为圆形或椭圆形，而随着淀粉粒体积的扩大和数量的增多，分布稠密的部位会形成多角形，例如水稻、玉米等胚乳的角质部分；不十分稠密的部位（例如禾谷类种子胚乳的粉质部分和甘薯块根、马铃薯块茎中的淀粉粒），则仍呈圆形或椭圆形。

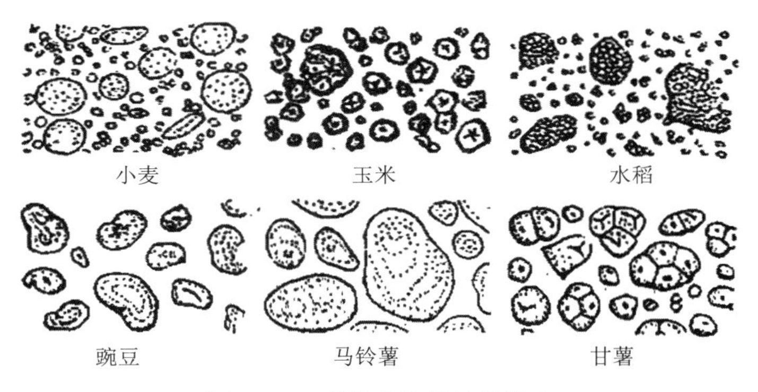

图 2-1　几种作物淀粉粒的模式

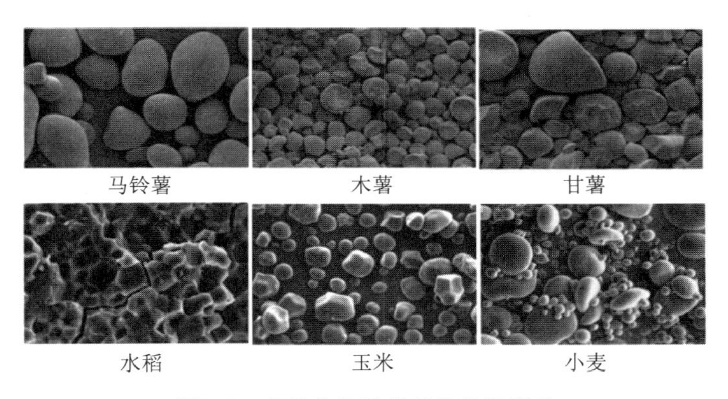

图 2-2　几种作物淀粉粒的显微照片

淀粉由两种理化性质不同的多糖直链淀粉和支链淀粉所组成。直链淀粉分子较小，由 250～300 个葡萄糖分子组成，葡萄糖之间以 α（1-4）糖苷键呈直线连接。直链淀粉易溶于热水，遇碘呈蓝黑色，煮熟后黏度低。支链淀粉中的葡萄糖则连接成树枝状，链以 α（1-4）糖苷键连接，分支处以 α（1-6）糖苷键连接，α（1-6）糖苷键占 5%～6%。支链淀粉由 6 000个以上葡萄糖分子组成，煮熟后呈现很大的黏性，遇碘呈紫红色。

一般禾谷类种子中的淀粉以支链淀粉为主，通常含量为75%～80%；以直链淀粉为辅，含量为20%～25%。在糯质种子中，几乎完全不存在直链淀粉而仅有支链淀粉。淀粉粒中直链淀粉和支链淀粉的比例，是决定淀粉特性和粮食食味的重要因素。例如水稻种子类型和品种不同，其直链淀粉与支链淀粉的含量有别。粳稻米一般直链淀粉含量低（20%以下），少数中等（20%～25%）；籼稻米一般直链淀粉含量较高（25%以上），部分中等，少数较低。二者含量不同影响煮饭特性及食味：籼米饭较干，松而易碎，质地较硬；粳米饭较湿，有黏性，具光泽，但再浸泡时则易碎裂。糯性种子中几乎全部都是支链淀粉，所以鉴定种子是否糯性的简易方法就是将其胚乳与碘反应，呈紫红色的为糯性，呈蓝黑色的为非糯性。

（2）纤维素和半纤维素　种子中除淀粉外，主要的不溶性糖是纤维素和半纤维素，它们与木质素、果胶、矿物质及其他物质结合在一起，组成果皮和种皮细胞。由于成熟籽粒的果种皮细胞中原生质消失，果种皮仅留下细胞壁。因此纤维素和半纤维素是果种皮的基本成分。这两类物质的存在部位与功能很相似，但也有不同之处。纤维素难分解，通常不易被种子消化和吸收利用，对人也无营养价值，但它能促进肠胃蠕动，有助消化。半纤维素则可以作为种子的贮藏物质（贮藏于胚乳或子叶的膨大细胞壁中而不是细胞腔内）或作为幼苗的"后备食物"，即在种子发芽时，在其他养分不足时，能被半纤维素酶水解而吸收利用。莴苣、咖啡、羽扇豆等种子中含有大量的半纤维素作为贮藏物质，这些种子的胚乳或子叶呈角质，硬度很高。

2.3.2　脂类

脂类物质包括脂肪和磷脂两大类，前者以贮藏物质的状态存在于种子细胞中，后者是构成种子活细胞原生质的必要成分。

2.3.2.1　脂肪

脂肪是种子中3大营养物质之一，在种子生命活动中占有重要的地位，也是人类食用油的主要来源。自然界的绝大多数种子都含有脂肪，特别是油料作物种子的脂肪含量较高，一般在20%～60%，而禾谷类种子脂肪含量很少，多在2%～3%。脂肪属高能量贮藏物，它的密度小，分子中含氧少，作为动植物体内的燃料，氧化时必须从空气中夺取较多的氧气而放出更多的热能。1 g脂肪完全氧化所释放的能量比1 g糖和1 g蛋白质所释放能量的总和还要多。

种子中的脂肪以脂肪体形式存在于种子的胚和胚乳中，但禾本科的淀粉胚乳中不含脂肪体，脂肪体主要分布在盾片和糊粉层中。

种子中的脂肪是多种甘油三酯的混合物，其品质的优劣，决定于组成成分中脂肪酸种类和比例（表2-8）。组成植物脂肪的饱和脂肪酸主要有软脂酸和硬脂酸，不饱和脂肪酸主要有油酸、亚油酸和亚麻酸，有的还有花生四烯酸和芥酸等。植物脂肪一般含不饱和脂肪酸的比例大，而不饱和脂肪酸的熔点低，所以植物油在常温下多是液体；动物油饱和脂肪酸含量高，即使在夏季也是固体。饱和脂肪酸因无双键，含能量较低，且不易被消化。不饱和脂肪酸能量高且易被消化吸收。特别是亚油酸，含2个双键，分解时碳链断裂为3段，每段含6个碳原子，易被消化吸收，且能软化血管。亚麻酸含双键多，极易氧化酸败，不耐贮藏。因此优良的食用油要求亚油酸含量较高而亚麻酸含量低。提高亚油酸、油酸含量，降低亚麻酸及饱和脂肪酸的含量，是食用油料作物品质育种的重要指标。芥酸为二十二碳烯酸（一个双键)，碳链长且有异味，油菜育种应降低它的含量而提高亚油酸的含量。

种子中脂肪的性质可用两种重要的指标——酸价和碘价表示。酸价是中和 1 g 脂肪中全部游离脂肪酸所需的氢氧化钾毫克数。酸价的高低可以表示脂肪品质的优劣和种子活力的高低。这是因为油脂种子在不良贮藏条件下，如贮藏湿度较高的情况下，种子中或微生物中的脂肪酶发生作用，促使脂肪分解而脱出游离脂肪酸，于是种子酸价增高，品质变劣，脂溶性维生素破坏，种子生活力下降。

碘价是指与 100 g 脂肪结合所需的碘的克数。脂肪中不饱和脂肪酸含量多，双键就多，能结合碘的数量也就多，碘价也就高。而碘价愈高，脂肪就越容易氧化。正常成熟的种子，其脂肪碘价高，且随着贮藏时间的延长，随着氧化作用的进行，双键逐渐破坏，碘价亦随之降低，种子品质发生变化。

表 2-8　主要油料作物种子的脂肪酸组成

种类	脂肪含量（%）	脂肪中脂肪酸占比（%）						
		软脂肪（16:0）	硬脂酸（18:0）	油酸（18:1）	亚油酸（18:2）	亚麻酸（18:3）	芥酸（22:1）	其他
大豆	17～20	7～14	2～6	23～34	52～60	2～6	0	花生酸 0.3～3.4
向日葵	44～54	3～7	1～3	22～28	58～68	0	0	
花生	38～50	6～12	2～4	42～72	13～28	0	0	花生酸 2～4
棉籽	17～30	20～25	2～7	18～30	40～55	微量～11	0	花生酸 0.1～1.5
芝麻	50～56	7～9	4～5	37～50	37～47	0	0	花生酸 0.4～1.2
玉米	4～7	8～12	2～5	19～49	34～62	0	0	
油菜	35～42	微量～5	微量～4	14～29	9～25	3～10	40～55	
亚麻	—	5～9	4～7	9～29	8～29	45～67	0	
桐籽	30	4.1	1.3	4～13	8～15	—	0	桐油酸 72～79

在贮藏过程中，若油质种子保管不当或贮藏太久，会由于脂肪变质产生醛、酮、酸等物质而发生苦味和不良气味，称为酸败（rancidity）。脂肪酸败现象在一些含油量高的种子中容易发生，例如向日葵、花生、大豆、玉米等。种皮破裂的种子常加速酸败，高温、高湿、强光、多氧的条件也促进这个过程，以致种子迅速劣变，产生明显的酸败异味。

不同作物种子的脂肪酸败情况有差异，例如向日葵等种子很容易发生氧化性酸败，但有活力的水稻种子一般不会发生氧化性酸败；高水分的或碾伤的水稻籽粒容易发生水解性酸败。从氧化速率看，种子中脂肪的不饱和程度愈高，氧化速率也愈高，变质愈为迅速。脂肪酸败会对种子品质造成严重影响，由于脂肪的分解，脂溶性维生素和细胞膜结构被破坏，且脂肪的很多分解产物对种子有毒害作用，食用后还能造成某些疾病的恶化及细胞突变、致畸、致癌和加速生物体的衰老，因此酸败的种子可以说完全失去种用、食用或饲用价值。因此在种子尤其是油质种子的加工、贮藏过程中，应创造条件尽量避免或减缓酸败的发生。

2.3.2.2　磷脂

种子中的脂类物质除脂肪外，还有化学结构与脂肪相似的磷脂，磷脂是含有一个磷酸基团的类脂化合物。磷脂是分子中含磷酸的复合脂，由于其所含醇的不同，又可分为甘油磷脂和鞘氨醇磷脂两类。复合脂是指分子中，不仅存在醇与脂肪酸所形成的酯，而且还结合了其他成分，主要有磷酸、糖和硫酸，它们也就分别被称为磷脂、糖脂和硫脂。磷脂是细胞中各种膜的必要组分，对于限制细胞和种子的透性，防止细胞的氧化，维持细胞的正常功能是必不可少的。

种子中磷脂的含量比植物营养器官高，磷脂的代表性物质是卵磷脂和脑磷脂，禾谷类种子中的含量为0.4%～0.6%；花生、亚麻、向日葵等油质种子中的含量一般达1.6%～1.7%；大豆种子的含量可高达2.09%，胚芽比子叶含量更为丰富，可达3.15%，因此大豆种子常用于提取磷脂制成药物，用于改善和提高大脑的功能。

2.3.3 蛋白质

蛋白质是生物体的重要组成部分，是生命活动所依赖的物质基础，没有蛋白质便没有生命。蛋白质是种子中含氮物质的主要贮藏形式，是种子的3大营养物质中最重要的物质。它既是贮藏物质，又是结构物质，具有很高的营养价值。

2.3.3.1 种子蛋白质的种类

种子中的含氮物质主要是蛋白质。非蛋白氮主要以氨基酸的形式集中于胚及糊粉层，且其含量的变化与种子的生理状态有密切关系，在生理状态不正常的种子中，例如未成熟的、受过冻害或发过芽的种子内含量较高；正常成熟的，处于安全贮藏条件下的种子中则含量很低。

种子中的蛋白质种类很多，按其功能可分为结构（复合）蛋白、酶蛋白和贮藏（简单）蛋白。结构蛋白（例如核蛋白和脂蛋白）和酶蛋白含量较少，主要存在种子的胚部。结构蛋白是组成活细胞的基本物质，而酶蛋白作为生物催化剂参与各种生理生化反应。贮藏蛋白（又称为简单蛋白）在种子蛋白质中所占的比例很大，例如大豆中蛋白质总量的90%为贮藏蛋白。贮藏蛋白主要以糊粉粒或蛋白体的形式存在于糊粉层、胚及胚乳中，其大小、形态结构和分布密度因种子不同部位而异，糊粉层中的糊粉粒球形，外有膜包被，内部常含有一至几个晶体；胚中的蛋白体有着与糊粉层类似的结构；而禾本科胚乳中的蛋白质别具特色，它中间有一个核，周围分布多层同心圆环，多数还形成放射状裂痕。种子中的蛋白体颗粒比淀粉粒小，直径一般在1.5～2.3 μm，不同部位的蛋白体颗粒大小有差异，其顺序为子叶>糊粉层>胚乳。禾本科作物种子胚乳中的蛋白体密度从外向内依次递减，盾片中则自上而下依次递减。糊粉层中的糊粉粒主要是脂蛋白和核蛋白，贮藏蛋白很少。

贮藏蛋白是种子萌发过程中用于胚部新细胞建立的主要物质基础，也是人类营养蛋白的主要来源。根据贮藏蛋白在各种溶剂中溶解度的不同，可分为清蛋白（albumin）、球蛋白（globulin）、醇溶蛋白（prolamin）和谷蛋白（glutelin）4类。清蛋白易溶于水，主要是酶蛋白，在一般种子中含量很少。球蛋白不溶于水，但溶于10%氯化钠溶液，是双子叶植物种子所含有的主要蛋白质，在禾谷类种子中虽普遍存在，但含量很少。醇溶蛋白不溶于水和盐溶液，但溶于70%酒精溶液，是禾谷类特有的蛋白质，不仅在各种禾谷类种子中普遍存在，而且在大部分禾谷类种子中含量很高，其中赖氨酸含量较低，影响了它的营养价值。谷蛋白不溶于水、盐溶液和酒精溶液，但溶于稀碱或稀酸溶液，在禾谷类尤其是麦类、水稻种子中的含量较高。

2.3.3.2 种子中蛋白质的分布

清蛋白、球蛋白、醇溶蛋白和谷蛋白这4种蛋白质含量及其分布在不同作物及种子不同部位有很大的差异（表 2-9）。球蛋白是豆类种子的主要蛋白质，主要存在胚的子叶中。禾谷类种子中，清蛋白和球蛋白的含量很少，主要存在于胚部。胚乳中主要是醇溶蛋白和谷蛋白，尤其是醇溶蛋白，是禾谷类种子特有的蛋白质，麦类种子中的麦胶蛋白、玉米种子的胶蛋白都属此类。醇溶蛋白和谷蛋白是面筋的主要成分，占面筋总量的 74.2%，面筋中还含有约 20%的淀粉和少量的球蛋白、纤维素、脂肪、矿物质等。面筋具有保持面团中气体的性能，凡面筋含量高和品质好（即面筋的弹性及延伸性好）的麦粉有较好的面包烤制品质。因此面筋的含量和品质是小麦品质的重要指标。一般麦谷蛋白具有高弹性和较低的延伸性，麦醇溶蛋白具有高的延伸性而弹性较低。

表 2-9　不同作物种子中各类贮藏蛋白的比例（%）

（引自王景升，1994）

作物	清蛋白	球蛋白	醇溶蛋白	谷蛋白
小麦	3～5	6～10	40～50	46
玉米	4	2	55	39
大麦	13	12	52	23
燕麦	11	56	9	24
水稻	5	10	5	80
高粱	5	10	46	39
大豆	5	95	0	0

2.3.3.3　种子蛋白质的氨基酸组成

营养学研究表明，种子营养价值高低主要取决于种子中蛋白质的含量、构成蛋白质的氨基酸尤其是人体必需氨基酸的比率以及种子蛋白质能被消化和吸收的程度。如果蛋白质的成分中缺少 8 种人体必需氨基酸中的任何一种，即使这些植物种子的蛋白质含量高，其营养价值也会大打折扣。

不同类型的蛋白质中氨基酸组成不同，清蛋白和球蛋白中的赖氨酸、色氨酸、精氨酸含量比醇溶蛋白和谷蛋白高得多。后者主要含谷氨酰胺、脯氨酸和亮氨酸。禾谷类种子不但蛋白质含量普遍较低，一般只有动物蛋白质含量的 1/3～1/2。而且禾谷类种子蛋白质中氨基酸的组成比例也不好，蛋白质中的赖氨酸含量很低，色氨酸含量也不高。因此赖氨酸是这类种子的第一限制氨基酸，尤其是玉米和高粱（表 2-10）。因为禾谷类种子的食用部分主要是胚乳，而其主要蛋白质是赖氨酸含量较低的醇溶蛋白，胚部和糊粉层含有的却是营养价值较高的清蛋白和球蛋白，它们作为麸皮（胚与糊粉层不易与果种皮分离，这些成分在习惯上常统称麸皮）的重要成分而被作为饲料利用。稻米的蛋白质较好，其赖氨酸含量高于麦类和玉米，因为稻米中醇溶蛋白含量很低，80%是赖氨酸含量较高的米谷蛋白（oryzenin）。

豆类种子的情况与禾谷类不同，贮藏蛋白主要是球蛋白，富含赖氨酸，营养价值较高。其中花生蛋白质的赖氨酸、苏氨酸和甲硫氨酸均较低；蚕豆蛋白质的甲硫氨酸和色氨酸的含量很低；大豆种子赖氨酸含量丰富，具较高营养价值，但含硫氨基酸（甲硫氨酸和胱氨酸）含量低。

表 2-10　种子中必需氨基酸的含量（%）

（引自毕辛华和戴心维，1993）

氨基酸种类	最适含量	小麦	玉米	水稻	高粱	菜豆	花生	大豆	豌豆	谷子
苏氨酸	4.3	2.8	3.2	3.4	3.3	3.4	2.8	3.7	4.1	6.9
缬氨酸	7.0	3.8	4.5	5.4	4.7	3.9	4.0	5.0	4.1	5.3
异亮氨酸	7.7	3.4	3.4	4.0	3.6	3.1	3.5	4.5	3.4	3.7
亮氨酸	9.2	6.9	12.7	7.7	11.2	5.2	6.2	7.5	5.3	9.6
苯丙氨酸	6.3	4.7	4.5	4.8	4.4	3.9	4.9	5.2	3.2	5.9
赖氨酸	7.0	2.3	2.5	3.4	2.7	4.7	3.1	6.0	5.4	2.3
甲硫氨酸	4.0	1.6	2.1	2.9	2.3	1.9	1.1	1.6	1.2	2.5
色氨酸	1.5	1.0	0.6	1.1	1.0	1.0	1.1	1.5	0.8	2.1

2.3.4　生理活性物质

生理活性物质是指某些含量很低但却能调节生物的生理状态和生物化学反应的化学成分。种子作为活的有机体，其新陈代谢和生理状态的改变也是受生理活性物质调控的。种子中的生理活性物质主要有酶、植物激素和维生素。

2.3.4.1　酶

生物体内的各种生物化学反应都是在具催化活性的蛋白质——酶催化下进行的，种子也不例外。根据它的组成成分，酶可分为单纯酶和结合酶。单纯酶的成分为单纯蛋白质，例如大多数水解酶。结合酶则由酶蛋白和活性基（辅酶或辅基）构成，构成辅酶或辅基的成分多数为维生素和核苷酸，有些酶还含有金属离子（例如 Cu^{2+} 、Fe^{2+} 、Zn^{2+} 等）。酶具有催化高效性和底物专一性，多数酶还具反应可逆性，因而能在普通条件下使生物体内复杂的新陈代谢中各种生物化学反应有条不紊地进行。

植物中的 6 大酶类［氧化还原酶类、转移酶类、水解酶类、裂解酶类、异构酶类和（连接）酶类］，种子中均含有，且含量一般比其他器官中多。而不同生理状态的种子，酶的含量和活性有很大差异。种子在发育成熟过程中，各种酶尤其是合成酶的活性很强，种子中的干物质迅速积累。随着种子成熟度的提高和脱水，酶的活性降低甚至消失，有些酶（例如 β 淀粉酶等）则与其他蛋白质结合成无活性的酶原状态贮藏在种子中，使成熟种子的代谢强度降到很低，有利于安全贮藏。处于良好贮藏条件下的种子酶的活性一般很低，但氧化还原酶类仍具相当的活性，例如酚氧化酶、过氧化物酶、脂肪氧化酶等，酚氧化酶和过氧化物酶在种被中存在较多，其氧化作用可改善种被的通透性；脂肪氧化酶则导致脂肪氧化而成为种子劣变的重要原因。在不良条件下贮藏的种子，不仅氧化还原酶类活性更强，而且水解酶类的活性也增强，加上微生物活动所产生的外源酶，会加速种子劣变。当种子进入萌发状态时，各种酶类尤其是水解酶、合成酶、与呼吸相关的其他酶随之活化和形成，代谢强度急剧增高，且许多酶（例如脱氢酶、ATP 合成酶）的活性与萌发种子的活力状况呈正相关。

不充分成熟和发过芽的种子中存在多种具活性的酶，不仅使种子不耐贮藏，而且还严重影响加工品质，如用此类小麦种子加工成面包、馒头，会因 α 淀粉酶在麦粉制作面团的发酵过程中使淀粉水解而产生许多糊精，从而使面包或馒头发黏而缺乏弹性，因蛋白水解酶活性强而导致面筋蛋白质分解使馒头或面包体积小、不松软。

2.3.4.2　植物激素

植物激素（phytohormone）对种子及果实的形成、发育、成熟、休眠、脱落、衰老都有调控作用。种子（包括果实）比植物的其他部分有较多激素，有些激素甚至主要是在种子中合成的。按照植物激素的生理效应和化学结构，可分为生长素（IAA）、赤霉素（GA）、细胞分裂素（CTK）、脱落酸（ABA）、乙烯（ETH）和油菜素内酯（BR）6 大类。近年来还发现了其他多种对植物生长发育有调控作用的物质，例如多胺（PA）、茉莉酸（JAS）、水杨酸（SA）等。深入了解激素的种类和功能及其相互作用，对于指导种子生长调控和种子处理具有重要的实践意义。

（1）生长素　吲哚乙酸（indoleacetic acid，IAA）是植物中普遍存在的天然生长素，在种子的各部分均有分布，但以生长着的尖端（例如胚芽鞘尖、胚根尖）为多。种子中的吲哚乙酸是在种子发育过程中由色氨酸通过色胺形成的，并非由母株运入。其含量随受精后果实和种子的生长而增加，至种子成熟后期又迅速降低。但部分植物种类种子也会稍有不同，如板栗种子发育过程中吲哚乙酸含量呈“低→高→低”的变化趋势。安全贮藏的种子中吲哚乙酸含量极低，大多以结合态的形式存在，多数以酯或色素的前体存在，发芽时才水解成为具有活性的游离态。吲哚乙酸有促进种子、果实和萌发幼苗生长的作用，还能引起单性结实形成无籽果实，但与种子休眠的解除无关。

许多吲哚类化合物如萘乙酸有着与吲哚乙酸相类似的作用。有的人工合成的生长调节剂不是吲哚类，却亦有相似的生理效应，例如 2,4-滴（2,4-D）。

（2）赤霉素　赤霉素（gibberellin，GA）是一类属于双萜类化合物的植物激素，在植物整个生命周期中都起着重要的作用。目前分离得到赤霉素有 136 种之多，仅少数具有内在生物活性，例如 GA_1、GA_3、GA_4、GA_7 等（许智宏和薛宏伟，2012）。Bewley 等（2013）提出种子中的主要活性赤霉素是 GA_1 和 GA_4，然而在玉米种子中，GA_1 在授粉大约 20 d 后消失（White 等，2000）。在拟南芥中，种子吸胀可诱导 GA_4 的积累，而 GA_1 则不能被种子吸胀所诱导（Ogawa 等，2003）。因此 GA_4 很可能是与种子发芽相关的主要内源性活性赤霉素。

种子本身具有合成赤霉素的能力，而且绝大多数是在胚中合成，因而绝大多数种子的赤霉素含量远高于植物的其他部位。种子中的赤霉素有游离态和结合态两种形态，结合态赤霉素常与葡萄糖结合成糖苷或糖脂。赤霉素在种子发育的早期呈具有活性的游离态，成熟时转为无活性的结合态；当种子萌发时又可被水解释放出游离的活性赤霉素。赤霉素具有促进细胞伸长从而使茎叶迅速生长的功能，对细胞的分裂分化也起促进作用。赤霉素能促进果实、种子的生长，调控种子的休眠和发芽，有些种子打破休眠萌发时，常伴有内源赤霉素的增加，施加外源赤霉素亦能打破许多种子的休眠。赤霉素还能加速非休眠种子的萌发，调控禾谷类种子糊粉层中 α 淀粉酶、β 淀粉酶、其他淀粉降解酶类及蛋白水解酶的产生和释放，这些水解酶分泌到胚乳内，使胚乳中的贮藏物质水解，供胚及幼苗生长利用。

赤霉素和生长素一样，也可引起单性结实。我国将从培养的水稻恶苗病菌中提取出的赤霉素（GA_3）称为九二〇，可用于多种种子处理和叶菜类植物的田间喷施。

（3）细胞分裂素　细胞分裂素（cytokinin，CTK）是腺嘌呤的衍生物，现已分离出的天然的细胞分裂素类物质有 13 种之多，例如玉米素、二（双）氢玉米素、反式玉米素核苷、异戊烯基腺苷（iPA）等，其中从幼嫩的玉米种子中提取出的玉米素是天然分布最广、活性最强的一种细胞分裂素。6-呋喃氨基嘌呤（激动素）、6-苄基腺嘌呤也具有细胞分裂素的功能，但在植物体内尚未发现它们的天然产物。

在幼果和未成熟种子中细胞分裂素的含量较高。一般从授粉后到果实、种子生长旺盛期，细胞分裂素含量很高，随着果实、种子长大，细胞分裂素含量降低，至果实、种子成熟时细胞分裂素含量降到很低甚至完全消失，种子萌发时细胞分裂素又重新出现，含量升高。表明细胞分裂素的作用主要是促进细胞分裂，对细胞伸长也可能有作用。细胞分裂素具有抵消萌发抑制物质特别是脱落酸（ABA）对种子萌发的抑制作用，施加外源细胞分裂素可以打破因脱落酸存在而导致的种子休眠。

（4）脱落酸　脱落酸（abscisic acid，ABA）属于15个碳原子的萜类化合物，因能参与加速茎、叶、幼果的脱落而得名，是延长休眠、抑制发芽的生长抑制物质，在植物的不同部位均有存在，但以果实和种子中含量较高。

脱落酸在种子的胚、胚乳和种被中均有分布，一般是随果实和种子的发育、成熟而升高，常导致许多种子成熟后期进入休眠状态。随着贮藏过程中休眠的打破，脱落酸的含量降低。在幼果脱落时期和种子发生劣变时，脱落酸含量达到高水平。

（5）乙烯　乙烯（ethylene）是化学结构简单的不饱和碳氢化合物，是一种具有很强生理活性的气体。在成熟的果实、发芽的种子、衰老器官中，均有乙烯存在，因此认为乙烯能促进果实成熟，同时对种子的休眠和萌发有调控作用。许多作物（例如花生、蓖麻、燕麦等）的非休眠种子萌发中，发现乙烯水平有2～3个高峰，峰点与幼苗的快速生长相吻合，产生乙烯的部位是胚。

施加外源乙烯能打破花生、苍耳、水浮莲等许多种子的休眠。施加外源乙烯对种子的作用，与乙烯的浓度有密切关系。低浓度下促进种子萌发，高浓度则抑制种子萌发。乙烯还具有促进某些植物开花和雌花分化的作用。

实际上，植物激素对种子生长、发育、成熟、休眠、萌发及脱落、衰老的调控，有促进和抑制两个方面。例如生长素在低浓度时促进根的生长，但较高浓度时则转向抑制；脱落酸是萌发抑制物，但也可促进某些植物开花；乙烯低浓度时促进种子萌发，但高浓度时抑制萌发。这在使用人工合成的生长调节剂时应特别注意。

（6）油菜素内酯　油菜素内酯广泛存在于植物体中，是植物中唯一与动物激素相似的植物激素。油菜素内酯（brassinosteroid，BR）是一类高效、广谱的甾醇类化合物，其基本结构是胆甾烯的衍生物。根据在B环含氧的功能团的性质可将油菜素内酯分为3类：内酯型、酮型和脱氧型（还原型）。其研究始于1971年，Michell等（1970）在筛选植物的花粉时发现一种粗提取物可有效促进豆类幼苗的生长。植物的不同器官（例如根、茎、叶、花粉、雌蕊、果实和种子等）均含有油菜素内酯，其中花粉和未成熟的种子油菜素内酯含量最为丰富，茎中含量居中，叶和果实中含量最低。油菜素内酯的生理功能主要是提高种子活力，促进生长发育，增加产量，增强抗性。

随着油菜素内酯产品的人工合成和天然油菜素内酯（natural brassinolide，NBR）的工业化生产，在种子上的应用越来越多。例如用其溶液浸泡种子，可以增加DNA、RNA和蛋白质的合成，降低DNA和RNA水解酶的活性，大大增强DNA和RNA聚合酶的活性，促进种子发芽生长。用天然油菜素内酯浸泡水稻、小麦、玉米、棉花、烟草种子还可明显提高其发芽率。例如用 0.15 μg/g 天然油菜素内酯浸泡玉米种子，其发芽率比对照提高了 20%～40%。用油菜素内酯处理陈水稻种子能提高其发芽率，存放了 13 年的“农 22”稻种用天然油菜素内酯处理，其发芽率由 38%提高到 84%。油菜素内酯还可调控低温胁迫下种子的萌发，用 0.01 mmol/L 的 24-表油菜素内酯对玉米“先玉 335”种子进行浸种处理，10 ℃低温胁迫下，种子的发芽势和发芽指数分别比对照提高了 22.2%和 14.1%。

2.3.4.3　维生素

维生素（vitamin）是具有生理活性的一类低分子化合物，是维持人体正常代谢和生理功能的必需物质。但人体没有合成维生素的能力，必须由食物供给，若摄入不足会导致维生素缺乏症。人体所需维生素有很大部分是靠种子及其制品供给的，因而保持和提高种子中维生素含量对人类健康至关重要。同时维生素又是种子中许多酶的主要组成成分（作为辅酶或辅基），对调节种子的生理状态也至关重要。

种子中的维生素分成两大类，一类是脂溶性维生素，主要包括维生素 A 和维生素 E；另一类是水溶性维生素，主要有 B 族维生素和维生素 C。

实际上，种子中并不存在维生素 A，但含有形成维生素 A 的前体——胡萝卜素，1 分子胡萝卜素在酶作用下能分解为 2 分子维生素 A，故胡萝卜素又被称为维生素 A 原。小麦、黑麦、大麦、燕麦和玉米的籽粒中都含有胡萝卜素，但一般含量很少，而在某些蔬菜种子中含量较多，如胡萝卜、茄子等。维生素 A 与人的视觉有关，若缺乏易引起夜盲症、眼干燥症等。

维生素 E（又名生育酚）在蛋黄和绿色蔬菜中含量丰富，在油质种子及禾谷类种子的胚中也广泛存在。维生素 E 是一种有效的抗氧化剂，可保护维生素 A、维生素 C 以及不饱和脂肪酸免受氧化，保护细胞膜免受自由基危害，对种子生活力的保持有利，对人体有抗衰老、防流产之功效。

B 族维生素包括维生素 B_1（硫胺素）、维生素 B_2（核黄素）、维生素 B_3（泛酸）、维生素 B_6（吡哆醛）、维生素 B_{12}、维生素 PP（烟酸）、叶酸、生物素等，在豆类种子中含量丰富，在禾谷类种子中主要集中于胚和糊粉层中，胚乳中含量很少，因此面粉精度越高，B 族维生素的损失也就越严重。多数 B 族维生素是主要辅酶或辅基的重要成分，参与物质代谢中脱羧，氢、氨基、甲酰基、乙酰基传递，以及羧化作用。另据报道，维生素 B_1 可刺激胚根生长，当有维生素 B_6 存在时，这种刺激就更明显，因此推测维生素与种子萌发有关。

水溶性维生素 C（抗坏血酸）一般种子中含量极少，但在种子萌发后的幼芽中和豆类发芽后的子叶中能大量生成。

维生素含量的多少主要取决于遗传因素，环境条件也有影响，因而可通过选育种的方式和优化栽培条件提高其含量。

2.4　种子中的其他化学成分

种子中含有的其他化学成分主要指矿物质、色素和种子毒物。它们和种子中的主要化学成分一样对种子的生长发育、贮藏和营养价值起着不可或缺的作用。

2.4.1　矿物质

种子中的矿物质主要指一些化合物中所含的金属元素和非金属矿质元素，有 30 多种，根据其在种子中的含量可分为大量元素（例如磷、钾、硫、钙、镁等）和微量元素（例如铁、铜、锌、锰、氯等）。种子中的矿物质是将种子置高温下烧灼后的白色残留物，又称为灰分（ash）。在种子中，这些矿质元素除极少数以无机盐形式存在外，大多数都与有机化合物结合存在，或者本身就是有机物的化学组成，因而对种子的生长发育很重要。镁和铁与幼苗形成叶绿素有关，磷是磷脂的重要组成元素，硫参与含硫氨基酸、谷胱甘肽及蛋白质的合成，锰对植物生长具有刺激作用。

同时，种子所含矿物质也是人体所需矿物质的主要来源之一。种子中的矿质元素就其营养作用而言，都是人体所需要的，但一般食品供给已较充足，只有钙、铁较缺乏。因此在评价种子营养价值时，常把钙和铁加以考虑。作物种子中矿物质的种类与含量因作物种类不同而异。禾谷类种子矿物质含量一般为1.5%～3.0%，豆类作物种子较高，大豆可高达5%。

矿物质在种子中的分布很不均匀，胚和种皮中的含量要比胚乳中高得多。

2.4.2　种子色素

色素的存在使种子具有一定色泽，它不仅是品种特性的标志，同时也能表明种子的成熟度和品质。

种子内所含的色素主要有叶绿素、类胡萝卜素（carotenoid）、黄酮素和花青素等。叶绿素主要存在于未成熟种子的稃壳、果皮及豆科种皮中，发育期间具有进行光合作用的功能，并随着种子成熟而逐渐减少，但在黑麦（胚乳中）、蚕豆（种皮中）和一些大豆品种（种皮和子叶中）成熟种子中仍大量存在。

类胡萝卜素主要存在于禾谷类种子的果皮和糊粉层中，是一种不溶于水的黄色色素。花青素则是水溶性细胞液色素，主要存在于某些豆科作物的种皮中，使种皮显现各种色泽和斑纹，例如乌豇豆、黑豆、赤豆等；有些特殊的水稻品种亦可存在于稃壳及果皮中。玉米籽粒中所含的色素有两种，一种是类胡萝卜素，是黄色玉米籽粒的主要色素；另一种是花色苷（anthocyanin）类色素，是黑玉米、紫玉米及红玉米等籽粒中含有的色素。玉米籽粒色素一般分布在胚乳中，少数（例如红色糯玉米）分布于果种皮中。

种子色素的种类和含量主要受遗传的影响，环境条件（例如发育期间的光照、温度、水分、矿质营养等）只对含量有影响。受冻、受潮发霉和长时间贮藏的种子，因色素的氧化破坏等原因，色泽与正常种子相比，往往颜色黯淡，没有光泽。

随着生活水平的提高，人类对食品的安全性要求在提高，在追求色香味俱全的同时，讲究安全性，而合成色素的安全性引起了消费者的广泛关注。花青素类植物色素抗氧化能力是维生素C的20倍、维生素E的50倍；另外还可以提高免疫力、调节内分泌、预防癌症等。而种子色素具有量多、稳定等优点，是有待大力发掘的重要天然食用色素来源。

2.4.3　种子毒物

种子中除含有大量人畜所必需的营养物质外，还含有少量对人畜有害的化学成分，其中有的是植物种性所固有、通过亲代遗传下来的，有的是种子感染真菌后经代谢而产生的，有的则是施用农药后的残留物或代谢物。当用含有这些物质的种子作食料时，如果加工调制不当或摄食过量，就会在体内发生毒害作用，破坏或扰乱正常的生理代谢，造成中毒或引起中毒病，甚至危及生命。这种由生物的和环境的原因所致，而在种子中存在的有毒物质或成分，即称为种子毒物。种子中的有毒物质种类很多，根据其产生的来源，可分为内源性毒物和外源性毒物两类。

2.4.3.1 内源性毒物

内源性毒物是植物种子本身固有的化学成分，其种类和含量因植物种类及品种不同而异，能够世代遗传。这些有毒物质的存在，是植物在长期系统发育中自然选择的结果，对植物自身的生存繁衍起某种保护作用。但内源性毒物对人畜是有毒的，轻者能影响其营养物质的吸收和利用，重者则发生病理反应甚至致癌、致死。

种子中的内源性毒物一般含量很少，以游离态或结合态存在于细胞中，或者作为细胞壁、原生质和细胞核的组成物质，或者作为贮藏物质而与营养成分结合在一起，多数是次生代谢产物。大多数内源性毒物可被高温所破坏，少数有热稳定性，在紫外线、氧、碱或酸性条件下，有的可被破坏，有的则仍保持稳定。

种子内源性毒物的种类很多，主要有以下几种。

(1) 大豆中的胰蛋白酶抑制剂和皂苷 酶抑制剂是一种蛋白质或蛋白质的结合体，对动植物体内的某些酶有抑制作用。大豆中含有的胰蛋白酶抑制剂（trypsin inhibitor）是其中的一种，能抑制动植物体内胰蛋白酶的活性，引起动物胰脏肥大和抑制动物生长。胰蛋白酶抑制剂是一种球蛋白，相对分子质量约为 24 000，等电点为 pH 4.5，能结晶。

大豆中除含有胰蛋白酶抑制剂这种毒性蛋白外，还含有一种有毒的三萜烯类化合物皂苷(saponin)。大豆皂苷相对分子质量约为 950，另外还带有 5 种苷配基。皂苷味苦，能溶于水生成胶体溶液，搅动时产生泡沫，能洗涤衣物，能破坏动物血液中的红细胞而引起溶血作用，或干扰与代谢有关的酶而影响对营养物质的吸收和利用；对种子本身，皂苷可使细胞膜的微结构发生变化，影响氧的渗入，降低呼吸作用，以致抑制萌发。大豆种子中的皂苷含量一般为 0.46%～0.50%。

大豆种子中的这两种有毒物质，均可在煮熟后被破坏而失去毒性。因此无论人畜，均不可食用生大豆或未充分煮熟的大豆制品。

(2) 油菜籽中的芥子苷和芥酸 芥子苷和芥酸（erucic acid）在十字花科植物的种子中普遍存在，但以油菜种子含量最高。芥子苷又称为硫代葡萄糖苷。油菜籽中芥子苷的含量因种类而异，油菜型油菜的含量较低，一般为 3%左右；芥菜型油菜的含量较高，一般为 6%～7%；甘蓝型油菜居中。芥子苷本身无毒，但经芥子酶水解后产生异硫氰酸酯和噁唑烷硫酮两种有毒物质，这两种有毒物质能作用于动物的甲状腺，造成甲状腺肿大，还影响肾上腺皮质、脑垂体和肝等，引起新陈代谢紊乱。用未经处理的菜籽饼作为饲料，容易造成家畜中毒。

芥酸是含 22 个碳原子和 1 个双键的长链脂肪酸，一般占菜籽油含量的 40%～50%。芥酸能引起动物的心血管病，影响心肌功能，甚至导致心脏坏死。对人有无危害，至今尚无定论，有人认为和动物一样，芥酸也能引起人的心血管病；但有人却认为人类具分解消化芥酸的酶类，能把芥酸消化吸收而不致引起病症。然而，从营养角度看，芥酸分子链长，分解时多从双键处断裂形成分别含 13 个碳和 9 个碳较大分子，在人体内不易消化，且味道不佳，营养价值较低。

去除芥子苷的毒性，可利用高温、浸泡以及发酵、中和等多种方法，但最终结果都不十分理想，因而最好的措施是通过遗传育种的方法，选育低芥子苷和低芥酸含量的品种。

(3) 高粱中的鞣质 鞣质又称为单宁（tannin），是具有涩味的复杂的多元酚类化合物。

植物体中的鞣质主要有水解性和缩合性两类，高粱种子中的鞣质属缩合性，含量一般在0.04%～2.00%，主要集中在果种皮上，胚乳中也有但较少。鞣质含量与种皮颜色呈正相关，即种皮颜色越深，其鞣质含量就越高。

鞣质溶于水，是一种容易氧化的物质，其氧化会消耗大量的氧气，致使种子萌发时缺乏氧气而出现休眠。鞣质具有与蛋白质牢固结合的特性，可使蛋白质变性和沉淀，因而会降低食物中蛋白质的可消化性，以致影响动物的生长发育。另据报道，以高粱为主食的人、畜食道癌发病率高，推测鞣质可能有致癌作用。然而，与其他含鞣质的植物一样，高粱的鞣质可构成一种对自身的自然保护系统，具有抗粒腐病菌和真菌侵袭、防止收获前穗发芽的功能，并且可有效地驱避鸟害。

去毒措施就是通过遗传改良的方法选育低鞣质含量或“优质鞣质”的新品种。它们在成熟过程中能保持较高的鞣质含量以防鸟，但在成熟后却可变成营养上钝化的形式而不至于沉淀蛋白质，称为“优质鞣质”。

(4) 棉籽中的棉酚　当前种植的绝大多数棉花品种都含有棉酚（gossypol），其含量一般为棉籽仁的0.1%～1.5%。棉酚是有6个羟基（—OH）的酚类化合物，多以树胶状存在于种子的腺体内。棉籽腺体多呈长椭圆形，外被网状膜，纵轴长为100～400 μm，直径为1～2 μm，依生长和环境条件的不同，颜色从淡黄色、橙黄色到紫色。腺体中除含棉酚20.6%～39.0%外，还含有棉紫素、棉绿素、氨基酸和其他酚类化合物。

棉籽贮藏期间的棉酚含量随贮存时间的延长而降低，高温亦能降低其含量。因此冷榨棉油中的棉酚含量比热榨的多，压榨棉油又比溶剂萃取的含量高。

棉酚对植物自身具保护作用，它对虫、鼠有驱避作用，且与品种的抗病性有关，无腺体棉花品种一般易于感染病虫。但棉酚对人畜是有害的，能引起低钾麻痹症。人若食用过量带壳冷榨粗棉油，会使人体严重缺钾，肝、肾细胞及血管神经受损，中枢神经活动受抑，心脏骤停或呼吸麻痹。动物食用的棉饼或棉粉中棉酚量达0.15%～0.20%时，会导致血液循环衰竭、继发性水肿或严重营养不良而致死。

人经常食用含棉酚的棉籽油，还会使生育能力下降。棉酚还易与蛋白质结合，影响蛋白质的营养价值。为了防止棉酚的毒害和开发棉籽蛋白资源，我国已育成了多个无腺体棉花品种用于生产。但无腺体棉花存在抗病性差、棉花纤维品质下降等问题。对于含棉酚棉籽，可经加热处理、太阳曝晒棉饼或用2%熟石灰水及2.5%碳酸氢钠溶液浸泡等措施降低棉酚毒性。科学技术的发展可变害为利，我国已把棉酚这一种子毒物研制成药物如棉酚片（节育药）和锦棉片（抗肿瘤药）等，造福于人类。

(5) 马铃薯块茎中的茄碱　茄碱（alkaloid）是一种生物碱，其分子式为$C_{45}H_{73}O_{15}N$，为白色针状结晶，不溶于水而溶于乙醇或戊醇，加稀酸分解可生成1分子毒性更强的茄啶和各1分子的鼠李糖、半乳糖和葡萄糖。一般马铃薯鲜块茎中茄碱的含量较低，为0.002%～0.013%。在阳光下发芽的块茎，茄碱含量可增加到0.08%～0.50%，芽内可达4.76%。霉烂薯块茄碱含量为0.58%～1.34%。

茄碱对人畜有毒，有致畸胎作用，导致无脑畸形和脊柱裂。食用含茄碱多的块茎时，人喉部有发麻的感觉。家畜食用过量会引起出血性胃肠炎，还会麻痹中枢神经。对马铃薯本身来说，茄碱的积累是一种防御机制，有促进酚类物质合成的愈伤反应。

通过加工调制（例如烘烤、油炸等），可大大降低马铃薯块茎中茄碱含量；还可通过育种的方法，选育茄碱含量低的优质品种。

2.4.3.2　外源性毒物

外源性毒物是种子在生长发育及贮藏过程中，由于外界生物的入侵或有毒物质的侵入而产生的有毒成分。种子感染真菌产生的真菌毒素和农药污染后的残留物或代谢物，是两类主要的外源性毒物。外源性毒物对种子、对人畜都是有毒的，必须通过栽培的和其他方式予以降低和消除。

感染种子而使种子带毒的真菌可分田间真菌和贮藏期真菌。田间真菌主要有交链孢霉属、芽枝霉属、镰孢霉属、孺孢霉属和黑孢霉属；贮藏期真菌主要是曲霉属和青霉属。种子感染真菌后，会引起种子变色、萎缩，胚部组织破坏，呼吸升高，营养物质被消耗，细胞器发生异常，高分子物质变性；酶活性降低，最终导致生活力丧失；即使能发芽，其幼苗也萎缩易得病，发育异常。除此以外，在种子中积累的有毒物质，若被人畜误食，会导致真菌毒素中毒症。有些真菌毒素的毒性很强，可引起恶性疾病，例如黄曲霉毒素的毒性比氰化钾强10 倍，能引起肝脏病和癌症，是强致癌物质；展青霉、麦芽米曲霉毒素等具导致出血毒性；还有具肾脏、心脏和神经损害毒性的。

要防止或降低真菌毒素的危害，主要可从 3 方面入手：一是选育对真菌有抗性或对其产生的毒素不敏感的作物品种，筛选含毒素少的高质量商品种子；二是改进栽培措施，提高收获质量，改善贮藏条件，以减少菌源，并使真菌处于不能生长的条件下；三是对已受真菌侵害的种子，进行物理或化学处理，降低或消除毒性。

在种子生产、贮藏等过程中，要经常喷洒农药以防治田间和仓库病虫。由于某些农药或其代谢物有较强的稳定性，种子黏附就难免带有农药的残留。如果种子中的农药残留超过一定剂量，就会使种子发生异常的生理反应，如降低发芽力、细胞染色体损伤、幼苗畸形等。当这样的种子用作人畜食料时，会引起急性或慢性中毒甚至发生细胞癌变。据研究，有机汞农药、有机氟农药和有机氯农药性质比较稳定，经生物代谢后仍有残毒；有机磷农药可在体内进行烷化作用，怀疑其有致癌和致突变的可能性。要解决种子中的农药残毒问题，关键是在种子的生产、贮藏过程中，大力提倡用生物方法或物理方法防治病虫害，尽可能少用或不用化学药剂；在必须使用化学药剂时，则应选择无残毒或少残毒，对人畜安全的药剂，并控制在允许剂量以内。

2.5　影响种子化学成分的因素及其调控

大量研究表明，通过人工方法提高粮食、果蔬、饲料等作物种子的营养价值，对保持人体营养平衡和提高畜产品的产量和品质至关重要。了解影响种子化学成分的因素，掌握种子营养品质改良的依据，是人民生活水平提高的急需。

前文已述，种子化学成分的差异不仅表现在不同作物间，即使同种作物的不同品种甚至同品种在不同区域种植，差异也很明显。导致这种差异的原因很多，可概括为内因和外因。

2.5.1　影响种子化学成分的内因与基因调控

2.5.1.1　内因对种子化学成分的影响

影响种子化学成分的内因主要为作物的遗传性、种子的成熟度、饱满度，其中遗传性是最大的影响因素。种子化学成分的可遗传性，决定了品种间化学成分的较大差异，而这正是栽培作物品质育种的理论依据。据测定，我国小麦种子的蛋白质含量变幅在7.5%～28.9%，国际水稻种子的蛋白质含量变幅在5%～17%，玉米杂交种的蛋白质含量变幅在7.5%～16.9%，而野生大豆、半野生大豆和栽培大豆的脂肪含量分别为39.19%～54.06%、38.27%～46.74%和38.02%～41.87%，种间的改良潜力为0.32。向日葵种子不同类型间的含油量变异范围可达40%～70%。

国内外在品质育种方面取得了可喜成果。苏联育成的春小麦品种“萨拉托夫29”，其蛋白质含量达21%，且高产、稳产、抗病。美国用以色列高蛋白野生二粒小麦同伊朗和阿富汗的山羊草杂交，育出“超级蛋白小麦”，蛋白质含量高达26.5%。山东农业大学1993年获国家发明奖的优质面包冬小麦“PH82-2-2”，蛋白质含量为15.2%～17.1%，角质率高达97%。北京李竞雄等1982年育成的一批高赖氨酸玉米杂交种“中单201”至“中单204”，其产量与“中单2号”相当，赖氨酸含量为“中单2号”的2倍。北京农业大学1980年育成的“农大101”玉米杂交种，赖氨酸含量比对照高84%，色氨酸含量比对照高67%。中国农业大学育成的“高油玉米115”，含油率达8%以上。这都充分表明，品质育种不仅重要，而且是切实可行、经济有效的。品质育种，可以通过系统选育、杂交育种等常规方法进行，但若用近年来新发展起来的基因工程的方法，则可能更快速、高效且易达到明确目标。例如美国威斯康星大学将菜豆贮藏蛋白基因导入马铃薯，培育出高蛋白的“肉土豆”，我国朱新兵、赵文明等将豌豆花中提取的DNA导入小麦使其种子蛋白质含量提高了22%，特别是增加了71 ku和47 ku两种蛋白质新组分。

成熟度不同的种子，化学成分也有一定差异。不充分成熟的种子，可溶性糖、非蛋白质态氮的含量较高；而种子成熟愈好，由于胚乳和子叶的蛋白体是随成熟而增多的，种子中贮藏蛋白的含量和比例愈高，种子的干物质量愈大，角质率亦愈高。因此应保证种子充分成熟。

种子饱满度不同，其各部分所占比率有一定程度变动，化学成分也就有差异。饱满种子胚乳或子叶所占比例大，淀粉或脂肪的含量高，麦类的出粉率高，油质种子的出油率高；而不饱满的种子果种皮所占比例大，纤维素和矿物质的含量较高，出粉率、出油率低。

2.5.1.2 种子化学成分的基因调控

近年的众多研究，对种子化学成分特异性的遗传基础进行了探讨。种子蛋白质含量和种类都是数量性状，多数植物种子贮藏蛋白是由多基因家族编码的，例如拟南芥的2S清蛋白是由*at2S1*～*at2S5*的5个基因编码的。大豆球蛋白（11S球蛋白）是由*Gy1*～*Gy5*基因编码，而且它们之间具有很高的同源性。

近十几年来，分子水平上改良作物蛋白质的研究取得了显著进展。通过农杆菌介导法将水稻谷蛋白基因*GluB-1*启动子调控下的大豆铁蛋白基因的完整编码区序列导入水稻的结果显示，铁蛋白基因在水稻胚乳中特异表达，经与对照植株比较，转基因植株T_1种子的铁蛋白含量是对照植株的3倍多。导入大豆球蛋白基因的转基因水稻与非转基因的对照植株相比较，转基因水稻种子的蛋白质含量高于对照植株20%以上，正常水稻所缺乏的赖氨酸在内的大部分氨基酸成分也均高于对照植株。有人合成了一段富含各种必需氨基酸的DNA序列，通过Ti和Ri质粒将该DNA片断转移到马铃薯中，并获得表达，有效地改善了马铃薯贮藏蛋白的氨基酸组成。

种子中的脂肪含量也属于数量性状，控制稻米粗脂肪含量的数量性状基因位点（QTL）分析表明，1 个控制粗脂肪含量的数量性状基因位点（Fat 1）位于第 10 染色体的长臂上，贡献率为 19%。随着转基因技术的发展，基因工程提高种子含油量的研究受到了越来越多的重视，利用反义磷酸烯醇式丙酮酸羧化酶（phosphoenolpyruvate carboxylase，PEPCase）基因表达技术途径，已育成了含油量较受体品种显著提高的转基因油菜、转基因大豆及转基因水稻新品系。国外采用反义抑制油酸去饱和酶基因表达的方式，培育出油酸含量高达 85%、多不饱和脂肪酸含量极低的大豆和油菜新品种。

2.5.2　环境条件对种子化学成分的影响与区域化种植

种子发育、成熟期间的生态条件，对种子的化学成分有较大影响，进而影响种子品质。这是导致相同作物或相同品种在不同地区、不同年份化学成分差异的主要原因。Johson 等（1972）曾把若干个小麦品种同时种植在几个国家，结果发现所有试验品种的蛋白质含量在美国最高，其次为匈牙利，英国最低（表 2-11），美国种植的比英国种植的平均高 5.3 个百分点。我国不同地区种植的小麦蛋白质含量，同样表现了地域间的较大差异（表 2-12）。栽培于不同地理条件下的大豆品种的化学成分同样表现出明显差异（表 2-13）。

表 2-11　不同国家种植的小麦籽粒蛋白质含量（%）

品　种	美国	匈牙利	英国
无芒 1 号（Bezostayal）	16.5	15.8	12.5
兰塞尔（Lancer）	16.2	14.3	12.3
约克斯达（Rokstar）	16.0	14.6	12.1
盖恩斯（Gaines）	16.5	13.7	11.2
阿特拉斯 66/cmn（NE67730）	20.8	20.3	13.7
普尔杜（Purdue）28-2-1	20.8	20.3	13.7
阿特拉斯（Atlas）66	20.6	19.4	13.5
实验圃平均	17.8	15.8	12.5

表 2-12　不同地区小麦种质资源籽粒蛋白质含量

地区	杭州	合肥	南京	郑州	济南	北京	公主岭
纬度	30°16′	31°51′	32°03′	32°43′	36°41′	39°48′	43°31′
蛋白质含量（%）	13.24	13.51	12.06	15.75	15.37	16.19	16.69

从表 2-12 和 2-13 中可以看出，就我国来讲，小麦蛋白质含量呈现从南到北逐渐增高的趋势，而大豆的蛋白质含量则从南到北逐渐降低。这主要是不同类型种子受不同地区气候条件影响的结果。

表 2-13　栽培于不同地理条件下大豆品种籽粒的化学成分差异

地区	纬度	海拔（m）	蛋白质含量（%）			脂肪含量（%）			脂肪碘价		
			四月白	八月白	平均	四月白	八月白	平均	四月白	八月白	平均
昆明	25°03′	1 839.0	41.02	38.57	39.80	13.55	16.82	15.19	122.0	131.9	126.95
南昌	28°41′	25.2	41.03	40.60	40.82	14.89	17.64	16.27	106.1	127.1	116.6

（续）

地区	纬度	海拔（m）	蛋白质含量（%）			脂肪含量（%）			脂肪碘价		
			四月白	八月白	平均	四月白	八月白	平均	四月白	八月白	平均
杭州	30°16′	10.0	39.86	38.20	39.03	16.75	17.22	16.99	108.2	125.1	116.7
武汉	30°32′	38.1	36.62	39.26	37.94	17.61	15.43	16.02	108.7	127.1	117.9
南京	32°03′	67.9	36.84	38.11	37.48	16.30	17.51	16.91	110.8	131.4	121.1
徐州	34°17′	38.0	35.99	41.40	38.70	16.44	15.81	16.13	113.3	134.8	124.1
北京	39°48′	53.3	35.52	38.66	37.09	—	—	—	122.8	143.4	133.1

小麦之类的粉质种子，主要受湿度的影响，包括大气湿度和土壤湿度。我国南方多雨潮湿，这种气候有利于淀粉酶的活动而不利于蛋白酶的活动，因而淀粉合成较多而蛋白质合成受阻；我国北方地区较干旱少雨，低的大气湿度使淀粉酶活动受阻而蛋白酶基本不受影响，从而蛋白质含量呈现北高南低。同样道理，旱地谷类作物的蛋白质含量也较水浇地高，例如水稻旱作蛋白质含量为9.32%～13.75%，水作蛋白质含量为7.17%～11.13%（平宏和，1972）；小麦不浇水和浇1次水的较浇2次水的蛋白质含量高约1%。当然这仅是指蛋白质的相对含量，由于干旱降低了籽粒质量和单位面积粒数导致产量低，即使蛋白质相对含量较高，单位土地面积的蛋白质总量也不会高。应该在保证作物高产的前提下提高蛋白质含量。

虽然潮湿多雨的气候有利于淀粉的合成，但灌浆期间降雨过多，往往使淀粉趋于水解，可溶性糖被淋洗，从而使淀粉、蛋白质的积累都不充分，粒较瘦秕，出粉率低。

温度对粉质种子化学成分也有一定影响。李鸿恩等（1992）所做的研究表明，小麦蛋白质含量与气温的月平均年较差呈显著正相关。在我国由南到北气温年较差20～40 ℃条件下，气温的月平均年较差每增加1 ℃，小麦籽粒蛋白质含量提高0.425个百分点。稻谷发育成熟期间高温，会使胚乳形成垩白，稻米的角质率降低。广东省农业科学院水稻生态研究室（1975）所做的研究表明，水稻籽粒发育成熟期间温度低，其蛋白质含量高，例如“南京11”，作早稻种植籽粒蛋白质含量为8.79%，作秋稻种植籽粒蛋白质含量为10.46%。另外，籽粒灌浆期间高光强时，籽粒的蛋白质含量亦高。所以我国北方产稻米食用品质高于南方。

对于大豆等油质种子来说，影响其化学成分的最大气候因素是温度，适宜的低温有利于脂肪在种子中的积累。我国北方地区气温较低，纬度高，日夜温差大，这样的条件不但有利于种子含油量的提高，而且脂肪中不饱和脂肪酸的含量多，脂肪的碘价高，油的品质好。同样道理，在纬度相当但海拔不同的地区，海拔高的地方种子中脂肪含量多，碘价高。作为这类种子的另一类主要贮藏物质的蛋白质，由于和脂肪存在着互为消长的关系，脂肪含量的提高导致了蛋白质含量的降低，因而我国大豆的蛋白质含量是南高北低。

大气湿度和土壤水分对油质种子中脂肪和蛋白质的含量也有一定影响。空气湿度和土壤水分高，对脂肪的积累有利，反之则有利于蛋白质的积累，这与粉质种子的化学成分受温度的影响相类似，因为凡是有利于淀粉积累的条件，一般也有利于脂肪的积累。因此北方干旱地区可通过灌溉有效地提高油质种子的含油率。

营养元素与种子中的脂肪含量也有密切关系。磷肥对油质种子含油量的提高有明显作用，因为糖类转化为甘油和脂肪酸的过程中需要磷的参与；钾肥（草木灰）对脂肪积累也起积极作用；氮肥施用过多会使种子含油量降低，因为植物体内大部分糖类和含氮化合物结合成蛋白质，势必影响脂肪的合成。

复习思考题

1. 名词解释

自由水　束缚水　临界水分　安全水分　平衡水分

2. 种子中水分的存在状态有哪些？种子的安全水分如何确定？

3. 影响种子化学成分的因素及其调控措施各有哪些？

第3章

种子的形成发育和成熟

植物经开花、传粉和受精后，雌蕊发生一系列变化，胚珠发育成种子，子房发育成果实，直到种子和果实成熟，才真正完成整个有性生殖过程。因此种子的发育成熟是植物有性生殖的最后阶段，也是种子产量和质量形成的关键时期。因此深入了解种子发育成熟过程的变化规律以及环境条件的影响，并根据具体情况加以适当控制，对提高种子播种质量、获得作物高产、做好种子繁育工作有十分重要的意义。

3.1 种子形成发育的一般过程

3.1.1 裸子植物种子的形成发育

裸子植物为单受精，即来自雄配子体的一个精子与卵细胞结合形成合子，进而发育成胚；另一个精子消失，由多细胞的雌配子体发育成单倍体的胚乳。

这里以松为例介绍胚的发育过程。受精后形成的合子先经2次核分裂形成4个自由核，移至颈卵器基部，排成一层。再经1次核分裂，共产生8个核，并随之产生细胞壁形成8个细胞，分上下两层排列。下层细胞再连续分裂两次，形成16个细胞，排列成4层，其中第3层细胞伸长形成初生胚柄，将最前端的4个细胞推至颈卵器下的雌配子体即胚乳组织中。此后上部的细胞极度伸长形成次生胚柄，而最前端的4个细胞则继续分裂多次，形成相互分离的4个原胚，着生在长而弯曲的胚柄上（图3-1）。每个原胚继续扩大形成幼胚。这种由1个受精卵形成几个胚的多胚现象在裸子植物中是常有现象。又由于胚乳内有数个颈卵器，故受精后1个胚珠内可产生多个胚，但一般只有1个能正常发育，成为种子中的有效胚，其余的逐渐退化消失。

继续发育的胚逐渐分化出胚根、胚轴、胚芽和子叶，整个胚呈白色棒状，居种子中央，胚根尖端常有一丝状物，为残存的胚柄，胚轴上轮生着4～16片子叶。发育成熟的松树种子的形态结构见图1-33。

胚发育的同时，雌配子体细胞也不断分裂、增殖，细胞内逐渐积累大量贮藏物质，即为裸子植物种子的胚乳（大孢子体），包在胚的周围，呈白色。珠心组织逐渐被消化吸收，珠被发育成种皮，珠鳞木质化成为种鳞或成为种翅。这样，整个胚珠形成一粒种子，整个大孢子叶球发育成为一个球果。

裸子植物（松属）种子形成发育过程如图 3-2 所示。

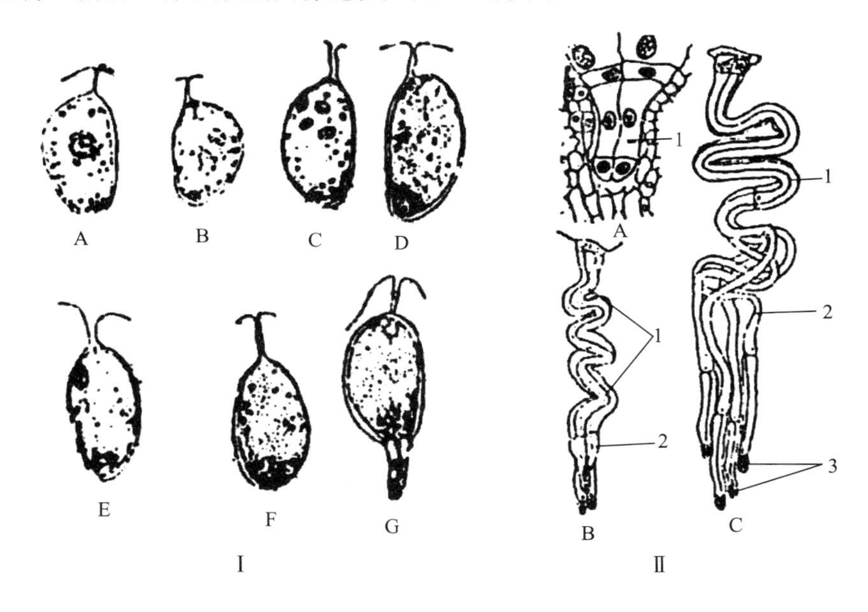

图 3-1　松属原胚的发育过程

Ⅰ. 前胚的发育（A. 受精卵　B. 受精卵分裂为 2 个核　C. 分裂为 4 个核　D. 核在基部排成一层　E. 形成 2 层 8 个细胞　F. 形成 3 层 12 个细胞　G. 形成 4 层 16 个细胞）

Ⅱ. 裂生多胚的形成（A. 初生胚柄伸长　B. 形成次生胚柄　C. 次生胚柄伸长并分离　1. 初生胚柄　2. 次生胚柄　3. 胚）

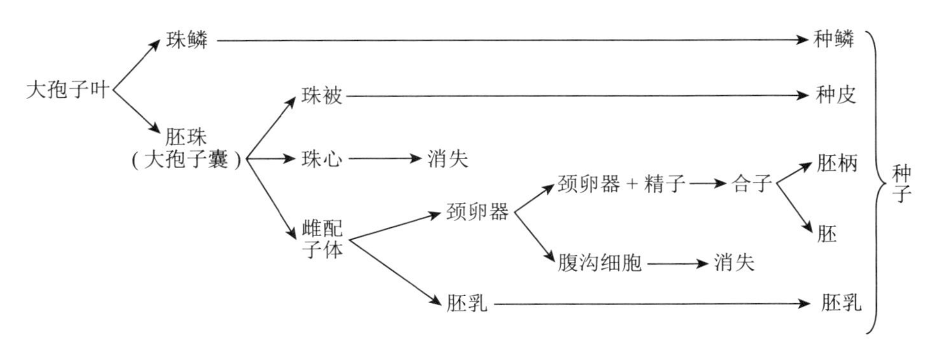

图 3-2　裸子植物（松属）种子形成发育过程

3.1.2　被子植物种子的形成发育

被子植物在受精过程中，来自雄配子体的两个精子，一个与卵细胞融合成为合子，另一个与两个极核融合形成初生胚乳核，这种现象称为双受精。双受精之后，合子进一步发育成胚，初生胚乳核发育成胚乳，珠被发育成种皮，大多数植物的珠心被吸收而消失，少数植物珠心组织继续发育直到种子成熟，这就是外胚乳，至此，胚珠发育成种子的过程完成。植物需要适宜的条件才能完成双受精。许多植物由于恶劣环境（低温、高温、病虫、营养不良等）影响会造成不能正常受精。下面分别介绍种子各部分的发育过程和特点。

3.1.2.1　胚的发育

被子植物胚的发育是从双受精完成形成合子（zygote）开始，经过合子休眠期、原胚（primary embryo）发育期、胚基本器官分化期和胚扩大生长期，最后达到成熟。

(1) 合子休眠期　合子形成后，通常并不立即分裂而是要经过一定时间的休眠，因而胚的开始发育一般较胚乳晚。从合子形成到合子分裂的时期称为合子休眠期，其时间的长短因植物而异，一般数小时至数天不等。水稻在传粉后 6 h 合子开始分裂，棉花在传粉后 3 d 合子分裂；而秋水仙在秋季受精，至第二年春天合子才分裂，整个冬季的 4～5 个月合子都处于休眠状态。合子具较强的极性，合点端阔，珠孔端较窄，细胞质较多集中在合点端，细胞核也位于合点端。合子的分裂也是不对称的，大多形成横的隔壁而形成上下两个细胞，靠合点端的一个称为顶细胞，体积小，细胞质浓，以后发育成胚体；靠珠孔端的一个称为基细胞，内具大液泡，后分裂或不分裂，主要形成胚柄，间或也参与形成胚体。由 2 细胞原胚发育成幼胚的模式如图 3-3 所示。

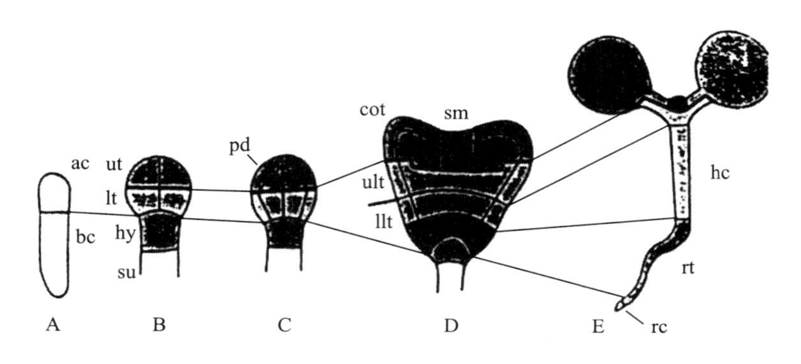

图 3-3　由 2 细胞原胚发育成幼胚（苗）的模式

A. 2 细胞原胚　B. 八分体原胚　C. 球形胚期　D. 心形胚期　E. 幼苗（胚）　ac. 顶细胞　bc. 基细胞　ut. 顶层 4 细胞　lt. 底层 4 细胞　hy. 胚根原细胞　su. 胚柄　pd. 原表皮层　cot. 子叶原基　sm. 芽生长点　ult. 上下层　llt. 下下层　hc. 下胚轴　rt. 胚根　rc. 根冠

(2) 原胚发育期　从合子分裂至器官分化前的胚胎发育阶段为原胚发育期，一般从 2 细胞原胚至球形胚期。由顶细胞发育成的球形胚胚体呈辐射对称的球形，细胞体积较小且形态相同。球形胚胚体的下方是由基细胞发育成的胚柄（suspensor），有的为 1 列细胞，有的仅为 1 个细胞，也有的呈多细胞的棒形或树桩形（图 3-4），少数植物没有胚柄。胚柄基部细胞的外周壁大多形成壁内突，有的甚至发育成胚柄吸器。胚柄一般是短命的，多在球形胚期达发育的最高程度，子叶原基形成以后停止发育，逐渐退化消失或仅留残迹，也有少数植物成熟胚中胚柄宿存，例如豇豆。胚柄的作用越来越引起人们的重视。胚柄能将胚体推到胚囊中央，使胚处于最佳营养状态；胚柄基部细胞常具传递细胞（transfer cell）的特征，能伸入到母体组织吸取养分供胚发育；胚柄还可产生激素，调控胚体的早期发育。

(3) 胚基本器官分化期和胚扩大生长期　在原胚发育阶段，双子叶植物和单子叶植物有着相似的发育形态，但随着胚器官分化期的开始，单子叶植物与双子叶植物间就有了差异。双子叶植物以荠菜（图 3-5）为例，球形胚在将来形成子叶的位置上细胞分裂加快，出现 2 个子叶原基，为心形胚期。随后胚在下胚轴区域开始向下伸长，子叶原基则向上生长，形成鱼雷形胚。以后胚由于不均匀生长而弯曲成拐杖形，再继续弯曲扩大生长成 U 形的成熟胚。荠菜胚的发育是双子叶植物胚胎发育的最典型类型，十字花科和柳叶菜科都属这种类型，豆科也与其相类似。

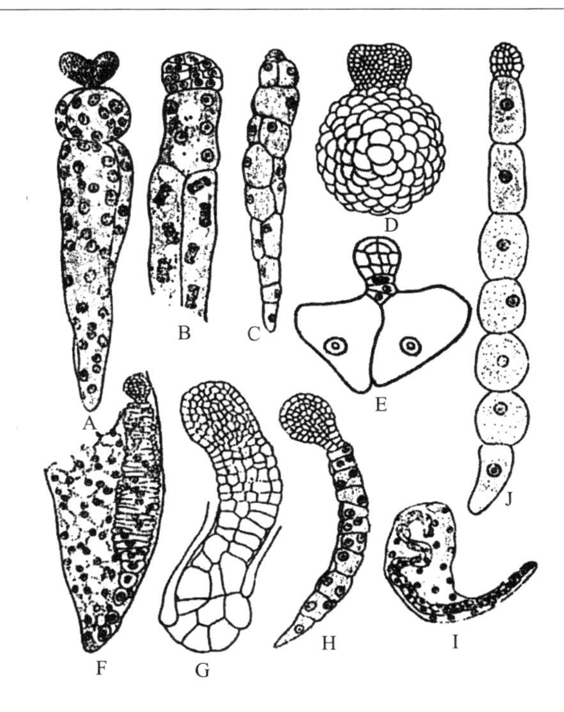

图 3-4　几种植物的胚柄

A. 狭叶香豌豆　B. 豌豆　C. 鹰嘴豆　D. 金链金雀花　E. 间花狐尾藻

F. 疏毛羽扇豆　G. 红花菜豆　H. 黄花羽扇豆　I. 肉质羽扇豆　J. 灌花芒柄花

（引自 Maheshwari，1950）

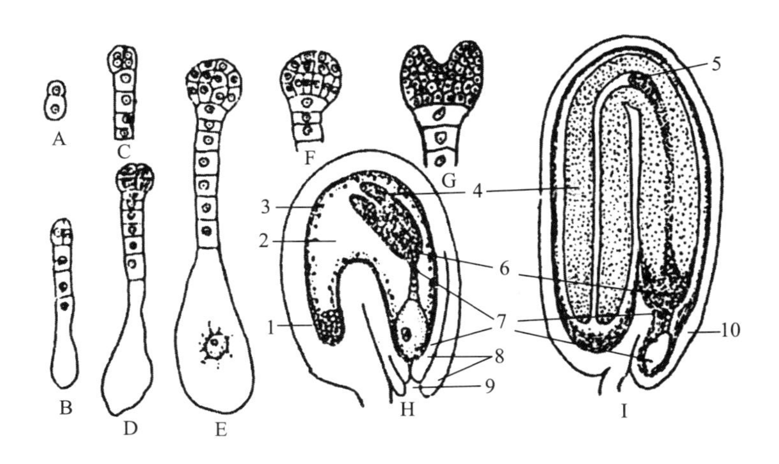

图 3-5　荠菜种子的发育过程

A. 2 细胞原胚　B. 二分体时期　C. 四分体时期　D. 八分体时期　E. 小球胚

F. 球形胚　G. 心形胚　H. 鱼雷形胚期的胚珠　I. 成熟胚期的种子（胚乳消失）

1. 珠心　2. 胚囊　3. 胚乳游离核　4. 子叶　5. 胚芽　6. 胚根　7. 胚柄　8. 珠被　9. 珠孔　10. 种皮

单子叶植物以玉米（图 3-6）为例，由于基细胞进行分裂的次数较少而顶细胞分裂次数较多，其充分发育的原胚呈大头棒状。随后在棒状胚的外侧面出现 1 个由分生细胞构成的小突起即胚芽、胚根原基，其上方呈一凹陷，因而称为凹形胚期。此后胚变成稍扁平状，其内侧沿胚柄区后面扩大成盾片（scutellum）即子叶，小突起则陆续分化出胚芽鞘、4～6片真叶、胚根鞘及初生胚根。后随着胚的扩大生长，分别在子叶叶腋内和靠近果种皮的外侧胚轴上分化出3～5条次生胚根。其他禾本科植物胚的发育与玉米基本相似。

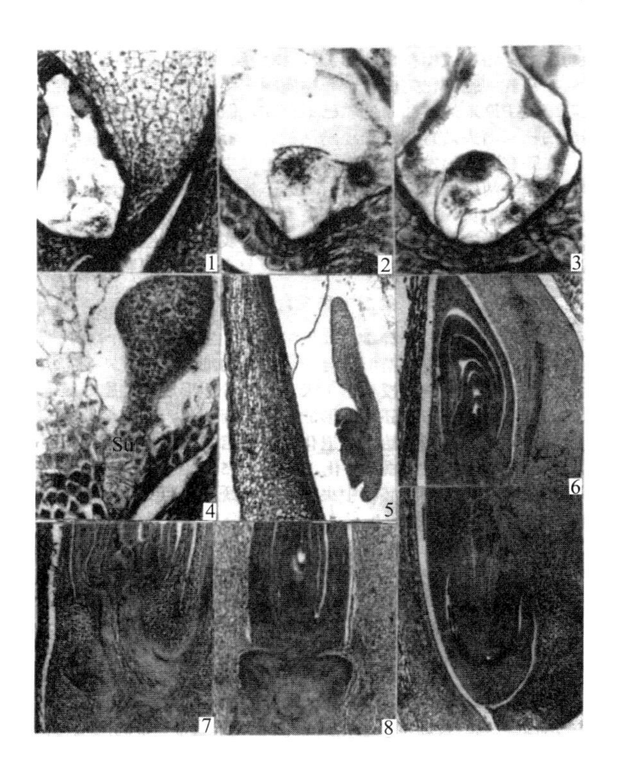

图 3-6　玉米胚的发育过程

1. 成熟胚囊　2. 合子　3. 2细胞原胚　4. 大头棒状胚（Su. 胚柄）　5. 胚芽鞘形成期　6. 基本分化完成的胚　7. 两条次生胚根形成　8. 第3条次生胚根形成

单子叶植物胚与双子叶植物胚的主要区别在于子叶数目不同。对于单子叶和双子叶形成的机制有许多不同见解，较为合理的解释是Lakshmannan（1972）提出的，他指出，原胚顶端的四分体参与形成子叶的细胞数目和在四分体中相对位置的不同，导致了单子叶和双子叶的形成。双子叶植物是顶端四分体的两个相对的细胞产生子叶，而除此以外的其他形式都只形成不同类型的单子叶（图3-7）。

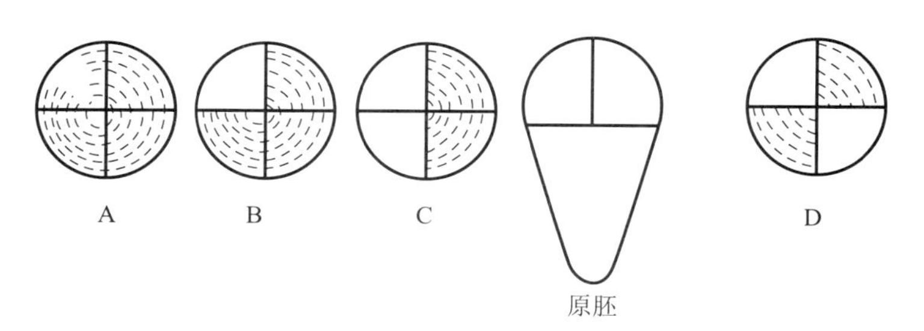

图 3-7　原胚顶端的四分体参与子叶的形成

A～C. 成单子叶（加点部分代表参与形成子叶的部分）　D. 形成双子叶

3.1.2.2　胚乳的发育

被子植物的胚乳多是由极核（polar nucleus）受精后形成的初生胚乳核发育而来的，是三倍体细胞组织，称为内胚乳（endosperm）；而裸子植物的胚乳是由雌配子体细胞发育而来，是单倍体的贮藏组织。

初生胚乳核无休眠期，一般先于合子而分裂，因而胚乳的发育早于胚的发育。胚乳的发育方式可分为3种类型：核型（nuclear type）、细胞型（cellular type）和沼生目型（helobial type）。

核型胚乳（图3-8）是被子植物中最常见的胚乳发育方式，其特点是初生胚乳核的分裂及其以后多次分裂不伴随细胞壁的形成，故形成大量游离核分布在原胚周围和胚囊周边细胞质中，然后在发育的一定时期迅速长出细胞壁，即细胞化形成胚乳细胞，胚乳细胞再进一步分裂、分化形成成熟胚乳。细胞化开始时游离胚乳核的数目因植物种类而异，从几个至数千个不等。

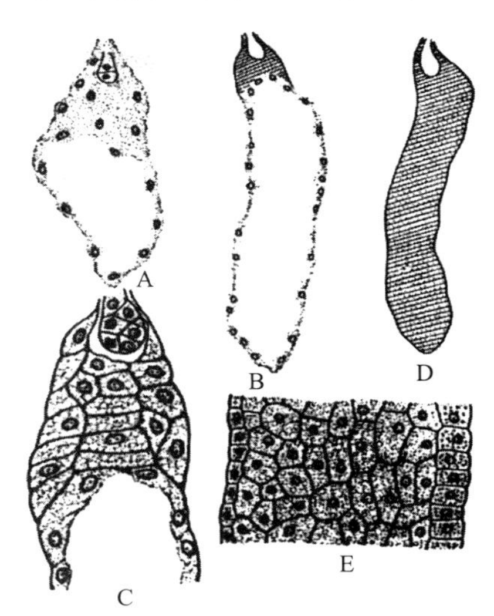

图3-8　小麦核型胚乳的发育

A. 胚乳游离核期　B. 原胚周围形成胚乳细胞　C. B图珠孔端放大　D. 胚乳全部形成细胞　E. D图部分放大（示胚乳组织最外层为糊粉层）

细胞型胚乳的发育（图3-9）在初生胚乳核的第一次分裂就伴随着胞质分裂，即产生细胞壁形成胚乳细胞，随后胚乳细胞不断分裂分化形成胚乳，其发育过程中无游离核时期。大多数合瓣花植物（例如烟草、芝麻、番茄等）属此种类型。

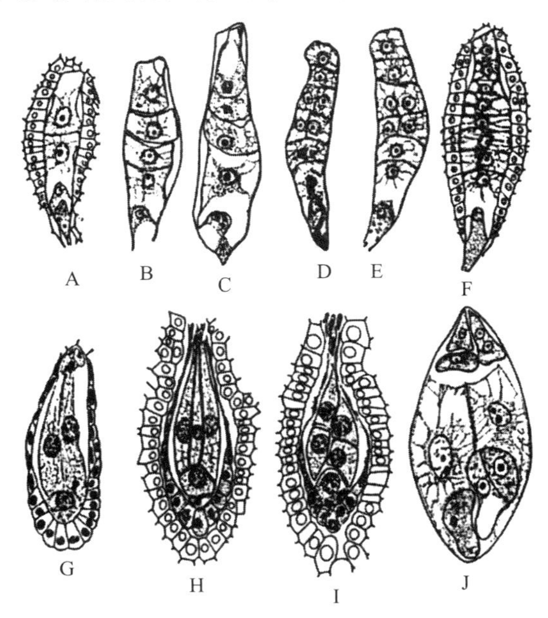

图3-9　细胞型胚乳的发育

A～F. 肾形荠菜（A. 2细胞　B～C. 4细胞　D～F. 8细胞）

G～I. 五福花（胚乳细胞分裂的不同阶段，细胞数目不同）　J. 距花败酱

（引自Maheshwari，1950）

沼生目型（图 3-10）兼有核型和细胞型二者的特点，即初生胚乳核第一次分裂伴随着细胞质分裂，形成大小两个细胞，较小的一个位于合点端，称为合点室，不分裂或只分裂几次而后退化；较大的一个位于珠孔端，称为珠孔室，以后由它按核型方式发育成胚乳。百合科植物的胚乳发育属这种类型。

胚乳细胞发育到后期，通常是等径的薄壁细胞，其内形成大量淀粉粒、蛋白体、脂肪体等贮藏物质。禾本科植物胚乳最外的一层或几层细胞，胞体较小且排列整齐，壁较厚，有完整的细胞核，细胞质中充满糊粉粒、脂肪体和小颗粒淀粉，称为糊粉层（aleurone layer）。糊粉层以内的多层淀粉细胞胞体较大、细胞壁薄，细胞内形成大量淀粉粒和蛋白体，同时细胞核消失或被挤碎，成为死细胞。但有些含脂肪较多的植物胚乳完全成熟后仍具完整的细胞核，在氯化三苯基四氮唑（TTC）测定时呈现红色，为具有生活力的活细胞，如蓖麻和葱。椰子胚乳的发育较为特殊，其发育初期形成大量游离胚乳核呈乳液状充满胚囊，随后某些游离核从乳状液中沉淀出来，黏附于胚囊腔的周缘并逐渐形成细胞壁，再由这些胚乳细胞分裂增殖形成固体胚乳即椰子肉，胚囊腔中央的胚乳则始终保持液体状态即白色的椰乳。

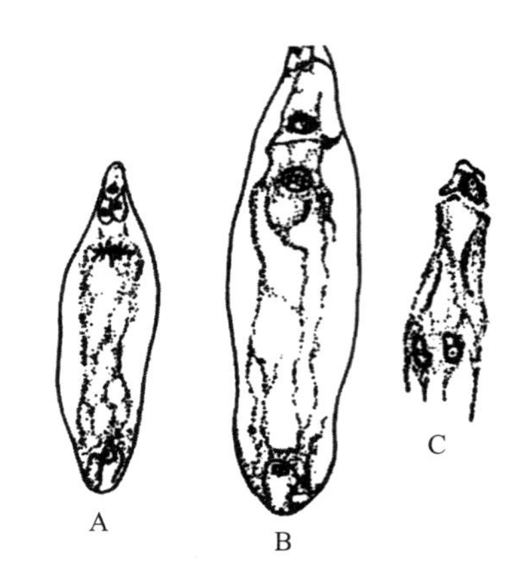

图 3-10　沼生目型（紫萼）胚乳的发育
A. 初生胚乳核分裂中期的胚囊
B. 形成大的珠孔室和小的合点室
C. 珠孔室形成 2 个游离核、合点室仍保持 1 核
（引自胡适宜，1984）

胚乳是有胚乳种子的贮藏器官，一般成熟时占籽粒质量的 60%～80%，因此胚乳发育得顺利与否，与种子的产量、质量密切相关。胚乳细胞的数目和体积共同构成胚乳库容。胚乳细胞的数目、形状、体积主要因植物种类、品种类型而异，但其增殖趋势基本一致，禾本科作物一般在授粉后 5 d 开始明显增多，授粉后 10～15 d 增殖迅速，随后增长速率减缓，20 d 左右达到峰值。从授粉 10d 后，营养物质开始在胚乳细胞中积累，25 d 后，随着淀粉粒、蛋白质体的大量形成，淀粉胚乳细胞开始凋亡，至成熟时成为没有原生质体的死细胞。但油质种子的成熟胚乳细胞不凋亡。而胚乳细胞体积的扩大持续时间要长得多，可一直延续到蜡熟期。可见胚乳细胞体积的增长和营养物质的积累不受细胞凋亡的影响。

被子植物的胚和胚乳同是双受精的产物，但它们最终的命运不同。胚乳虽先于胚而发育，却是有限生长，而胚总是从胚乳中吸收养分，最后分化为幼小孢子体并可萌发长成植株，为无限生长。有些植物的种子，胚发育到后期生长变慢，胚乳中的贮藏物质被保存，成熟时即为有胚乳种子，这些胚乳待种子萌发时再供胚利用。也有的植物在种子发育的中后期胚迅速生长而胚乳退化，最后胚耗尽所有胚乳，成熟时便为无胚乳种子，无胚乳种子的胚往往很发达，特别是子叶中常贮存大量营养物质。另有少数植物，其胚乳退化消失不彻底，种子成熟时仍有 1～2 层胚乳细胞残留在种子中，例如大豆、棉花、油菜等的种子。只有极少数植物是几乎不形成胚乳的，例如兰科、菱科等植物的种子。

一般情况下，由于胚和胚乳的发育，胚囊体积不断扩大，以致胚囊外的珠心组织被破坏，最后为胚和胚乳所吸收，故成熟种子中无珠心组织。但有些植物的珠心组织随种子的发育而扩大，形成一种类似胚乳的贮藏组织，称为外胚乳（perisperm）。外胚乳由体细胞发育而来，故为二倍体。菠菜、甜菜、咖啡等的成熟种子无内胚乳但有外胚乳，胡椒、姜等成熟种子则既有内胚乳又有外胚乳。内胚乳和外胚乳同为种子的贮藏组织，为胚提供营养，故同功但不同源。

3.1.2.3　种被的发育

随着受精后胚和胚乳的发育，珠被细胞也在不断生长和变化，形成种皮（seed coat），包在胚和胚乳外面，起保护作用。果实种子的种皮外还包被有子房壁发育成的果皮。若胚珠只有 1 层珠被，就只形成 1 层种皮，例如向日葵、胡桃等的种子。若胚珠具 2 层珠被，便有两种情况，一是内珠被和外珠被分别发育成内种皮和外种皮，例如蓖麻的种子。二是 2 层珠被中 1 层退化消失，剩下的 1 层发育成 1 层种皮，例如豆类种子是内珠被消失外珠被发育成种皮，而水稻、小麦种子的种皮则由内珠被发育而成。

随着种子、果实的发育，被子植物花器的其他部分也发生变化，有的枯萎脱落，有的宿存或发育成为附属物。现将被子植物种子和果实发育过程中花器各部分的变化及相应名称图解于图 3-11。

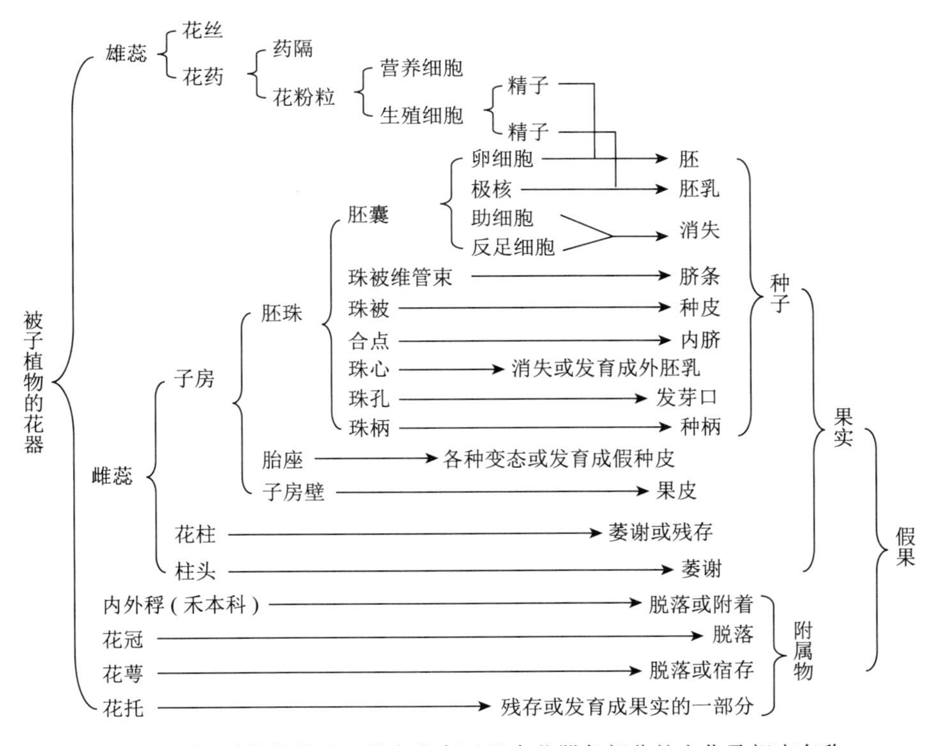

图 3-11　被子植物种子和果实发育过程中花器各部分的变化及相应名称

种皮细胞发育到后期，细胞中的原生质和营养物质消失，细胞壁中积累大量纤维素、木质素，有的形成厚壁的石细胞，从而使种皮密而坚硬，增加了对胚和胚乳的保护性能。有的植物种皮的表皮细胞向外突起，延伸成长、短纤维，例如棉花、杨、柳等的种子。还有少数植物，其珠柄或胎座发育成一层组织，包在种皮的外面或包被种子的一部分，称为假种皮，例如荔枝、龙眼的可食部分。

果皮（pericarp）的结构较复杂。果皮通常可分为外、中、内3层，外果皮上有气孔、角质、蜡被、表皮毛等。中果皮则类型较多，有些有大量富含营养的薄壁细胞组织，例如桃、李、杏等的可食部分；有的成熟时则干缩成膜质、革质或疏松的纤维状。内果皮的变化也很大，有的生成许多大而多汁的囊，例如柑橘、柚子的可食部分；有的则成为坚硬的核，例如桃、李、椰子等的果核；还有的细胞发育成浆状，例如葡萄果实。许多干果（例如坚果、瘦果、颖果）的果皮的3层分化不明显，尤其是颖果，整个果皮仅由数层干缩的空细胞壁组成（图3-12）。

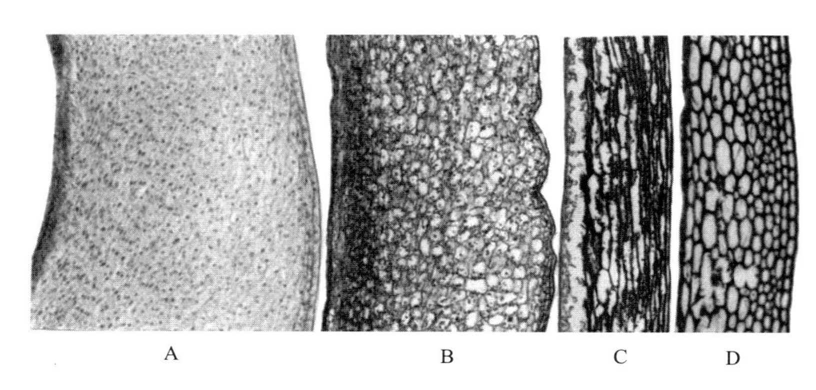

图3-12　玉米果种皮的发育

A. 授粉后1 d　B. 授粉后7 d　C. 授粉后20 d　D. 成熟颖果的果种皮

3.2　种子发育中的异常现象

绝大多数植物，胚珠受精后经一定时间的发育，形成有发芽能力的正常种子。但也有少数胚珠，由于遗传的原因或外界条件影响，往往通过一些不正常途径产生一些异常种子，例如多胚、无胚、无性种子及败育种子。

3.2.1　多胚现象

3.2.1.1　多胚现象的概念

正常情况下，每粒种子中含有1个胚，萌发后长出1棵幼苗。但在自然界，却常发现1粒种子中有2个或2个以上的胚，称为多胚现象。自1917年Leeuwenhoek首先在柑橘种子中观察到有多个胚以来，已发现许多植物都有多胚现象（图3-13）。根据多胚是否产生在同一个胚囊中，多胚现象又可分为真多胚和假多胚两种。

3.2.1.2　多胚现象的类型

(1) 真多胚　多胚产生在同一个胚囊中，称为真多胚。真多胚在多胚现象中占主要地位，多胚的来源主要有以下3种。

①由合子、原胚或胚柄裂生产生胚　这类称为裂生多胚。裂生多胚在裸子植物中很普遍，常常由原胚产生2个以上的胚；在被子植物中，有合子胚通过出芽或裂生方式产生附加胚的现象，但较少见。

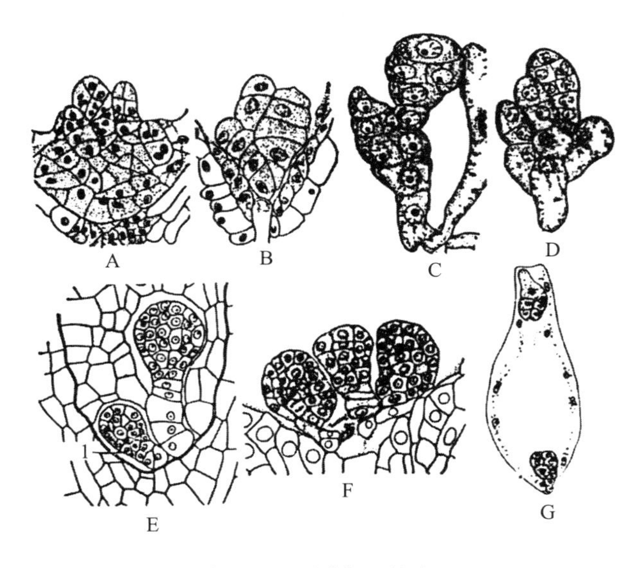

图 3-13　不同来源的多胚

A～D. 裂生多胚［A、B. 美洲鹿百合合子裂生形成的多胚　C、D. 美冠兰的合子裂生多胚（C）和原胚出芽多胚（D）］　E. 岩白菜助细胞形成多胚（1. 助细胞胚）　F. 紫萼的不定胚　G. 无毛榆的反足胚

（引自 Maheshwari，1950）

②由助细胞或反足细胞产生胚　以助细胞产生多胚现象较常见。在某些胚囊中，助细胞常变为卵状，经受精或不受精发育为胚。助细胞不经受精发育成的胚为单倍体，受精后发育成的胚则与合子胚一样为二倍体。由反足细胞形成胚很少见，且形成的胚多不能达到成熟。

③由珠心或珠被细胞产生不定胚　胚囊外的珠心或珠被细胞进行活跃分裂，形成细胞群并推到胚囊中而形成不定胚，其数量可从几个至数十个。不定胚从形态上不易和合子胚相区分，有时可根据不定胚的位置略偏一侧、不具胚柄和形状不规则来判断。从珠被起源的不定胚很少，只有个别植物，例如垂花绶草有较高的比例。而柑橘类植物从珠心细胞产生不定胚很普遍，每粒种常为 4～5 个胚，且有许多能长成幼苗。

（2）假多胚　多胚产生在同一个胚珠的不同胚囊里称为假多胚，假多胚现象较少见。产生假多胚的原因有 3 个，其一，在同一珠心中形成多数胚囊，这种情况见于黑核桃、木麻黄和柑橘属；其二，两个或更多的珠心融合成一体；其三，由一个珠心裂生成两个或两个以上的珠心。后两种情况更为少见。

3.2.1.3　多胚现象的意义

由胚囊中卵细胞以外的细胞发育导致的多胚现象，从理论上可认为是有意义的，但由于发生的频率低且常不能达到最后成熟，实践上意义不大。而多胚现象中的不定胚，是来自母体组织的无性胚，可提供和母体完全一致的幼苗，在某些果树的繁殖上有重要利用价值，例如柑橘属植物，利用不定胚繁殖，既能保持品种的优良特性，同时也可避免由于重复地无性繁殖而感染病毒引发衰退。

3.2.2　无胚现象

在一批种子中，有时可发现外形似乎正常但内部无胚的种子，称为无胚现象。无胚现象在植物界分布也很广，在禾本科作物（例如水稻、小麦）及其他科属的种子中偶有发现，而在伞形科植物中却极常见，例如胡萝卜、芹菜等。银杏即使在良好的授粉条件下，无胚率亦在50%以上。

植物产生无胚种子可能的原因有：a. 与植物的遗传特性有关，因为某些科属的种子，无胚种子出现的频率总是较高；b. 卵未受精或者远缘杂交，异种花粉受精，虽完成了双受精过程，但终因生理不协调而使胚中途夭折，胚乳和种皮得以发育；c. 由于某些昆虫（例如椿象等）在种子发育初期危害，当它们从幼小种子吸取汁液时能分泌某些毒素，导致胚死亡。

无胚种子是不能萌发长成幼苗的，因而没有种用价值，但一般作物种子无胚率很低，所以对生产无大影响。如果发现无胚率较高的种子，则应及时查明原因并采取适当措施，以保证足够的出苗数。

3.2.3　无性种子

3.2.3.1　无性种子的概念

凡通过无融合生殖产生胚而形成的种子称为无性种子。所谓无融合生殖，一般是指配子体不经配子融合而产生孢子体的过程，亦即植物不经雌雄配子融合而产生胚形成种子的生殖方式，仅限于在胚囊中不经受精而产生胚的现象，这与营养繁殖有着明显不同。

3.2.3.2　无性种子的类型

根据上述概念，通过无融合生殖产生无性种子有以下3种情况。

（1）发生在正常减数的胚囊中的无融合生殖　这种类型包括孤雌生殖、无配子生殖和孤雄生殖。孤雌生殖是卵细胞不经受精而直接发育为胚；无配子生殖是助细胞或反足细胞不经受精直接发育为胚；孤雄生殖是指精子进入胚囊，精卵细胞发生融合后，没有进行核融合，随后卵核消失，精核发育成胚。孤雌生殖和无配子生殖虽广泛存在，但自然发生的频率很低，例如小麦为0.48%，甘蓝型油菜为0～0.364%，玉米为0.000 5%。孤雄生殖发生的频率更低，至今只在烟草等极少数植物中有发现。减数胚囊中无融合生殖产生的胚一般是单倍体的，但也有极少数其染色体自然加倍形成二倍体胚。

（2）未减数胚囊中的无融合生殖　这种类型包括二倍体孢子生殖和体细胞无孢子生殖。二倍体孢子生殖的胚囊是由于孢原细胞或大孢子母细胞减数分裂受阻，形成二倍体的大孢子，即胚囊中的8个核均为二倍体。体细胞无孢子生殖的胚囊通常是由珠心细胞起源，属体细胞胚囊，因而也是二倍体的。在这种二倍体胚囊中，通过孤雌生殖、无配子生殖所产生的胚都是二倍体。

（3）不定胚生殖　已如前述，不定胚是珠心细胞或珠被细胞突入胚囊，形成与合子胚相似的胚状体继而发育成成熟胚。含有不定胚的种子在发育初期可能是多胚种子，多胚中有1个是有性的，这个有性胚往往发育迟缓，结果被无性胚排挤掉而成为无性种子，柑橘中常有这种现象发生。

无性种子的形成虽然不是受精的产物，但却常需要传粉或精子进入胚囊过程的刺激。

3.2.3.3　无性种子的应用

无性种子与有性种子在外形上常看不出明显差异，但在遗传物质上却是大相径庭。无性种子或者只具有母本的遗传物质，萌发后长出与母株一样的植株，或者只具有父本的遗传物质，长出与父本一样的植株。无性种子在植物育种上有重要用途，一是可提供单倍体材料，使隐性性状能够直接表达出来，且经过染色体加倍获得纯合二倍体，加快育种进程，克服远缘杂交的不亲和性；二是可以固定杂种优势，例如 F_1 植株产生的不定胚或未减数胚囊中无融合生殖产生的二倍体胚，都能保持母株的杂种优势。无性种子可通过人工授粉、化学药剂处理或异种属细胞质核替换进行诱导。

3.2.4　种子败育

3.2.4.1　种子败育的概念

胚珠能顺利地通过双受精过程，但却不能发育成具有发芽能力的正常种子，这种现象称为种子败育。种子败育如果发生在种子发育的早期，由于干物质未来得及积累，幼小的胚珠将干缩为极小的一点而使果实成为空壳。如果种子败育发生在种子发育的稍后期，则有可能形成极瘦秕或有缺陷的种子。败育种子无正常的发芽能力，因而没有种用价值。

种子败育是一个很普遍的现象，在许多种子生产中都能发生。例如水稻、小麦等作物的空秕粒，豆类荚果、油菜角果中的缺粒等，许多是由种子败育造成的；杂交育种中种子败育的现象更为严重。如果种子败育的比率高，会给种子生产和作物产量带来损失。

3.2.4.2　种子败育的原因

引起种子败育的原因很多，有内在的因素，也有外界环境条件的影响，一般可归纳为以下几种情况。

（1）生理不协调　在远缘杂交中，有时受精虽然能够完成，但由于生理不协调，种子常不能正常发育。这又有 3 种情况，一是胚和胚乳发育都不正常而使种子早期夭折；二是胚乳可能发育正常但胚不正常，导致产生无胚种子；三是胚可能开始发育正常，但由于胚乳发育不正常，发育中的胚尤其是原胚因得不到胚乳的养分而停止发育或解体。例如在陆地棉和中棉的杂交试验中，就观察到杂种胚乳没有充分发育而过早解体，在它解体前的几天内，杂种胚发育还是正常的，但随着胚乳的解体，胚的发育也逐渐停止。在某些杂种后代中常出现的育性很低，有的虽能形成种子却往往不能正常发育和成熟的现象，也多是由于生理不协调。

（2）受病虫危害　种子在发育过程中常易遭受病虫危害，有些是直接危害（例如害虫吃掉种子的重要部分或病菌寄生其中），有些则属间接危害（例如病虫的分泌物使胚部中毒死亡等），这些都能造成种子败育。

（3）营养缺乏　种子在发育过程中，需要从植株吸取大量营养物质。如果植株由于自身或外界条件的影响导致营养缺乏，或者物质转运受阻，都能引起种子败育。在栽培条件不佳时，这种情况经常发生，譬如植株遭受病虫危害或机械损伤、营养器官被损、土壤贫瘠、肥水不足、气温不适、水涝湿害、盐碱危害、环境污染等。总之，凡是能引起植株营养物质缺乏或转运障碍的一切因素，都可能使种子由于营养物质缺少而败育。种子败育多发生在果穗的顶部、基部等营养弱势位，表明营养缺乏是种子败育的重要原因。

（4）恶劣环境条件等　有些恶劣的环境条件（例如冰冻、高温、有毒药剂等），能直接使发育中的种子受伤致死。

造成种子败育的原因很复杂，除上述以外，还可能有另外许多因素，例如激素调控失调、植物固有的遗传差异等，有待进一步研究、探讨。

3.2.4.3 种子败育的防止和利用

防止种子败育的措施，应根据其败育的原因确定。如果种子败育是由生理不协调所致，可利用胚体离体培养的方法，以得到珍贵的杂交种。如果是由于营养缺乏引起，则应改善栽培条件，加强肥水管理，使营养生长和生殖生长协调发展，以获得种子高产。还应有目的地选育遗传上败育率低、抗逆性强的品种。

种子败育除了有对生产不利的一面外，还有可利用的一面。例如有些杂种后代，其种子可育性低，易败育，但其营养体生长繁茂，经济器官品质好，而人们所需要的正是它的这种营养体，将这样的品种用于生产，将能大大提高经济效益，三倍体甜菜和无籽西瓜的选育和推广，就是极好的例子。

3.3 种子成熟

种子成熟（maturation）是种子形成和发育过程的最后阶段，是决定籽粒质量大小、籽粒饱满程度的关键时期，因而是决定种子产量和品质的重要阶段。

种子成熟是否充分，收获时期掌握得是否得当，对种子的化学成分、原始发芽率、休眠期、耐贮性、寿命等均有不同程度的影响。深入了解种子成熟过程的变化规律以及环境条件的影响，并根据具体情况给以适当调控，对提高种子播种质量、获得作物高产、做好良种繁育工作有十分重要的意义。

3.3.1 种子成熟的概念和指标

种子发育到一定程度便达到成熟。真正成熟的种子应包括两个方面：形态成熟和生理成熟。所谓形态成熟，是指种子的形状、大小已固定不变，且呈现出品种的固有颜色。生理成熟是指种胚具有了发芽能力。有些种子，在达到形态成熟的同时，胚的发育也已完成并具备了萌发能力，两方面的成熟是一致的。但也有些种子（例如水稻、小麦），在乳熟期胚就具备了发芽能力，但整个籽粒远未达到形态成熟，因而这时不能称为真正成熟。另有一些植物种子（例如大麦、燕麦、莴苣等及许多林木、果树的种子），在形态上达到成熟时胚仍没有发芽能力，因而也不能称为真正成熟。

真正成熟的种子一般应具备以下指标：a. 养料运输已经停止，种子中干物质不再增加，即达到了最大干物质量；b. 种子含水量降低到一定程度，例如豆类降至40%～45%，大麦和小麦降至20%～25%，玉米和高粱降至30%～35%；c. 果种皮的内含物变硬，呈现出品种的固有色泽；d. 种胚具有了萌发能力。

3.3.2 种子发育和成熟过程中的变化

从种子形成到发育成熟是胚珠细胞不断分裂、分化以及干物质在细胞中不断合成、转化、累积的过程。在这个过程中，明显的变化主要有3方面：外形及物理性变化、贮藏物质的合成与积累、发芽力的变化。这3个方面互为依存、密切配合、协调发展，种子方能正常发育达到真正成熟。

3.3.2.1 种子发育和成熟过程中外形及物理性变化

种子发育和成熟过程中，其外形的变化很明显。随着受精后时间的延长，种子的体积和鲜物质量迅速增加，一般禾谷类在乳熟末期而豆类、十字花科种子在绿熟期达最大，再继续发育到后期阶段，由于水分的减少种子的体积和鲜物质量又有所降低，呈现由小到大再由大到小的变化趋势。种子干物质量和密度的变化较有规律，一般是随种子发育而逐渐提高，到完熟期达最大；但油质种子例外，由于成熟后期糖分大多转化为脂肪，种子密度反而有所降低，例如甘蓝型油菜种子绿熟期的相对密度为 1.35，完熟期降至 1.13。

种子生长一般是先长长度再长宽度和厚度，完熟期达到本品种的固有形状，所以未充分成熟的种子干燥后多呈线头状或扁片状。种子发育之初多呈白色或淡绿色，随其发育绿色渐深，进入成熟后期，种子中的叶绿体逐渐解体而有色素不断增加，种子开始呈现黄色、红色、黑色、紫色、花斑等固有颜色，有的种皮外还积累角质层，使种子富有光泽。

3.3.2.2　种子发育和成熟过程中贮藏物质的合成、转化与积累

种子中贮藏物质的合成与积累，是种子充分发育的物质基础，与种子产量和品质密切相关。

种子中的贮藏物质，绝大多数是由植株中流入的，只有极少量是种子自身制造的。植株中的养分以溶解状态通过维管组织运入种子，流入过程中一般先流入果皮，在果皮中短暂停留，然后再从果皮流向种子，在种子中合成为不溶性高分子化合物（例如淀粉、蛋白质、脂肪等）加以贮存。

植株中的可溶性糖主要以蔗糖形式运入种子，而进入种子的蔗糖只有极少数以可溶状态存在，绝大多数要合成淀粉。淀粉合成受到一系列酶的控制，其中最重要的 4 个关键酶为：二磷酸腺苷葡萄糖（ADPG)焦磷酸化酶（AGPP)、淀粉合成酶（SS)、淀粉分支酶（SBE）以及淀粉去分支酶（SDBE)。蔗糖先通过淀粉合成酶或淀粉磷酸化酶催化合成为直链淀粉，然后再在分支酶（Q 酶）作用下形成支链淀粉。这个过程可用图 3-14 所示简图表示。

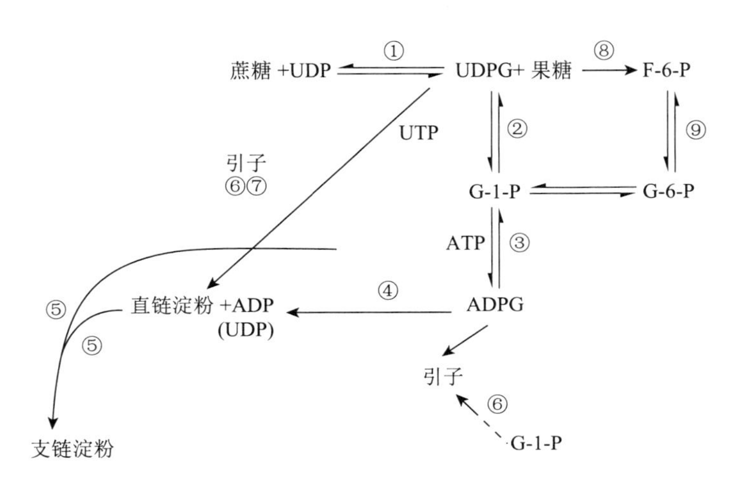

图 3-14　淀粉合成过程

①蔗糖合成酶　②UDPG 焦磷酸化酶　③ADPG 焦磷酸化酶　④ADPG 淀粉合成酶　⑤淀粉分支酶（Q 酶）　⑥淀粉磷酸化酶　⑦UDPG 淀粉合成酶　⑧果糖激酶　⑨己糖磷酸异构酶、葡萄糖磷酸变位酶

一般认为，在淀粉合成的初期，形成的多是直链淀粉，而在较后期则主要形成支链淀粉，也即随着种子的充分发育，种子中的支链淀粉比率逐渐增加。

油质种子在形成过程中，一般是糖分先积累，然后才是脂肪和蛋白质的积累，且随含油

量的迅速提高，淀粉、可溶性糖的含量相应下降，因此认为脂肪是从糖类转化来的。由糖转化为脂肪的过程见图 3-15。

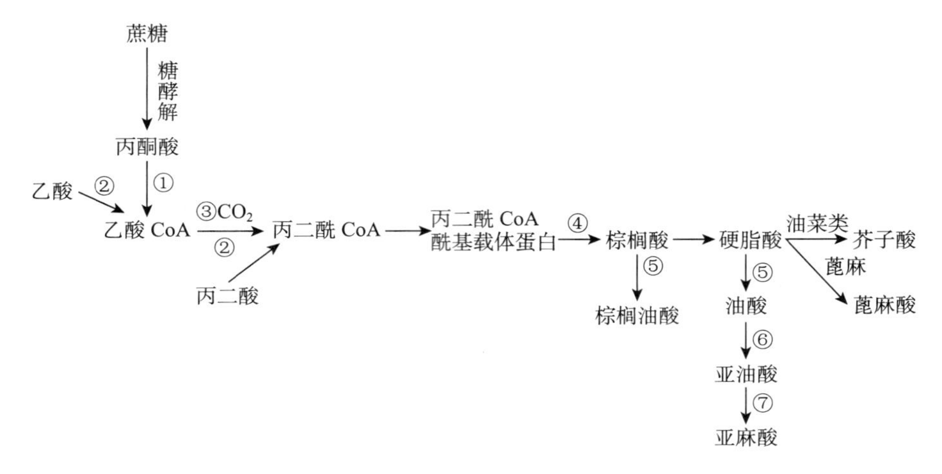

图 3-15　由糖转化为脂肪的过程

①脱氢酶　②硫激酶　③乙酰 CoA 羧化酶　④脂肪酸合成酶　⑤Δ^9 去饱和酶　⑥Δ^{12}去饱和酶　⑦Δ^{15}去饱和酶

种子中的蛋白质是植株中的氨基酸或酰胺流入种子再合成的。种子蛋白质合成有直接和间接两种方式，直接方式是由流入的氨基酸直接合成蛋白质，间接方式则是氨基酸进入后与种子中的 α-酮酸在转氨酶的作用下形成新的氨基酸后合成蛋白质。

植株中的酰胺流入种子后，一般先分解成氨基酸和氨基，再直接或间接合成蛋白质。随着种子的发育，种子中非蛋白质态氮逐渐减少，蛋白质态氮逐渐增多，且蛋白质绝对量（每粒种子中蛋白质的绝对量）的增加远远超过相对量（%）的增加。豆类种子在发育过程的初期，合成的主要是清蛋白，其后才相继合成球蛋白。而禾谷类种子则随其发育，水溶性蛋白（清蛋白）和盐溶性蛋白（球蛋白）降低，醇溶蛋白和谷蛋白增高，这后两种蛋白质是面筋的主要组成成分，因而种子愈充分发育，加工品质愈好。

综上所述可以看出，种子在发育和成熟过程中，其生物化学过程是以合成作用为主，这是种子中营养物质得以不断积累的基础。

随着种子发育过程中高分子不溶性物质的不断合成和转化，干物质逐渐在种子中积累，使种子的体积和质量不断增加。然而，干物质在种子不同部位中积累的速度、顺序，则因物质种类和作物类型而不同。就物质种类而言，积累的先后顺序一般是结构蛋白→淀粉→脂肪→贮藏蛋白，种子发育到后期，随着贮藏蛋白（蛋白体）的迅速增多，淀粉粒有解体现象，表明淀粉解体后的物质作为合成蛋白质的碳架。就种子的不同部位而言，营养物质一般是先在果种皮处暂时积累，然后再转移到胚乳和胚中。

禾本科作物胚体组织细胞体积较小，细胞质浓稠，细胞核较大，可溶性糖、氨基酸等可溶性物质和结构蛋白含量高；而不溶性营养物质的积累主要集中在盾片中。胚器官分化开始后，在刚分化出的盾片中上部胚芽生长点内侧出现小颗粒淀粉，随着分化进程，盾片中自上而下淀粉粒逐渐增多、增大。成熟期的籽粒中，盾片中除了含有大量淀粉粒外，还形成大量脂肪体，蛋白体的数目亦是随成熟而增加，且呈现出愈向上淀粉粒愈小愈少、蛋白体愈多

（图 3-16）的趋势。胚乳中营养物质积累的顺序一般是由外及内、由上及下（图 3-17），有腹沟的则先在腹沟处积累然后逐渐向内，靠近胚的部位积累最迟。因此籽粒胚乳的中央部位（例如玉米）或胚部上方（例如水稻）常软而疏松，呈粉质不透明状，未充分发育成熟的种子尤甚，而胚乳的上部周边为角质。

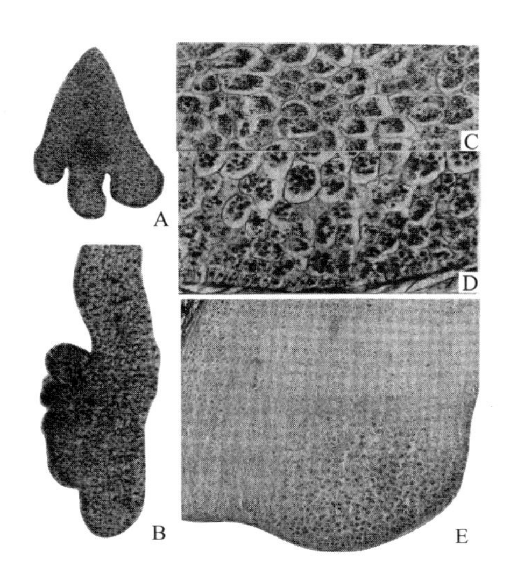

图 3-16　玉米盾片中营养物质的变化
A、B. 形成初期的盾片　C. 蜡熟期的盾片顶部
D. 蜡熟期的盾片基部　E. 蜡熟期的盾片

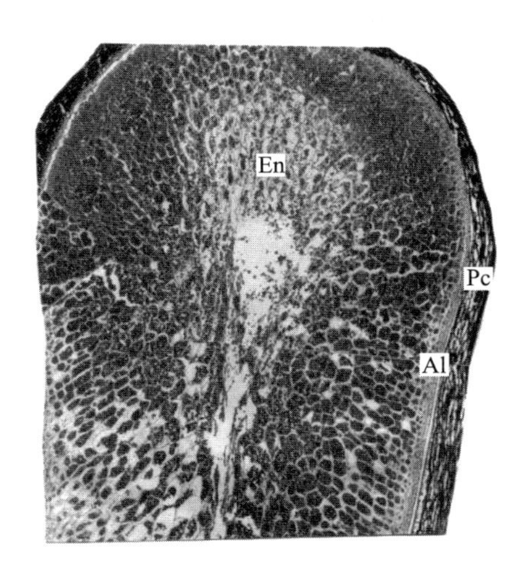

图 3-17　玉米籽粒纵切面上胚乳细胞中的营养物质积累
Al. 糊粉层　En. 胚乳　Pc. 果种皮

禾谷类种子中氮素总量的 60%是植株抽穗开花以前从土壤中吸收的，这些氮素以有机氮的形式贮存在植株中，种子形成后再从植株转运到种子。如果植株处于缺氮的环境中，则几乎 100%的氮素是开花前吸收的。因此氮肥的施用应以植株生长前期为主。糖类的积累则主要是植株抽穗开花后茎叶制造的光合产物，一般占穗粒质量的 2/3，只有少部分是从茎和叶片中转运出来的。因此开花后去叶，会显著降低籽粒质量，同时也表明了加强种子田后期管理的重要性。

3.3.2.3　种子发育和成熟过程中发芽力的变化

种子发芽力一般以发芽势和发芽率来表示。在种子发育过程中，发芽力的变化可分为以下 3 种情况。

(1) 种子发芽力随种子发育而逐渐提高　即愈成熟的种子，发芽势愈强，发芽率愈高，一般农作物中无休眠期的品种都表现出这样的趋势。

(2) 种子发芽力随种子发育而呈波状变化　在种子发育过程中，其发芽力虽也随成熟而提高，但其最高的时期却不是完熟期而是在此以前，发芽力呈现由低到高，再由高到低的趋势。这种情况出现在有后熟休眠的作物（例如水稻、小麦、大麦等的某些品种）的种子上，这些种子在形态成熟以前，胚就基本发育完全，而在胚发育完全前的发育过程中，发芽力是由低到高的，但到了种子成熟的后期，胚虽然分化更趋完善，但由于种子可溶性养分减少，酶活性降低，某些萌发抑制物质积累，同时还有色素物质在种被细胞中的沉积导致透气性变差，种子的发芽力反而降低。这样的种子在收获后须经一段时间的干藏，发芽率才能逐渐增加直至最高，也即打破休眠。玉米种子在胚刚完成形态建成时（授粉 15 d）种子无发芽能力，授粉 20 d 时形成微弱的发芽能力，授粉 20 d 后发芽能力迅速形成，至授粉 40 d 后，才能形成达到种子品质标准的发芽率。但这是指收获干燥后的种子，而鲜种子，即便是成熟期收获的，不脱水前发芽率也极低，但其一旦干燥，休眠便被打破，而其离体种胚的发芽力则在乳熟期就达最高，表明鲜种子发芽力低可能与胚乳代谢状态有关，脱水是代谢状态转变的重要因素，其机制值得深入研究。对小麦种子发育成熟过程中发芽力的测定表明，取样晒干后的结果是：发芽率在受精 7 d 后迅速升高，至受精后 14 d 已升至近 80%，随后缓慢上升，受精后 28 d 时最高；但未晾晒的鲜种子却要到受精 21 d 后发芽率才迅速升高，直至成熟；接近成熟的种子，鲜种子与干种子之间无差异，这与玉米又有所不同。棉花种子也是在脱水前很难发芽，随着收获后干燥过程中水分的不断降低，发芽力迅速提高。

(3) 种子在母株上时甚至收获后一段时间不具发芽力　这种类型的种子在整个母株上的生长阶段都不具有发芽力，甚至成熟收获后也不能发芽。所以产生这种情况，是因为某些植物（例如银杏、毛茛、冬青、香榧、人参、兰花等）的种子在外形成熟并收获时，其内部的胚并未发育成熟，有的没有分化，有的没有长到足够大小，甚至有的仅为一团分生细胞，必须在收获后置一定条件下数周或数月，胚发育完全后才能发芽。

3.3.3 环境条件对种子发育和成熟的影响

种子植物从开花受精到种子完全成熟所需时间，因作物不同而有很大差异。一般禾谷类作物需 30～50 d，豆类需 30～70 d，油菜需 40～60 d。林木种子所需时间更长，例如茶树约需 1 年，松柏则需 2 年以上。同种作物的不同品种也有明显差异，一般早熟品种所需时间较短，晚熟品种则较长。这种不同作物、不同品种间种子成熟期的差异，主要是由植物的遗传性决定的。然而，同品种的作物种子，其成熟期也常存在显著差异，这主要是种子发育和成熟过程中不同环境条件的影响引起的。同时，种子发育和成熟过程中环境条件的差异，对种子产量及品质也有很大影响。深入研究环境条件对种子发育的影响，对于种子生产区划具有意义。

从茎叶流入种子的营养物质主要是光合产物，其产生的数量、输入种子的数量及在种子中转化、积累的情况，在很大程度上受光照、温度和大气湿度的影响。一般说来，天气晴朗，空气湿度较低，温度适当高时，光合作用强度大，有利于养分的合成和运输，对提高种子产量和促进成熟都是有利的。若种子发育期间尤其是灌浆期阴雨连绵，空气湿度大且温度偏低，蒸腾作用弱，水分向外扩散受阻，会影响种子中物质的合成，加上光线不足，光合作用强度小，干物质来源不足，会使种子延迟成熟并减产。当然，大气的湿度也不能过低，如果大气湿度过低并且土壤缺水，就会出现干旱，使种子过分早熟，导致籽粒瘦小，产量降低。因为营养物质的合成和转运必须要在活细胞尤其是叶肉细胞充分膨胀的情况下才能进行，干旱的条件使植株萎蔫，不但营养物质的合成和转运受阻，且营养物质积累的时间短，种子多达不到正常的饱满度就过早成熟。在盐碱地，由于土壤溶液浓度大，渗透压高，植株吸水困难，往往造成与干旱类似的结果。

种子发育和成熟期间温度过高也会明显降低种子产量。干热风造成小麦种子减产，就是高温和大气干旱综合影响的结果。对于麦类作物，强光配合适当低温是籽粒发育的理想条件。我国青藏高原地区麦类产量较高，北方地区小麦千粒重也往往高于南方，除了光照强以外，最主要的原因就是昼夜温差大。在麦类种子灌浆期，南方温度高，昼夜温差小，容易引起叶片早衰，灌浆期缩短，且呼吸强度大，干物质积累少，因而千粒重降低（图 3-18 和表 3-1），种子产量低。

土壤的营养条件对种子产量和成熟期也有很大影响。一般氮素缺乏，会使植株矮小且早衰，种子虽可提前成熟，但籽粒小且活力低。相反，如果氮素过多，又会导致茎叶徒长，营养生长和生殖生长失调，种子会明显晚熟，也不会饱满。磷、钾肥能增加籽粒质量，促进成熟。因此制种田应氮、磷、钾合理搭配使用。研究表明微量元素对种子活力也有重要影响，Mg^{2+} 对种子活力有显著影响（Ceylan 等，2016）。

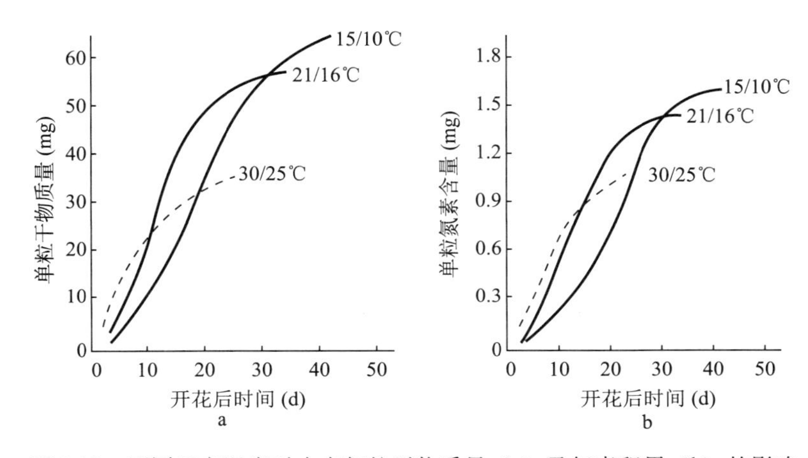

图 3-18 不同昼夜温度对小麦籽粒干物质量（a）及氮素积累（b）的影响

表 3-1 不同地区春小麦灌浆期的温度日变化和千粒重

地 区	海 拔（m）	平均温度（℃）	平均最高温度（℃）	平均最低温度（℃）	平均温差（℃）	千粒重（g）
河南郑州	75～300	19.4～24.0	21.9～32.3	—	—	32.6～45.3
甘肃武威	1 632	14.4～26.7	17.4～35.0	—	—	36.0～48.0
青海德令哈	2 200～3 100	14.1～16.4	22.9～25.9	3.9～11.8	14.1～18.0	48.0～58.0

3.3.4 未熟种子的利用

充分成熟的种子往往具有最高活力，因而在种子生产中应尽可能创造条件，使种子得以充分发育并达到充分成熟。然而在某些情况下，却难以获得充分成熟的种子。例如在我国北方地区，若遇秋季低温，常会有大量种子因遭受冻害而不能充分成熟从而失去种用价值，造成生产缺种；在耕作制度改革中，耕作制度和季节有时是难以解决的矛盾，为了解决这一矛盾，常需提前收获前季作物种子；还有在育种工作中，为了加速繁育速度，常需加代繁殖，时间所限也不能等种子充分成熟再收获。在许多情况下，如果能适当利用未熟种子，就可以减少种子生产上的损失，较好地解决耕作制度与季节的矛盾，有效地克服育种工作中的困难。

利用未熟种子，关键是掌握好各种作物种子的适用时期。在这方面，许多单位做过较详细的研究。据浙江农业大学种子教研室试验，早稻到了黄熟后期，种子提早 3～5 d 收获，立即脱粒或留株后熟 5～7 d，对千粒重无显著影响。晚稻种子比正常收获期提早 10～20 d，如立即脱粒，对千粒重影响较大，发芽率也较低；但如果收获后留株后熟 10 d 或 20 d 再脱粒，可提高种子的饱满度和发芽率（表 3-2）。另据沈阳农业大学研究，玉米、高粱种子开花授粉后 15～20 d，即种子发育期，种子干物质量占正常种子的 1/5 时，种胚已具有一定发芽能力，可以出苗乃至正常结实，只是幼苗细弱、成株率低，产量不高；开花授粉后 29～34 d，即乳熟末期种子千粒重约占正常种子 2/3 时，不仅胚具有了正常发芽能力，而且产量与完熟期差异缩小，因此可以作为低温冻害提前收获的临界期；蜡熟至完熟期的种子在发芽、出苗、发育等方面都几乎没有显著差异，可以作为种子田提前收获的安全期（表 3-3 和表 3-4）。豆类及十字花科作物种子提前 1～2 周收获，经留株后熟再脱粒，使植株中的营养物质在后熟期尽可能多地转运给种子，既可以早腾茬，又能使种子的产量和品质少受影响，还可以减少成熟后期田间落粒的损失。牧草种子也很易落粒，必须在完熟以前收获。秋季收获的苜蓿种子，如果体积已经达到种子正常大小一半以上，即使大部分荚果还呈青绿色，也可采收，其品质和发芽率并不很低，只是在清选时要注意将过轻而小的种子除去。

表 3-2　不同收获期对晚稻种子千粒重和发芽率的影响

处理		千粒重（g）	发芽率（%）
提早 20 d 采收	立即脱粒	24.7	75.2
	留株后熟 10 d 脱粒	24.8	70.4
	留株后熟 20 d 脱粒	27.4	76.2
提早 10 d 采收	立即脱粒	25.2	70.3
	留株后熟 10 d 脱粒	27.2	79.9
	留株后熟 20 d 脱粒	26.8	80.5
适期采收	立即脱粒	28.1	85.0
	留株后熟 10 d 脱粒	27.3	89.9
	留株后熟 20 d 脱粒	28.4	92.0

表 3-3　玉米种子不同成熟度的含水量、千粒重、发芽率和田间出苗率

授粉后时间（d）	成熟度	含水量（%）	千粒重（g）	发芽率（%）	田间出苗率（%）
15～20	种子形成期	80.59	68	80	44
22～27	乳熟期	60.83	144	93	70
29～34	乳熟末期	52.77	210	97	80
36～41	蜡熟期	41.57	256	99	92
43～48	蜡熟末期	41.83	299	98	90
50	完熟期	32.00	329	98	91

表 3-4　不同成熟度高粱种子的含水量、千粒重、发芽率和田间出苗率

授粉后时间（d）	成熟度	含水量（%）	千粒重（g）	发芽率（%）	田间出苗率（%）
15～20	种子形成期	65.5	8.7	79	62
22～27	乳熟期	55.1	15.6	97	91
29～34	乳熟末期	53.8	24.4	98	99
36～41	蜡熟期	43.2	30.8	97	98
43～48	蜡熟末期	32.8	35.1	98	92

在未熟种子的利用中应注意两点，一是未熟种子的耐贮性较差，收获后应充分干燥、妥善贮存，且贮藏时间不宜过久；二是与正常成熟的种子相比，未熟种子毕竟活力较低，因而需要较好的播种条件。即使播种前在适温下测定的发芽率较高，播种后若遇不良的环境条件，也多不能达到较高的田间出苗率。因此在用未熟种子播种时，应精细整地造墒，选择好适宜温度，还要适当加大播种量，以求获得全苗。在选择种子提前收获的时期时，亦应因时、因地、因种子用途而定，如果是育种中作加代繁殖的少量用种，且播种条件良好，可提前收获的时间长一些，例如玉米可在乳熟末期收获；但若是作大田用种，则不宜提前太早收获，应在保证发芽率达到国家标准的前提下适当提前，否则会成为不合格种子。

3.4　种子发育和成熟的基因表达与调控

3.4.1　胚胎发育的基因表达与调控

高等植物组织分化和器官发生的显著特点是连续性和重复性，胚胎发育只是一个建立组织和器官原基的过程。在这个过程中建立起来的芽生长点和根生长点几乎在其整个生活周期中保持活跃，不断产生新的组织和器官乃至次级生长点。因而可以推断，从单细胞的合子到形态各异、执行功能不同的各种组织和器官的出现，启动这些过程必然涉及众多胚胎特异性基因。若能将这些特异性基因进行定位、分离进而人为调控，将对植物遗传育种产生重大影响。

3.4.1.1　极性的建立

建立极性是胚胎分化的第一步，也是根、芽发育的基础。目前研究过的高等植物的合子胚发生过程中极性建立都非常规律，总是在近珠孔端产生胚根而在远珠孔端产生子叶和胚芽生长点。这种极性实际上在胚囊和卵细胞发生时就已建立，因为卵细胞从形成时起就一直处于非游离状态，它的基部固定于胚囊内壁，而着生卵细胞的胚囊端总是处于珠孔端。卵细胞受精后形成的合子极性进一步加大，细胞核和细胞质更接近远珠孔端。

拟南芥胚形态建成过程中，MPK/GRD 途径和 *WOX* 基因家族成员决定合子极性建立和不均等分裂。蛋白激酶 MAPKKK4/YDA 突变体 *yda* 和 MAPK3、MAPK6 双突变体 *mapk3/6* 的合子都无法伸长并进行均等分裂，只形成大小相等的基细胞和顶细胞。在合子中受到 MAPK 信号传导途径调控的基因是含有 RWP-RK 结构域的转录因子 GROUNDED（GRD），*grd* 突变体与 *yda* 和 *mapk3/6* 表现型类似，*GRD* 位于 MAPK 信号途径的下游，可能具有起始胚胎发育的功能。*SHORT SUSPENSOR*（*SSP*）基因位于 MAPK 信号途径

的上游，能够触发该信号途径。现有研究结果表明，合子极性化和不均等分裂受到 SSP→YDA→MAP3/6→GRD 途径的触发和调控。胚基顶轴方向极性的确立也会受到 *WOX* 基因家族的特异性表达调控。*WOX2* 和 *WOX8* 在合子中同时表达，当不均等分裂完成后顶细胞和基细胞分别表达 *WOX2* 和 *WOX8*/*WOX9*，但 *WOX8* 在顶细胞中也有微量表达。*WOX2* 是顶细胞的标记基因，受到 *WOX8* 和 *WOX9* 的表达调控。8 细胞原胚期 *WOX2* 在胚体的上层 4 个细胞中表达、*WOX9* 在胚体的下层 4 个细胞中表达、*WOX8* 在胚柄中表达，这 3 个基因决定了 8 细胞原胚期上下层细胞和胚柄细胞发育的方向。在随后的胚形态建成过程中，组织中心的标记基因 *WUS* 和静止中心的标记基因 *WOX5* 开始表达，标志着顶端分生组织和根端分生组织开始形成，至此胚形态建成中最重要的基顶方向的极性和轴性结构完全确定。WRKY 转录因子家族中的 WRKY2 可以直接激活 WOX8/9 转录。在早期胚形态建成过程中 WRKY2→WOX8/WOX9 途径也会影响合子极性化和不均等分裂。除 WRKY2→WOX8/WOX9 和 SSP→YDA→MAP3/6→GRD 调控途径外，生长素在基顶轴确定过程中也起重要作用。在合子至 16 细胞原胚阶段，位于胚柄细胞顶膜的生长素运输蛋白 PINFORMED 7（PIN7）位于胚柄细胞顶膜，将生长素由基细胞向胚体运输，PIN1 和 PIN7 共同作用，生长素由胚体向胚柄顶部细胞（胚根原）积累，形成生长素极性的分布环境，促进基顶轴建立。

3.4.1.2　顶端分生组织的建立

顶端分生组织的确立起始于组织中心标记基因 *WUS* 的表达。在 WUS 信号的作用下，叶原基之间形成了表达的顶端分生组织干细胞，干细胞进一步影响周围细胞形成具有持续分裂能力的顶端分生组织。

在 WUS 的众多调控因子中，顶端分生组织干细胞标记基因 *CLAVATA3*（*CLV3*）的作用处于中心地位。二者的调控是相互的，形成一种反馈抑制机制，WUS 对 *CLV3* 的表达具有促进作用，而 CLV3 则对 *WUS* 的表达具有抑制作用。CLV1 和 CLV2 分别是 WUS/CLV3 反馈抑制途径中的配体和受体，编码的富亮氨酸的受体激酶可以与 CLV3 糖肽结合发挥传递信号的作用；编码无激酶活性的富亮氨酸受体，在激酶 CORYNE（CRN）的辅助下才能与 CLV3 形成复合体，发挥信号传递功能。

控制顶端分生组织形成的另一个重要基因是 *STM* 基因。该基因的作用机制分为两部分，一是通过介导细胞分裂素的合成和信号传递间接促进 *WUS* 表达，二是与其他基因相互作用保证顶端分生组织的形成区域。STM 与 CUP-SHAPEDCOTYLEDONS（CUC）、ASYMETRIC LEAVES（AS）相互作用参与顶端分生组织的形成。STM 对 *CUC* 的表达调控使子叶和分生组织之间形成隔离，保证二者在发育过程中不会相互干扰。在侧生器官原基和子叶中 *AS* 的表达对顶端分生组织的确立有强烈的干扰作用，STM 对 *AS* 的抑制作用保证了顶端分生组织在形成的过程中不受到 AS 的影响。

3.4.1.3　根端分生组织的形成

静止中心细胞的形成及其标记基因 *WOX5* 的表达是根端分生组织确立的标志。静止中心细胞起源于胚根原细胞，静止中心发出的信号控制根端分生组织干细胞的特性。生长素在根尖分生组织形成中起重要作用，生长素合成和积累是胚根原细胞特化为静止中心细胞的前提条件。拟南芥生长素响应因子 ARF 的表达分析显示，8 细胞原胚和球形胚期的胚根原细胞中至少有 6 个 *ARF* 基因（*ARF1*/*2*/*6*/*9*/*13*/*18*）表达，说明胚根原细胞特化为静止中心细胞过程中关键基因的表达可能受到生长素信号的调控。AP2/EREBP 转录因子家族中的

PLETHORA（*PLT*）基因和转录因子基因 *TMOTARGETOFMP*（*TMO*）是现在已知的接受生长素信号调控、保证静止中心形成的基因。*PLT* 基因在胚发育过程中的表达受到 ARF7 和 ARF5（MP）的调控，PLT 作为生长素信号的整合因子维持 *WOX5* 的正常表达和根干细胞区的稳定，现有研究结果表明其功能的发挥与自身的表达量有直接关系。生长素响应因子 ARF5 的直接靶基因（*TMO* 类基因）编码一种带有 bHLH 结构域的转录因子。此类转录因子在胚根原细胞特化为静止中心细胞过程中发挥重要作用，其中的 *TOM7* 基因在胚根原细胞转化过程中移动到胚根原细胞中发挥功能。

在 *WOX5* 的表达调控中也存在非生长素依赖型调控因子，例如 *GRAS* 基因家族的转录因子 SHORTROOT（SHR）和 SCARECROW（SCR）。SHR/SCR 调控途径在 *WOX5* 表达和静止中心形成过程中发挥重要作用，球形胚后期 SHR 蛋白进入棱镜细胞与 SCR 蛋白并存标志着静止中心细胞的形成。有研究报道 SHR/SCR 调控途径对细胞周期具有促进作用，而 *scr* 和 *shr* 突变体都存在根结构缺陷，因此推测 SHR/SCR 调控途径在静止中心的作用可能是指导根尖干细胞的分裂行为，以维持根的正常形态。

3.4.1.4　子叶的形成和近远轴发育模式的建立

子叶是植物生长过程中的第一个侧生器官，使胚从辐射对称转变为左右对称。球形胚后期生长素的积累启动了子叶原基的形成，伴随着子叶的形成，植物胚近轴→远轴发育模式也逐步确立。子叶的形成过程包括生长素信号感知、子叶发生部位和生长方向的确定，此过程中生长素信号响应因子和一些具有表达拮抗作用的转录因子起着重要作用。ARF5、BODENLOS（BDL）/IAA12、AUXIN RESISTANT6/CULLIN1（AXR6/CUL1）等生长素响应因子负责接受生长素信号，ABCB19、PIN1、IAA18 负责调节生长素极性运输。这两类因子保证子叶原基的形成和正常生长。在植物以后的发育过程中，其他侧生器官形成和发育都采用类似的机制保证生长信号的准确性。子叶原基的位置由 *CUC*/*STM*/*AS1* 之间的相互作用确定，与顶端分生组织的形成同步，*STM* 基因在稳定了顶端分生组织区域的同时也确立了子叶原基的位置。子叶生长方向的确定过程就是植物胚形态建成过程中近轴→远轴发育模式的建立过程，主要通过基因之间的拮抗作用形成。其中最典型的是 *miR164* 介导的 *TCP* 和 *CUC* 之间的表达拮抗，最终由 *TCP* 的表达确定侧向极性，*CUC* 基因的表达确定中心区域。*HD-ZI-P Ⅲ* 基因家族 *REVOLUTA*（*REV*）的表达定义胚的近轴向，*YABBY*（*YAB*）表达确定远轴向，*KANADI*（*KAN*）感知生长素信号，*REV* 和 *YAB*、*KAN* 之间的表达拮抗作用促成了子叶近轴→远轴的发育模式。

3.4.1.5　径向形态建成

原表皮形成表皮细胞是胚形态建成过程中第一个径向发育模式。原表皮和内部细胞的分离机制尚无定论。一种假设认为，某种信号分子形成的信号强弱差异使原表皮和内部细胞发生分离。另一种假设认为，周围环境信号影响原表皮细胞，促使其和内部细胞分离。这两种假设目前都没有证据证实，具体的信号分子和环境信号仍未见报道。维管系统的确立是胚后发育中生长素信号传递的必备条件。因此胚形态建成过程中维管系统的确立由生长素信号启动，主要通过球形胚后期胚体内部细胞定向分裂实现，定向分裂过程也受到细胞分裂素的作用。

原表皮之后的径向发育主要是辐射对称结构的形成，其中胚根部位的辐射对称结构发育过程研究得较为清楚。胚根部分的径向形态建成主要是内皮层和外皮层的分化及基本组织的形成，此过程中 SCR/SHR 调控途径和其他基因协作在其中发挥重要作用。锌指蛋白亚家族 IDD 成员 JACKDAW（JKD）、MAGPIE（MGP）通过调节转录因子 SHR 和 SCR 的活性及作用范围，调控根皮层/内皮层初始细胞、皮层/内皮层初始细胞子细胞的不对称分裂和稳定根组织的边界。*JACKDAW*（*JKD*）、*MAGPIE*（*MGP*）是在细胞核中发挥作用的基因，所编码的蛋白质中含有 3 个锌指结构域，可以调控细胞不对称分裂，能够在转录水平和蛋白质水平上控制 SCR 和 SHR 活性。*JKD* 基因不仅能够直接影响 SHR 蛋自在根尖分生组织中的定位，还能通过 *SCR* 基因间接影响 SHR 蛋白的活性发挥。但 *JKD* 基因的表达不受 SHR、SCR 的调控。*SCR*、*SHR* 分别和 *JKD* 存在不同程度的相互作用，这些作用发生在根分生组织的静止中心、干细胞和内皮层细胞。与 *JKD* 基因不同，*MGP* 的表达受到 SCR、SHR 的调控，在干细胞中 MGP 蛋白抑制了 *JDK* 基因对 *SCR* 基因的转录调控。

由于高等植物具有体细胞全能性，大多数已分化的细胞仍具有脱分化和再分化形成胚胎的能力。当胚胎从游离的悬浮培养的体细胞或花粉发生时，游离的单个细胞不能直接发生胚胎，而总是先形成一个愈伤细胞团，然后这个团上的一个或几个细胞开始胚胎发育产生体细胞胚。很可能这个不参与胚胎发生的细胞团在功能上与胚柄相似，协助胚体建立极性。这对理解胚胎如何建立极性不无帮助。

3.4.2　胚乳发育的基因调控

关于胚乳形成的调控机制，目前所了解的主要可以归为以下几个方面：a. 胚乳发育的决定和启动很可能主要由中央细胞控制。其主要证据是有人利用体外受精技术，发现精细胞在体外与中央细胞融合后所分化的产物是胚乳而不是胚。b. 胚乳的细胞扩增过程受到不同层面基因的调控，同样通过突变体分析，目前发现 *PcG* 基因除了控制胚乳发育的启动之外，还影响胚乳细胞的扩增（樊启昶，2002）。张宪银（2002）等从水稻谷蛋白基因 *Gtl* 的上游序列克隆出胚乳特异性启动子，并通过转基因首次证实它能驱动 *Gus* 基因在水稻胚乳中表达。McClintocky（2003）则利用突变体技术研究了在玉米胚乳发育过程中淀粉酶的合成机制。顾勇（2014）研究发现玉米 MYB 家族转录因子 MYB127 调控 8 个淀粉合成相关酶基因表达，可上调淀粉去分支酶 *Isa1* 基因表达。玉米 O_2（*opaque-2*）基因编码的 O_2 蛋白是玉米胚乳中一种重要的转录激活因子，参与玉米中众多蛋白质的调控，包括醇溶蛋白（zein）氨基酸代谢的相关酶类失活，利用突变体可获得高赖氨酸优质蛋白玉米（Locatelli 等，2009）。*TaGW2* 是小麦中与籽粒质量相关的基因，并且抑制 *TaGW2* 表达的转基因株系籽粒质量和粒宽均显著增加（Bednarek，2012；Hong，2014；Zhang，2013）。水稻籽粒相关基因的研究发展最为迅速，许多籽粒大小和籽粒质量相关的基因已经被成功克隆。其中与粒长相关的基因 *GS3*（Mao，2010）和 *GW7*，与粒宽相关的基因 *GW2*（Song，2007）、*GW5*（Shomura，2008）和 *GW8*（Wang，2012），以及控制籽粒充实度和大小的基因 *GS5*、控制胚乳长度和籽粒大小的基因 *TGW6*、和籽粒灌浆相关的基因 *GIFT*（Wang，2010）等。控制水稻种子粒型发育的基因还有更多，通路主要包括激素调节途径、蛋白酶体泛素化降解途径、G 蛋白信号转导调节途径、小分子 RNA 调节途径和产量基因之间相互调节途径（图 3-19）。张春庆等（2018）研究发现，禾本科作物同一果穗不同粒位的种子发育的调控基因的表达有着明显差异，是造成种子大小和品质差异的重要原因。

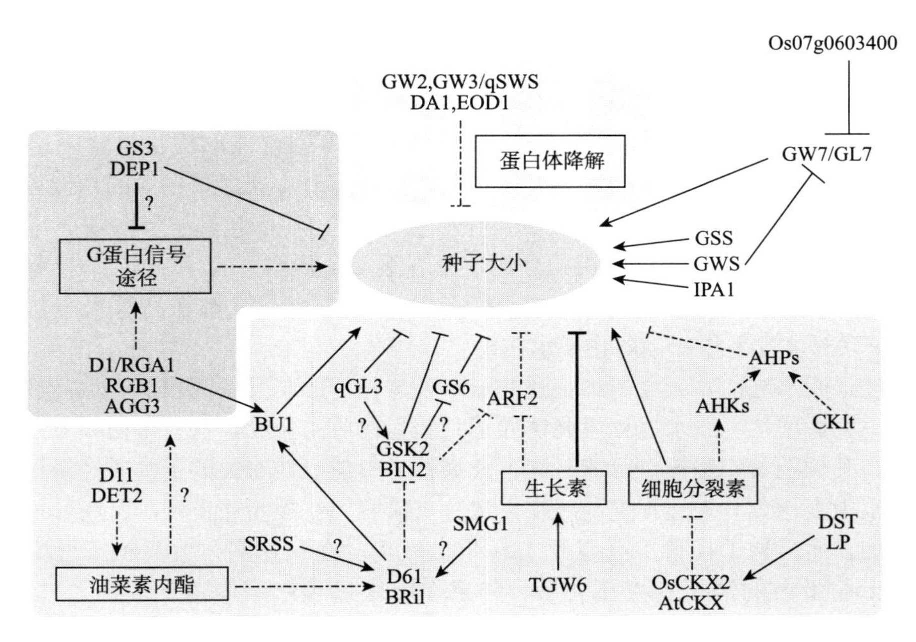

图 3-19 水稻籽粒发育基因调控

—水稻相关基因 --- 拟南芥相关基因 --- 两者共同的基因

（引自 Zuo 和 Li，2014；Wang 等，2015a；Wang 等，2015b）

3.4.3 种子成熟的基因表达与调控

种子发育的最后阶段是成熟脱水。在这个阶段，种子细胞中的代谢逐渐趋于静止状态，整个种子也进入休眠期；与种子发育有关的基因进入暂时停顿的状态，而与种子成熟有关的基因开始活跃表达。也就是说，种子的脱水就如同一个“开关”，它关闭了种子发育过程中相关基因的表达，打开了种子萌发或休眠所需基因的开关。

种子在成熟后期自主脱水，即使种子周围环境中有大量的水分来源，种子细胞内的水分仍然逆水势运行，并且种子细胞可以在非常干燥的状态下存活。成熟种子沉积的一些糖类物质可能是种子忍受干燥的关键。糖类所含的羟基可以代替细胞周围的水膜来保护细胞膜免受脱水干燥造成的损伤。

进一步研究认为，胚胎发育后期高丰度表达的蛋白质（late embryo abundant protein）即 Lea 蛋白与种子抗脱水过程密切相关。Lea 蛋白是所有在种子成熟过程中表达的蛋白质的总称。它可能具有保护细胞质的功能，调节细胞水势，或调节细胞内离子的实际浓度，或调节下一步有关基因的表达。目前的工作主要还在寻找在胚胎发育后期表达的 Lea 蛋白的基因，进而研究其功能。总的看来，大多数 Lea 蛋白都是亲水性的，富含某种氨基酸但不含半胱氨酸和色氨酸，它们通常位于细胞质。不同的 Lea 蛋白可能具有不同的功能。根据氨基酸序列的相似程度，Dure（1993）曾将已克隆的 Lea 蛋白基因分成 6 组。第一组 Lea 蛋白可能具有增加与水分子相结合的能力。棉花 Lea4（D19）、LeaA2（D132）和大麦的 B19 都属于该组，它们都含有 1 至多个由 20 个氨基酸残基组成的基元，含有较高比例的带电氨基酸和甘氨酸，其中一个蛋白质有将近 70%的氨基酸序列可以任意盘绕，这可能有助于更多地与水分结合。第二组 Lea 蛋白具有一个很保守的由 15 个氨基酸残基组成的 C 端 EEKKGIMD-KIK-ELPG 且至少重复 1 次，这组蛋白质可能是伴侣蛋白或与保持脱水后的蛋白质结构有关。第三组 Lea 蛋白中有一个蛋白质含有一个由 11 个氨基酸残基组成的基元 TAQAAKEK-AGE 且在整个蛋白质中重复达 13 次之多。这段氨基酸序列可以形成带电量不对称的 α 螺旋，带电量少的一面有助于形成同源二聚体，可以螯合离子。这组蛋白质的功能可能是通过螯合细胞内离子来减少由于失水而造成的离子浓度过高。第四组 Lea 蛋白缺乏重复序列单元，在 N 端保守，对膜结构可能有保护作用。第五组 Lea 蛋白也有一个由 11 个氨基酸残基组成的重复结构，也可能具螯合离子的作用。第六组 Lea 蛋白只有在高水平表达并与其他 Lea 蛋白相关联时才发生作用，防止脱水伤害。

在没有经过脱水之前，大豆体细胞胚和玉米天然种子的萌发率都很低，然而经过脱水处理后，萌发率大大增加。脱水过程可能诱导了某些蛋白质的合成，这些蛋白质分别在胚的不同部位表达，其功能及作用位点可能不同。大豆种子中与成熟有关的蛋白质经诱导在子叶和下胚轴及胚根中表达，其表达程度与胚丧失水分直接相关。授粉 4 d 后，大豆 Lea 蛋白开始在种子中增加，而当种子吸胀 18 h 后，Lea 蛋白减少。在这期间，大豆种子忍受胚细胞脱水的能力与 Lea 蛋白的消长有直接关系。如果在吸胀过程中用脱落酸或聚乙二醇（PEG-6000）处理种子，可以减缓 Lea 蛋白消失速度、延长种子抗脱水时间，但种子萌发也会变慢。这些研究结果表明，大豆 Lea 蛋白与种子抗脱水能力有关。

Lea 蛋白中，有一种被称为脱水素（dehydrin），它具有一个富含赖氨酸的区域，高度亲水，即使在 100 ℃沸水中煮过仍能溶于水中。依据脱水素的结构，人们认为其可能与干燥脱水时种子忍受低含水量有关，也可能与种子休眠有关。当水稻种子含水量降低到 75%时，种子中开始合成一个分子质量为 20 ku 的脱水素蛋白。这个蛋白质可在成熟的胚轴检测到，也存在于失水的茎尖。进一步研究表明，脱水素基因的表达在时间上先于种子获得抗失水能力的时间，但其大量积累却是在种子获得抗失水能力之后，并且在较能抗失水的水稻品种（含水量 2%）和抗失水能力较差的野生稻（含水量低于 6%即失活）之间，脱水素的表达没有区别，然而在对失水敏感的银杏种子中也可找到脱水素，大豆种子的抗失水能力与脱水素的相关性也未得到证明，表明脱水素与种子抗失水之间的关系很复杂，需要更多的研究。

进一步深入开展对 Lea 蛋白基因的研究，将有助于对种子成熟、休眠、萌发的有效调控，促进种子生物学的发展。

3.5 人工种子

农业上传统的种植方式大多是用天然种子播种来进行繁殖与栽培，但是天然种子的获得和萌发受时间和季节的影响，有的植物种子甚至十几年才产生一次。随着细胞工程、基因工程、组织培养等现代生物科学技术的飞速发展，世界范围内的许多生物学家正在致力于可进行工厂化生产的人工种子（artificial seed）的研究。

3.5.1 人工种子的概念与研究历程

3.5.1.1 人工种子的概念

人工种子是指将植物离体培养中产生的体细胞胚或能发育成完整植株的分生组织（芽、

愈伤组织、胚状体等）包埋在含有营养物质和具有保护功能的外壳内，所形成在适宜条件下能够发芽出苗的颗粒体。人工种子又称为人造种子、合成种子（synthetic seed）或无性种子。

人工种子的概念，是 1978 年由美国生物学家 Murashige 在加拿大第四届国际园艺植物学术会议上首次提出的，是指通过组织培养技术，将植物的体细胞诱导成在形态上和生理上均与合子胚相似的体细胞胚，然后将它包埋于有一定营养成分和保护功能的介质中，组成便于播种的类似种子的单位。

人工种子首先应该具备一个发育良好的体细胞胚（或称胚状体）。为了使体细胞胚能够存活并发芽，需要有人工胚乳，内含胚状体健康发芽时所需的营养成分、防病虫物质、植物激素；还需要能起保护作用以保护水分不致丧失和防止外部物理冲击的人工种皮。通过人工的方法把以上 3 个部分组装起来，便创造出一种与天然种子相类似的结构——人工种子。

最初，人工种子主要指包裹在含有养分和具有保护功能的物质中形成的、并在适宜条件下能够萌发出苗的体细胞胚颗粒体。近年来，其概念已从狭义的体细胞胚的包裹发展到对任何合适的植物繁殖体的包裹，例如对不定芽、块茎、腋芽、芽尖、原球体、愈伤组织和毛状根等繁殖体的包裹。

3.5.1.2　人工种子的研究历程

人工种子的概念一经提出，立刻吸引了很多生物学家的注意。人工种子研究始于 20 世纪 70 年代后期，80 年代研究逐步深化。20 世纪 80 年代初，美、日、法相继开展了植物人工种子的研究。美国加利福尼亚州的植物遗传公司已研制了胡萝卜、苜蓿、芹菜、花椰菜、莴苣、花旗松等多种植物的人工种子，并在人工种皮的研究上申请了两项专利。除苜蓿和胡萝卜外，法国还研制了天竺葵、山茶和番茄的人工种子。日本麒麟啤酒公司等也在加紧植物人工种子的研制，重点选择蔬菜、水稻等作物。欧洲共同体的尤里卡计划也把人工种子放在显著地位。

1981 年 Kitto 等用聚氧乙烯包裹胡萝卜胚状体，首次制成了人工种子。作为一种新的生物技术，1983 年由美国植物遗传公司申请“制造人造种子”的专利而震动全球。1985 年 Kitto 认为包裹着一个能发育成植株的培养物，含有营养成分的胶囊均可称为人工种子，从而把人工种子培养物的概念扩充到胚状体、不定芽、腋芽、小鳞茎等。1986 年日本狮子股份有限公司申请了制作胡萝卜和石刁柏人工种子的专利。人工种子研究受到许多国家的重视，相继有美国、日本、加拿大、芬兰、印度、韩国等开展了人工种子研究工作，参与欧洲尤里卡计划的法国、瑞士、西班牙等国也制成了胡萝卜、甜菜、苜蓿等植物的人工种子。2012 年 Reddy 等统计，制作人工种子的植物达 175 种。

经过几十年的工作，人工种子的研究在世界范围内取得了很大进展。人工种子技术在农作物、园艺植物、药用植物、牧草、林木等方面都获得了很大成功。有 200 多种植物培养出了胚状体，除胡萝卜、苜蓿、芹菜、水稻、玉米、甘薯、棉花、西洋参、小麦、烟草、大麦、油菜、百合、莴苣、马铃薯等农作物种子外，花卉和林木（例如长寿花、水塔花、白云杉、黄连、刺五加、橡胶树、柑橘、云杉、檀香、黑云杉、桑树、杨树等）的人工种子都有成功生产的报道。

我国自 1985 年以来，在国家科学技术委员会及其专家委员会的领导和支持下，人工种子的研究也取得了可喜进展。1987 年我国正式将人工种子研制纳入国家“863”高技术研究发展计划。在体细胞胚的诱导方面先后对胡萝卜、黄连、芹菜、苜蓿、西洋参、橡胶树、松树等十几种植物材料进行了系统研究，已成功地在烟草、水稻、小麦、玉米、甘蔗、棉花等作物上诱导出了胚状体，在胡萝卜、苜蓿、芹菜、黄连、云杉、桉树、番木瓜等十几种植物上得到人工种子，其中胡萝卜、番木瓜等人工种子在土中播种后，已成长为植株并可开花结果。

3.5.2 人工种子的结构与研制意义

3.5.2.1 人工种子的结构

目前所研制的人工种子，是由体细胞胚（somatic embryo）或称胚状体（embryoid）加上保护性的人工种皮（artificial seed coat）及为胚提供营养的人工胚乳（artificial endosperm）3部分组成（图3-20）。

（1）体细胞胚 体细胞胚是由茎、叶等植物营养器官经组织培养产生的一种类似于自然种子胚（合子胚）的结构，具有胚根和胚芽的双极性，也经原胚、心形胚、球形胚、鱼雷形胚及子叶期胚等不同阶段发育而成，通常又称为胚状体，实为幼小的植物体。在某些情况下，亦可用芽或带芽茎段来执行这种功能。

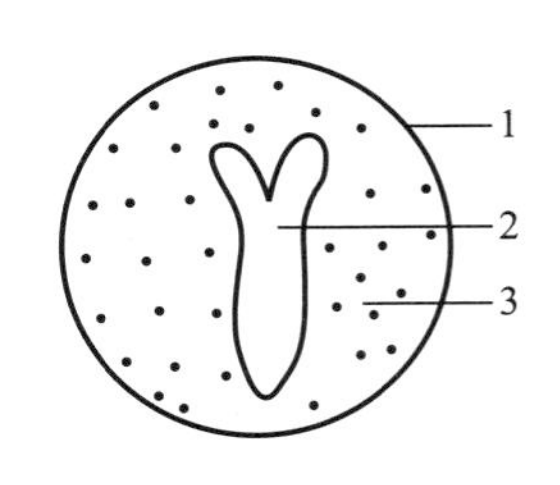

图3-20 人工种子的结构
1. 人工种皮 2. 体细胞胚 3. 人工胚乳

（2）人工胚乳 人工胚乳是人工配制的保证胚状体生长发育所需的营养物质，相当于天然种子的胚乳，一般以生成胚状体的培养基为主，再根据使用者的目的，自由地向内加入一些抗生素、植物激素、有益微生物或除草剂等物质，赋予人工种子比自然种子更加优越的特性。

（3）人工种皮 人工种皮指包裹在人工种子最外层的胶质化合物薄膜。人工种皮既要能保持人工种子内的水分和营养免于丧失，又要能保证通气且具有一定强度以抵抗外来机械冲击的压力，还要无毒且在田间条件下能使胚状体破封发芽。经过多年研究，发现只有琼脂、褐藻酸盐、白明胶、角叉菜胶和槐豆胶5种物质比较好，其中最理想的是褐藻酸钙，它是一种从海藻中提取出来的多糖类化合物，具有凝聚作用好、使用方便、无毒、价格低廉等特点。

3.5.2.2 人工种子研制的意义

人工种子一经问世便引起了世界各国的广泛重视，因为人工种子较自然种子具有更多的优越性。

（1）固定杂种优势，缩短育种周期 体细胞胚或芽（胚状体或芽）是无性繁殖体系产生的，可以固定杂种优势。在新品种选育过程中，一旦获得优良基因型，利用人工种子技术，只要有优良单株便可大量繁殖，可多代利用 F_1 代杂交种，使优良的株系能快速形成无性繁殖系而得以推广利用，不需要三系配套等复杂的育种过程和多代选择，从而大大缩短了育种时间，简化了育种过程。

（2）加快种子繁殖速度，便于远缘杂交等突变体的利用 人工种子可以快速地繁殖优良品种或杂种。由于人工种子内的培养物（不定芽、胚状体等）是通过组织培养的方式产生的，故能以很快的速度繁殖，且生产周期短，能人工控制，特别是对于一些通过遗传工程创造出的新型物种（例如转基因植物或杂种），可以用人工种子技术进行繁殖和保持。

某些对控制体细胞变异要求不十分严格的植物，例如某些珍贵、稀有植物及某些必须通过无性繁殖才能保持优良特性的植物，人工种子技术更易得到应用。对于自然条件下结实率低或难以用种子繁殖、育性欠佳的植物，可以用人工种子技术快速、大量地繁殖。

人工种子的用途与组织培养苗一样，除了用于快速繁殖外，对于避免杂交后代的严重分离，克服如无籽西瓜这样的三倍体不育良种的复杂制种技术所带来的困难，解决许多繁殖能力差的植物种子发芽率低的问题，都有很高的实用价值。在多数情况下，远缘杂交、孤雌（雄）生殖等的突变体后代多不育，很难产生后代，若将其突变体制成人工种子，就可世代延续、连年种植，有利于远缘杂交、孤雌（雄）生殖等突变体的利用。

（3）便于工业化生产，提高农业的自动化程度　天然种子生产在很大程度上受自然气候的影响，产量和品质不稳，常导致大余大缺。而人工种子制作主要在实验室中进行，可不受季节、环境的限制，快速地批量生产良种，且可选用无病毒的材料进行培养、制作，从而明显地提高作物的生长势和抗性，增加产量和改善品质。对木本植物来说，因其自然有性繁殖的时间很长，利用人工种子的意义更大。

由于人工种子是通过无性繁殖产生的，与天然种子相比较，人工种子可以工厂化生产和贮存。另外，可以将所有的农作物种子都制作成统一的规格，有利于农业机械的通用化；大量人工种子来源于同一植株的体细胞，不存在任何遗传变异问题，易获得整齐一致的幼苗，有利于农业生产的规范化、标准化和机械化管理。

（4）便于贮藏运输，适合机械化播种　人工种子是通过人工的方法制造的，它的体积小（通常仅几毫米），故占用空间小，操作方便，非常便于贮藏和运输。通过组织培养产生胚状体具有繁殖快、数量多（1 L 培养基可产生 10 万个胚状体）、结构完整等特点，胶囊化后形成的人工种子规则、均匀，便于机械化播种且节约种子、省工高效。

（5）节约天然种源，保证种子品质　农业生产上若能利用工厂化生产的人工种子，可以节约大量天然种源，节省土地进行粮食生产，确保粮食安全。且工厂化生产的人工种子品质有保证，避免了假冒、伪劣种子给农业生产带来的危害。

3.5.3　人工种子的制作技术

从广义上讲，人工种子制作技术包括胚状体生产、胚状体包裹、人工种皮的制备、人工种子贮藏、人工种子制造机械等众多技术内容。从狭义范围讲，人工种子的制作包括 3 大环节：高质量胚状体的诱导、人工胚乳的配制和人工种皮的包裹。

3.5.3.1　胚状体的诱导与同步化

获得体细胞胚是生产人工种子的基础，其发生频率的高低、胚的质量和体细胞胚发生的同步控制是生产人工种子的关键。体细胞胚必须是高频率诱导，不仅要求数量多，而且要求品质好。体细胞胚必须发育正常，生活力旺盛，能完成全发育过程，再生频率高，可以单个剥离，在长期继代培养中不丧失其发生和发育的能力。体细胞胚发生可以通过激素或其他理化因子进行同步控制，只有这样，人工种子才可达到出苗速度整齐一致。在组织培养中，很多植物都可诱导产生胚状体，但由于培养条件或植物激素的不适宜，常使诱导出的胚状体出现子叶不对称、子叶联合、多子叶、畸形子叶、胚轴肉质肥大、胚状体发育受抑而中途停顿等现象，导致低的转换率。制作人工种子对胚状体的要求是：形态应和天然胚相似，发育需达子叶形成时期，萌发后能生长成具有完整茎、叶的正常幼苗；基因型等同于亲本；耐干燥且能长期保存。

胚状体可从悬浮培养的单细胞得到，也可通过试管培养的愈伤组织、花粉或胚囊获得。胚状体一般在培养物的表面产生，其形状与合子胚类似，但胚状体却是无性繁殖的产物。实际操作中，一般在试管中诱导出愈伤组织，并在含生长素的培养液中悬浮培养，然后置于含生长素的发酵罐中，使细胞迅速扩增，再将细胞移入无生长素的发酵罐中诱导出大量胚状体。

从理论上讲，任何植物都可诱导胚状体，从而制成人工种子。但从目前的研究结果来看，并不是所有的植物都开发出了胚状体培养发生技术。许多重要的植物不容易诱导出体细胞胚或体细胞胚品质不好，包裹后畸形胚多，这种胚发育不正常，成苗率低。而其他培养物（例如腋芽、顶芽、鳞茎等）的发生量小，不适于大批量生产。不定芽、胚状体可通过愈伤组织大量发生，是人工种子研制中最具前途的两类培养物。

自 1958 年 Reinert 诱导出胡萝卜胚状体以来，至 2015 年已有约 200 种植物诱导出体细胞胚。从人工种子技术的成本、价值及组织培养技术考虑，常选择的植物有两类，一是已具备能生产高品质和高数量胚状体的植物，例如苜蓿、胡萝卜、芫荽、稷、鸭茅等；二是有强大商业基础和经济价值的植物，例如芹菜、莴苣、花椰菜、番茄、玉米、棉花、人参等。

胚状体的同步化是指促使所有培养的细胞或发育中的细胞团块进入同一个分裂时期。体细胞胚发生一般是不同步的，而制作人工种子又必须是发育正常、形态上一致的鱼雷形胚或子叶胚，因为它们比心形胚或盾片胚活力高，发芽率高，耐包裹，做成人工种子后转换率也高。

3.5.3.2　人工胚乳的配制

在自然种子中，胚乳为合子胚发育的营养仓库。配制人工胚乳的目的也是通过组合各种植物生长发育所必需的物质，为植物繁殖体创造一个适宜的营养环境，以保证繁殖体转化成苗。大量研究表明，无论是有胚乳植物还是无胚乳植物，在制作人工种子时添加人工胚乳都能有效地提高人工种子的成苗率，特别是大量元素对人工种子播种成苗十分重要。为了满足包裹要求，要有针对性地在包裹剂中加入大量养分、无机盐、有机碳源、植物生长调节剂，以及抗生素和有益菌类。人工胚乳一般由基本培养基成分、生长调节剂和碳源组成。

不同的植物种类、不同的繁殖体对培养基的要求不同。MS、N_6、B_5 和 SH 等培养基都曾被用作人工种子包裹的基本培养基，其中以 MS 培养基最为常用。糖类既可以作为繁殖体生长的碳源物质，又可以改变包裹体系中的渗透势，防止营养成分外渗，还能在人工种子低温贮藏过程中起保护作用。目前用于人工胚乳中的糖类主要有蔗糖、麦芽糖、果糖、淀粉等。其中以蔗糖应用最为广泛，促进人工种子转化成苗的效果也较好。不同蔗糖浓度对人工种子萌发的影响也不同。

淀粉在人工种子包裹中应用也比较广泛。淀粉可以在胶囊中分解，为植物繁殖体的发育提供碳源。美国植物遗传公司试验在 SH 培养基中加入其他淀粉，其中认为水解的马铃薯淀粉效果最好。同时他们还指出，将粗制藻酸盐与淀粉合用可能对人工种子的萌发、生长有好处。选用无毒、透气和吸水性强的木薯淀粉与 1.5%海藻酸钠（1/2MS 培养基配制）混合制作的胚乳，可改善单一海藻酸钠人工胚乳的透气性、吸水性和发芽率。

在人工胚乳中加入 BA、吲哚乙酸（IAA）、赤霉酸（GA_3）、萘乙酸（NAA）、脱落酸

(ABA) 等植物生长调节物质，可以促进体细胞胚胚根、胚芽的分化与生长，还可以促进非体细胞胚繁殖体转化成苗。人工胚乳中加入赤霉酸有利于人工种子的发芽。

人工胚乳中加入 $CaCl_2$ 有利于向培养物供氧，提高人工种子发芽率和耐贮藏性；加入活性炭可改善营养固定和缓释，提高人工种子在土壤中的成苗率。

3.5.3.3　人工种皮的包裹

(1) 人工种皮的材料　胚状体产生和人工胚乳配制好后，就要进行人工种皮的包裹。对胚状体包裹要求做到：a. 不影响胚状体萌发，并提供其萌发与成苗所需的养分和能量，即起到胚乳的作用；b. 使胚状体经得起生产、贮存、运输及种植过程中的碰撞，并利于播种，即起到种皮的保护作用；c. 针对植物种类和土壤等条件，满足对人工种子的特殊需要。为了满足上述要求，要有针对性地在包裹剂中加入大量养分、无机盐、有机碳源、植物生长调节剂，以及农药、抗生素和有益菌类。

人工种皮既要求内外气体交换畅通，以保持胚状体的活力，又要能防止水分及营养成分的渗漏。一般采取双层种皮结构，内种皮通透性较高，外种皮硬，透性小，起保护作用，能保护胚状体顺利萌发生长，免遭机械损伤，且有利于机械化播种。现已筛选出海藻酸钠、明胶、果胶酸钠、琼脂、树胶等可作内种皮应用，某些纤维素衍生物与海藻酸钠制成复合改性的包埋基质可明显改善人工种皮的透气性，海藻酸钠中加入多糖、树胶等可减慢凝胶的脱水速度，提高干化体细胞胚的活力。

内种皮多选用海藻酸钠，它具有对胚状体无毒害作用、价格低廉等优点。海藻酸钠也存在很大的缺点，例如水溶性营养成分及助剂易渗漏、胶囊在空气中易失水干缩、失水后吸水不能复胀、胶囊表面潮湿易粘连、易霉变、不利于贮藏等。为了解决这些问题，目前采取的措施主要有两种：一是添加助剂，例如添加纤维素衍生物、活性炭和一些高分子化合物等；二是涂抹其他材料形成外膜。有人提出，由海藻酸钠构成的人工种皮只能称为内种皮，必须在此之外再涂上一层保护层以克服上述缺点，这层结构称为人工种皮外皮（外膜）。

在外膜材料筛选中，1987 年 Redenbaugh 试验了 7 种外膜物质，发现疏水性物质 Elvax-4260（乙烯、乙烯基乙酸和丙烯酸的共聚物）能在一定程度上减少人工种子间的粘连，并明显减少水分蒸发，抑制干缩和使海藻酸钠硬化，涂膜后苜蓿人工种子仍可发芽。但由于 Elvax-4260 价格较为昂贵、操作复杂、包裹效果不尽如人意等原因，并没有得到广泛应用。随后许多研究者对脱乙酰壳聚糖、脱乙烯壳聚糖、丙烯酸树脂、石蜡等进行研究，认为可用作海藻酸钠包裹的人工种子的外膜。

(2) 人工种皮的包裹　人工种皮的材料不同，其制作方式一般也不同。人工种子的包裹关系到人工种子萌发、贮藏和生产应用等重要环节。人工种子的包裹方法主要有液胶包埋法、干燥包埋法和水凝胶法。早期的人工种子包裹技术主要是液胶包埋法和干燥包埋法。液胶包埋法是将胚状体或小植株悬浮在一种黏滞的流体胶中直接播入土壤。干燥法是将胚状体经干燥后再用聚氧乙烯等聚合物进行包埋的方法，虽然干燥包埋法成株率较低，但它证明了胚状体干燥包埋的有效性。水凝胶法是指通过离子交换或温度突变形成凝胶包裹材料的方法。组合包埋法以及流体播种、液胶包埋、琼脂、铝胶囊等新型包裹法也开始被应用，George 等用硅胶包埋谷子体细胞胚，萌发率达 82%，且 4 ℃贮藏 14 d 后仍能自行裂开、顺利萌发。另外，对固形包裹体系也进行了研究。一些黏性固体物质通过一定处理形成颗粒，也可以用来包裹植物繁殖体。

以海藻酸钠来包埋的离子交换法（图 3-21）制种操作如下：在 MS 液体培养基中加入 0.5%～5.0%海藻酸钠制成胶状，加入胚状体，用滴管将胚状体连同凝胶吸起，再滴到 2% $CaCl_2$溶液中停留 5～10 min，其表面即可完全结合，形成一种持久的凝胶球。固化剂 $CaCl_2$溶液的浓度影响成球快慢，一般 1%的质量浓度足以成球，质量浓度升高到 3%成球速度快。在 $CaCl_2$溶液中的络合时间以 30 min 为宜，再增加浸泡时间，人工种子的硬度也不会明显增加。形成胶囊的效果可以通过控制海藻酸钠的浓度和发生离子交换的时间来实现。一般情况下，海藻酸钠的使用浓度为 2%～5%，离子交换时间为 5～30 min。海藻酸钠的浓度和与 $CaCl_2$溶液离子交换的时间对人工种子的萌发有一定的影响。

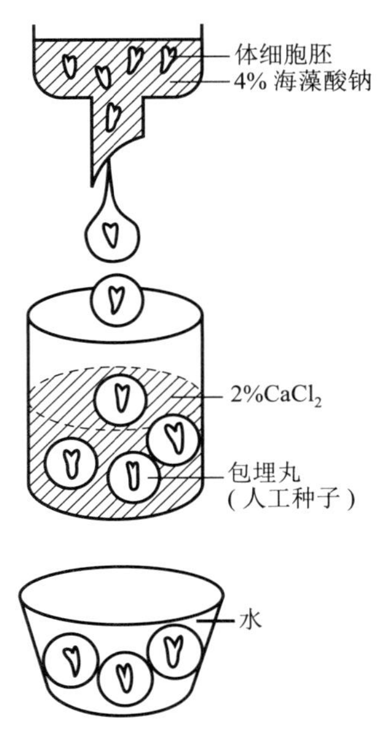

图 3-21　人工种子包裹

Patel 等（2000）提出了一种新的海藻酸钠包裹体系：将植物材料悬浮于 $CaCl_2$和多聚体（羟甲基纤维素）混合液中，滴入摇动的海藻酸钠溶液中进行离子交换形成空心胶囊，这种包裹技术可以在繁殖体周围形成液体被膜，以更好地保护植物繁殖体（图 3-22）。

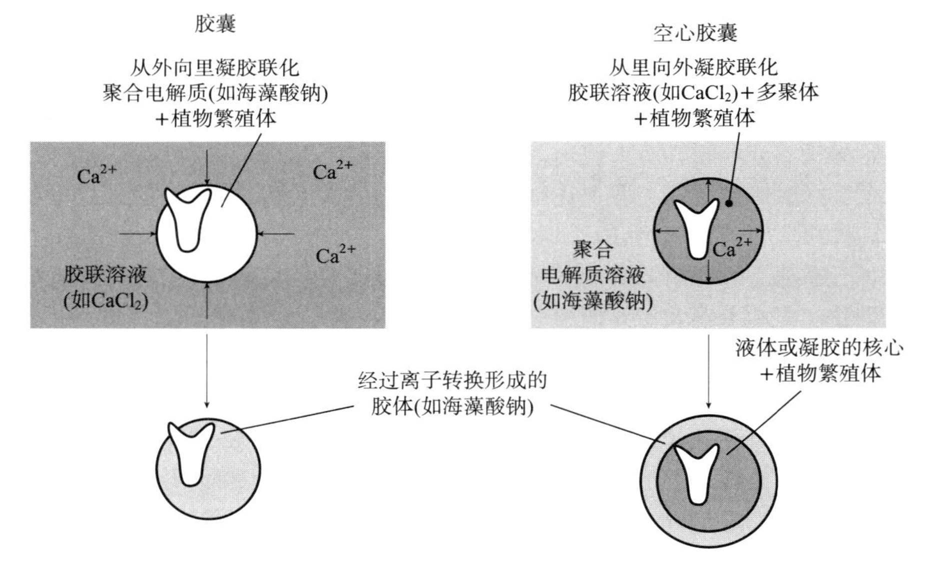

图 3-22　海藻酸钠传统包裹方法（左图）与 Patel 包裹方法（右图）
（引自 Patel，2000）

人工种子手工包裹的方法很多，最常用的有滴注和装模两种。滴注是将胚状体与一定浓度的海藻酸钠溶液混合，然后用吸管吸进含胚状体的海藻酸钠溶液再滴入氯化钙溶液中，经离子交换后形成一定硬度的胶丸。装模法是把胚状体混入一个有较高温度的胶液中，如 Gelrite 或琼脂等，然后滴注到一个有小坑的微滴板上，温度降低后即变为凝胶形成胶丸。

用海藻酸钠制作人工种子工艺简单灵活，既可实验室小规模制作，又可机械化生产。早在1987年Redenbaugh等就用机械制作苜蓿（*Medicago sativa*）人工种子。付晓棣等（1990）研制出一种人工种子滴制仪，用电磁控制滴制缸中的空气量，控制滴制速度，每小时可制种10万粒。但Redenbaugh、付晓棣等所用的机器都不能保证1粒人工种子中只含1个繁殖体。Brandenberger和Widmer（1998）设计了一个多喷头自动包裹体系，这个体系有13个类似于滴管的喷头，改变其喷头的直径和脉动膜孔径即可用于不同大小的繁殖体以及细胞的包裹，从喷头滴下的液滴在反应池中固化。其生产能力可达5 000 mL/h，直径误差小于0.3%，产生双倍繁殖体胶囊的误差只有4%。

日本研制成功的包埋机与人工鱼子制作机相似，内具双重管，最中心滴出的为胚状体和人工胚乳（培养液）混合成的悬浮液，外层滴出的为海藻酸钠溶液，滴入氯化钙溶液中形成珠状胶丸即人工种子。包裹成功的人工种子，在外形上就像一颗乳白色半透明的鱼卵或圆珠状鱼肝油胶丸。

3.5.4　人工种子贮藏技术

研制人工种子的目的在于获得大量能够较长时间贮藏，并且在贮藏一段时间后仍具有高成活率的人工种子，以替代自然种子应用于农业生产，实现人工种子的优势。贮藏是人工种子的主要难点之一，目前应用的有干燥法、低温法、抑制法、液体石蜡法等，以及上述方法的组合，干燥法和低温法组合是目前应用最多的方法。

（1）干燥法　干化能增强人工种子幼苗的活力，有助于芹菜体细胞胚贮藏期间细胞结构及膜系统的保持和提高脱氢酶的活性，使其具有更好的耐贮性。胡萝卜愈伤组织在15 ℃、相对湿度25%的条件下存放1年仍可再生。大豆体细胞胚干化到原体积的40%～50%后再吸水，萌发率仍达到31%。干化增强人工种子幼苗的活力，可能与其超氧化物歧化酶和过氧化物酶的活性显著提高，从而减轻低温贮藏对体细胞胚的伤害有关。采用一定的预处理方法，可以提高人工种子干化和贮藏能力。用脱落酸预处理有利于提高体细胞胚干化后的存活率。高浓度的蔗糖预处理体细胞胚能提高其干化耐受性，延长贮藏时间，提高贮藏后的萌发率。研究表明，脯氨酸也能提高胡萝卜体细胞胚干化耐受性。

（2）低温法　低温贮藏是指在不伤害植物繁殖体的前提下，通过降低温度来降低繁殖体的呼吸作用，使之进入休眠状态。常用的温度一般是4 ℃，在此温度下体细胞胚人工种子可以储存1～2个月。如茶枝柑的人工种子，储存1个月仍具很高转化率。泡桐的人工种子贮藏30 d和60 d后体细胞胚的存活率分别是67.8%和53.5%，萌发率分别是43.2%和32.4%。非体细胞胚人工种子可以在4 ℃下贮藏更长时间。但由于人工种子没有像自然种子一样在贮藏前进入休眠状态，随着低温贮存时间的加长，包裹体系内的含氧量降低，人工种子萌发率会下降。

（3）超低温法　超低温保存技术在人工种子保存方面的应用也日渐成熟。超低温一般是指−80 ℃以下的低温，例如超低温冰箱（−80～−150 ℃）、液氮（−196 ℃）等。在超低温下，植物活细胞内的物质代谢和生命活动几乎完全停止。所以植物繁殖体在超低温贮藏过程中不会引起遗传性状的改变，也不会丧失形态发生的潜能。

（4）液体石蜡　液体石蜡作为经济、无毒、稳定的液体物质，常被用来贮藏细菌、真菌和植物愈伤组织。美国已有报道，把人工种子放在液体石蜡中，保存时间可达6个月以上。但李修庆等（1990）研究胡萝卜人工种子的结果表明，人工种子在液体石蜡中短时间保存

（1个月）能较正常生长，但时间一长（79 d），人工种子苗的生长则明显比对照组差；并发现液体石蜡对幼苗的呼吸作用和光合作用有一定的阻碍作用。

（5）防腐　防腐是人工种子贮藏和大面积田间应用的关键技术之一。在人工种皮中加入防腐剂CH、CD、WH831-D，可明显提高黄连人工种子有菌条件下的萌发率和成苗率。在甘薯人工种皮中加入400～500 mg/L先锋霉素、多菌灵、氨苄青霉素和羟基苯甲酸丙酯，均有不同程度的抑菌作用，使甘薯人工种子在有菌的MS琼脂培养基上萌发率提高了4%～10%。

3.5.5　人工种子研制存在的问题与展望

人工种子自提出后，由于其巨大的研究价值和广阔的利用前景，发展速度是惊人的，成绩也显著。尽管目前人工种子技术的实验室研究工作已取得较大进展，并且已在繁殖遗传工程植物、减数分裂不稳定植物、稀有及珍贵植物的应用中，显示出极大的优势，但从总体来看，目前的人工种子还远不能像天然种子那样方便、实用和稳定，主要障碍在于人工种子的品质和成本。

（1）优良体细胞胚胎发生体系的建立和高品质胚状体的诱导　许多重要的植物目前还不能靠组织培养快速产生大量出苗整齐一致的高品质胚状体或不定芽，目前胚状体的培养还仅限于少数植物，且培养周期长，发芽率和转换率低。较好的黄连人工种子在消毒土壤中的转换率为15.3%～18.5%，而在未消毒土壤中仅为4.4%～5.2%。

（2）人工种皮材料的筛选　现有的人工种皮和人工胚乳也不够理想，尤其是不能有效抵御微生物的侵袭。仅就目前所用作为人工种皮的最佳材料褐藻酸钙，仍具有保水性差、做成的人工种子易粘连、萌发常受阻等缺点。为了改变这种胶囊丸的表面特性，美国植物遗传研究所曾发明用Elvax聚合体在胶囊丸表面做成一层疏水界面，使这种状况得到了一定改善，但问题仍没有真正解决。

（3）人工种子的包裹技术　植物人工种子包裹技术研究的重要突破发生在20世纪80年代中后期，在此期间海藻酸钠的作用被发现，使人工种子的研制有了很大的发展。但进入90年代后，人工种子的研究主要是在此方法的基础上在不同植物、不同繁殖体的包裹上进行一定的调整，以解决海藻酸钠存在的缺陷。在此期间，对人工种子涂膜材料上有一定的发展，但总的来说，人工种子在包裹材料上和技术上所存在的问题仍没有解决。要想彻底解决人工种子的包裹材料问题，不仅要在海藻酸钠的基础上进行必要的改进，更要寻找新材料，采用新的包裹技术，以达到加工运输方便、防干、防腐、耐贮藏的目的。包裹与贮藏技术仍是人工种子实现产业化的关键技术。

（4）人工种子干燥和贮藏方法的研究和改进　人工种子贮藏技术的发展与包裹材料的发展密切相关，随着新包裹技术的应用，贮藏技术也将会面对新的问题。干燥、贮藏条件和方法是人工种子研究中又一个难题，目前还没有一套较为完善的方法，多数情况下是将人工种子置一定条件下干燥后放在4 ℃低温条件下保存，但随着保存时间的延长，其萌发率显著下降。首先要解决植物繁殖体的脱水干燥问题，由于成本、技术等原因，人工种子经干燥低温贮藏后的发芽率还远未达到理想的水平。植物繁殖体的前处理和冷冻贮藏技术也是需突破的关键技术。目前已有大量文献对人工种子的包裹材料和贮藏技术进行报道，但仍不能有效地使人工种子在较长时间的贮藏后获得较高的转化成苗率。

（5）人工种子的制种和播种技术尚需进一步研究　对人工种子如何进行大量制种和大田

播种，实现机械化操作等方面配套技术尚需进一步研究。由于人工种子是由组织培养产生的，需要一定时间才能很好地适应外界环境，因此人工种子从播种到长成自养植株之前的管理也非常重要，在推广之前必须经过试验，并对栽培技术及农艺性状进行研究。

(6) 制作成本的降低 目前多数人工种子的成本仍然高于组织培养苗和天然种子。虽然一些研究机构已经建立起大规模自动化生产线，能够生产出高品质、大小一致、发育同步的人工种子，但是它的成本仍高于天然种子。在当前条件下，人工种子的生产成本相对来说是昂贵的，以苜蓿为例，目前生产1粒人工种子所需成本是1粒天然苜蓿种子的40多倍。因此人工种子要真正进入商业市场并与自然种子竞争，必须降低生产成本。

由此可见，人工种子要想成为种植业的主导繁殖体，目前仍有相当的困难。以上问题均是涉及人工种子能否与自然种子竞争而用于生产的重大问题。尽管如此，鉴于人工种子在简化快速繁殖技术程序、降低成本、方便贮运和机械化播种等诸方面的优越性，前景仍然看好。人们普遍认为，它是优于组织培养苗繁殖的、十分理想的快速繁殖新方法，它的应用预示着农业繁殖体系的一场革命。

人工种子技术在我国有着广阔的市场。根据我国种子部门的统计，我国每年农作物的用种量在1.7×10^{10} kg以上。如果用人工种子替代，等于增加6.0×10^{6} hm^2以上耕地。以胡萝卜为例，一个12 L的发酵罐在20 d内生产的体细胞胚可以制成1.0×10^{7}粒人工种子，可供在近千公顷土地种植使用。可以预言，在国际社会的广泛关注和多学科技术人员的联合攻关下，人工种子的研究会更加深入，制作工艺会日趋完善，人工种子可望作为一项高新技术而广泛应用于植物育种和良种的快速繁育。

复 习 思 考 题

1. 简述双子叶植物和单子叶植物种子胚的发育过程。
2. 简述胚乳的发育模式及其特点。
3. 种子发育中的异常现象有哪些？各有什么特点？
4. 什么是人工种子？人工种子研制的意义有哪些？

第4章

种子休眠及其释放

种子休眠（seed dormancy）是种子植物长期进化过程中形成的，对植物适应环境、繁衍后代具有重要的意义。正确理解种子休眠的原因及机制对于指导农业生产具有重要价值。

4.1 种子休眠的概念及分类

4.1.1 种子休眠的概念

种子休眠是指在一定的时间内，具有生活力的种子在适宜发芽的环境条件下不能完成萌发的现象。

4.1.2 自然休眠和强迫休眠

广义的种子休眠包括自然休眠和强迫休眠两种情况。

（1）自然休眠 自然休眠是种子本身未完全生理成熟或存在着发芽障碍，虽然给予适宜的发芽条件而仍不能萌发。该种种子被称为休眠种子（dormant seed）。

（2）强迫休眠 强迫休眠（imposed dormancy）是种子已具有发芽能力，但由于不具备发芽所必需的基本条件，种子被迫处于静止状态。该种种子被称为静止种子（quiescent seed）。

4.1.3 种子休眠期的长短

种子休眠有深浅之分，常以休眠期（dormant period）的长短来表示。种子的休眠期是指一个种子群体，从收获至发芽率达80%所经历的时间。具体的测定方法，是从收获开始，每隔一定时间做1次标准发芽试验，直到发芽率达到80%为止，然后计算从收获至最后一次发芽试验置床之间的时间。种子休眠期的长短是种子植物重要的品种特性。

4.1.4 原初休眠和次生休眠

种子休眠又分原初休眠（又称为原生休眠）（primary dormancy 或 innate dormancy）和次生休眠（secondary dormancy）。原初休眠指种子在成熟中后期自然形成的在一定时期内不萌发的特性，又称为自发休眠。次生休眠又称为二次休眠，指原无休眠或已通过了休眠的种子，因遇到不良环境而重新陷入休眠，为环境胁迫导致的生理抑制。

4.1.5　种子休眠综合分类法

依据不同类型种子休眠原因的差异和休眠程度的不同，Marianna G. Nikolaeva（1967，2004）提出一个休眠分类系统，该分类系统表明休眠是由种子形态和生理两方面特征决定的。在此基础上，C. Baskin 和 J. Baskin（1998，2004）进一步提出了综合分类法，将种子休眠分为以下 5 种类型。

（1）生理休眠　生理休眠（physiological dormancy）是由生理原因引起的休眠，是最丰富的休眠形式，存在于裸子植物和所有的主要被子植物中，它是最常见的休眠形式，也是田间最丰富多样的休眠类型，更是实验室中大多数模式植物种子的主要休眠形式，包括拟南芥、向日葵、莴苣、番茄、烟草属、野燕麦（乌麦）和几种谷物的种子。

生理休眠可被分为深度生理休眠、中度生理休眠和浅度生理休眠。

深度生理休眠种子的离体胚不能生长或者产生不正常的幼苗，赤霉素处理不能解除其休眠，需要几个月的冷层积或暖层积才能萌发，例如槭树科的挪威槭（*Acer platanoides*）需冷层积（Finch-Savage 等，1998），杜鹃花科的 *Leptecophylla tameiameiae* 需暖层积（Baskin 等，2005）。

中度生理休眠种子离体胚可以长成正常幼苗，赤霉素处理可以促进一些但不是全部种子萌发。中度生理休眠的种子需要 2～3 个月的冷层积处理才能萌发，干燥后熟可以缩短冷层积处理的时间，例如槭树科的欧亚槭（*Acer pseudoplatanus*）属于中度生理休眠（Finch-Savage 等，1998）。

多数种子有浅度生理休眠，这些种子的离体胚能产生正常幼苗，赤霉素处理能打破这种休眠，并且根据植物种类的不同也可通过切割、刺破、干燥后熟、冷层积、暖层积等破除休眠。根据对温度的生理反应变化模式可以区分 5 种类型的浅度生理休眠（Baskin 和 Baskin，2005）。大多数种子属于类型一或类型二，在浅度休眠释放过程中，种子萌发的温度范围从低到高（类型一，例如拟南芥）或从高到低（类型二，例如向日葵）逐渐增大；类型三植物种子在休眠释放过程中，种子萌发的温度范围从中间温度向高温和低温两个方向逐渐增大（例如 *Aster ptarmacoides*）；而类型四和类型五植物种子仅在休眠完全释放后分别在高温［例如美洲紫珠（*Callicarpa americana*）］和低温［例如五叶龙胆（*Gentianella quinquefolia*）］条件下发芽。随着轻度生理休眠的逐步释放，种子对光和赤霉素的敏感性增强。

（2）形态休眠　形态休眠（morphological dormancy）是种胚未发育成熟引起的休眠，存在于种胚已分化（分化出子叶、胚轴、胚根）但种胚仍处于发育状态（以胚大小描述）的种子中。这些种胚并没有在生理上休眠，仅仅是需要时间进行生长和萌发，例如芹菜的种子。

（3）形态生理休眠　形态生理休眠（morphophysiological dormancy）在种胚处于发育状态的种子中最明显，除形态未发育成熟外，同时存在引起休眠的生理因素。这类种子需要暖层积或冷层积解除休眠，在一些种子中施加赤霉素也能解除休眠，如金莲花属（毛茛科）、欧洲白蜡树（木樨科）的种子。

（4）物理休眠　物理休眠（physical dormancy）是由于种皮或果皮中控制水分运动的栅栏细胞的不透水层而引起的，机械法或化学法破坏种皮能解除休眠，例如草木樨属和胡卢巴属（均为豆科）的种子。

（5）综合休眠　综合休眠（combinational dormancy）指同时具有物理休眠和生理休眠，在具有不透水层与生理性胚休眠相结合的种子中明显，例如天竺葵（牻牛儿苗科）和车轴草属（豆科）的种子。

4.2　种子休眠的意义

4.2.1　种子休眠在植物进化中的意义

一般而言，起源于常年高温高湿热带地区的植物，种子没有休眠或休眠期很短，因为这些地区常年具有利于种子发芽和幼苗生长的环境条件，不存在可能导致植物生死存亡的逆境，没有进化出休眠特性的动力。相反，在干湿冷热交替的地区，气候条件多变，种子往往需要经过一段时间的休眠才能萌发，否则，稚嫩的幼苗遇到干旱、低温等恶劣条件必将导致死亡，甚至种族灭绝。

4.2.2　种子休眠在生态环境中的意义

在不同的生境中，种子的休眠特性不同，造成了空间萌发的差异，比如需低温打破休眠的种子，在气候温暖的热带地区是很难自然萌发的，因此种子的休眠性调整了植物的空间分布。有些植物在不同部位生长的种子，其休眠期长短不同，在全年的各个月份中均有一部分种子萌发，甚至在若干年内可以陆续发芽，这样便使种子可以利用某一时期较适宜的条件进行萌发和生长，从而保证种族延续。这种萌发的时间和空间分布与植物生态类型的分化是密不可分的。

4.2.3　种子休眠在农业生产中的意义

4.2.3.1　种子休眠对农业生产的有利影响

（1）种子休眠可防止在植株上发芽　休眠期极短或没有休眠期的禾谷类种子，在成熟时如果遇到高温阴雨天气，很容易造成穗发芽，或收获后在场里发芽，影响种子的品质和产量，从而使农业生产遭受损失。据报道，蔬菜种子也有果实内发芽的现象。研究表明，番茄果汁具有抑制萌发的作用，其原因，一是与果汁内含有抑制物质有关，二是与果汁具有一定的渗透压有关。因此在果实成熟之后，休眠减弱，果腔里产生空腔改善了氧供给，果实成分发生变化而抑制物质消失，此时常出现果实内发芽现象。在茄子、辣椒或瓜类中看到的果实内发芽也是由以上几种原因综合引起的。从这一意义上说，人们也希望种子有一定的休眠期。

（2）种子休眠还有利于贮藏　在自然条件下贮藏，处于休眠状态的种子比已通过休眠的种子更安全。例如我国辽宁普兰店泡子村附近的河谷中，发掘出的莲种子其寿命在1 000年以上；豆科硬实种子可长期保存；休眠的马铃薯种子（块茎）、大蒜类种子（鳞茎）在贮藏期间可保持不发芽，从而保证了播种质量和食用品质。

4.2.3.2　种子休眠给生产带来的困难

（1）降低了种子的利用价值　如果作物已经到了播种期而种子还处于休眠状态，或还没有完全通过休眠，播种后就会使得田间出苗率降低，出苗速度慢且不整齐，既影响了生产又浪费了种子，因此就需要采取播种前处理以打破休眠。例如芽菜生产中，若遇种子休眠，会造成生产加工困难，麦芽糖的生产亦是如此。许多果树、林木、蔬菜、药材、花卉种子有很长的休眠期，例如山楂、苹果等种子都需特殊处理才能打破休眠，无疑会给育苗工作带来很多麻烦。

（2）影响发芽试验结果的正确性　处于休眠状态的种子，在做发芽试验时，若不经特殊处理，测得的发芽率会很低，从而不能客观地评价种子品质。

（3）造成除草困难　田间杂草种子同样具有复杂的休眠特性，由于种子所处的土壤环境不同而休眠期参差不齐，造成陆续萌发，从而给根除杂草造成很大困难。对杂草种子休眠特性的深入研究，有助于防除杂草，提高作物产量。

4.3　种子休眠的原因

种子休眠的原因多种多样，有的是单一因素造成，也有的是多种因素的综合影响；有的是属于结构方面的原因，也有的是生理方面的原因。不同植物种子休眠的原因各有差异。

4.3.1　种胚未成熟

种胚未成熟有 2 种情况，一是形态未成熟，二是生理未成熟。

4.3.1.1　形态未成熟

有些植物种子脱离母株后，从外表上看是一个完整的种子，实际上内部的种胚尚未成熟，例如一些植物种子的胚芽、胚轴、胚根和子叶未分化；一些种子种胚虽已分化好，但未完全成熟，需从胚乳或其他组织中吸收养分，在适宜的条件下进一步发育，直到完成生理成熟。[例如南天竹、银杏、白蜡树、香榧、人参等植物的种子（果实）]。草本植物伞形科白芷属野草 *Heracleum spondylium* 种子成熟时胚尚未分化，需在 2～3 个月的冬季低温中完成分化，胚长度增长 5 倍，干物质量增加 25 倍。兰花的种子成熟时种胚也发育不全，可用人工培养法加速其生长。刚收获的人参种子，胚的长度只有 0.3～0.4 mm，在自然条件下经8～22 个月或人工控温 18～20 ℃中 3～4 个月，胚完成器官分化，长度可达 3 mm，此后还要在 4 ℃中经 3～4 个月进行生理后熟，通过物质代谢调节激素间的量与质的关系才能发芽成苗。

4.3.1.2　生理未成熟

有些植物种子的种胚虽已充分发育，形态也已完善，但细胞内还未通过一系列复杂的生物化学变化、胚部还缺少萌发所需的营养物质、各种植物激素还不平衡、许多抑制物质依然存在、ATP 含量极低等，导致种子在适宜的条件下不能萌发。一般需要在低温与潮湿的条件下处理几周到数月之后才能完成生理后熟，这个处理过程称为层积（stratification）。层积可以促使激素等萌发关键物质的平衡与消长。除层积外，许多植物种子需要干藏后熟，就是在种子含水量较低时（5%～15%）经过一定时期的贮藏完成后熟过程。例如莴苣种子萌发需光照与低温，但只要经过 12～18 个月的干藏，这种休眠特性可以消失。对于禾谷类种子，30～40 ℃干藏能在几天内使其迅速完成后熟，而低温却能阻止或延迟后熟过程。例如水稻种子要通过休眠，在 27 ℃下干藏时需要 80 d 以上，而 32 ℃下干藏时需要 20 d 左右，42 ℃下干藏时不足 10 d。后熟还可为氧所促进，缺氧可延迟这个过程。例如水稻种子在 100%氧中，后熟过程的速率比在氮中几乎增加 1 倍。实践证实，水稻等作物种子在采收后晒种有利于萌发。这与升温能加速后熟过程的通过有关。

4.3.2　种被障碍

种被障碍可分为种被不透水、种被不透气、种被的机械障碍 3 类。

4.3.2.1　种被不透水

（1）种被不透水的原因　水是种子萌发的先决条件。有些种子的种被非常坚韧致密，其中存在疏水性物质，阻碍水分透入种子。硬实种子就是这样的种子。硬实种子是由于种被不透水而不能吸胀的种子，寿命特别长，例如千年莲子。硬实种子种被不透水的原因有以下 3 点。

①种被细胞结构造成不透水

a. 种被外表有一层比较厚的角质层或蜡质层，从而导致种子不能吸胀。

b. 种皮细胞层中有一列排列紧密的栅状细胞，栅状细胞外壁及径向壁次生加厚，内还有一层石细胞，从而造成种皮不透水，例如豆类种子（图 4-1）、草木樨种子、莲的种子等。

c. 有些种子的种皮细胞层中有一鞣质层而造成不透水，例如苕子的种皮，试验用小针刺入种皮的不同深度，以观察不同层次的种皮对水分的阻力，结果发现当小针刺穿栅状细胞层时，仅极少数种子能吸水，针刺深度超过鞣质层时才有大量种子能吸水萌发，说明鞣质层是苕子种皮不透水的原因。

②果胶变性　硬实的种皮细胞里含有大量果胶，当种皮细胞水分一旦迅速失去，便会使果胶变性，种皮硬化，从而失去再吸水的能力，成为硬实。

③种脐特性　许多豆科植物种子的脐部结构就像控制水分的活门（图 4-2），只许水分子出去而不让进去。当外界空气干燥时，脐缝两侧的栅栏细胞迅速失水收缩，脐缝开启，种子内部水分从脐缝处散出，种子水分下降；当外界空气湿度增大时，栅栏组织吸水膨大，脐缝闭合水分不能进入种子内部，从而使种子一直处于低水分状态而休眠。可以想象，这类种子的含水量就是种子所处环境中相对湿度最低时种子的平衡水分。用浓硫酸处理腐蚀种子脐缝周围的栅栏细胞后，就除去了这种控制作用，可提高种子的吸水能力，提高发芽率。

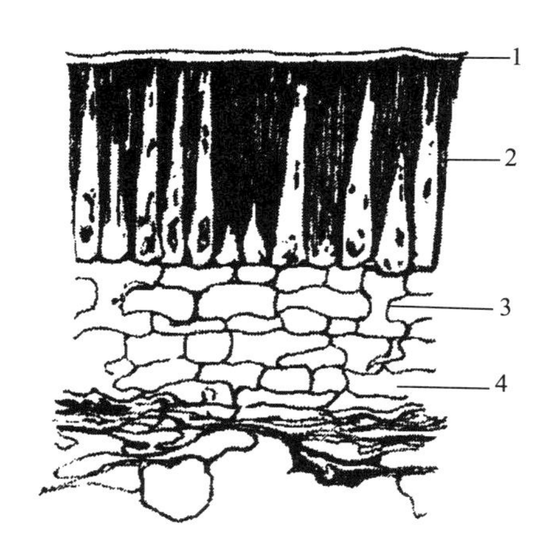

图 4-1　长豇豆种皮构造

1. 角质层　2. 栅状细胞　3. 骨状石细胞　4. 薄壁细胞

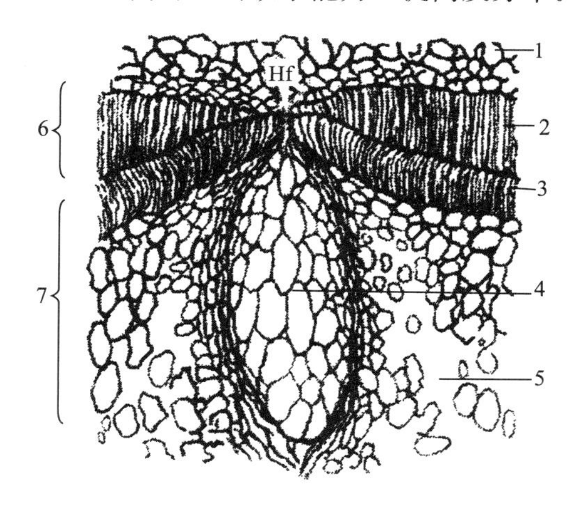

图 4-2　长豇豆种脐构造

1. 薄壁细胞　2. 重栅栏层　3. 栅栏层　4. 管胞群　5. 海绵组织　6. 由珠柄发育的部分　7. 由珠被发育的部分　Hf. 脐缝

（2）形成硬实的影响因素　硬实普遍存在于豆科、锦葵科、藜科、旋花科、茄科和美人蕉科植物中。影响种子形成硬实的因素有遗传因素、环境因素及成熟度等。

①遗传因素　遗传因素的影响表现在：a. 不同植物种类硬实率不同，有些植物种子全部硬实（例如牛尾菜），有些植物种子只有部分硬实（例如紫云英、绿豆等），有的植物种子完全不产生硬实（例如小麦、玉米等）。b. 同一植物的不同品种之间，硬实率存在差异，例如紫云英早熟品种种子硬实多，而晚熟品种种子硬实少。

②环境条件　环境条件的影响表现在：a. 种子成熟时高温、干燥易造成硬实率提高。例如洋槐在干旱气候中成熟时会100%产生硬实，在较湿润情况下成熟则只有中等数量的硬实。b. 光照对种子硬实也有一定影响，例如苋色藜在长日照下形成硬实较多。c. 纬度对硬实有一定影响，例如在低纬度生长的苜蓿硬实率较低，而生长在高纬度地区的硬实率较高。d. 干燥程度和干燥方法对种子硬实有较大影响，菜豆种子当含水量从16%降至10%时硬实率从零上升到50%，含水量继续下降时，硬实率会继续上升。e. 土壤中高浓度钙有利于硬实形成，高浓度钾则降低硬实率。

③成熟度　种子本身的成熟度对硬实也有较大影响。例如香月见草、芥菜和草木樨种子越老熟，硬实率越高；紫云英植株不同结实部位硬实率差异很大，基部种子成熟度最高，硬实率也最高，中部次之，上部最低。

4.3.2.2　种被不透气

氧气是种子萌发的条件之一，种子缺氧或空气含氧过低都严重影响萌发。种子缺氧往往是由于种被不透气而使种子内外气体交换难以进行，种子便处于休眠状态。种被不透气的原因有多种。研究发现田芥菜的种皮可以透水，但氧气的透过率低。菜豆、豌豆、白芥、莴苣、梨、苍耳等干种子的种被氧气透性好，而当种子吸水时种被氧气透性急剧下降。

白芥、菠菜等种皮的黏胶对透气性有明显的影响，氧气透性障碍实际上可能是黏胶吸胀的作用。此外，有人发现红甜菜和糖甜菜的休眠与合点帽（ovary cap）的存在有关。总之，包裹着胚或种子的某些结构是许多植物种子氧气透性低而休眠的原因。

苹果、大麦、小麦、豌豆、黄瓜等种子的果种皮含有很多酚类物质及酚氧化酶，进入果种皮的氧气参与了酚的氧化反应，氧被消耗而进不到胚部，致使胚缺氧而休眠。

苍耳每果中有2粒种子，其一成熟后即能发芽，另一粒则不发芽。据测定二者种皮透气性能有所不同，前者强而后者特弱，因而发芽需氧条件也不同，易发芽种子只要求有1.5%含氧量的空气即可萌发，而不易萌发的种子则要求纯氧。如剥去二者种皮，则发芽迅速而整齐。进一步研究证明，需要高氧发芽的种子，也含有抑制物质，经氧化破坏之后，胚才能生长。咖啡的内果皮是严重限制氧气渗透的障碍物。

椴树（*Tilia*）与豚草（*Ambrosia*）的种皮内都有一层珠心周膜，它是限制气体交换的主要障碍，去掉它以后，种子的萌发率显著提高。这种现象可以通过测呼吸强度的方法加以证实。萱草（*Hemerocallis*）的种子也属于这种类型，去皮后发芽率很高，未去皮的种子只有少量（4%）发芽。一些葫芦科的蔬菜作物种子也有珠心周膜，其透气性能也与其他种子不同。用剥下的膜进行试验，表明对二氧化碳的透过率大于氧气。每小时1 cm^2的二氧化碳的可透过量为15.5 mL，而氧气的透过量只有4.3 mL。以上结果表明，透气性是一个复杂的现象，除了受自身的组织成分等特点的制约外，还受气体、温度、湿度等因素所制约。

4.3.2.3　种被的机械障碍

胚根胚芽突破种皮是种子萌发的标志性事件。然而，一些种子的种被虽然既透水又透气，但是因为种被的物理阻碍作用，对种胚形成了一种强大的机械约束力量，阻止了种子萌发。即使种子在适宜的温度和充足的氧气条件下，吸足水后，一直保持吸胀状态，仍无力突破种皮，直至种皮得到干燥机会，或随着时间延长，细胞壁的胶体性质发生变化，种皮的约束力逐渐减弱，种子才能萌发。这类种子果（种）皮坚硬木质化或表面具有革质，往往成为限制种子萌发的机械阻力。这在木本植物的蔷薇科、山龙眼科、苦槛蓝科等许多种子中普遍存在，在禾本科、苋科、十字花科等许多杂草种子也相当普遍。例如反枝苋（*Amaranthus retroflexus*），其种皮的透性良好，但具有强韧的机械束缚力，从而迫使其胚不能伸长生长。据报道，反枝苋种子吸足水后，一直保持吸胀状态，可维持其休眠期达数年之久。但一旦干燥之后，种皮细胞壁的胶体性质发生变化，再行吸胀，则削弱以至丧失其机械束缚力。

此外，胚乳也常成为种胚生长机械阻力的来源，如莴苣种子的胚乳细胞壁富含甘露聚糖类物质，吸水性能虽佳，但对胚的生长则有强韧的束缚作用。穿刺试验表明，至少需外加0.6 N的力才能使吸胀的胚乳破裂。丁香属某些植物例如垂丝丁香（*Syringa reflexa*）的种子也明显存在胚乳束缚力的问题。

4.3.3　发芽抑制物质的存在

早在1922年，Molisch便提出肉质果实汁液中存在发芽抑制物，能阻止种子萌发。随后人们进一步发现，非肉质果实中也存在发芽抑制物，并先后从果皮、种皮及胚中分离出某些抑制物。从甜菜果球中分离出至少10种可抑制萌发的物质。最近有人从画眉草种子中分离出32种可抑制萌发的化合物。因此植物种子中会有很多抑制剂，可促使种子休眠。一旦这些抑制物质的浓度降低到一定程度或消失，种子也就解除休眠。以下从抑制物质的存在部位、种类和性质3方面加以阐述。

4.3.3.1　发芽抑制物质的存在部位

发芽抑制物质的分布也因植物种类而不同，例如白蜡树、池杉、红松、蔷薇等种子的发芽抑制物质存在于果种皮中，野燕麦、大麦、水稻、狼尾草等种子的发芽抑制物质存在于稃壳中，忍冬、杏、野茄、欧洲花楸、番茄、葡萄等种子的发芽抑制物质存在于果汁中，梨、苹果、无花果、普通葫芦等种子的发芽抑制物质存在于果肉中，棉花种子的发芽抑制物质存在于棉铃中；而桃、欧洲榛、苜蓿、牛蒡等种子的发芽抑制物质存在于胚中，鸢尾属植物种子中的发芽抑制物质仅存在于胚中，有的植物可能在种子或果实的各个部位都有（表4-1）。此外，发芽抑制物质还存在于其他营养器官中，例如芦苇、小齿天竺葵的发芽抑制物质存在于叶汁中，葱的发芽抑制物质存在于鳞茎中，胡萝卜、山萮菜、红萝卜的发芽抑制物质存在于根中。总之，发芽抑制物质的存在部位似乎没有规律可循。

表4-1　存在抑制物质的常见植物

植物种类	存在部位	植物种类	存在部位
糖甜菜、酸橙、荞麦、枇杷	果皮	向日葵、欧白芥	果皮、种子
结球甘蓝	种皮	番茄	果汁、种子
番木瓜、黄瓜	果汁	西葫芦	种皮、胚、果汁
根甜菜、芫荽、罂粟、胡椒、大麦、茴香、小麦	果实	蟠桃、芹菜、可可、红车轴草、莴苣、南美羽扇豆、桃、鹰嘴豆、菠菜、小果咖啡	种子

4.3.3.2　发芽抑制物质的种类

植物种子中发芽抑制物质的种类很多，主要有以下7类。

（1）小分子物质　例如氯化钠、氯化钙、硫酸镁等无机盐，以及氰化氢、氨等可抑制种子发芽。蔷薇科种子中存在苦杏仁苷，其水解后可转变成氰化氢（HCN）起发芽抑制作用，0.1%氰化氢就可完全抑制番茄种子发芽。但如果种子附近有活性炭，氰化氢就会被吸附在上面而减弱抑制作用。氨与其他发芽抑制物质不同，它是种子发芽过程中形成的，发芽时从许多植物种子的提取液中可以观察到氨，其含量为每毫升提取液0.3～0.4 mg。据试验，这个含量足以抑制发芽，并发现40 mg/L浓度的氨就能抑制蚕豆发芽，50 mg/L浓度就能明显降低玉米种子的发芽率。

（2）醇醛类物质　例如乙醛、苯甲醛、胡萝卜醇、水杨醛、柠檬醛、玉桂醛等可抑制种子发芽。苯甲醛可由苦杏仁苷水解生成，0.03%浓度就可完全抑制种子萌发。据分析，每20 g未熟玉米种子中约有0.1 mg乙醛，种子成熟时完全消失，将成熟种子用未熟种子提取液处理则难以发芽。另外，从柠檬芽采到的柠檬草油中，含有75%左右的柠檬醛（$C_9H_{15}CHO$），这种物质0.2%的浓度就可完全抑制种子萌发。玉桂醛是一种比玉桂醇作用更强的发芽抑制物质，一般说来，醛型化合物比醇型化合物的抑制作用更大。

（3）有机酸类物质　例如水杨酸、阿魏酸、咖啡酸、苹果酸、巴豆酸、酒石酸、柠檬酸等可抑制种子发芽。此外，有些氨基酸（例如色氨酸等）也对种子萌发有抑制作用。在有机酸中最重要、存在最为普遍的脱落酸，是当前人们所公认的存在于植物种子内最主要的发芽抑制物质。有机酸类物质最初是在柑橘类果实中发现的，后来在蔷薇科、葡萄以及其他酸性多汁果实中相继发现，它们都能不同程度地抑制发芽。

（4）生物碱类　例如咖啡碱、可可碱、烟碱（尼古丁）、毒扁豆碱、辛可宁、奎宁等可抑制种子发芽。这些生物碱对发芽有抑制作用，但在极低浓度下可促进发芽。

（5）酚类物质　例如儿茶酚、间苯二酚、苯酚等可抑制种子发芽。

（6）芥子油类　芥子油存在于欧白芥、黑芥等十字花科植物种子中，是可被榨出的半干性油脂。将黑芥种子和小麦种子各50粒一块放在培养皿中培养，结果小麦发芽指数下降了23%。丙烯异硫氰酸常存在于白芥及芸薹属种子中，抑制其萌发。

（7）香豆素类　香豆素是一种广泛分布于自然界仅次于脱落酸的另一种发芽抑制物质，其分子结构是一个芳香族环和一个不饱和内酯。研究表明，香豆素分子结构的变化与抑制效应有密切关系，用羟基（—OH）、甲基（$—CH_3$）、亚硝基（NO_2^-）或其他基团在环内进行取代，都可降低香豆素对发芽的抑制作用。用香豆素处理未休眠的莴苣种子，会使种子休眠，且处理过的种子与自然休眠的种子一样，可用硫脲化合物来打破。

4.3.3.3　发芽抑制物质的特性

发芽抑制物质主要有以下特性。

（1）挥发性　乙烯、氰化氢、芳香油等许多发芽抑制物质均具挥发性。一般说来，挥发性很强的发芽抑制物质在种子贮藏时很容易消失，加温干燥也利于抑制物质的挥发。例如将100粒小麦种子和20 cm^2橘皮放在同一个培养皿中发芽，结果小麦种子的发芽率比对照降低18%。这是因为在某些橘子、柠檬等果皮中含有挥发性较强的对种子萌发有抑制作用的芳香植物油。

（2）水溶性　大多数发芽抑制物质能溶于水中，因此通过浸种或流水冲洗可以逐渐除去水溶性发芽抑制物质，解除休眠。例如根甜菜种子，播种前用流水冲洗可除去抑制物质促进发芽。

(3) 非专一性　许多发芽抑制物质对种子萌发的作用无专一性，例如女贞、刺槐、皂荚等林木种子的浸出液对小麦种子的萌发有显著的抑制作用。再如苦扁桃通常含有1%～3%的苦杏仁苷，若将两个苦扁桃和20粒小麦同时装在一个密封的容器中，小麦发芽就将受到完全抑制。抑制物质的这一性质也使抑制物质的生物鉴定成为可能。

(4) 发芽抑制效应的转化　某些抑制物质浓度不同所引起的作用也截然相反。例如乙烯在高浓度时抑制某些种子萌发，为发芽抑制物质，而在低浓度时又刺激某些种子萌发，又为发芽刺激物质。许多生物碱在极低浓度下可促进发芽，因此有人认为某些生物碱具有植物激素的作用。还有许多发芽抑制物质在种子的某些（个）生理阶段可以转化为发芽促进物质。比如色氨酸对种子萌发有抑制作用，然而色氨酸是植物体内生长素（吲哚乙酸）合成的前体物质，色氨酸转化为吲哚乙酸，发芽抑制物质就转化成发芽促进物质了。

值得注意的是，种子中含有发芽抑制物质并不意味着种子一定不能发芽。种子发芽是否受到抑制决定于抑制物质的浓度、种胚对抑制物质的敏感性以及种子中存在的拮抗物质。关于发芽抑制物质的作用机制尚不十分明确，发芽抑制物质可能对酶活性、呼吸作用和贮藏物质的代谢产生影响。

4.3.4　不适宜外界条件引起二次休眠

不良环境可以诱导种子产生二次休眠，即非休眠种子重新进入休眠，浅休眠种子的休眠加深，即使再将种子移至适宜条件下，种子仍不能萌发。有很多不良环境条件可诱导二次休眠，例如光或暗、高温或低温、水分过多或过于干燥、缺氧、高渗透压溶液、某些抑制物质等都可诱导种子产生二次休眠（表4-2）。

表4-2　诱导二次休眠的因素及实例

诱导因素	植物种类	诱导因素	植物种类
过高温度（热休眠）	三裂叶豚草	二氧化碳	欧白芥
	旱芹	水分胁迫	旱芹
	藜		莴苣
	莴苣		藜
	蒲公英	γ射线	莴苣
过低温度	蓼	化学物质：香豆素、4,5,7-三羟黄烷酮、脱落酸	莴苣
	蒲公英		
	小窃衣		
	婆婆纳		
过长日光照射（光休眠）	莴苣	干燥	藜
	黑种草	黑暗（暗休眠）	豚草
过长远红光照射	硬毛南芥		柳叶菜
	尾穗苋		莴苣
	莴苣		酸模
	欧夏枯草		梯牧草
厌氧条件	苍耳		藜

莴苣种子是喜光种子，是研究种子休眠的理想材料。在发芽时不给予光照，即使其他条件满足也不会发芽而进入二次休眠，此时便失去了对光和赤霉素的敏感性。由于莴苣种子的最适发芽温度是 20 ℃，试验用 30 ℃以上温度也会诱导二次休眠。Khan 指出，在某些有机与无机溶液（如蔗糖、甘露醇、氯化钠、氯化钾、二氯化钙等）中长期浸泡可使非休眠的莴苣种子进入休眠状态，移入水中仍不能萌发，说明除去外界抑制因子后二次休眠仍然可以维持相当长时间。同样，苍耳种子在 30 ℃的湿黏土或在低氧的环境中亦可导致二次休眠。野燕麦在氮气环境中吸胀会导致二次休眠，转入空气中仍不萌发。

种子埋藏试验表明，埋藏在土层中的农作物种子经过 2 年即失去发芽力，但有 34 种野生植物种子维持寿命到试验结束（39 年），一般认为和二次休眠有关系。

至于二次休眠的机制，同原初休眠一样仍未完全搞清，目前公认的机制有两个：a. 认为二次休眠是由种被部位发生了某些变化所致，因为除去种被后，二次休眠解除，胚能正常生长，例如豆类作物通过干燥进入二次休眠就是由于种皮因干燥而硬化；b. 认为胚部发生了一系列生理变化所致，但这方面的深入研究工作较少。总之，不同作物二次休眠的发生并不遵循同一机制。

种子休眠的原因很复杂，许多种子休眠是由于上述一种因素引起的，但多数情况下由两种或两种以上因素引起的休眠更为普遍。例如椴树种子具有坚硬果皮，对种胚生长有一定的机械束缚力，同时种皮内有一层膜限制气体交换，胚要求在供水和气体交换良好的条件下，经过一段时间的低温生理后熟过程。山楂、栒子、山茱萸、桧柏等都是种皮无透性而胚又休眠的种子。人参种子既是胚形态未发育成熟，又需要一个生理后熟的例子。藤萝和紫荆种子除硬实外，其胚尚需低温后熟过程，属双休眠。

4.4　种子休眠的调控机制

4.4.1　植物激素调控的三因子学说

大量实验表明，赤霉素（GA）、细胞分裂素（CTK）和脱落酸（ABA）在种子休眠与萌发中分别起着各自的作用。1969 年 Khan 和 Waters 提出控制种子休眠与萌发的三因子模式（图 4-3），指出赤霉素、细胞分裂素和脱落酸是种子休眠萌发的调控者，它们之间的相互作用决定着种子的休眠与萌发。三因子模式图提出 8 个组合，反映着不同植物激素状况与种子生理状况之间的关系。

三因子学说的基本内容：a. 赤霉素（GA）是种子萌发的必需激素，没有生理活性浓度的赤霉素，种子就不能萌发，处于休眠状态；b. 脱落酸（ABA）是诱导种子休眠的主要激素，种子中虽有生理活性浓度的赤霉素，但同时存在生理活性浓度的脱落酸时，脱落酸抑制赤霉素的作用，种子休眠；c. 细胞分裂素（CTK）并不单独对休眠或萌发起作用，不是萌发所必需的激素，但能抵消脱落酸的作用，使因存在生理活性浓度的脱落酸而休眠的种子萌发。在种子萌发中赤霉素起着

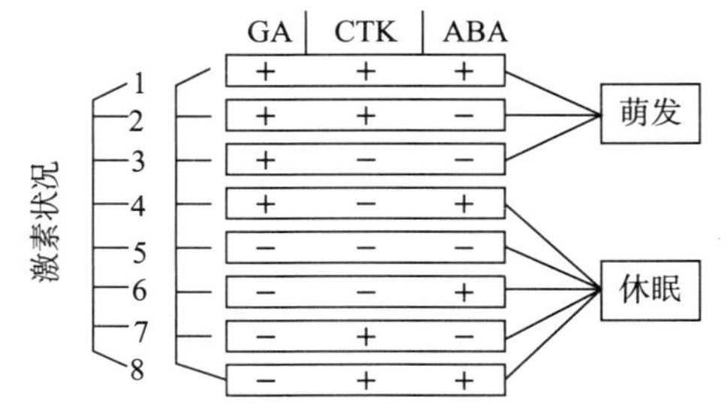

图 4-3　三因子假说模式图

+. 激素含量达到能发挥生理作用的水平

−. 激素含量未达到能发挥生理作用的水平

“原初作用”，脱落酸起“抑制作用”而细胞分裂素起着“解抑作用”，即

$$CTK \xrightarrow{\text{抵消}} ABA \xrightarrow{\text{抑制}} GA \xrightarrow{\text{解除}} \text{休眠}$$

Khan（1971）认为，在不同的时期中，种子内的各种激素处于生理有效或无效浓度，而浓度的改变取决于很多内因和外因。进一步研究指出，细胞分裂素具有减轻逆境（例如高温、高渗压、高盐、干旱等）所诱导种子二次休眠的作用（Khan，1980）。鉴于乙烯的作用与之相似，而且逆境条件下莴苣种子乙烯产生受阻，在加入细胞分裂素后可以得到缓解，从而进一步提出细胞分裂素减轻逆境诱导二次休眠的作用是通过刺激乙烯产生的。此外，油菜素内酯（BR）也可以抵消脱落酸的效果，解除种子休眠促进发芽。

糖槭的胚休眠需要 6 周低温层积处理才能解除，当种子吸胀后分别置于 5 ℃（预冷）和 20 ℃中，经过 0 d、20 d、40 d、50 d 后，用有机溶剂提取并进行纸色谱分析，洗脱物以大豆愈伤组织法（生物测定之一）测定细胞分裂素的活性，在 5 ℃中预冷的种子，细胞分裂活性随预冷时间延长而提高，在处理 20 d 后，细胞分裂素活性达到高峰，然后又随低温期延长而下降，在萌发的种子中已检测不出细胞分裂素的活性（图 4-4）。另外，用莴苣下胚轴法（生物测定法之一）测定色谱洗脱物中赤霉素的活性，用气相色谱法测定脱落酸的活性，在 5 ℃中处理的种子，游离型赤霉素活性增强，低温处理 40 d 达高峰，而在 50 d 却降至很低水平；脱落酸含量则迅速下降。而放置于 20 ℃中的种子，相应的变化甚少。可见在预冷解除休眠期间，种子内含的植物激素活性发生相应的变化。

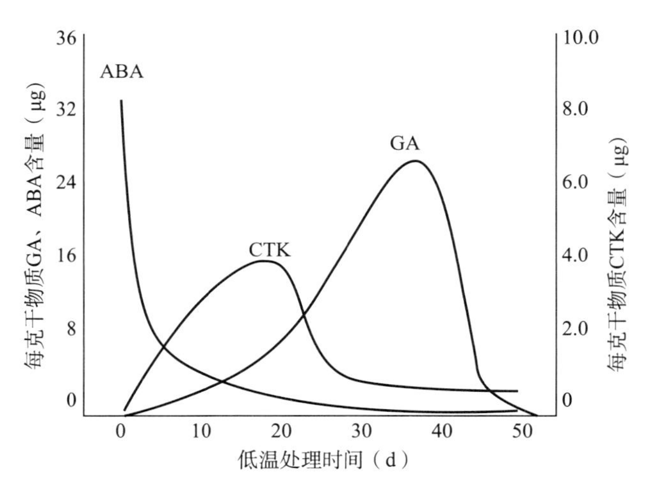

图 4-4　预冷（5 ℃）对糖槭种子中的细胞分裂素（CTK）、赤霉素（GA）和脱落酸（ABA）含量的影响

4.4.2　呼吸代谢对种子休眠的调控

禾谷类（例如小麦、水稻等）种子在低水分（5%～10%）、高温（45 ℃左右）下可以很快解除休眠的机制，虽有种种说法，但目前比较趋向一致的认识是在干燥和偏高的温度条件下，有利于氧气渗入种子和内外气体交换、促使 NADPH 的氧化，以保证磷酸戊糖途径（PPP）的顺利进行。这就是磷酸戊糖途径调控种子休眠与萌发的“呼吸代谢均衡”理论。

Roberts（1961，1962）发现，在贮藏环境中增大氧分压可以缩短水稻种子的平均休眠

期，贮藏温度也和休眠期直接呈负相关。Roberts 于 1969 年提出调控种子休眠与萌发的磷酸戊糖途径假说，并于 1975 年再加以系统阐明，其大意如图 4-5 所示。

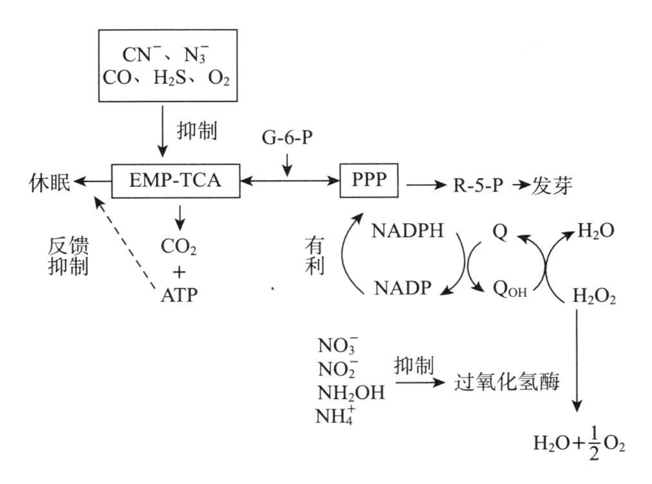

图 4-5　休眠与萌发的代谢调控机制

种子萌发得顺利与否取决于磷酸戊糖途径（PPP）运转的情况。休眠种子的呼吸代谢以一般的 EMP-TCA 途径为主，磷酸戊糖途径进行不力。要使休眠转为非休眠则必须使 EMP-TCA 途径转为磷酸戊糖途径。施加一般呼吸抑制剂、增大种子内氧分压等处理，均可促进 NADPH 的氧化，使磷酸戊糖途径顺利运转，从而解除休眠。

Simmond 等（1972）以野燕麦种子为材料的研究结果也支持磷酸戊糖途径的假说，从能荷的角度阐明种子如何调节 EMP-TCA 途径与磷酸戊糖途径两条途径的消长过程，认为当休眠种子内 ATP 的含量逐渐提高到某种程度时，可以对 EMP-TCA 途径产生反馈抑制，因而有足够的氧可以使磷酸戊糖途径氧化系统顺利进行，保证 NADP 的再生，或以增大氧分压抑制 EMP-TCA 途径（Paster 效应），使磷酸戊糖途径更能利用 G-6-P，从而有利于休眠解除。

Hendricks 等（1974，1975）又从另一角度提出磷酸戊糖途径调控的机制。他们利用各种含氮化合物（例如 NO_3^-、NO_2^-、NH_2OH、NH_4^+、N_3^- 等）处理莴苣、野苋种子，结果发现能促进萌发的含氮化合物可以抑制种子内过氧化氢酶的活性，但不影响过氧化物酶的活性。据此认为，种子代谢过程产生的 H_2O_2 在休眠种子中被过氧化氢酶分解成 H_2O 及 O_2，而在非休眠的种子中 H_2O_2 则由过氧化物酶及苯醌氧化还原酶的连锁氧化还原反应，将 NADPH 氧化，使 NADP 再生而保证磷酸戊糖途径的顺利运行，以利萌发。研究发现，在种子遇吸胀冷害时，常有适应性保卫反应，其中之一也是通过增强过氧化物酶活性而相对减弱过氧化氢酶的活性来促进磷酸戊糖途径的运行，以利种子活力的保持。

通过呼吸代谢途径的变化来调控种子休眠与萌发是种子植物在漫长的自然演化过程中自然选择的结果。种子萌发初始阶段之所以以磷酸戊糖途径为主，在于磷酸戊糖途径会导致戊糖的生物合成。R-5-P 是合成各种核苷酸而后产生核酸和很多辅酶（例如 NAD、ATP、辅酶 A 等）的基本原料，这类物质对种子的萌发与生长是必不可少的。很多的研究资料证实，在低温层积处理过程中，种子呼吸转为磷酸戊糖途径。

4.4.3　光敏色素调控

早在 1940 年就已发现不同波长的自然光对种子休眠与萌发有影响，红光（660 nm）促进萌发，远红光（730 nm）则起抑制作用，例如莴苣、拟南芥、鬼针草、独行菜、黍落芒草和杜鹃花的种子都存在这种现象。

1959 年对这种光可逆的物质进行了提纯分离，表明光敏色素是一个由蛋白质与色素基团组成的物质，相对分子质量在 36 000～42 000。色素基团是感光部分，它由 4 个并列的吡咯环构成，有红光型（Pr，对红光的吸收峰在 660 nm 处，为钝化型）和远红光型（Pfr，对远红光的吸收峰在 730 nm 处，为活化型）两种分子结构形式。远红光型经远红光照射时可以转变成红光型，在暗中远红光型也会通过非光化学反应缓慢地转变成红光型，抑制需光种子的萌发。红光型吸收红光后分子结构变成远红光型，随后与光敏色素相互作用因子 1（phytochrome interacting factor 1，PIF1）结合，解除光敏色素相互作用因子 1 对赤霉素（GA_3）氧化酶基因 *GA3ox1* 和 *GA3ox2* 表达的抑制，提高活性赤霉素的含量，从而促进萌发（Jiao 等，2007）（图 4-6）。现已知有 200 多种植物的种子休眠与远红光型光敏色素有关，有的只需要 1 次照光，有的则需反复照光。许多实验证明，种子是否萌发取决于最后一次照射的光谱成分（表 4-3）。

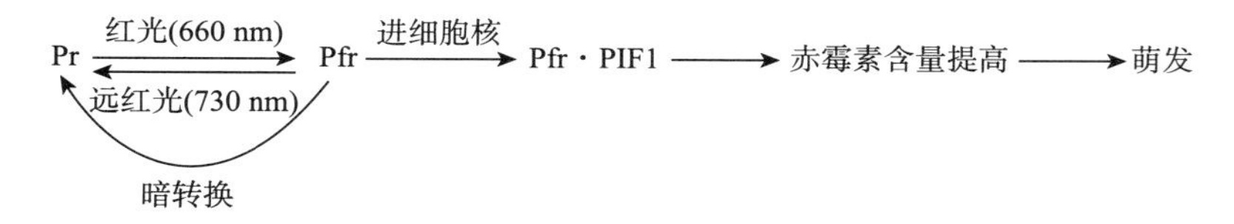

图 4-6　光敏色素的转换与种子的休眠和萌发

表 4-3　光对莴苣种子的萌发调控

光处理	发芽率（%）
R	98
FR	3
R+FR	2
R+FR+R	97
R+FR+R+FR	0
R+FR+R+FR+R	95

目前已确认光敏素存在于细胞膜上，其诱导作用也在膜上进行。光敏素能解除需光种子休眠，主要有三个学说，一是远红光型光敏色素使基因活化和表达；二是远红光型光敏色素调节某些酶的活性，从而调节了整个代谢系统；三是远红光型光敏色素改变了膜的透性。

但关于远红光型光敏色素的作用机制实质仍不明确。Smith（1975）提出了光敏素与膜结合的作用机制模式（图 4-7），在这个模式里，膜起着极为重要而关键的作用。光敏素与膜结合在一起，物质 W 变成 X′后和光敏素结合，经红光照射后形成高能态的 Pr^{*} X′继而分解成 X°和 Pfr，X°即作为某种信息的传带者，它和 A 结合之后，即可诱导种子萌发或形态建成等反应。远红光型（Pfr）逆转为红光型（Pr）也需经远红光型的中间状态。至于 X°、X′和

A 究竟是什么，目前还不很清楚，一般认为很可能是固定在膜上的 ATP 酶或其他代谢产物。这个模式也提示了远红光型与红光型比例在调控感光种子的萌发中起着关键作用，尤其是激发态即活化型的远红光型水平与种子萌发所要求的远红光型的阈值是决定萌发是否需要光照的依据，当远红光型水平高于阈值时，种子可能在暗处萌发。反之，如果远红光型水平低于阈值则需加光（红光）。种子远红光型阈值可能因植物的种与品种的基因型而异，而种子所含远红光型的量又受各种环境因素的影响，例如基质、种子含水量等，这已为大量的试验所证实。

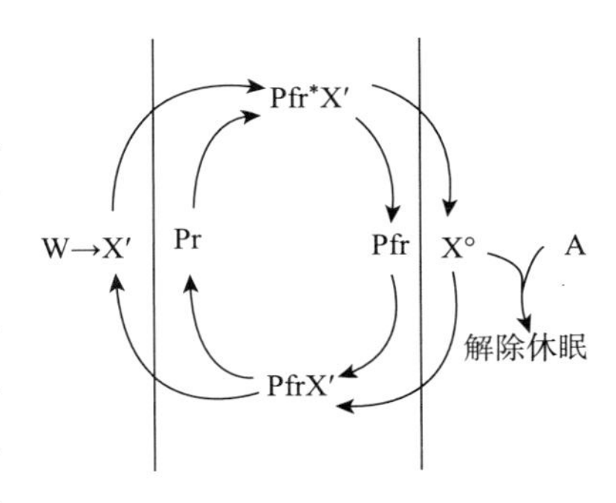

图 4-7　光敏素与膜结合的作用机制
（引自 Smith，1975）

由于赤霉素浸种可以促进光敏感种子在暗处萌发，所以也有人认为远红光型可能对合成赤霉素或使其由束缚状态中解脱出来起了作用。另有试验表明，照射红光还能增强芹菜种子细胞分裂素的活性，提高细胞分裂素的水平。

综上所述，可以得到一种启示，即光解除休眠是通过光敏素的转变实现的。光敏色素的转变导致细胞膜的状态改变，从而导致赤霉素和细胞分裂素的合成，调整内源激素平衡。同时，光敏色素的转变导致基因活化，调节核酸代谢，促进蛋白质（包括酶）的合成，从而导致种子萌发生长。

种子的光敏感特性对植物的生态分布起重要作用。许多野生植物的种子一旦埋入土中，就长期保持休眠状态。当翻耕土地时，种子达到表层，受到光照之后即萌发生长。研究证明，土壤埋藏种子维持休眠状态的主导因素是缺光，高二氧化碳气体与低氧作用次之。在茂密的森林中，特别是热带雨林，许多草本植物的种子要求一定的光照度才萌发生长。与此相反，许多沙漠植物以暗发芽种子为主，照光反而抑制种子发芽。据测定，在沙漠表面下 10 cm 处的种子才不受光的干扰，能萌发生长。研究结果表明，这类种子有足够的远红光型光敏色素（Pfr）供其利用，照光反而破坏了它的平衡，不能萌发。

4.5　种子休眠的分子基础

种子休眠是一个多基因控制的复杂性状，已发现 30 多个基因与种子休眠有关，其中，有的基因对种子休眠起促进作用，有的起抑制作用（表 4-4）。对种子群体而言，种子休眠的解除是一个逐步进行的过程。

表 4-4　部分已发现的种子休眠相关基因

（引自 Nonogaki，2014，有改动）

基因符号	基因名字	种子休眠中的功能
ABA1	*ABADEFICIENT 1*	正效应
ABI3	*ABA INSENSITIVE 3*	正效应
ABI4	*ABA INSENSITIVE 4*	正效应
ABI5	*ABA INSENSITIVE 5*	正效应

（续）

基因符号	基因名字	种子休眠中的功能
ACO1	*1-AMINOCYCLOPROPANE-1-CARBOXYLATE OXIDASE 1*	负效应
ACO4	*1-AMINOCYCLOPROPANE-1-CARBOXYLATE OXIDASE 4*	负效应
ACO5	*1-AMINOCYCLOPROPANE-1-CARBOXYLATE OXIDASE 5*	负效应
AGO4	*ARGONAUTE 4*	负效应
ATXR7	*ARABIDOPSIS TRITHORAX-RELATED 7*	正效应
CYP707A	*CYTOCHROME P450 707A*	负效应
DEP	*DESPIERTO*	正效应
DOG1	*DELAY OF GERMINATION 1*	正效应
ELF4	*EARLY FLOWERING 4*	正效应
ELF5	*EARLY FLOWERING 5*	正效应
ERF9	*ETHYLENE RESPONSE FACTOR 9*	负效应
ERF105	*ETHYLENE RESPONSE FACTOR 105*	负效应
ERF112	*ETHYLENE RESPONSE FACTOR 112*	负效应
GA3ox	*GA3-OXIDASE*	负效应
GA2ox	*GA2-OXIDASE*	正效应
HD2B	*HISTONE DEACETYLASE 2B*	负效应
HDA6	*HISTONE DEACETYLASE A6*	正效应
HDA19	*HISTONE DEACETYLASE A19*	正效应
HDAC1	*HISTONE DEACETYLATION COMPLEX 1*	负效应
HUB1/RDO4	*H2B MONOUBIQUTINATION 1/ REDUCED DORMANCY4*	正效应
SUVH4/KYP	*SU（VAR）3-9 HOMOLOG4/ KRYPTONITE*	负效应
NCED4	*NINE-CIS-EPOXYCAROTENOID 4*	正效应
NCED9	*NINE-CIS-EPOXYCAROTENOID 4*	正效应
PDF1	*PDF1PROTEIN PHOSPHATASE 2A*	负效应
RDO2/TFIIS	*REDUCED DORMANCY2/ TRANSCROPTION ELONGATION FACOTR S-II*	正效应
Sdr4	*SEED DORMANCY 4*	正效应
SNL1	*SIN3-LIKE 1*	正效应
SNL2	*SIN3-LIKE 2*	正效应
SnRK2	*SNF1-RELATED PROTEIN KINASE 2*	正效应
VIP7	*VERNALIZATION INDEPENDENCE 7*	正效应
VIP8	*VERNALIZATION INDEPENDENCE 8*	正效应

4.5.1 促进种子休眠的分子基础

种胚中脱落酸（ABA）含量及胚对脱落酸的敏感性在诱导和维持种子休眠中起着关键作用。过量表达脱落酸的基因 *NCED6*、*NCED9* 和 *ZEP* 可提高种子的脱落酸含量，强化种子的休眠并延迟种子萌发（Cadman 等，2006）。AAO3 催化脱落酸合成的最后一步，*aao3*

突变体种子中脱落酸合成减少，种子休眠水平下降。和脱落酸合成突变体类似，几个脱落酸不敏感（ABA-insensitive，ABI）突变体种子（脱落酸含量正常，但其种胚降低对脱落酸的敏感性）也表现出明显的休眠水平下降。在拟南芥中发现6个*ABI*基因：*ABI1*～*ABI5*和*ABI8*。玉米的*VP1*基因是拟南芥*ABI3*的直系同源基因，编码一个B3 domain类型转录因子，玉米*vp1*突变体种子发芽对外源脱落酸的敏感性降低（Kucera等，2005）。

DOG1（*DELAY OF GERMINATION 1*）是最早被发现的种子休眠相关基因之一，*dog1*突变体干种子的脱落酸含量降低，DOG1蛋白含量与新收获种子的休眠水平有高度相关性，*DOG1*功能丧失会导致种子失去休眠特性。DOG1与脱落酸响应因子ABI3存在相互作用，正向调控植物对脱落酸的响应（Dekkers等，2016）。最新研究发现，*DOG1*基因通过可变剪接和编码蛋白的自结合能力（self-binding ability）以及调控miRNA156的表达促进种子休眠（Nakabayashi等，2015）。

RDO5（*REDUCED DORMANCY 5*）对种子休眠有正向调控作用，*rdo5*功能缺失突变体种子没有休眠，但*rdo5*突变体脱落酸含量正常，对脱落酸的反应也正常，但脱落酸信号转导受到影响。*RDO5*基因编码一个蛋白磷酸酶PP2C（protein phosphatase 2C），可以通过调节蛋白磷酸化水平影响脱落酸信号的转导，进而调控种子休眠（Xiang等，2014）。

此外，表观遗传学机制在促进种子休眠方面也发挥了重要作用。*HUB1*（*H2B MONOUBIQUITINATION 1*）参与组蛋白H2B的单泛素化修饰，*ATXR7*可使H3K4和H3K79甲基化，*hub1*和*atxr7*突变体均可使种子休眠水平降低。有证据表明，*HUB1*激活*DOG1*、*NCED9*（*NINE-CIS-EPOXYCAROTENOID DIOXYGENASE 9*）和*ABI4*（*ABA INSENSITIVE 4*）等种子休眠正向调控基因的表达。此外，组蛋白去乙酰化酶基因*HDA19*（*HISTONE DEACETYLASEA 19*）对种子休眠也具有正向调控作用（Nonogaki，2014）。

4.5.2　种子休眠释放的分子基础

与*HDA19*基因功能相反，另一个组蛋白去乙酰化酶基因*HD2B*（*HISTONE DEACETYLASE 2B*）对种子休眠起负调控作用。低温层积通过提高赤霉素含量释放种子休眠，*HD2B*在这个种子休眠释放过程中发挥重要作用。*HD2B*上调赤霉素合成相关基因*GA3ox1*和*GA3ox2*表达，抑制赤霉素失活基因*GA2ox2*表达，提高GA_4的含量。组蛋白甲基转移酶SUVH4［Su（var）3-9 homologs 4，又称为KRYPTONITE］参与种子休眠的释放。*SUVH4*基因表达受脱落酸和赤霉素调控，其编码蛋白是主要的H3K9me2（H3K9二甲基化）甲基转移酶，*suvh4*突变体中H3K9me2几乎完全消失，该突变体种子休眠水平显著提高，种子休眠正向调控基因*DOG1*和*ABI3*被上调表达（Nonogaki，2014）。

乙烯通过与脱落酸信号的拮抗促进休眠的解除。乙烯不敏感突变体*ein2*种子休眠程度提高，表现为脱落酸敏感性及脱落酸含量的提高；而用乙烯合成前体1-氨基环丙烷-1-羧酸（ACC）处理野生型种子，可使其对脱落酸的敏感性下降（Ghassemian等，2000）。赤霉素在种子休眠中的作用仍然存在争议。尽管赤霉素积累与种子休眠释放相关，但是单独赤霉素处理不能使深度休眠的拟南芥种子萌发，可能需要先降低脱落酸的水平。然而，随着拟南芥种子后熟处理的进行，种子对赤霉素的敏感性升高（Derkx等，1993），而低温层积处理可提高赤霉素含量（Yamaguchi等，2004）。后熟拟南芥种子中赤霉素合成基因*GA3ox2*表达量提高 40 倍，而在深度休眠种子中赤霉素失活酶基因 *GA2ox1* 的表达量最高（Finch-Savage 等，2007）。层积处理提高赤霉素合成基因 *GA20ox1*、*GA20ox2* 和 *GA3ox1* 的表达，而降低赤霉素失活酶基因 *GA2ox2* 的表达（Yamaguchi 等，2004）。赤霉素可能是种子休眠的必要而非充分条件。油菜素内酯（BR）也可以促进种子发芽，然而当油菜素内酯合成和信号通路基因发生突变时，突变体仍能正常发芽，但是突变体种子对脱落酸的敏感性升高（Clouse 和 Sasse，1998；Steber 和 McCourt，2001）。

很多含氮化合物可以促进休眠释放和种子萌发，包括气体 NO、硝酸盐和亚硝酸盐。即使是在种子发育时期对母本植株外施硝酸盐，也会导致种子休眠水平降低（Alboresi 等，2005）。

硝酸盐对解除种子休眠的分子机制目前已经比较清楚。在硝酸还原酶 1（NIR1）的启动子区域（Konishi 和 Yanagisawa，2010）鉴定出了硝酸盐应答性顺式元件（NRE）。含有硝酸盐应答性顺式元件的启动子能够以硝酸盐依赖性方式进行有效的基因诱导（Konishi 和 Yanagisawa，2010；Nonogaki 等，2015）。另一种硝酸盐诱导型硝酸还原酶 *NIA1* 基因在启动子区域不含有硝酸盐应答性顺式元件，然而，位于转录终止子下游的 *NIA1* 基因的 30 侧翼序列含有硝酸盐应答性顺式元件（Konishi 和 Yanagisawa，2011）（图 4-8）。与硝酸盐应答性顺式元件结合因子 NIN（nodule inception）样蛋白（NLP）的发现（Konishi 和 Yanagisawa，2013），大大提高了人们对植物硝酸盐信号传导的认识。NLP6 与 NIR1 和 NIA1 中的硝酸盐应答性顺式元件发生相互作用，通过硝酸盐激活其 N 端结构域（Konishi 和 Yanagisawa，2013）（图 4-8），进而引起休眠的解除。

在拟南芥种子中，硝酸盐通过上调脱落酸（ABA）分解代谢基因 *CYP707A2*（Matakiadis 等，2009），从而降低吸胀过程中的脱落酸水平。NLP8 在早期吸胀时，吸胀阶段Ⅰ期，在非常狭窄的窗口中表达，并且直接结合 *CYP707A2* 启动子区域中的硝酸盐应答性顺式元件（NRE）以诱导其表达（图 4-8）。此外，对 NLP8 作为硝酸盐和脱落酸代谢之间的直接联系研究，也为更好地理解土壤环境信号如何转化为种子中的激素生物学调控提供了的重要证据。

一氧化氮（NO）也会刺激 *CYP707A2* 的表达（Liu 等，2009；Arc 等，2013）和种子萌发（Bethke 等，2007）。然而，NLP8 介导的反应被认为独立于一氧化氮信号和对硝酸盐的直接反应，因为一氧化氮缺陷型突变体种子仍然响应硝酸盐并以 NLP8 依赖性方式萌发（Yan 等，2016）。硝酸盐和一氧化氮信号途径似乎以种子中的不同转录因子为目标。

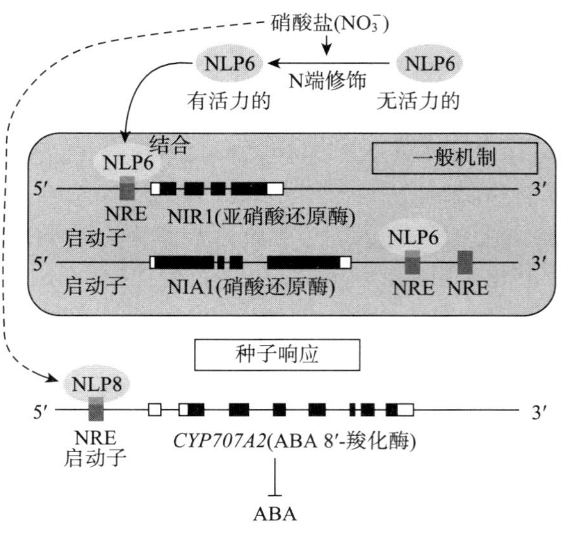

图 4-8　硝酸盐的调控机制
（引自 Nonogaki，2017）

ABI5 在种子和幼苗中用作一氧化氮传感器。一氧化氮靶向 ABI5，是脱落酸信号的主要调节因子，说明一氧化氮和脱落酸途径之间存在串扰。一氧化氮通过 N 端规则途径（Gibbs等，2014，2015）调节Ⅶ族乙烯反应因子（ERFⅦ）下调 *ABI5* 的表达。一氧化氮通过N端规则和26S蛋白酶体途径使ERFⅦ去稳定，从而抑制 *ABI5* 表达（Gibbs等，2014，2015）。一氧化氮在转录水平上直接调节ABI5，间接通过ERFⅦ下调ABI5。

一氧化氮（NO）对ABI5蛋白的直接调控是由另一种RING型E3连接酶（KEG）介导的。KEG使ABI5不稳定，并作为脱落酸信号传导的负调节剂（Stone等，2006）。磷酸化对ABI5活性起着关键作用，去磷酸化触发由KEG引起的ABI5的泛素化。发现ABI5蛋白中半胱氨酸153（Cys_{153}）的巯基侧链（—SH）通过一氧化氮进行S-亚硝基化，其导致具有亚硝基硫醇（ABI5-SNO）修饰的Cys_{153}，这种修饰使得KEG介导的ABI5泛素化（Albertos等，2015）。当ABI5蛋白用Ser_{153}替代Cys_{153}时，不影响ABI5功能，会形成二聚体或与脱落酸响应元件（ABRE）结合，ABI5不能被S-亚硝基化（Albertos等，2015），对萌发和发育产生不利影响。

在拟南芥中，一氧化氮可通过内源性供体S-亚硝基谷胱甘肽（GSNO）供应，并被非共生血红蛋白AHb1清除，以减少缺氧条件下一氧化氮的释放（Perazzolli等，2004）。拟南芥包含通过减少泛素化的相关缀合修饰（SUMO）化修饰来稳定ABI5的机制，其防止泛素化和降解，但会使得ABI5不活跃（Miura等，2009）。

外施过氧化氢（H_2O_2）可通过加强赤霉素合成和脱落酸分解代谢刺激拟南芥、玉米和向日葵种子的萌发（El-Maarouf-Bouteau等，2015；Huang等，2017）。过氧化氢解除大麦种子休眠主要通过刺激赤霉素合成和信号转导而不是抑制脱落酸信号（Bahin等，2011）。在禾谷类种子中，赤霉素在胚中合成后，在糊粉层中诱导过氧化氢的产生，然后过氧化氢作为信号分子拮抗脱落酸信号（Ishibashi等，2012；Wu等，2014）。

4.5.3　种子休眠与萌发的时间调控

种子只有在合适的季节解除休眠并萌发，才有利于其生存和繁衍。与缓慢的季节变换有关的环境信号主要是温度。

对于春天发芽的植物来说，随着土壤温度在冬天下降，脱落酸合成基因 *NCED6* 和赤霉素分解基因 *GA2ox2* 的表达水平升高，进而导致种子休眠程度加深。在这个过程中，赤霉素含量提高到一定的水平就不再增加，但由于赤霉素信号的放大作用，休眠正效应基因 *DOG1* 和 *MFT* 的表达水平持续升高，蛋白激酶基因 *SnRK2.1* 和 *SnRK2.4* 的表达水平也在持续升高，使得种子休眠程度不断加深。随着春天温度的升高，种子中脱落酸的含量下降，脱落酸降解基因 *CYP707A2* 和赤霉素合成基因 *GA3ox1* 表达量升高。对于秋天发芽的植物来说，种子在夏季处于浅休眠状态，此时通过赤霉素信号转导途径的负调控因子DELLA蛋白调控休眠，发芽抑制基因 *RGA* 和 *RGL2* 表达量升高。因此种子休眠与萌发的时间调控主要通过脱落酸和赤霉素信号途径来实现，对于春天发芽的植物来说，种子在冬天处于深度休眠状态，深度休眠通过促进脱落酸信号的来实现，而对于秋天发芽的种子来说，种子在夏季处于浅休眠状态，浅度休眠通过抑制赤霉素信号实现（Finch-Savage和Footitt，2017）。

4.5.4　种子休眠与萌发的空间调控

同样，种子只有在合适的空间环境解除休眠并萌发，才有利于其生存和繁衍。与空间环境有关的环境信号主要是光、水和硝酸盐，而这些信号的出现往往预示着种子处于适宜的发芽环境。

光是关键的空间环境信号，光信号的出现往往预示着种子覆土较浅，有利于出苗。植物光敏色素在种子感知光信号中发挥重要作用，包括植物光敏色素 A（PHYA）和植物光敏色素 B（PHYB），植物光敏色素 A 是种子休眠的负调控因子，植物光敏色素 B 是种子休眠的正调控因子。R/FR（红光/远红光）比值较低（黑暗）时，胚乳中的植物光敏色素 B 促进脱落酸的合成，从而维持休眠；当 R/FR 比值较高（有光）时，胚中的植物光敏色素 A 抑制脱落酸的合成，从而解除种子休眠，促进萌发。植物燃烧产生的烟能够诱导需光种子打破休眠（Went 等，1952；Keeley，1991）。

硝酸盐是另一个重要的空间环境信号，土壤中的硝酸盐浓度一般在 0～50 mmol/L 内波动，硝酸盐信号的出现预示着种子所在土壤中营养充分，此时萌发有利于植物的生长。当外界硝酸盐浓度较高时，NRT1.1 处于去磷酸化状态，此时硝酸盐转运效率和硝酸盐信号处于较高水平，诱导脱落酸降解关键基因 *CYP707A2* 的表达，从而导致脱落酸含量的下降，解除休眠；反之，当外界硝酸盐浓度较低时，NRT1.1 处于磷酸化状态，此时硝酸盐转运效率和硝酸盐信号处于较低水平，脱落酸含量较高，种子处于休眠状态。此外，当外界硝酸盐浓度较高的信号出现时，*NRT1.1* 基因表达量瞬时升高，随后脱落酸降解关键基因 *CYP707A2* 基因表达量升高。*NRT1.1* 基因的表达水平以及 NRT1.1 蛋白的磷酸化状态共同调控种子对环境中硝酸盐的敏感性（Finch-Savage 和 Footitt，2017）。

4.6　种子休眠的调控措施

种子休眠对农业生产既有有利的一面，又有不利的一面。因此在不同的情况下，可以根据需要进行调控，延长种子休眠期或破除种子休眠。

4.6.1　延长种子休眠期

4.6.1.1　品种选育

如果某作物品种仅有浅度休眠或者没有休眠，当成熟期间高温多雨时就容易导致种子收获前发芽（preharvest sprouting，PHS），或者在贮藏期间发芽。对于这类作物种子，适当延长种子休眠期或者加深种子休眠是减少损失的重要措施，品种选育是实现这个目标的有效方法。小麦的红皮品种一般比白皮品种休眠期长，从一些优良的白皮品种中选取红皮的变异个体，就有可能得到休眠期较长的品种。对我国各地区有代表性的 380 个小麦品种进行休眠期测定的结果表明，白皮小麦中休眠期短的多（60%以上），长的很少（2%）；红皮小麦休眠期短与较长的各占约 20%，中间长度的居多（60%以上）。红皮小麦主要栽培于南方各地，麦收时高温多雨；白皮小麦主要栽培于华北各地，这是长期人工选择的结果。以休眠期长的国际稻或非洲稻为亲本的后代（例如“科辐早”“蜀丰 1 号”和“蜀丰 2 号”）都有明显的休眠期。目前，利用不同群体定位了约 228 个与水稻种子休眠相关的数量性状基因位点（QTL）。唐九友（2004）利用水稻重组近交系找到了位于第 2 染色体、第 5 染色体、第 11 染色体上 4 个数量性状基因位点：*qDOR-2-1*、*qDOR-2-2*、*qDOR-5* 和 *qDOR-11*，可在种子休眠性状的遗传改良中加以利用。张海萍等（2011）利用万县“白麦子”/“京 411”的重组自交系群体，分别在 3AS 和 3BL 染色体上鉴定出控制小麦种子休眠的 2 个主效数量性状基因位点：*Qsd. ahau-3A*、*Qsd. ahau-3B*，分别位于 3AS 和 3BL 染色体上。

4.6.1.2 分子调控

9-顺式环氧类胡萝卜素双加氧酶（NCED）是脱落酸合成的限速酶，Nonogaki 等（2014）通过一个含脱落酸相应因子的启动子驱动 *NCED* 基因表达，使成熟种子中脱落酸大量积累，有效阻止穗发芽的发生。脱落酸 8′-羟化酶是脱落酸分解的关键酶，Chono 等（2013）筛选到脱落酸 8′-羟化酶基因 *TaABA8′-OH1-A* 和 *TaABA8′-OH1-D* 同时突变的小麦“TM1833”，获得了 *TaABA8′-OH1* 基因低表达的小麦，该小麦胚中含有较高含量的脱落酸，可以抗穗发芽。Schramm 等（2013）通过 EMS 诱变软白春小麦“Zak”，发现了一个对脱落酸敏感性增强的基因 *ERA*（*ENHANCED RESPONSE TO ABA*），分离到对抗穗发芽的小麦品系。此外，脱落酸和赤霉素信号通路的基因 *MFT1*（*MOTHER OF FT AND TFL1*）也已被用于小麦抗穗发芽品种的选育。

莴苣种子具有明显的萌发热抑制，Huo 等（2013）通过 RNA 干涉技术沉默了脱落酸合成关键基因 *NCED*，促进了莴苣种子的发芽。

4.6.1.3 化学调控

田间喷药是调控休眠的一项可行的措施，如小麦花后 18 d 用 0.1%～0.2%青鲜素（MH）喷施可以抑制种子发芽；也可用催熟剂 1%促麦黄（乙基磺原酸钠）于完熟前 10 d（大麦于完熟前 7 d）喷雾（张全德和潘炼，1983），可以达到促进成熟，提早收获，避过雨季而降低穗发芽的目的。水稻可用 0.1%乙烯利在齐穗至灌浆初喷洒催熟，油菜则用 0.2%～0.4%乙烯利在终花后 1 周施用（沈惠聪，1979），药液用量均为 750 kg/hm^2。杂交水稻制种田可用抑萌剂，以防止穗发芽，提高种子品质。

马铃薯若在贮藏过程中通过休眠，就会在播种以前发芽，影响播种质量及食用品质，可与大蒜（蒜头）一起贮藏，利用大蒜中挥发出来的萌发抑制物质抑制马铃薯发芽；也可采用 M-1（α-萘乙酸甲酯）处理，每吨用 3 kg 药粉分层撒于薯堆，播种前将薯块曝晒一段时间，即可消除抑制作用，迅速萌发并长成正常幼苗。

4.6.2 解除种子休眠的措施

解除种子休眠的方法很多，有化学试剂处理、物理机械方法处理、干燥处理等，可以针对不同作物种子休眠的原因选用合适的方法处理。

4.6.2.1 化学调控

用化学试剂处理种子解除休眠的方法简单、快速，常用的化学试剂有赤霉素、过氧化氢、硝酸、硝酸钾、浓硫酸等。

（1）赤霉素处理 赤霉素是一种生长刺激物质，可用于解除麦类种子休眠。其方法是用 0.05%赤霉素溶液湿润发芽床，以后加水保持发芽床的湿度进行发芽。亦可浸种，休眠浅的种子可用 0.02%赤霉素溶液，休眠深的可用 0.1%的溶液。芸薹属可用 0.01%～0.02%溶液浸种。用 1 mg/L 赤霉溶液浸泡马铃薯种薯切块 5～10 min，然后催芽栽种，不但出苗快而齐，而且可减少种薯腐烂。

（2）过氧化氢处理 过氧化氢（H_2O_2）是一种强氧化剂，其处理种子可使种被轻微腐蚀，促进通气，提供较多的氧气。研究表明，过氧化氢的作用可能与活化磷酸戊糖途径有关，从而可加快种子发芽。用其处理禾谷类、瓜类和林木种子，效果良好。若用 29%过氧化氢原液浸种，其时间依作物种类不同而异，小麦为 5 min，大麦为 10～20 min，水稻为 2 h。若用低浓度的过氧化氢，其浓度因作物种类而不同，小麦为 1%，大麦为 1.5%，水稻为 3%，浸种时间为 24 h。

（3）硝酸处理 硝酸是一种强氧化剂，也有腐蚀皮壳提供氧气的作用，可用 0.1 mol/L 硝酸溶液浸泡水稻种子 16～24 h，然后进行发芽。

（4）硝酸钾处理 硝酸钾处理多用于禾谷类和茄科的种子，可能通过一氧化氮（NO）途径进行调控。

（5）浓硫酸处理 浓硫酸对硬实的种皮有腐蚀作用，可改善种皮的透水性。采用此法处理种子，首先应测定硬实率，根据硬实率的高低确定浓硫酸处理的时间。硬实率为 15%～20%时，浓硫酸处理 8 min；硬实率为 30%～50%时，处理时间为 10～12 min；硬实率为 50%以上时，处理时间为 12～15 min。处理后用清水洗至无酸性为止，在 30 ℃以下温度干燥后进行发芽或播种。《国际种子检验规程》规定，将种子浸在酸液里，直至种皮出现孔纹。酸蚀可快可慢，应注意检查种子。

（6）其他药剂处理 除以上激素和一些强氧化剂外，还有壳梭孢素（FC）、子叶素（phthalimide）对解除某些蔬菜种子的原初休眠和阻止二次休眠非常有效。壳梭孢素兼有赤霉素和细胞分裂素的双重作用，也可消除脱落酸对种子萌发的抑制，而作为第二信使的 cAMP 对萌发的特殊作用也同样值得注意。Phthalimide 是一种新的类赤霉素物质，其中以 Phthalimide AC94377 最为活跃。曾广义和 Khan（1984）发现 Phthalimide AC94377 能像赤霉素一样有效地阻止非适温（昼温 30 ℃，夜温 20 ℃）对生菜（"Grand Rapids" "Mesa659"）二次休眠的诱发。当 Phthalimide 与细胞分裂素和乙烯混合使用时，效果更佳。研究表明，油菜素内酯也能解除脱落酸诱导的种子休眠，同时能部分促进脱落酸缺陷或不敏感突变体种子的萌发。

4.6.2.2 温度调控

温度处理可根据需要进行高温处理、低温处理或冷处理及变温处理，晒种或人工加温干燥也是重要的针对种皮透气性差在农业生产上常用的可处理大量休眠种子的一种温度处理方式。

（1）低温处理 低温处理主要适用于因种被不透气而处于休眠的种子。这类种子因种被不透气，胚细胞得不到萌发所需要的氧气而不能萌发。低温条件下，水中氧的溶解度加大，水中的氧可随水分进入种子内部，满足胚细胞生长分化所需的氧，促进种子发芽。此法是将种子放在湿润的发芽床上，开始在低温下保持一段时间。麦类种子可在 5～10 ℃的条件下处理 3 d，然后置适宜温度下进行发芽。有些休眠种子在规定的温度下发芽往往不好，可置较低的温度下发芽，例如新收获的大麦、小麦、菠菜、洋葱等种子在 15 ℃条件下即可发芽良好。

（2）加温干燥处理 加温干燥处理主要用于新收获的因种被透气不良引起休眠的种子。加温干燥处理，可使种被疏松多孔，改善其通气状况，促进种子萌发。不同作物种子干燥的温度和时间如表 4-5 所示。

（3）急剧变温处理 急剧变温处理适用于种被透性差的种子，此类种子经急剧变温处理，种被因热胀冷缩作用会产生轻微的机械损伤，从而改善其通透性，促进种子萌发。一些牧草种子常采用 10～30℃的急剧变温，均可破除休眠，促进萌发。

表 4-5　不同作物种子加温干燥处理的温度和时间

作物名称	温度（℃）	时间（d）	作物名称	温度（℃）	时间（d）
大麦、小麦	30～35	3～5	向日葵	30	7
高粱	30	2	棉花	40	1
水稻	40	5～7	烟草	30～40	7～10
花生	40	14	胡萝卜、芹菜、菠菜	30	3～5
大豆	30	0.5	洋葱、黄瓜、甜瓜、西瓜		

4.6.2.3　机械处理

机械处理用解剖针或锋利的刀片，通过刺种胚、切破种皮或胚乳（子叶）或砂纸摩擦损伤种皮等处理，解除因种被透性差而引起的少量种子休眠。为避免损伤胚部和影响以后幼苗的正常生长，机械处理时，应注意找准最适宜的位置，即切去种皮者应为紧靠子叶顶端的种皮部分。试验表明，麦类种子浸种 1 h 后，用针刺入胚中轴的 1/2 处为宜。小粒豆科种子以切去部分种皮为佳。水稻种子用出糙机除去稻壳比手剥效果好；大麦种子除去稃壳后再针刺种胚，解除休眠效果极好。其原因是水稻和大麦种子的休眠都是由稃壳和果种皮不透气造成的，出糙机去稃同时能损伤水稻种子的果种皮，大麦去稃后加针刺种胚，同样改善了果种皮的通气状况，故可解除其休眠，促进发芽。新收的菠菜种子去掉果皮后置纸床于 20 ℃条件下萌发良好。向日葵种子剥去果皮也能促进萌发，如果再在子叶端切去少部分子叶则效果更佳。对小粒硬实种子则可用砂纸摩擦处理，使种皮产生机械损伤，促进透水而解除休眠。机械处理的方法可有摩擦、研磨、碾磨等，但要注意避免损伤种胚。

4.6.2.4　水处理

当果皮或种皮含有一种自然存在的萌发抑制物质时，可在萌发前将种子放在 25 ℃的流水中洗涤，即可除去萌发抑制物质，洗涤后应放在低于 25 ℃的条件下干燥。解除甜菜种子休眠可采用此法，甜菜多胚种子在流水中洗涤 2 h，遗传单胚种子需冲洗 4 h。

当种子因存在硬实而休眠时，可用温水浸种解除。温水浸种同时具有杀菌消毒作用。水温和浸种时间因硬实率和硬实的顽固程度而异，一般棉花放入 70～75 ℃的热水中搅拌后自然冷却约 1 昼夜。有些硬实率高的豆科绿肥和豆科木本植物种子，可用开水先烫 2 min，冷却浸种后再行发芽或播种。

种子休眠的原因有多种，解除休眠的方法也不同，一种种子可以用多种方法解除休眠，一种解除休眠的方法也可以用于多种休眠种子。现将主要作物种子休眠的解除方法列于表 4-6，以供参考。

表 4-6　主要作物种子休眠的解除方法

作物	休眠解除方法
水稻	播种前晒种 2～3 d；40～50 ℃下 7～10 d；机械去壳；1% NH_4NO_3 浸种 16～24 h；3% H_2O_2 浸种 24 h；赤霉素处理
大麦	播种前晒种 2～3 d；置 39 ℃下 4 d；低温预措（湿润发芽床，5～7 ℃，3 d）；针刺胚轴（先撕去胚部稃壳）；1.5% H_2O_2 浸种 24 h；赤霉素处理
小麦	播种前晒种 2～3 d；40～50 ℃下数天；低温预措；针刺胚轴；1% H_2O_2 浸种 24 h；赤霉素处理

（续）

作物	休眠解除方法
玉米	播种前晒种；35 ℃下发芽。
棉花	播种前晒种 3～5 d；去壳或破损种皮；硫酸脱绒（92.5%工业用硫酸）；赤霉素处理
花生	置 40～50 ℃下 3～7 d；乙烯处理
油菜	挑破种皮；低温预措；变温发芽（每昼夜在 15 ℃保持 16 h，25 ℃保持 8 h）
各种硬实	日晒夜露；通过碾米机；温水浸种或开水烫种（如田菁用 96 ℃处理 3 s）；切破种皮；浓硫酸处理（例如甘薯用 98%硫酸处理 4～8 h，苕子用 95%硫酸处理 5～9 min）；红外线处理
马铃薯	切块或切块后在 0.5%硫脲中浸 4 h；1%氯乙醇中浸半小时；赤霉素处理
甜菜	20～25 ℃浸种 16 h；25 ℃浸种 3 h后略使干燥，在潮湿状态下于 25 ℃中保持 33 h；剥去果帽（果盖）
菠菜	0.1%KNO_3浸种 24 h
莴苣	赤霉素处理

4.6.2.5　低温层积处理

许多林果类种子或具有坚实的果皮（例如核果和坚果）或具有坚实的种皮（例如松、柏等），直接将其播种时，发芽率很低。为达到一播全苗，需要在播种前进行层积处理。具体方法是：首先浸种，种子用水漂洗或浸泡 3～5 min，去掉杂质和空粒。随后将干净的细沙加水至最大持水量的 50%～60%，拌匀。将种子和湿沙按 1∶5～10 的比例混匀或分层堆放在背阴干燥处，湿沙上加盖麻袋或草席。层积处理期间要求沙湿度保持在最大持水量的 50%～60%，处理的温度和时间见表 4-7。但有些林木种子采用变温或较高温度处理，可缩短层积时间，例如红松种子 3～5 ℃低温层积需 200 d，若以昼温 20 ℃、夜温 3～5 ℃处理，则可缩短至 90～120 d。为防止沙太干或湿度过大引起霉烂，一般每半月检查 1 次。

种子在低温层积处理期间，由于干湿冷热的微环境作用及微生物的腐蚀，其种被的机械约束力不断降低，通透性增强；同时胚得以充分分化、生长，萌发所需的同化物质增加，幼苗的生长力提高。低温层积处理促进了种子后熟的完成，解除了休眠，播种后将会很快萌发、出苗。

表 4-7　常见植物种子低温层积的有效温度和时间

植物	有效温度（℃）	适温（℃）	在适温下所需时间（d）
山核桃	3～10	5	30～120
胡桃	1～10	3	60～120
桃	5～10	5	60～90
杏	1～5	5	150
梨属	1～10	1～10	60～90
苹果	1～5	5	60
蔷薇	5～8	5	60
杨梅	1～10	5	90
葡萄	1～10	5	90

（续）

植物	有效温度（℃）	适温（℃）	在适温下所需时间（d）
山楂属	1～5	5	135～180
凤仙花	1～5	5	60～90
松属	1～10	1～10	30～90

复习思考题

1. 种子休眠的定义及其意义各是什么?
2. 种子休眠的原因有哪些?
3. 控制种子休眠与萌发的激素相互作用三因子假说的内容是什么?
4. 如何打破小麦和豆类种子的休眠?

第5章

种子的活力、劣变和寿命

种子活力（seed vigor）是衡量种子播种质量的重要指标，也是种子种用价值的主要组成部分，种子活力的高低对于种植业具有重要影响。在适宜环境中发芽率均很高的种子，会因种子活力的不同而导致田间出苗率差异巨大，因此活力问题已引起国内外种子科技和种子产业的高度重视。

种子活力在发育成熟过程中逐渐形成并达到最高，之后，不论种子是否收获，种子活力开始下降，即劣变（deterioration），或称老化（aging）。在种子收获后的贮藏过程中，劣变持续进行，直到最后失去生活力，即种子寿命（seed longevity）终结。劣变的快慢受到种子生理成熟后、收获前田间环境和种子贮藏环境的影响。

5.1 种子活力的概念及影响因素

5.1.1 种子活力的概念及其发展

5.1.1.1 种子活力概念的由来

播种成苗是关系到种植业生产成败的首要环节。为避免播种后出苗不足甚至不出苗的现象，人们需要在播种前了解种子品质的好坏。通常，在销售种子之前都要进行标准发芽试验，并依据发芽率（germinating percentage）的高低来衡量种用品质的优劣。然而，在生产实践中，常常会出现发芽率较高而田间出苗率却很低的现象，有时甚至会遇到发芽率较低的一批种子出苗率反而较高的情况。发芽率相同的种子，田间出苗及生产能力可能会有很大差别，例如发芽率均为85%的3批大豆种子，其田间出苗率却有极大的差异（表5-1）。

表5-1　3批大豆种子的发芽率与田间出苗率

种子批号	发芽率（%）	各试验和平均田间出苗率（%）					
		1	2	3	4	5	平均
1	85	18	29	82	56	48	47
2	85	72	56	85	72	77	72
3	85	7	7	54	34	10	22

产生上述现象的原因主要在于标准发芽试验是在实验室最适宜条件下进行的，而田间的发芽条件往往存在某些逆境，因此单用发芽率不足以表示种子播种品质的优劣，从而提出一个新的概念——种子活力。

种子活力一词及其概念出现于 20 世纪 50 年代初期，但是种子活力问题在种子科学领域里的萌芽，应追溯到 19 世纪末期。早在 1876 年，种子学创始人德国的 Nobbe 在其《种子学手册》一书中，已提及在同一批种子中存在个体间发芽及幼苗生长速度的差异，不同批次种子的平均值通常也不同。Nobbe 将这种差异描述为来自种子的一种“生长力”（triebkraft）。Churchill（1890）研究了大豆小粒种子和大粒种子出苗和生长的差异；Hays（1896）、Hicks 和 Dabney（1897）等研究表明，大粒饱满的种子在生产上具有优势。这些都是有关活力的早期工作。过了将近半个世纪，德国科学家们在研究谷类作物种子发芽时发现，带有镰孢菌的种子虽然能发芽，但幼苗的穿土能力大大减弱，如果在种子上放置一层碎砖粒，则只有不带病菌的种子才能成苗，带病菌种子的幼芽不能穿过砖粒层，于是确定以“生长力”一词来描述这一现象（Hiltner 和 Ihssen，1911），其原意是“幼芽生长强度”及“推动力”。1933 年，Goss 在进行发芽试验的评价时提出了一个发人深省的问题“假如我们对萌发率为 96%的种子和萌发率为 62%的种子进行比较是不合适的，因为难道导致 1/3 种子劣变的贮藏条件或年限不会影响剩余的种子？……62%能发芽的种子的活力已下降。”Goss 的问题不但引起了早期种子检验界的共鸣，就是对现今的种子业也有很大影响。

此后，不少与“活力”相近的名词相继出现，例如发芽势（germinating energy）、生命力（vitality）、发芽力（germination ability）、砖粒值（ziegelgrus value）等。1950 年“幼苗活力”（seedling vigour）的概念出现（后来德文的 triebkraft 被译成英文的 vigour 和法文的 vigueur）。目前国际上普遍采用“种子活力”（seed vigour）。

5.1.1.2　种子活力的概念

（1）种子活力的定义　对种子活力概念的认识是一个不断深入的过程。Isely（1957）指出：种子活力是指在不良的田间状态下，有利于成苗的一切种子特性的总和。Delouche 和 Caldwell（1960）、Woodstock（1969）、Perry（1972）等都给出了不同的概念。直到 1977 年国际种子检验协会（ISTA）将种子活力定义为：“种子活力是决定种子或种子批在发芽和出苗期间潜在活性和表现水平的那些种子特性的综合表现。”这一定义随后不断演化，国际种子检验协会现在的种子活力定义为：“种子活力是在广泛的环境条件下，衡量种子批发芽活性和表现的那些种子特性的综合表现”（ISTA，2015）。种子活力不是一个单一的量化指标，它包括：a. 种子发芽和幼苗生长的速率和整齐度；b. 在不良环境条件下种子的出苗能力；c. 耐贮性（特别是贮藏后的发芽能力的保持）。高活力的种子即使在不良的环境条件下也表现良好。

北美洲官方种子分析者协会（AOSA）于 1979 年采用了较为简单直接的定义：“种子活力是指在广泛的田间条件下，决定种子迅速整齐出苗和长成正常幼苗潜在能力的种子特性。”这一定义通过种子迅速整齐地出苗并发育成正常幼苗的情况对种子活力进行了量化，被认为是一个具有可操作性的概念。

（2）种子活力、种子生活力、种子发芽力 3 个概念的比较　种子生活力（seed viability）、种子发芽力（seed germinability）、种子活力（seed vigour）是相互联系又相互区别的

3 个概念。种子生活力是指种子发芽的潜在能力或种胚具有的生命力，通常是指一批种子中具有生命力（即活的）种子数占种子总数的比例（%），通常用四唑染色法测定。种子发芽力是指种子在适宜条件下（实验室可控制的条件下）发芽并长成正常幼苗的能力，通常用发芽势和发芽率表示。种子活力是一个综合性概念，通常指广泛的环境条件下的出苗能力及与此有关的生产性能和指标。假若用四唑进行染色，着色部位说明种子是活的，但这些种子不一定都能发芽，即使能发芽的种子，活力还有高低之分。即高活力的种子一定具有高的发芽力和生活力，具有高发芽力的种子也必定具有高的生活力；但具有生活力的种子不一定都具发芽力，能发芽的种子活力也不一定高。

Isely（1957）以图解的形式阐述了种子活力与种子发芽力之间的关系（图 5-1）。图 5-1 中最长的横黑框是区别种子有无发芽力的界线，也是活力测定的分界线，在此框以上，表明种子具有发芽能力，即属于发芽试验的正常幼苗，可以应用活力测定，将这些具有发芽力的种子划分成高活力和低活力种子。在最长的横黑框以下是属于无发芽力的种子，其中部分种子虽能发芽，但发芽试验时属于不正常幼苗，不计入发芽率，当然也是缺乏活力的种子；至于那些种子检验时的死种子则更无活力可言了。

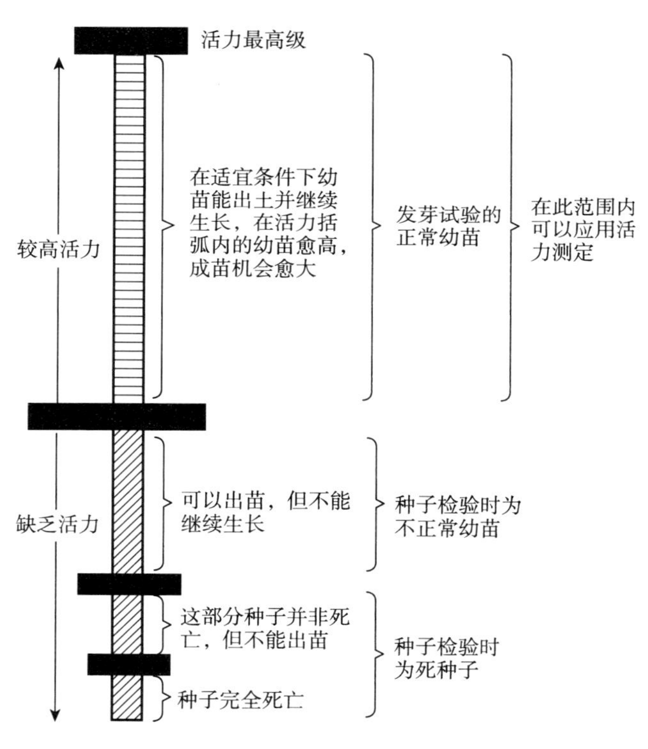

图 5-1　种子活力与发芽力的相互关系
（引自 Isely，1957）

种子活力与种子发芽力（种子生活力）对种子劣变的敏感性有很大差异（图 5-2）。当种子劣变达 X 水平时，种子发芽力并未下降，而种子活力则有所下降。当劣变发展到 Y 水平时，种子发芽力开始下降，而种子活力已严重下降。当劣变至 Z 水平时，种子发芽力尚有 50%，而种子活力仅为 10%，此时种子已失去实际应用价值。这说明种子活力对劣变的发生更为敏感，种子活力的变化先于种子生活力的变化，只有种子活力变化到一定程度时，种子生活力的变化才能表现出来。

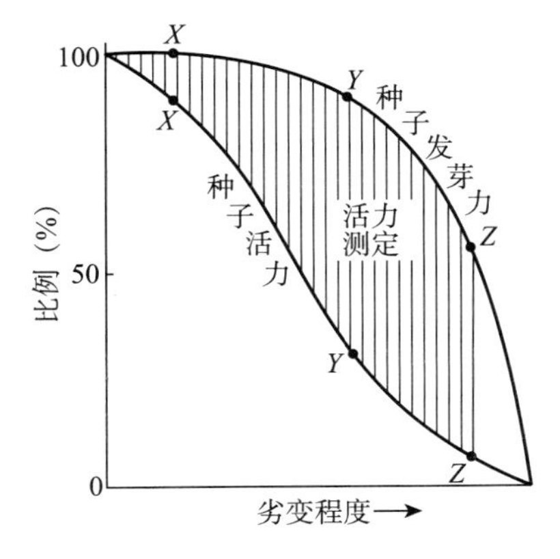

图 5-2　种子劣变过程中种子发芽力（种子生活力）与种子活力的相互关系
（引自 Delouche 和 Caldwell，1960）

5.1.2　种子活力的研究意义

种子是最重要的农业生产资料，种子活力是种子的重要品质，高活力种子具有明显的生长优势和生产潜力，在农业生产上具有非常重要的价值。

（1）提高田间成苗率　高活力种子播种后出苗迅速整齐，保证苗全苗齐苗壮，为增产打好了基础。

（2）节省播种费用　高活力种子成苗率高，适合精量点播，不仅可以减少播种量，而且可以节省间苗的人工费用，也可以节省因低活力种子播种后缺苗断垄必须重播而增加的种子及人力物力等费用。这一点在农业耕作高度机械化的发达国家尤为重要。另外，免耕法、无土栽培等新的耕作方法，均需要高活力的种子。

（3）抵抗不良环境条件　高活力种子对田间逆境的抵抗能力较强，例如干旱、土壤板结、早春低温、病虫草害等。在干旱地区，高活力种子可以深播，以便吸收足够的水分而萌发，并有足够力量顶出土面，而低活力种子在此情况下则无力顶出土面。在多雨或土壤黏重的地区，土壤容易板结，高活力种子有足够力量顶出土面，而低活力种子则难以出苗。某些作物需要提早播种，高活力种子一般对早春低温条件具有抵抗能力，因此可适当提早播种，以达到适当早收和提高产量的目的。此外，高活力种子由于发芽迅速、出苗整齐，可以避开或抵抗病虫害，同时由于幼苗健壮、生长旺盛，增强了与杂草竞争的能力。

（4）增加作物产量　高活力种子不仅可以达到全苗壮苗，而且可提早和增加分蘖或分枝，增加有效穗数或果枝数，因而增产作用很明显。据美国对大豆、玉米、大麦、小麦、燕麦、莴苣、萝卜、黄瓜、南瓜、青椒、番茄、芦笋和蚕豆 13 种作物的统计资料，高活力种子可以增产 20%～40%。对于叶菜类和根菜类等蔬菜作物及牧草，因为收获的是营养器官，高活力种子的增产作用更为明显。

（5）提高种子耐藏性　高活力种子能较好地抵抗高温高湿等不良贮藏条件。因此需要进行较长期贮藏的种子或作为种质资源保存的种子，应选择高活力的种子。

5.1.3　种子活力的影响因素

种子活力的影响因素很多，归纳起来主要有内因和外因两大方面。

5.1.3.1　内因

种子活力首先是由基因型决定的。不同作物及品种由于其种子结构、大小、形态和发芽等遗传特性的不同，其活力水平有较大的差异。由遗传基因控制的与种子活力有关的一些种子特性主要有以下几个方面。

（1）剩余休眠　处于休眠状态的种子在适宜发芽的条件下也不能萌发。然而种子的休眠释放是逐渐进行的，当种子休眠释放到某种程度时，种子开始具有发芽能力，但是剩余休眠对种子发芽仍然有影响，它影响发芽速度，但不会影响最终的发芽率（Finch-Savage 和 Bassel，2016）。在种子后熟处理的前期，种子经过较长时间可以达到最高发芽率，但是随着剩余休眠逐渐释放，继续处理可以使达到最高发芽率的时间缩短，即提高发芽速度。在农业生产中，种子发育期间的休眠对于阻止穗发芽是非常必要的，然而休眠的及时完成对于农业生产非常重要。理想状态下，种子在播种时应完全处于无休眠状态，因为任何剩余休眠都会影响种子发芽速度。高活力种子必须快速地由休眠状态转变为非休眠状态（Finch-Savage 和 Bassel，2016）。

（2）种子大小　不同作物和品种由于其种子大小、发芽特性受基因型控制，当其发芽率相同时，田间出苗率或成苗率往往不一样。一般而言，大粒种子具有丰富的营养物质，萌发期间具有较高的能量，幼苗顶土能力较强，活力较高（表 5-2）。然而这个规律并不具有普遍性。例如玉米自交系“郑 58”（“郑单 958”的母本）的籽粒质量显著高于“PH6WC”（“先玉 335”的母本），但其活力显著低于“PH6WC”。

表 5-2　不同作物种子的发芽率与成苗率

（引自邹德曼，1982）

作　物	种子大小	发芽率（%）	成苗率（%）
玉米、豌豆	大粒	95	85～95
大豆、松、柏	中粒	95	60～80
烟草、苜蓿	小粒	95	30～50

（3）化学成分　为了改变玉米营养品质，培育高赖氨酸玉米品种是一种途径。但高赖氨酸品种的种子往往小而皱缩，活力较低。因此育种工作者试图培育一种既能提高营养品质又不降低活力的基因型，以解决种子活力与营养品质之间的协调性问题。Nass 等（1970）研究发现，影响玉米种子在 15 ℃、20 ℃和 25 ℃下发芽特性的有不同胚乳基因，凡带有 A_1 基因的种子比缺少这种基因的种子具有更高的活力。玉米种子的含糖量也会影响种子活力，甜玉米种子由于可溶性糖含量高，胚乳皱缩，因而不耐贮藏，活力较低。在不同作物中，决定种子活力的化学成分不同，在棉花种子中籽粒蛋白质含量和脂肪含量对活力有较大影响，禾谷类种子中的蛋白质含量与种子活力有着极显著正相关关系（Wen 等，2018）。前人研究，LEA 蛋白、棉籽糖家族（RFO）寡糖、激素及维生素均影响种子活力建成。棉子糖家族寡糖在种子发育成熟后期大量积累（Brenac 等，1997；Ralphl 等，2009），在种子活力建成及种子萌发过程中发挥重要功能（详见本章 5.4.1 部分）。

糯稻种子因化学成分上的特殊性而不耐贮藏，活力较低。我国目前育成的转 Bt 基因抗虫棉种子，因其种仁小、蛋白质与脂肪比例失调，活力比常规棉花种子低（李爱莲等，1998）。

（4）子叶出土类型和幼苗形态结构　通常种子发芽时子叶出土型与留土型是受 2 对基因控制的。双子叶植物子叶出土型的种子（例如大豆、菜豆等），具有两片肥大的子叶，遇黏重板结土壤就难以顶出土面或子叶易被折断，降低了出苗率，因此这类种子不宜深播。子叶留土型的种子（例如蚕豆和豌豆），虽然也有两片肥大子叶，但由于子叶不出土而是由针矛状的幼芽顶出土面，受黏重板结土壤的影响较小，故出苗率高。从表 5-2 可见，豌豆与大豆种子粒形相差并不太大，而成苗率相差很大，其部分原因是子叶出土类型不同。

某些作物及品种的幼苗形态结构特征影响田间出苗率。例如大豆幼苗下胚轴坚实，使子叶易于顶出土面，有利于出苗和成苗，而玉米幼苗的胚芽鞘开裂，使幼芽难于出土，降低田间出苗率，并影响植株的生长发育。

（5）种皮开裂性和颜色　种皮对种子具有保护作用，大豆、菜豆等豆科作物的某些品种，当种子成熟后有种皮自然开裂的特性，导致种子易老化变质而降低活力。与此有关的另一性状是种皮颜色，通常白色种皮与种皮开裂性有连锁遗传关系，即白色菜豆有种皮自然开裂特性，而深色菜豆种皮则不易开裂。Carter（1973）研究证明，种皮颜色深的花生，抗土壤真菌侵害的能力较强，活力较高。

（6）硬实　硬实性是由多基因控制的。在许多情况下，硬实并不是人们所需要的特性，因为硬实种皮不透水，会影响发芽整齐度，并且降低出苗率。但是具有形成硬实能力的种子，对成熟期间和贮藏期间不良条件的抵抗能力较强，因而易于保持较高的活力。因此近年来育种工作者将硬实基因引入某些品种，以增强种皮保护作用，延缓种子老化，并防止种子吸胀时营养物质的渗出。

（7）种子成熟度　种子活力水平随着种子的发育而上升，至生理成熟期（physiological maturity，通常在种子干物质量达到最大值之后，但此时种子含水量较高，还未收获）达到最高（Finch-Savage 和 Bassel，2016）。但不同植物种子活力达到最高时的准确时间有所不同。

甜瓜种子开花后 22～47 d 分期采收，种子发芽力随着成熟度提高而增强。种子成熟度与开花顺序有密切关系，因此植株不同部位的种子成熟度也有差异。玉米果穗不同部位种子活力有差异，中部＞下部＞上部。棉花不同部位采收的种子活力水平也不一样，通常下部果枝的棉铃成熟早，但又未及时采收，长时间暴露于田间条件，受到田间温度、湿度剧烈变化的影响，使种子老化而降低了活力。中部棉铃则成熟充分，及时采收，种子品质好，活力高，适宜留种。上部棉铃则成熟度差，活力也低，不宜留种。双季晚粳稻种子由于成熟度不够，种子活力降低，若留作种用，其产量不如单季晚粳稻种子高。

（8）对机械损伤的敏感性　不同作物和品种采用机械收获、加工及运输时，种子对机械损伤的敏感性存在差异。机械损伤受种皮性质和种子形态的影响，例如芝麻种皮薄而软，易受机械损伤；亚麻种皮则厚而坚硬，能抵御机械损伤。从种子形态看，扁平形的种子（例如芝麻、亚麻等）较圆形种子（如芸薹属种子）易受机械损伤。芸薹属种子不仅种子圆形且子叶折叠，能保护胚根和胚轴，减少机械损伤。种子机械损伤降低了种子的耐藏性和田间出苗率。因此有人建议通过育种途径选择具有抗损伤性能的品种。

（9）对低温环境的敏感特性　不同作物或品种对低温的适应能力不同，有的品种低温发芽时胚根易裂开而影响出苗，有些大豆、玉米、草坪草品种萌发期间抗寒力强，低温发芽特性好，田间出苗率高。

5.1.3.2　外因

种子发育和成熟期间或收获之前的环境因素，以及种子加工和贮藏措施等，对种子活力均有重要的影响。

（1）土壤肥力与母本植株营养　土壤肥力对小麦幼苗活力影响的研究表明，适当施氮肥，可以提高种子蛋白质含量，并通过提高幼苗质量来提高种子活力（Wen 等，2017）。微量元素对种子活力也有明显影响，例如当土壤缺硼时，豌豆种子不正常幼苗增加；当土壤中钼的含量过高时，大豆种子活力降低；花生种子对一些微量元素特别敏感，当土壤中缺硼和钙时，其种子发育不正常，幼苗下胚轴肿胀，子叶发生缺绿现象；土壤缺锰会使豌豆胚芽损伤，子叶空心；土壤缺钙、缺锰条件下产生的种子，容易发生幼根破裂和种皮破裂现象，降低种子活力。总之，不同作物种子对土壤肥力的要求和反应不同。

母本植株缺乏营养会影响种子发芽力和活力。研究表明，当辣椒母本植株在明显缺氮、磷、钾、钙的培养液中生长时，除磷以外，缺乏其他元素的发芽率均明显降低；豌豆植株在低磷培养液中生长，其产生的种子含磷量低，活力也降低；来自低钙母本植株的大豆、菜豆、蚕豆种子，其幼苗易遭受茎腐病侵害，认为这是由于胚部分生组织中不能动员足够的钙，使下胚轴和胚芽细胞缺钙所致。母本植株缺钼、缺镁均会使后代因缺素而降低种子活力。

（2）栽培条件 群体密度与种子品质密切相关。农业生产上采用密植增加株数、穗数，从而增加作物产量。但密植对留种田块并不适宜，因为密植通常会降低种子大小和质量，降低种子活力；更为严重的是，密植会影响田间通风透光，使田间温度和湿度升高而有利于病害蔓延，促使植株早衰，导致种子发芽不良而降低种子活力。

适当灌溉能促进作物生长发育和增加种子饱满度，提高种子活力。种子发育期间过分干旱，则使种子质量变小和皱缩而影响种子活力。

（3）发育成熟期间的气候条件 凡是影响母本植株生长的外界条件对种子活力及后代均有影响。种子成熟期间的光照、温度、昼夜温差、土壤水分、空气相对湿度是影响种子活力的重要因素。为了生产优质种子，必须选择光照充足、昼夜温差较大的地区建立种子生产基地。同时注意选择土壤肥沃、排灌条件好、在种子成熟季节风雨少、天气晴朗的地区，例如甘肃和新疆是我国最主要的优质玉米种子生产基地。不同作物适宜的气候条件是不一样的，例如水稻两系杂交种的生产与三系杂交种生产就有显著不同。不同作物优质种子生产区划是个值得研究的课题。

生长在平均温度为 19.2 ℃地区的莴苣种子，其发芽率仅为 26.2%，而生长在平均温度 26.2 ℃下的种子，发芽率可达 81.3%。大麦植株当芒出现时给予高温处理可抑制种子萌发，但在出芒后给予高温处理则可提高种子萌发率。试验表明，中性或兼性长日植物，短日照有利于其种子的发育和萌发，例如处于连续短日照下的反枝苋（*Amaranthus retroflexus* L.）所形成的种子，其活力高于仅获得 1～3 d 短日照诱导结实所形成的种子。

（4）种子机械损伤度 种子在收获后的清选、干燥、精选、包装、运输和贮藏过程中，难免会发生种子间或种子与金属等碰撞而造成机械损伤。种子机械损伤的程度往往与收获时的种子水分有关。据试验，玉米种子水分为 14%时，机械损伤仅为 3%～4%，当水分为 8%时损伤达 70%～80%。另一试验表明，玉米水分在 14%～18%时损伤较轻，种子水分较低（8%～12%）和较高（20%）时损伤均较重。小麦种子在水分大于 20%时机械收获的损伤较大。大豆亦有相似情况，在水分为 12%～14%时收获损伤较轻，在水分为 8%～12%及 18%～20%时收获损伤较重。这是因为种子水分低时，质地较脆易破损或折断，水分过高时种子质软易擦伤或碰伤。机械损伤重则损坏种胚，使种子不能发芽或幼苗畸形，轻则破损种皮，降低种皮保护作用，加速种子老化劣变，并易遭受微生物和仓库害虫危害，最终导致种子丧失活力。

（5）种子干燥措施 种子成熟收获后应及时进行干燥，延迟干燥和干燥温度过高将使种子活力降低。常用的干燥方法是适当升高温度，降低环境相对湿度，使种子水分下降。种质资源或少量的育种材料种子，往往采用干燥剂吸湿干燥的方法降低种子水分。但干燥措施不当，例如干燥温度过高或干燥剂比例过高等，会使种子脱水过快，导致种胚细胞损伤，降低种子活力。40 ℃是玉米果穗干燥较为理想的条件，小麦则可以在 45 ℃以下干燥，过高温度干燥会使种子活力显著降低。

（6）种子贮藏条件　种子贮藏的期限和方法、贮藏期间的环境条件（温度、湿度、氧气等的水平）不同，以及种子微生物及仓库害虫的危害等，对种子活力均有影响。

综上所述，种子的活力状况是由众多影响因素相互作用而决定的，遗传因素决定活力的可能性，而环境因素则决定活力的现实性。

5.2　种子劣变及其发生机制

种子活力是在种子发育和成熟乃至后熟过程中形成的，一般在种子真正成熟时达到最高，其后便开始活力下降的不可逆变化，这些不可逆变化的综合效应便称为劣变（deterioration）或老化（ageing）。

5.2.1　种子活力的下降与劣变发生

种子老化一般是指种子的自然衰老，而人工加速老化则是有别于自然老化的另一种老化。种子劣变是指生理机能的恶化，包括化学成分的变质及细胞结构的受损。有老化就有劣变，二者相互依存不可分割，有时成为同义词。但劣变的范围较广，因为劣变不一定由老化引起，例如突然性高温或结冰，可能导致蛋白质变性或损坏细胞膜，会引起种子劣变。种子劣变与种子活力是相互作用的两个方面，当种子劣变程度增加时，种子活力就会下降。

种子劣变是渐进有序的，通常是先产生生物化学变化，后产生生理变化，即可分为生物化学劣变和生理劣变两个阶段（图 5-3）。

种子劣变过程中损伤的修复与种子水分有关。研究表明，在临界水分以下，损伤不能进行修复。在临界水分以上并有氧气存在时，损伤可以缓慢地进行修复，细胞及 DNA 完全吸胀状态下，修复效率最高。

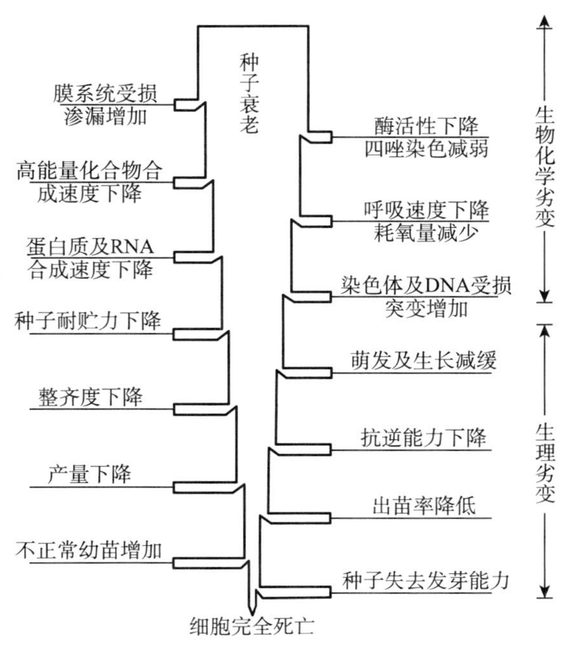

图 5-3　种子劣变的各生物化学和生理变化顺序
（引自 陶嘉龄，1986）

5.2.2　种子劣变的形态特征

发生劣变的种子，往往在种子及幼苗形态和超显微结构上表现出劣变的特征。首先是果种皮颜色的变化，一般果种皮颜色会逐渐变深、变暗甚至变黑，无光泽，油质种子有“走油”现象。果种皮颜色的变化主要是由氧化作用引起的，高温高湿的条件会促进这个过程，但意外光线引起种皮颜色变化与种子活力下降的关系不大。解剖劣变种子，会发现其种胚干涩，失去鲜嫩感，有的角质程度降低。发生劣变但仍能发芽的种子，往往畸形苗比例大，幼苗生长性能降低，最终降低产量和品质。某些含有挥发性物质的种子（例如韭葱类），劣变后挥发性物质的挥发量增加，使种子堆内异味变浓，有些种子可能产生霉酸味。

在超显微结构方面，随着种子劣变，细胞内各种细胞器均发生一系列变化（图5-4）。劣变种子最常见的变化是脂肪体的融合。在小麦和豌豆的胚、大葱的胚和胚乳、松的胚乳中均发现，劣变种子的脂肪体先是膜破裂、脂质溢出，随劣变加深则形成大的脂质团。其次是质膜收缩进而破损，内质网断裂或肿胀，线粒体嵴变小，双层膜破损、基质流出，蛋白体内含物变稀使其看似小液泡，细胞核常有染色质结块、颜色变深、核仁模糊等现象出现。严重劣变的种子，核仁及核膜模糊，染色质结块，最终导致细胞结构消失。

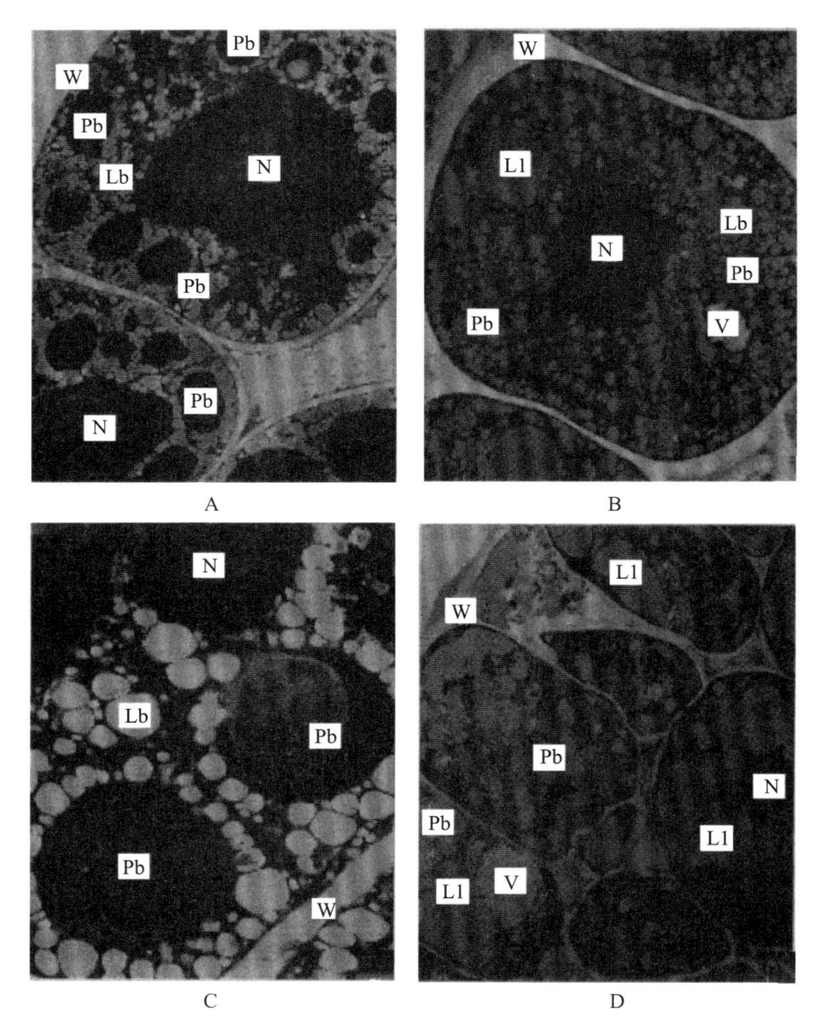

图5-4　大葱种子衰老过程中超微结构的变化

A. 高活力种子胚轴细胞　B. 高活力种子胚轴细胞放大

C. 中活力种子胚轴细胞　D. 死种子胚轴细胞

Lb. 脂肪体　L1. 脂质团　N. 细胞核　Pb. 蛋白体　W. 细胞壁　V. 液泡

5.2.3　种子劣变中的生理生化变化

5.2.3.1　膜系统的损伤及膜脂过氧化

当种子发生劣变时，细胞膜系统的损伤程度远比种子干燥过程对膜的损伤严重，膜渗漏现象明显。严重劣变的种子对膜的修复重建能力变弱，修复过程缓慢，甚至不能建立起完整的膜结构，造成膜系统永久性损伤。结果造成大量可溶性营养物质及生理活性物质外渗，不仅严重影响正常代谢活动的进行，使种子难以正常萌发，而且外渗物会引起微生物大量繁殖，导致种子萌发时严重发霉、腐烂。进一步研究表明，种子劣变过程中膜的损伤主要是由于膜脂过氧化引起的。细胞膜由膜脂（磷脂）和蛋白质组成，组成膜脂的脂肪酸的性质直接影响膜的稳定性和对环境的适应性。

脂质过氧化发生在不饱和脂肪酸的双键上，过氧化的结果是使双键断裂，导致膜脂分解。膜脂过氧化过程中伴随丙二醛的产生，丙二醛可与蛋白质结合使酶钝化，可与核酸结合引起染色体变异。脂质过氧化可以产生有毒害作用的超氧自由基（$O_2^{\overline{\cdot}}$），它又与过氧化氢作用产生单线态氧、羟自由基（$OH^{\cdot}$）等高能量氧化剂。结果会进一步引起酶、核酸及膜的损伤，导致细胞分裂、伸长受阻，幼苗生长缓慢或根本不生长。

种子水分过低、贮藏温度高将使脂质的自动氧化作用增强，而维生素 E、维生素 C、谷胱甘肽等抗氧化剂可抑制或终止膜脂过氧化作用，超氧化物歧化酶（SOD）、过氧化氢酶（CAT）和过氧化物酶（POD）可降低或消除 $O_2^{\overline{\cdot}}$ 和 H_2O_2 对膜脂的攻击能力。研究表明，长寿命种子（例如莲子等）的种胚内不仅含有较高活性的超氧化物歧化酶、过氧化氢酶和过氧化物酶，而且许多此类酶的同工酶具有很高的耐热性。

5.2.3.2　营养成分的变化

长期的呼吸消耗会导致种胚分生组织或胚轴中可利用营养物质缺乏，使种子生活力和活力丧失。

种子在贮藏期间，其活细胞中的结构蛋白易受高温、脱水、射线或某些化学物质的刺激，使其空间结构变疏松、紊乱，最终变性。例如构成染色体的组蛋白变性会阻碍 DNA 的功能，酶蛋白变性使酶失活，脂蛋白变性使细胞膜的选择透性丧失等。近年来的研究表明，种子的贮藏蛋白与种子活力关系密切。花生种子球蛋白含量与种子活力呈显著正相关（刘军等，2001）；花生种子吸胀 2 d 后，高活力种子的蛋白质迅速降解，而中等活力种子的蛋白质的降解速度较慢（李黄金等，1993）。种子贮藏蛋白亦随贮藏时间的延长而含量下降，能电泳分辨的蛋白组分随劣变而减少。小麦种子萌发过程中贮藏蛋白变化及降解速度的研究表明，高活力种子醇溶蛋白变化明显，降解较快，低活力种子醇溶蛋白变化不大，且降解迟缓（姜文等，2006）。

种子（特别是油质种子）劣变过程中脂肪酸价和种子总酸度上升，这是由于脂肪水解产生大量游离脂肪酸，使酸价上升。另外，部分蛋白质水解产生游离氨基酸，菲丁（植酸钙镁）水解产生磷酸，使种子的总酸度明显上升。含油量高的种子，在劣变过程中脂质中的不饱和脂肪酸链会发生氧化，引起碘价降低。在含油量较高的玉米品系中，劣变种子中亚油酸含量的降低非常明显（Balešević-Tubić 等，2004）。脂质过氧化过程是储存期间种子变质的主要原因。

5.2.3.3　有毒物质积累

缺氧呼吸产生的酒精和二氧化碳，脂肪氧化产生的醛、酮、酸类物质，蛋白质分解产生的多胺，脂质过氧化产生的丙二醛，以及微生物分泌的毒素（例如黄曲霉素）等，这些物质积累过多会对种胚细胞产生毒害作用，甚至会导致种子死亡。脂质过氧化的最终产物是脂质氢过氧化物（ROOH），进而形成醛类物质，包括丙二醛（MDA）。丙二醛含量的测定是用于测定脂质过氧化的常规方法。许多研究证实了种子中丙二醛含量与贮藏期之间的相关关系（Tian 等，2008）。

5.2.3.4　合成能力下降

劣变种子，其糖类和蛋白质的合成能力明显下降，低活力种子中核酸的合成受阻。有分析表明，同品种高活力的水稻种胚内 RNA 含量高于低活力种胚，劣变的大豆种子中 DNA、RNA、叶绿素含量均较新种子低，且劣变越严重含量就越低。劣变或低活力的种子新核酸的合成受阻，首先是劣变种子中 ATP 的生成量减少，使 DNA、RNA 合成的能源不足，基质减少。

5.2.3.5　生理活性物质的破坏和失衡

种子劣变时，许多酶的活性都不同程度地降低，例如花生种子劣变后 ATP 酶活性消失，酸性磷酸酶活性变弱。种子劣变过程中易丧失活性的酶主要有 DNA 聚合酶、RNA 聚合酶、脱氢酶、苹果酸脱氢酶、细胞色素氧化酶、ATP 酶、超氧化物歧化酶等，而某些水解酶（例如脂酶、蛋白酶）的活性反而增强。酶活性的降低主要是由于酶蛋白变性所致，也可能由辅酶的缺乏引起。麻浩等（2001）的研究表明，大豆种子脂肪氧化酶的缺失对种子劣变却没有明显影响。藜麦种子劣变与美拉德产物的积累之间存在密切关系（Martina Castellión，2010）。

胚中维生素 C 的氧化常使胚失去发育成为幼苗的功能。当种子活力下降时，维生素 B_1、维生素 B_2、维生素 B_6、烟酸、泛酸、生物素的含量明显降低。

诱导种子萌发的激素例如赤霉素、细胞分裂素及乙烯产生能力的降低或丧失是种子劣变的基本过程。试验证明，劣变种子中类赤霉素物质减少，而类似脱落酸的抑制物质增加。另外，同生长素类物质一样，多胺（polyamine）含量的下降和产生能力的丧失也是种子活力丧失的原因之一。

还有人认为，谷胱甘肽（GSH）的氧化也是导致种子劣变的原因之一。谷胱甘肽是蛋白质合成中不可缺少的物质，但在种子贮藏过程中它极易被氧化形成氧化型谷胱甘肽（GSSG），成为无活性的钝化状态，使胚部的蛋白质合成受阻，活力下降。

5.2.4　种子劣变中遗传基础的变异

遗传基础的变异（例如染色体畸变和基因突变），可能是种子劣变的实质。基因突变与种子劣变的相关性研究始于 20 世纪 30 年代。众多的研究证明，劣变种子不仅染色体的异常及破坏现象增加，而且花粉败育的基因突变亦增加。染色体畸变大多出现在分生组织特别是幼根的分生组织中，畸变包括缺失、重复、倒位、易位、联桥等 10 多种类型。染色体畸变的发生严重影响细胞的有丝分裂，使细胞周期延长。从图 5-5 中可以看出，劣变（老化）的大麦种子，发芽率下降的同时，染色体畸变频率增加。种子贮藏过程中，种子水分越高或者温度越高，在单位时间内染色体所受的损害也越大。就一个生物群体而言，种子细胞染色体畸变达到死亡之前，有其临界值。当畸变超过临界值时，种子就会死亡；在接近临界值时，种子中部分细胞仍然正常，能够进行细胞分裂并长出幼根幼芽，但分裂的细胞往往不会进一步增长，从而导致幼苗畸形，使幼苗极弱或无法存活。

种子劣变后的基因突变大多数属于隐性，可被其显性等位基因掩盖，但在单倍体中，隐性基因突变可能是致死的。一般的研究多集中于易于觉察的突变体，例如花粉败育、幼苗白化、叶绿素的异常等性状。当种子劣变时，这些突变均显著增加。基因突变的频率与花粉败育率呈显著正相关。进一步研究表明，劣变种子中 DNA 含量下降，片断变小，且不能在吸胀时得到修复。基因突变和 DNA 损伤导致种子萌发和幼苗生长延迟，从而增加微生物侵染的机会和不良环境条件的影响。从良种繁育角度来讲，由于突变的不断传递和积累，会引起品种退化、混杂，但这种突变是体细胞突变，绝大多数是不遗传的。

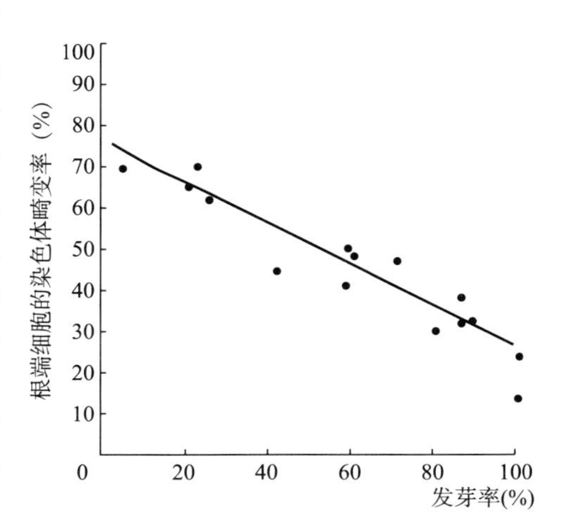

图 5-5　人工加速老化大麦种子发芽率与根端细胞第一次分裂时染色体畸变率的关系
（引自 Roos，1982）

种子劣变导致种子活力、生活力下降甚至生命力丧失，其机制是相当复杂的。国外的大量研究证实，种子细胞质以玻璃态存在，其玻璃化转变温度与种子劣变以及种子中的糖、蛋白质等物质有关。还有一些研究表明，种子中存在被称为美拉德反应（Maillard reaction）和阿马多瑞反应（Amadori reactions）的非酶促反应，这些反应可以在种子水分极低的条件下发生，其产物在种胚内的积累成为种子劣变的重要原因，其机制可能是通过降低抗氧化酶的活性、修饰蛋白质及核酸的结构和功能，影响种子中的糖代谢等途径，进而引起种子劣变。

5.3　种子寿命及其影响因素

种子作为重要的繁殖器官，与植物的其他器官一样都要经历从发育、成熟到逐步衰老、死亡的过程。种子的寿命因植物种类、贮藏条件的不同而有很大差异。延长种子寿命，可减少繁种的次数和降低种子生产的费用，同时降低混杂退化的风险。所以探讨种子寿命的差异性、影响因素以及延长种子寿命的方法措施是种子生物学研究的重要内容。

5.3.1　种子寿命的概念

种子寿命（seed longevity）是指种子在一定环境条件下能够保持生活力的期限，即种子存活的时间。目前所指的种子寿命是一个群体概念，指一批种子从收获到发芽率降低到 50%时所经历的时间（天、月、年），又称为该批种子的平均寿命，或称为半活期。将半活期作为种子寿命的指标，是因为一批种子死亡点的分布呈正态分布，半活期正是一批种子死亡的高峰。种子寿命的测定是从一批种子收获开始，每隔一定时间取样测定 1 次发芽率，一直到发芽率降到 50%的时间，即为该种子的平均寿命。

在农业生产上，用半活期概念作为种子寿命的指标显然是不适宜的。大量研究表明，种子发芽率愈高就愈接近田间出苗率，当种子发芽率下降时，田间出苗率下降更快，而当一批种子发芽率下降严重时，无法用加大播种量来弥补因劣变导致生产潜力下降所造成的损失。显然，这是因为某些劣变种子尽管能正常发芽，但在田间条件下却无法长成正常幼苗甚至不能出苗。处于半活期的种子，虽然还有50%种子能发芽，但这些种子的活力水平已很低，在田间条件下常常无法长成正常幼苗，已完全失去了种用价值。因此农业生产上种子的寿命或使用年限，应指在一定条件下种子生活力保持在国家颁布的质量标准以上的期限，即种子生活力在一定条件下能保持80%以上发芽率的期限。

农业种子寿命的长短与其在农业生产上可利用的年限呈正相关。对于种质资源来说，寿命长可以减少种植次数，不仅降低了保存费用，还有利于种子典型性和纯度的保持。长寿命的商品种子也具有易于保存、贮藏费用低等优点。

5.3.2　种子寿命的差异性

5.3.2.1　种子寿命的差异性

种子寿命因植物种类不同而有很大的差异，短则数小时，长则可达千年甚至上万年。例如柳树种子成熟后在12 h以内有发芽能力，杨树种子的寿命一般不超过几周。一种沙漠植物梭梭树，一旦种子成熟，在自然条件下几小时之内就会死亡，在具有发芽力时如果遇上水，它会很快发芽、生根，转入新一轮的生长循环之中。大多数农作物种子的寿命在一般贮藏条件下为1～3年，例如花生种子的寿命为1年，小麦、水稻、玉米和大豆的种子寿命为3～6年。据加拿大人1967年的报道，在北美育肯河中心地区的旅鼠洞中曾找到20多粒北极羽扇豆种子，这批深埋冻土层中的种子经测定已有10 000多年的历史。但经播种后，其中6粒种子发芽并长成正常植株。早在1923年，就在我国辽宁省普兰店河流域挖掘出千年莲子。Libby（1931）以^{14}C确定其种龄为1 040±210年。1952年，北京植物园再一次在辽宁省普兰店附近泡子屯村的泥炭层里，挖掘出了一批古莲子，并拿回到北京植物园种植，居然能发芽、开花、结果。另据报道，我国科学家在辽宁岫岩县大房身乡的黄土层里，发现了将近400粒狗尾草的种子，经同位素测定，这些种子的埋藏年代已经有10 000年以上，仍有部分种子能萌发。当然，极短命或极长命的种子是少数，大多数植物种子的寿命常在几年至十几年。

5.3.2.2　种子寿命的划分

种子的寿命不仅与其遗传特性有关，还受环境因素尤其是贮藏因素的影响，所以在不同地区和不同条件下观察的结果差异很大，对种子寿命长短的划分也难有一个统一的标准。迄今为止，没有人能够对各种作物种子的寿命计算出一个稳定的、绝对不变的数值来。尽管如此，由于生产活动的需要，人们还是依据种子在自然条件下的相对寿命进行分类。到目前为止，较有代表性的种子寿命划分方法有如下几种。

（1）依据种子寿命的长短分类　早在1908年，Ewart根据他在实验室中给予“最适贮藏条件”观察到的1 400种植物种子寿命的长短将种子分为短命、中命和长命3大类。

①短命种子　短命种子的寿命一般在3年以内。短命种子多是一些林木、果树类种子，例如杨、柳、榆、板栗、扁柏、坡垒、可可、柑橘类等的种子，农作物种子很少，只有甘蔗、花生、苎麻、辣椒、茶等。

②中命种子 中命种子也称为常命种子，其寿命为3～15年，主要有禾本科种子（例如水稻、裸大麦、小麦、玉米、高粱、粟等的种子）、部分豆科种子（例如大豆、菜豆、豌豆等的种子），另外还有中棉、向日葵、荞麦、油菜、番茄、菠菜、葱、洋葱、大蒜及胡萝卜等。

③长命种子 长命种子的寿命在15～100年或更长。长命种子以豆科居多，例如绿豆、蚕豆、紫云英、刺槐、皂荚等的种子，其次还有陆地棉、埃及棉、南瓜、黄瓜、西瓜、烟草、茄子、芝麻、萝卜等的种子。

长命种子的种皮大多坚韧致密，有的还具有不透水性，通常含脂肪较少且多偏于小粒种。而短命种子通常含脂肪较多，种被薄而脆，保护性差，或者需要特殊的贮藏条件。

实际上，依据种子寿命长短划分的种子类型之间并没有严格的界限，各种植物种子的寿命往往因贮藏条件的变化而发生改变。例如花生种子，在充分干燥后贮藏在密封条件下，种子生活力可以保持8年以上不降低。短命的美国榆树种子，含水量降至3%时置于－4 ℃下密封保存，可成功地将其寿命延长至15年。

(2) 依据种子贮藏的难易程度分类 Delouche等根据亚热带和热带主要农作物种子寿命的差异把种子分为易藏、中藏、难藏类。易藏的种子有水稻、谷子、大麦和燕麦的种子；难藏的有大豆和花生的种子；其他为中藏种子，包括棉花、珍珠粟、菜豆、高粱、小麦、玉米等的种子。根据这种分类方法并结合生产实际不难看出，易藏类种子多在籽粒外包有稃壳，因而不易吸湿、生虫和发霉，种子寿命也就较长。此分类法比较确切地表示了种子寿命的相对性及其与贮藏条件的关系，随着科学技术的发展及贮藏设施的改进，许多短命种子和中命的种子可贮藏几十年甚至上百年。

(3) 依据种子贮藏行为分类 Roberts于20世纪70年代初根据种子的贮藏行为（即种子对脱水干燥的适应性和对贮藏环境的需求），将种子分为传统型和顽拗型。Ellis等又在此基础上进一步提出了中间型种子的概念，从而将种子分为3种类型：传统型或正常型、中间型和顽拗型。

①传统型种子 传统型种子（orthodox seed）耐干燥，种子寿命一般随水分和贮藏温度的下降而延长。大多数作物种子属传统型。成熟的种子能在2%～6%水分条件下存活，水分和寿命之间存在一个负对数关系。温度（－20～90 ℃）和寿命在一定水分条件下呈负相关。水分上限为在85%～90%相对湿度和20 ℃条件下的平衡水分，水分下限为在10%～12%相对湿度和20 ℃条件下的平衡水分。

种子的耐干燥能力对于植物适应生存环境具有重要意义，能使有机体在遇到严酷的外界环境时暂停新陈代谢活动，有利于植物的世代延续。种子发育早期并不耐干燥，其耐干燥能力随种子的发育和成熟过程逐渐加强，最终达到最耐干燥的程度。而当种子发芽时，耐干燥能力下降。因此短期吸湿会降低种子的耐干燥能力和潜在贮藏寿命，即使这种处理不会导致明显的发芽现象。对贮藏在低温潮湿条件下的传统型种子进行干燥处理也会使其耐干燥能力下降，寿命缩短。因此在将种子置于低温低湿条件下进行长期贮藏前，不能打破种子休眠或进行种子发芽前处理。

②顽拗型种子 顽拗型种子（recalcitrant seed）对脱水和低温高度敏感，在干燥时会受到损伤。新鲜的顽拗种子当干燥到一定水分（96%～98%相对湿度的平衡水分）再继续干燥时，种子生活力很快丧失，不能找到寿命与储藏环境的关系方程。顽拗型种子的

植物主要有3类，第一类是水生植物的种子，例如浮莲、菱、茭白等的种子；第二类是热带大粒木本植物的种子，例如椰子、芒果、面包树、可可、橡胶、荔枝、龙眼、枇杷、栎树、木菠萝等的种子；第三类是温带植物的种子，例如板栗、银杏等的种子。这些种子在生理成熟时的含水量多为50%～70%，脱落前不经历成熟脱水，成熟后也不能明显干燥，只能湿藏。

银杏种子就其贮藏行为来讲，也应属于顽拗型种子，但其不耐脱水的机制却与热带木本种子不同，它有较长的休眠期。银杏种子休眠的原因，一般认为主要是胚的分化、生长不足，而脱落后胚分化、生长的完成，需要从胚乳中汲取水分、养分。若在收获后干燥脱水，不但使胚乳固化养分难被胚利用，还使胚体与胚乳脱离，胚得不到生长发育所需的水分、养分，只有走向死亡。

顽拗型种子在完全吸湿或几乎完全吸湿的条件下贮藏时，其寿命最长，但这却常会使不具休眠特性的种子在贮藏期间萌发。因此湿境低温是顽拗型种子的最佳贮藏环境，这能尽可能减慢种子衰老和降低发芽的速率。湿境应掌握在“最低安全水分”和“完全吸湿”之间的湿度，而低温则为该种子可能产生冷害之上的温度，即不危害种子生活力的最低温度。低温的范围因种子产生的生态条件而异，一般热带、亚热带种子较高（15～20 ℃）而温带种子较低。

有些顽拗型种子脱水敏感的原因是在脱落时甚至在脱落前就已开始萌发，有的甚至胎萌。随着萌发过程的进行，水分成了限制因子，若脱水就会导致生活力丧失。也有专家提出，LEA蛋白的缺乏是脱水敏感性的特征。

③中间型种子　一些种子的贮藏行为不能用传统型和顽拗型两种类型完全区分，例如柱状南洋杉、小果咖啡、中果咖啡、番木瓜、油棕、印度楝、人心果和几种柑橘属植物的种子，表现出介于传统型和顽拗型之间的贮藏习性，即中间型种子（middle seed）。中间型种子的基本特征是：种子寿命在40%～50%相对湿度和20 ℃时的平衡水分以上（为7%～12%），随水分降低而延长，在此平衡水分以下，随水分降低而缩短。因此这些植物的种子都有一个最佳风干贮藏条件，例如小果咖啡的最佳贮藏条件是10 ℃、含水量10%～11%。不同种子的最佳贮藏温度因植物起源的生态条件而异，一般起源于热带的中间型种子贮藏温度在10 ℃以上，而起源于温带的中间型种子则能在较低温度（－20～5 ℃）条件下得到很好保存。

在实际的种子贮藏中，特别是遗传资源的保存中，正确区分传统型、中间型和顽拗型种子贮藏习性，能使人们明确知道不同植物种子贮存的时期。区分的方法一般分两步：第一步是耐性测定，第二步是研究种子在不同环境中贮存后的存活情况，其简化程序见图5-6。

5.3.3　种子寿命的影响因素

种子寿命主要受种子自身结构以及与寿命相关的关键基因调控，同时还受制于母株在种子成熟过程中的环境条件和收获后的贮存条件。只有深入了解种子寿命的影响因素，才能有效地延长种子寿命，延长种子在农业上的使用年限。

5.3.3.1　种子寿命的内在影响因素

种子寿命长短，不仅在不同植物种间差异显著，即使在同种植物的不同品种之间，差异也很显著。种皮、种子贮存和生理状态与种子寿命密切相关，同时一系列调控基因参与种子

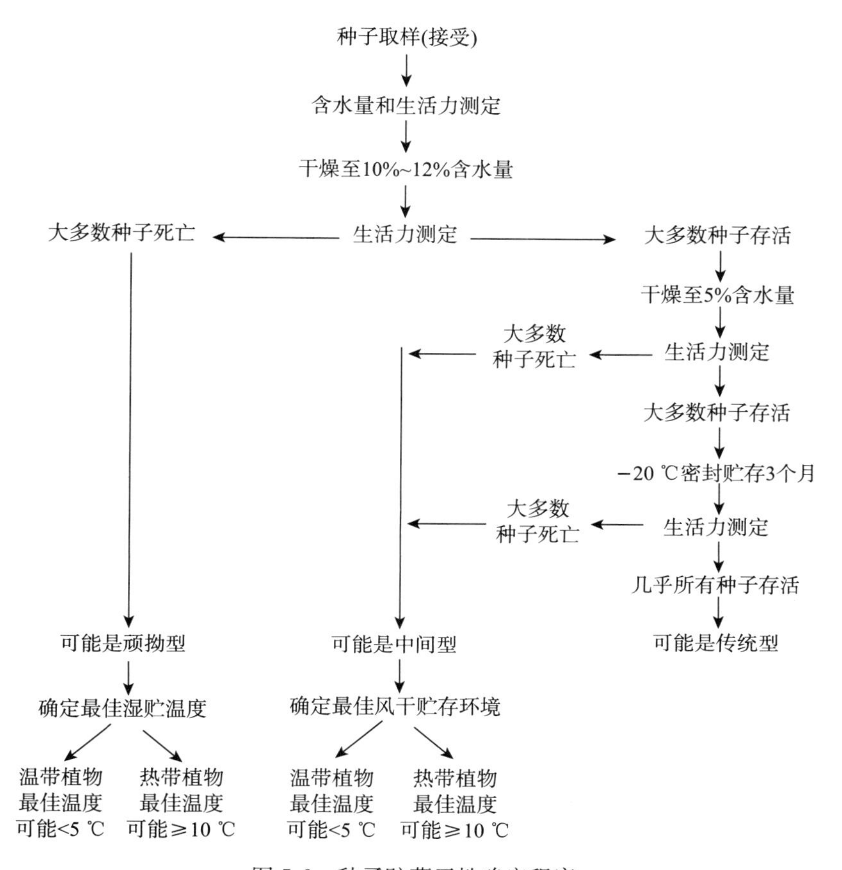

图 5-6　种子贮藏习性确定程序

寿命的调控。研究种子自身因素对寿命的影响，了解种子中物质、能量的消耗过程以及一些修复机制，并结合种子贮存的现状，才能在生产实践中，使种子寿命得到更好的维持。

(1) 遗传因素　种子寿命长短，不仅在不同植物种间差异显著，即使在同种植物的不同品种之间，差异也很显著。1953 年 Haterkamp 测定了同一条件下贮藏 32 年的 5 种谷类作物种子的发芽率，结果是大麦＞小麦＞燕麦＞玉米＞黑麦；贮藏 32 年后壮苗生成率，在 3 个大麦品种中分别为 96％、80％和 72％，在 5 个玉米品种中分别为 70％、53％、23％、19％和 11％，在 4 个小麦品种中分别为 85％、15％、1％和 0。Neal 等发现，在美国艾奥瓦州的室内条件下，某些玉米自交系经几年贮藏后仍有 90％发芽，而其他一些则早已全部死亡。对玉米种胚内 RNA 和蛋白质在吸胀期间合成量的测定也表明，F_1 明显高于自交系，可见杂交种的活力明显高于自交系，这说明子代种子的寿命和活力明显受其亲本的影响。所以不同物种及品种的种子寿命差异是由遗传基因决定的固有差异。也就是说，可以通过遗传改良手段对种子寿命进行改良。Miura 等以自然老化或人工老化处理后的发芽率为衡量指标，对水稻耐贮藏特性相关基因进行了数量性状基因位点（QTL）定位及分析，在水稻第 9 染色体检测到与种子寿命相关的 4 个主效数量性状基因位点，分别是 *qLG-9*、*qAGR9-1*、*qAGR9-2* 和 *qSC9-2*，贡献率分别达到 59.15％、12.8％、16.8％和 6.12％。实际上，种子的种被结构、化学成分也主要受遗传控制。

随着生物技术的快速发展，通过基因工程将长命种子的寿命相关基因转入中命种子或短命种子的植物中，以获得长命植物种子的研究有望在不远的将来有所突破。

（2）种被结构与组分　种被是影响种子寿命的关键性因素，一方面种被在发育过程中伴随着一些细胞的特化、色素的沉积，构成了保护种子的机械性屏障；另一方面种被是种子内外气体、水分、营养物质交换的通道，也是微生物、害虫侵害种子的天然屏障，为种子提供了物理性和化学性保护。凡种被结构坚韧、致密、具有蜡质和角质层的种子，特别是硬实，其寿命较长，例如有历史记载的长命种子古莲种子、苋菜种子和羽扁豆等都具有透水性、透气性不良的种被。种被外附有保护性结构的种子，其寿命较长，例如禾谷类中的水稻、谷子、皮大麦、燕麦等的种子。花生与黄瓜种子含油量都较高，但花生种子远不如黄瓜种子寿命长，当花生种子以荚果的形式贮藏时，其寿命会明显延长。

种被的完整性也是种子收获、加工、干燥、运输过程中要考虑的问题。凡遭受严重机械损伤的种子，其寿命将明显下降。对机械收获的大豆种子和手工收获的大豆种子进行萌发状况评价，发现机械收获由于破坏了种被，导致种子活力下降，种子发芽势降低，而且随着大豆种子贮藏时间的延长种子活力也会降低。

种被中存在的多酚、多糖、软木质和角质 4 大类主要物质与种子寿命存在一定关系。据报道，对于油菜和亚麻，深色种子往往表现出比浅色种子更高的活力水平。最新的研究结果表明，黑豆不仅在种皮组分和结构上与黄皮大豆有差异，其种子的耐贮藏性也强于黄色大豆。深色种皮抗劣变作用机制与种皮中酚类物质的氧化过程有关，多酚氧化酶或过氧化物酶参与反应。以拟南芥多酚氧化酶突变体为研究对象发现，与野生型相比，不具多酚氧化酶的种子活力显著降低。

种被的致密性、通透性对种子活力产生重要影响。硬实基因引入某些品种，可增强种皮保护作用，延缓种子劣变，因为具有形成硬实能力的种子，对贮藏期间不良条件的抵抗能力较强，故容易保持较高的活力。

（3）种子的物理性质　同一大豆品种的种子，因籽粒大小、水分、硬实率等物理性状不同，其贮藏特性亦会有明显差异。一般小粒的种子，活力下降快，耐贮藏性差，反之亦然。其主要原因是小粒种子所含营养物质少，胚占的比例大，呼吸作用强，新陈代谢快，当种子中物质损耗超过一定限度时，还会使种子发热甚至萌动，很难再安全贮藏。但也有学者认为，大粒的大豆种子蛋白质和脂肪含量也高，更容易因劣变产生有毒物质，不利于种子保持活力。籽粒较小的野生大豆耐贮藏性往往比大籽粒的栽培大豆要好，这也为这种观点提供了依据。

吸湿性强的种子，由于种子含水量较高导致呼吸作用加强且易受微生物的侵染，从而易发生种子劣变。因此要使种子较长期贮藏同时又保持较高活力，必须在贮藏前进行清选，以清除小粒、秕粒、破碎粒，并在加工、贮藏、运输等一系列环节中注意保护种子免受损伤。

（4）种子的化学成分　在相同条件下，一般大胚种子或者胚占整个籽粒比例较大的种子，其寿命较短。因为胚部含有大量可溶性营养物质、水分、有机酸和维生素，是种子呼吸的主要部位。例如大麦胚的呼吸强度为 715 $mm^3 CO_2$/（g·h），而胚乳（主要是糊粉层）的呼吸强度为 76 $mm^3 CO_2$/（g·h），胚的呼吸强度几乎是胚乳的 10 倍。胚部结构疏松柔软、水分高，很容易遭受仓库害虫和微生物的侵袭。在禾谷类作物中，玉米种子的胚较大，且含脂肪多，因此比其他禾谷类种子更难贮藏。

种子化学成分的差异，也是影响种子寿命长短的重要因素之一。种子3大类贮藏物质糖类、蛋白质和脂肪中，脂肪比其他两类物质更容易水解和氧化，常因酸败产生许多有毒物质（例如丙二醛、游离脂肪酸等），对种子活力造成很大威胁。脂肪酸败造成细胞膜的破坏，更是种子死亡的重要原因。有研究表明，棉花种子中游离脂肪酸的含量达到5%的种子全部死亡，因此含油量高的脂肪类种子比淀粉类和蛋白质类种子难贮藏，寿命短。例如豆科植物中的绿豆和豇豆与花生和大豆相比，前者因其脂肪含量少，寿命明显长于后者。脂肪类种子中含油酸、亚油酸等不饱和脂肪酸较多的种子更难贮藏，因为不饱和脂肪酸比饱和脂肪酸更易氧化分解。大豆种子在长期贮存过程中，其中含有的不饱和脂肪酸发生氧化或过氧化，使种子活力降低，并加速其劣变。脂肪氧化酶基因缺失的种子，由于种子中脂肪的氧化酸败不易发生，因而有利于种子寿命的保持，例如水稻脂肪氧化酶（Lox-3）缺失突变体能有效地延缓稻谷中的脂肪酸氧化，从而显著地改进了水稻种子的耐贮藏性，延长了种子的寿命。脂肪氧化酶缺失的大豆种子，不但豆腥味降低甚至完全消失，种子耐贮藏性也明显增加。

活性氧（reactive oxygen species，ROS）早已被广泛认为是影响种子寿命的重要因素，成熟后的种子在不良环境因素（高温、干旱和盐分）的胁迫下，为适应环境，将连续不断地产生活性氧。活性氧能与脂肪酸等物质发生反应，导致正常的生理生化过程发生变化。大豆种子脂肪酸的含量较高，其中以不饱和脂肪酸（亚油酸、油酸、亚麻酸）为主。活性氧通过损伤的种皮，直接与种子内部贮藏物质接触，发生自由基的链式反应，使生物膜氧化或过氧化反应速率加快，并产生毒性很强的脂肪醛等醛类化合物。这类化合物能与蛋白质结合生成聚合物，导致蛋白质的功能和稳定性发生变化。同时，活性氧还会导致细胞结构发生不可逆转的变化，膜脂的流动性降低，进而促使阿马多瑞反应和美拉德反应非酶促反应的发生，产物的累积使生物大分子（例如DNA、蛋白质等）结构发生损伤。其反应产物对多糖的转化有促进作用，将进一步改变细胞内糖的性质和状态，最终引起细胞死亡。

（5）种子的生理状态 种子的生理状态不同，也会引起寿命的差异。种子的生理状态主要包括成熟度、休眠状态及受冻受潮情况。通常种子的成熟度越好，活力就越高且保持的时间越长，这是造成同批种子活力保持时间不完全相同的主要原因。不达到生理成熟的种子难以获得较高的活力。据研究，在蜡熟期和完熟期收获的小麦种子，其活力指数比乳熟期收获的高1倍，种胚内脱氢酶活性也高1倍左右，田间出苗速度明显快。只有当种子在形态上和生理上均达成熟时，才能达到活力顶峰。未成熟种子不但难以达到高活力，而且活力降低快，寿命短，原因是它的可溶性养分多，水解酶活性强，且胚体较小，种皮致密度差。休眠的种子耐贮藏性强，能够忍受不良的贮藏环境。

受潮受冻的种子，尤其是处于萌动状态的种子，或者发芽后又重新干燥的种子，均由于旺盛的呼吸作用而寿命大大缩短。据研究，受潮种子呼吸强度较干燥时增加10倍。这类种子往往由于水分高，水解酶活性强，种子中含有大量的易被氧化的单糖、非蛋白氮、有机酸等，同时呼吸强度强，释放出大量的水和热量，进而又促进了寄附在种子上微生物的活动和繁衍，导致种子贮藏物质的大量消耗，加速了种子死亡的速度。值得注意的是，种子受冻受潮后立即测定其发芽力，往往无明显降低，但这样的种子不耐贮藏，会在短期内迅速降低活力，甚至很快导致寿命的终结。因此选择好适宜的收获时期，加强贮藏期间的管理，尽量避免种子受冻受潮，是使种子活力得以保持的必要措施。

5.3.3.2　种子寿命的环境影响条件

种子成熟过程和种子贮藏的环境因子（例如湿度、温度、光、气体等）均对种子寿命有很大的影响。种子在贮藏期间若处于适宜的环境中，种子寿命就可以长时间保持不降低，亦可使难贮藏的种子延长其寿命。相反，若贮藏条件变劣，种子的活力会迅速下降，即使是长命种子，其活力也会迅速下降甚至死亡。

(1) 湿度和水分　种子水分和贮藏环境中空气的相对湿度是影响种子寿命的关键因素。种子具有很强的吸湿性，所以种子水分总是随着贮藏环境湿度的变化而变化。当贮藏环境湿度较高时，种子会吸湿而使水分增加。种子水分的提高，使呼吸作用增强，贮藏物质水解作用加快，物质消耗加速，同时促进微生物和仓库害虫的活动，如果超过一定限度，还会使种子发热甚至萌动，活力迅速降低。因此对于传统型种子来说，充分干燥并贮存于干燥密封条件下是延长种子寿命的基本条件。种子超干贮藏正是基于这个原理。1994 年联合国粮食及农业组织和国际植物遗传资源研究所（FAO/IPGRI）提出超干储藏的定义，种子在 20 ℃和 10%～12%相对湿度时的平衡水分称为超干水分。

据研究，对许多传统型植物种子来说，最适宜于延长种子寿命的种子水分为 1.5%～5.5%，因植物种类而不同。但这样低的水分容易引起种子吸胀损伤和增加硬实率，播种以前需要进行适当的处理以防止这些不良现象的发生（Roberts，1989）。例如大豆种子，其水分降到 5%以下时，就会受到损伤；若在萌发前预先进行缓湿（湿度梯度平衡）以防止吸胀损伤，种子水分可以降到 3%～4%。但小麦和水稻种子属于耐干燥的类型，据报道，水稻种子水分降至 1.0%以下，经 5 年后发芽率仍能保持 92.3%；小麦种子水分在 0.7%，贮藏 15 年 9 个月后，仍保持 82.9%的发芽率。大量研究表明，大多数作物种子水分可以低到 2%～3%而不会受到损伤。

顽拗型种子在贮藏期间需要有较高的水分才能保持其生命力，水分过少则会引起死亡。例如某些林木果树种子需要较高水分贮藏，茶树种子需保持水分在 25%以上，如水分降到 15%以下时，种子很快就死亡。橡子树的果实需保持水分在 30%以上。

(2) 温度　贮藏温度是影响种子寿命的另一个关键因素。在水分得到控制的情况下，贮藏温度越低，传统型种子的寿命就越长。即使进行－196 ℃的液氮处理，种子也不会丧失生活力。低温状态下贮藏的种子呼吸作用非常弱，物质代谢速度缓慢，能量消耗少，细胞内部的劣变速度低，从而能较长时期保持种子活力而延长种子寿命。相反，若种子贮藏在高温状态下，呼吸作用强烈，尤其在种子水分较高时，呼吸作用更加强烈，造成营养物质大量消耗，仓库害虫和微生物活动加强，脂质氧化变质，严重时可引起蛋白质变性和胶体的凝聚，使种子活力迅速下降，导致种子寿命大大缩短。此外，干燥时温度也不能太高，温度过高导致种子活力下降。

种子水分和贮藏温度是影响种子寿命的最主要因素。Hartington（1959）研究温度、种子水分与种子寿命关系时对传统种子提出如下准则：种子水分在 5%～14%范围内，每降低 1%，种子寿命延长 1 倍；反之则缩短一半（后经 Roberts 等修正为种子水分每上升 2.5%，种子寿命缩短一半）。种子贮藏温度在 0～50 ℃范围内，每降低 5 ℃，种子寿命也延长 1 倍；反之种子寿命缩短一半（后经 Roberts 等修正为温度每上升 6 ℃，种子寿命缩短一半）。种子安全贮藏的指标是“相对湿度（%）＋温度（℉）不超过 100”。一般认为相对湿度（%）＋温度（℉）≤100 时，种子安全贮藏期为 3～10 年；如果相对湿度（%）＋温度（℉）＝120

时，种子安全贮藏时间不超过 3 年。表 5-3 列出了几种种子在几种温度和湿度条件下的寿命变化趋势。显然，在高温高湿条件下，种子很快丧失活力。

1993 年国际植物遗传资源研究所通过了国际基因库贮藏标准，可接受条件：<0 ℃，种子含水量 3%～7%；理想条件：<－18 ℃，种子含水量 3%～7%。

表 5-3　不同温度和湿度下种子贮藏 1 年后的发芽率

（引自 Barton，1952）

作物	原始发芽率（%）	相对湿度（%）	5℃	10℃	20℃	30℃
莴苣	63	35	67	53	32	2
		55	50	22	3	0
		76	36	0	0	0
洋葱	66	35	55	35	29	15
		55	53	16	3	4
		76	27	13	1	0
番茄	93	35	94	91	90	91
		55	90	89	89	83
		76	88	76	45	10

(3) 气体　除湿度和温度外，与种子呼吸作用关系密切的二氧化碳（CO_2）、氧气（O_2）等气体对种子寿命也有一定的影响，特别是在温度和湿度不适宜的条件下，对种子寿命的影响就更加明显。据研究，氧气会促进种子的劣变和死亡，而氮气、氦气、氩气和二氧化碳则延缓低水分种子的劣变进程，但对高水分种子则加速劣变和死亡。例如将水稻种子贮于不同气体中，2 年后发芽率的检验结果表明，在纯氧气中不到 1%，在空气中为 21%，在纯二氧化碳气中为 84%，在纯氮气中为 95%。因为氧气的存在促进了种子呼吸作用，加速了种子内部物质消耗及有害物质的积累，所以不利于种子的安全贮藏。相反，增加二氧化碳浓度，降低氧气浓度，不但能抑制种子呼吸，而且能有效地抑制仓库害虫和微生物活动，从而增强种子的安全贮藏性。因此在低温低湿条件下采取密闭贮存，可以使种子的呼吸代谢维持在低水平，延长种子的贮藏寿命。对大葱种子所做的试验（图 5-7）表明，即使是不易贮藏的种子，若能较好地协调水分、温度、气体的关系，也能在较长时期内保持较高的活力，大大延长种子的贮藏寿命和生产使用期。但当种子水分和贮藏温度较高时，密闭会迫使种子转入缺氧呼吸而产生大量的有毒物质，使种子窒息死亡。遇到这种情况，应该立即进行通风摊晾，使种子水分和温度迅速下降。

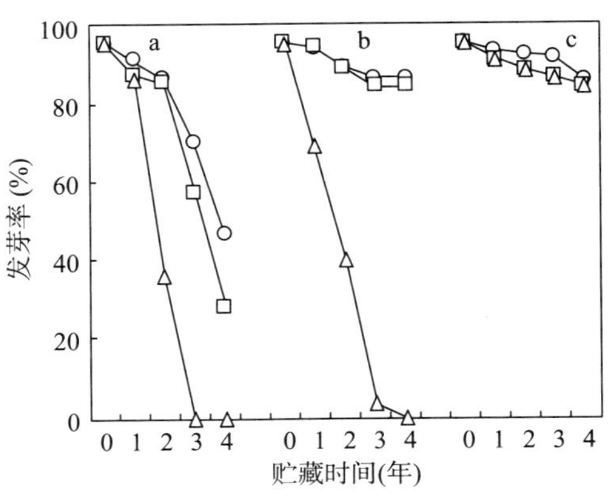

图 5-7　低水分（5.85%）的大葱种子贮藏在不同条件下的发芽率变化

a. 室温　b. 6 ℃　c. －6 ℃

○密封罐装　□铝箔袋装　△牛皮纸袋装

(4) 其他因素　光、微生物和仓库害虫的活动以及用于种子处理的一些化学物质对种子贮藏期间活力保持也有一定的影响。强光对种子的危害主要发生在干燥过程中。夏日的强光暴晒，会使小粒色深的种子胚部细胞受伤，大粒的豆类裂皮，水稻等则易爆腰，不但降低种子活力，而且不耐贮藏，寿命缩短。所以强光高温时不宜在柏油路、水泥地等地方晒种子。

贮藏期间微生物和仓库害虫活动分泌的毒素及产生的呼吸热和水分都是促使种子呼吸作用加强和种子堆发热的重要原因。因此防治仓库病虫对延长种子寿命具有重要意义。

利用化学物质处理种子，也是一个提高种子耐贮藏性的有发展前途的技术措施，特别是对油脂种子。有人曾用氯乙醇、氯丙醇等药剂处理亚麻种子和棉籽，可抑制游离脂肪酸的产生以及预防种子在大量贮藏期间的发热现象。

5.3.4　种子寿命的预测

种子寿命从几天、几年至上千年不等，传统的确定种子寿命的方法是将种子在一定条件下贮藏，一段时间后测其发芽力，这种方法简单、准确、直观，但对长寿种子却是一个难题，尤其是随着众多低温库的建立和仓储条件的改善，许多短命种子和中命种子的寿命也大大延长，对种子寿命的测算也就更显得重要。现代科学技术的发展，人们已经能用放射性同位素^{14}C较准确地估算古老种子寿命，但对于贮藏中或待贮藏种子，特别是种质种子寿命的预测，却还是生产中亟待解决的问题。为此，Roberts 和 Elis 从 20 世纪 60 年代起应用统计学方法对预测种子寿命进行了系统研究，推导出一个合理的方程式，然后再利用这个方程式来测算保存在稳定贮藏条件下的种子寿命；并于 1980 年提出了改进的预测种子寿命的方程式。

5.3.4.1　对数直线回归方程式及其列线图

（1）预测方程　一个种子群体中所有种子死亡期是呈正态分布的，如果已探明前半期的变化规律，就可推测到后半期的变化趋势。Roberts（1972）根据贮藏期间农作物种子在各种不同温度和水分条件下寿命的变化规律，应用数理统计的方法，推导出一个预测传统型种子寿命的对数直线回归方程式，即

$$\lg P_{50}=K_v-C_1m-C_2t$$

式中，P_{50}为种子半活期，即平均寿命（d）；m为贮藏期间的种子水分（%）；t为贮藏温度（℃）；K_v、C_1、C_2均为常数，是随作物不同而改变的常数，见表 5-4。

表 5-4　几种作物种子的 K_v、C_1、C_2

（引自 Roberts，1972）

作物名称	K_v	C_1	C_2
水稻	6.531	0.159	0.069
小麦	5.067	0.108	0.050
大麦	6.745	0.172	0.075
蚕豆	5.766	0.139	0.056
豌豆	6.432	0.158	0.065

应用上述方程式，可由任何一种贮藏温度和水分组合求出种子保持 50%生活力的期限；或者根据预先所要求保持的生活力期限，求出所需的贮藏温度和种子水分，以便选择适宜的贮藏方式或场所。例如有一批水稻种子，若将其水分控制在 10%，贮藏于 10 ℃条件下，计

算其寿命。由已知条件即可列出算式，即

$$\lg P_{50}=6.531-0.159\times10-0.069\times10=4.251$$

计算反对数得，$P_{50}\approx17\ 824$（d），约为 48 年零 10 个月。

又如已知一批小麦种子的贮藏温度为 10 ℃，要保持寿命 5 年。问：种子水分需要控制在多大水平上？其计算式为

$$\lg1\ 825=5.067-0.108m-0.050\times10$$

计算得，$m=12.09$。也就是说种子水分要控制在 12.09%的水平上。

同理，若已知种子含水量和保持寿命的时间，也可计算贮藏温度。

此方程简单明了，其缺点是仅能求保持 50%发芽率的时间，而农业生产上要求的种子发芽率远高于此（常为 90%）。这就需要做大量的贮藏试验，根据试验结果进行进一步的统计分析，以推导出保持 90%的发芽率的方程式。

（2）预测列线图　根据上述方程式，可将各种作物种子的生活力与水分、贮藏温度的比例关系绘制成列线图（图 5-8 至图 5-10）。利用这种生活力列线图，不仅查用方便，而且能从中求出保持任一发芽率的时间。以下介绍查算的方法。

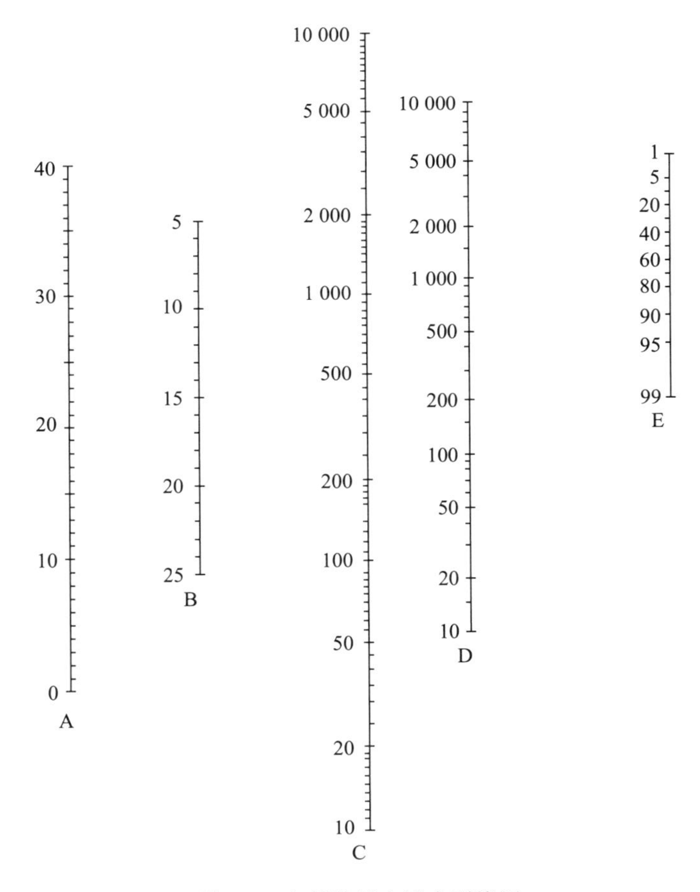

图 5-8　水稻种子生活力列线图

A. 温度（℃）　B. 种子水分（湿基，%）　C. 平均存活期（d）
D. 生活力降低到指定比例时间（d）　E. 存活率（%）

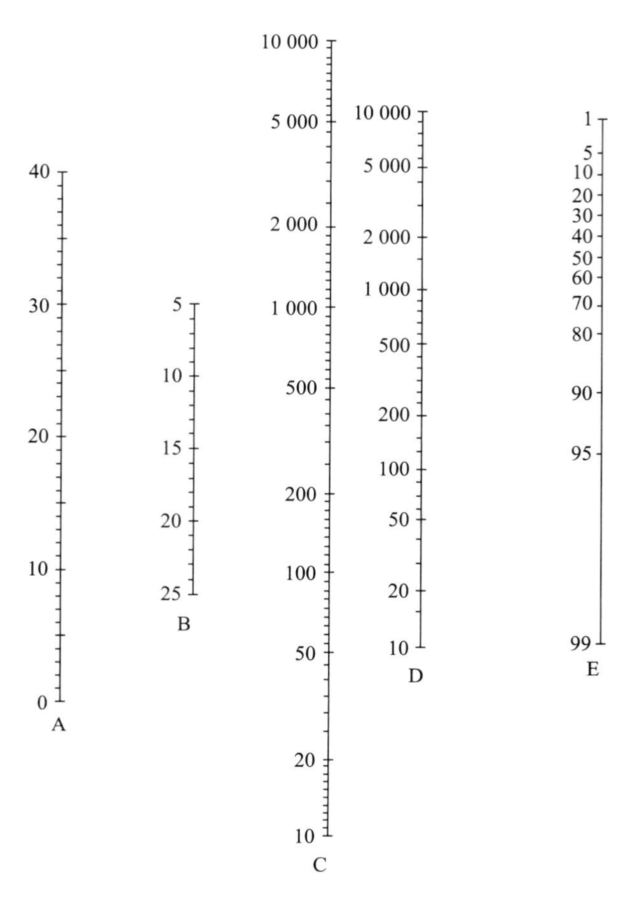

图 5-9　小麦种子生活力列线图

A. 温度（℃）　B. 种子水分（湿基，%）　C. 平均存活期（d）

D. 生活力降低到指定比例时间（d）　E. 存活率（%）

查算在任一温度和种子水分下，种子生活力降低到任一水平的时间：将一直尺斜放于 A 尺和 B 尺上的预定数值并使尺子延伸过 C 尺，然后以 C 尺上的此点（平均寿命，d）为轴心，将尺子转到 E 尺上所要求的存活率（%）。此尺子在 D 尺上所示的数值，就是生活力降低到所要求比例的时间（d）。

查算一定贮藏时间内，保持预定生活力所要求的温度、水分组合：直尺的移动与上面查算的方向正好相反，即先在 E 尺上选好所要求的存活率（%）数值，在 D 尺上选好所要求的贮藏时间（d），将直尺通过这两点延伸至 C 尺，再以 C 尺上的数值为轴心，把直尺转到 A 尺和 B 尺上，直尺在 A 尺和 B 尺上所示数值分别是所要求的温度（℃）和种子水分（%）组合。

查算一定贮藏时间内，保持预定生活力所要求的温度、水分组合：直尺的移动与上面查算的方向不同，即先在 E 尺上选好所要求的存活率（%）数值，在 D 尺上选好所要求的贮藏时间（d），将直尺通过这两点延伸至 C 尺，再以 C 尺上的数值为轴心，把直尺转到 A 尺和 B 尺上，直尺在 A 尺和 B 尺上所示数值分别是所要求的温度（℃）和种子水分（%）组合。

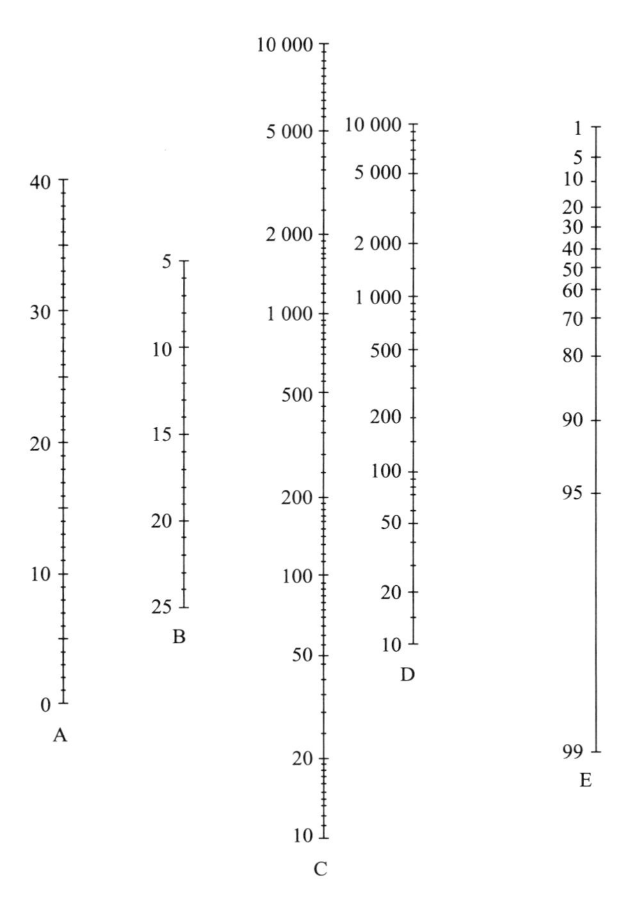

图 5-10　蚕豆种子生活力列线图

A. 温度（℃）　B. 种子水分（湿基,%）　C. 平均存活期（d）
D. 生活力降低到指定比例时间（d）　E. 存活率（%）

5.3.4.2　新的种子寿命预测方程及其列线图

上述方程和列线图的最大缺陷是以假定入库时种子发芽率为 100%为前提，而实际上一批种子入库时的原初发芽率很可能已经下降。原初发芽率不同，对种子贮藏期间的活力影响很大，因而是寿命预测中不可忽视的因素。为了解决这个问题以提高预测的可靠性，Ellis 和 Roberts（1980）提出修正后的种子寿命预测方程式，即

$$V = K_i - \frac{P}{10^{K_E - C_W \log m - C_H t - C_Q t^2}}$$

亦可变为

$$K_i - V = \frac{P}{10^{K_E - C_W \log m - C_H t - C_Q t^2}}$$

式中，V 为贮藏一段时间后的发芽率概率值（%）；K_i为原初发芽率概率值（%）；P 为贮藏时间（d）；m 为种子水分（湿基,%）；t 为贮藏温度（℃）；K_E、C_W、C_H 和 C_Q 均为常数，表 5-5 是目前已测定的作物和牧草种子的 4 个常数值。

该方程的突出特点是把种子贮藏过程看成原初发芽率下降的过程，而下降幅度的大小与

种子水分及贮藏温度密切相关。应用这个方程，可以在已知原初发芽率、种子水分和贮藏温度的情况下，计算贮藏一定时期后的种子发芽率（V），或者贮藏一定时期后原初发芽率下降的数值（K_i-V）。例如一批大麦种子，若其原初发芽率为90%，种子水分为10%，贮于10 ℃下1 000 d，按上述方程计算的发芽率将降为67.3%，比原初发芽率降低了22.7%，应用这个方程，也可从任一温度和水分组合求出由原初发芽率降低到某一数值经历的时间，以及求算发芽率降低到某一数值所需的贮藏温度或种子水分。

表5-5　几种作物种子生活力常数

（引自Ellis等，1982，1986，1989；Ellis和Robert，1981；Kraak等，1987；Zewdie和Ellis，1991）

作　物	K_E	C_W	C_H	C_Q
大麦（*Hordeum vulgare*）	9.983	5.896	0.040	0.000 428
鹰嘴豆（*Cicer arietinum*）	9.070	4.820	0.045	0.000 324
豇豆（*Vigna sinensis*）	8.690	4.715	0.026	0.000 498
洋葱（*Allium cepa*）	6.975	3.470	0.400	0.000 428
大豆（*Glycine max*）	7.748	3.979	0.053	0.000 228
油菊（*Guizotia abyssinica*）	7.494	4.257	0.037 2	0.000 480
莴苣（*Lactuca sativa*）	8.218	4.797	0.048 9	0.000 365
芝麻（*Sesamum indicum*）	7.190	4.020	0.040 0	0.000 428

为了更方便地计算所要预测的数值并使各因素之间的关系更为直观，也可根据上述关系绘制成列线图（图5-11和图5-12）。

这种新的种子生活力列线图共有8个比例尺组成，可用以做多种预测。图5-11上的虚线所指，是种子水分为10%的大麦种子在4 ℃下贮存20年的生活力预测，方法是将一直尺放于A尺（4 ℃）和B尺（11%）上，记下此直尺在C尺上的数值（8 400 d），以C尺上的此点为轴心将直尺对准D尺上的7 300 d（20年），记下直尺在E尺上的数值（0.8）。把E尺上的此数值平行移到F尺上的对应点。最后，用直尺将F尺上的此点与H尺上的任意点（按预测要求选取）相连，就可在G尺上找出相应的生活力数值。如果原初发芽率（H尺）为90%，则此批大麦的发芽率降低到70%；但若原初发芽率为99.5%则仅降低到96%。可见同样条件下，原初发芽率不同，贮藏期间下降的幅度差异非常大。以上种子寿命计算公式及列线图中的水分和温度界限，近年来已有较多报道。种子水分和种子寿命之间的负对数关系有上下两个极限，当种子水分超出上限时，密封贮藏种子的寿命不再随种子水分进一步增加而缩短，而非密封贮藏的种子寿命会随水分增加而延长。当种子水分低于下限时，密封贮藏种子寿命不再随水分降低而延长。一般认为，公式中的水分上限相当于种子在20 ℃、85%～90%相对湿度下的平衡水分，其水势约为－14 MPa，但其水分因植物种而不同，例如莴苣约为15%，洋葱为18%，榆树为22%，油菊为22%，硬粒小麦为26%，画眉草为24%～28%。不同植物种之间的水分下限值也有很大差异，例如在65 ℃、密封条件下，豌豆和绿豆约为6%，水稻和画眉草约为4.5%，向日葵为2%。

20 ℃条件下，这些种子水分对应的水势约在－350 MPa，所对应的平衡相对湿度在 10%～12%范围内。

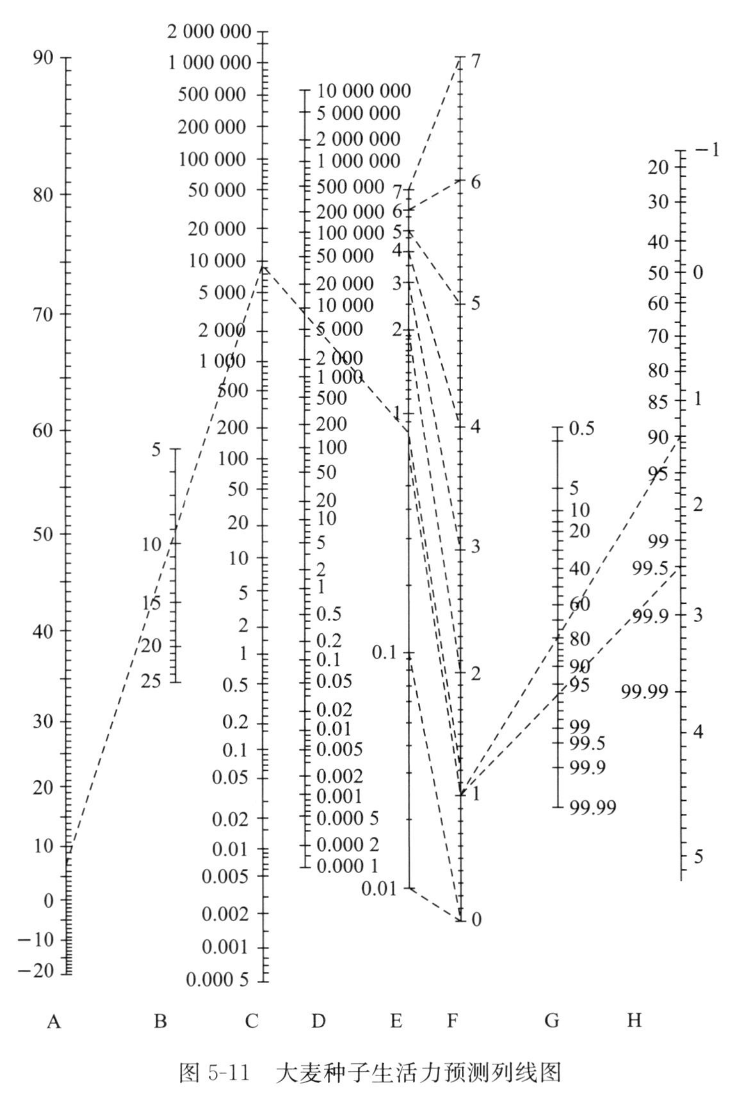

图 5-11　大麦种子生活力预测列线图

A. 温度（℃）　B. 种子水分（湿基，%）　C. 平均寿命（d）　D. 贮藏时间（d）　E. 标准值（对数尺）　F. 偏离值（线性尺）　G. 最终发芽率（%）　H. 原初发芽率（%）（K_i）

假如贮藏温度是变动的，可用下列公式进行修正。

$$T_e = \frac{\lg\left\{\frac{\sum[W \times \mathrm{antilg}(tC_2)]}{100}\right\}}{C_2}$$

式中，T_e为有效温度（℃）；t 为记录温度（℃）；W 为每种温度所处时间的比例（%）；C_2为常数，水稻为 0.069，大麦为 0.075，小麦为 0.050，蚕豆为 0.056，豌豆为 0.065。

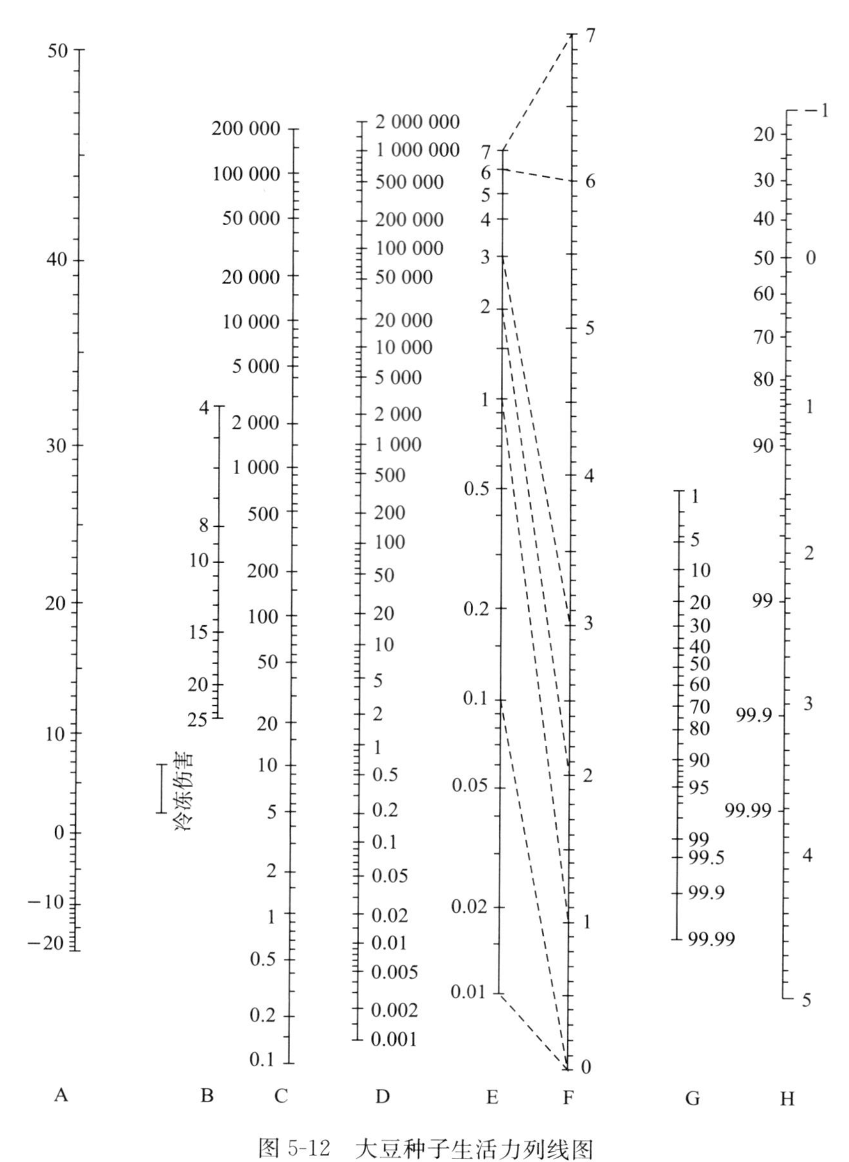

图 5-12　大豆种子生活力列线图

A. 温度（℃）　B. 水分（湿基，%）　C. 平均寿命（d）　D. 贮藏时间（d）　E. 标准值（对数尺）
F. 偏离值（线性尺）　G. 最终发芽率（%）　H. 原初发芽率（%）（K_i）

5.4　种子的活力、劣变与寿命的分子机制

5.4.1　重要代谢与种子活力

种子发育和成熟过程中，贮存了大量的 mRNA，被称为贮藏 mRNA（stored mRNA）或长寿命 mRNA（long lived mRNA）。Nakabayashi 等（2005）通过基因芯片技术在拟南芥干种子中检测到 12 470 种贮藏 mRNA，种子在吸胀早期利用这些贮藏 mRNA 合成蛋白质（Kimura 和 Nambara，2010）。种子吸胀过程中，通过转录抑制剂 α-鹅膏蕈碱（α-amanitin）

抑制转录，种子可以完成发芽过程（Rajjou 等，2004），说明种子发育过程中已经贮藏了发芽所需的所有 mRNA。然而转录对于种子活力有非常重要的影响，转录抑制剂虽然不能阻止种子的发芽，但会显著影响发芽的速度和整齐度（Holdsworth 等，2008）。此外，贮存 mRNA 的降解对种子活力有很大的影响，拟南芥 mRNA 降解突变导致种子发芽及幼苗生长受到严重抑制（Goeres 等，2007）。

种子吸胀过程中，通过翻译抑制剂环己酰亚胺（cycloheximide）抑制翻译，种子不能完成发芽过程（Rajjou 等，2004），说明翻译或翻译后调控对于种子发芽非常关键。对不同活力的甜菜种子的比较蛋白组学研究发现，蛋白质翻译起始因子（例如 eIF4A、eIF3、EBP1 等）和延长因子（如 eEF-1s、eEF-2 等）在高活力种子中积累量更高。种子的蛋白质合成能力被认为是种子活力的典型特征（Catusse 等，2011）。另外，参与蛋白质折叠的热激蛋白、分子伴侣等与种子活力呈正相关。在高活力玉米种子中，HSP18、HSP17.2 和 HSP16.9 积累量更高（Wu 等，2011）。同时，引发处理可提高拟南芥种子中 HSP70、HSP20、HSP17.7 和 HSP18.2 的含量。

甲硫氨酸代谢在种子发芽中处于非常重要的地位。在植物合成的所有必需氨基酸中，甲硫氨酸是最重要的，因为甲硫氨酸不仅可以作为合成蛋白质的原料，还是 S-腺苷甲硫氨酸（SAM）的前体，S-腺苷甲硫氨酸不仅是通用的甲基基团供体，而且是多胺、乙烯以及生物素的合成前体。引发处理的高活力紫花苜蓿种子吸胀时，S-腺苷甲硫氨酸合成酶含量未见明显变化，而对照种子中 S-腺苷甲硫氨酸合成酶含量则出现显著下降（Yacoubi 等，2013）。此外，引发处理的高活力甜菜种子中 S-腺苷甲硫氨酸合成酶含量提高，而老化处理则使该酶的积累量下降（Catusse 等，2011）。

种子发芽是一个消耗能量的过程。在种子吸胀过程中，由于种皮和胚周围其他组织的存在，胚的氧气供应量有限，因此糖酵解途径是胚根突破种皮前能量的主要供应途径，而当种子露白以后，胚有了充足的氧气供应，三羧酸循环供应了更多的能量（Bewley 等，2013）。然而，大量研究表明，与三羧酸循环相比，糖酵解途径对于种子活力具有更大的影响。高活力植物种子中，多种糖酵解途径酶的含量高于低活力种子，例如 1,6-二磷酸果糖酶、葡萄糖磷酸变位酶、3-磷酸甘油酸激酶、3-磷酸甘油醛脱氢酶（Catusse 等，2011；Rajjou 等，2008；Wu 等，2011；Xin 等，2011）。而三羧酸循环的关键酶苹果酸脱氢酶却在人工加速老化种子中积累量增加，暗示老化处理已扰乱了三羧酸循环（Xin 等，2011）。此外，氧化磷酸化在吸胀种子的能量供应中也发挥重要的作用。

棉籽糖家族寡聚糖（raffinose family oligosaccharide，RFO）对种子活力有重要的影响。棉籽糖家族寡聚糖是植物特有的一类游离寡糖，主要包括棉籽糖（raffinose）、水苏糖（stachyose）和毛蕊花糖（verbascose）。肌醇半乳糖苷合成酶（GOLS）、棉籽糖合成酶（RS）和水苏糖合成酶（STS）是参与棉籽糖家族寡聚糖生物合成的关键酶。棉籽糖家族寡聚糖在种子成熟干燥过程中不断积累。研究发现，棉籽糖家族寡聚糖对玉米和拟南芥种子活力影响的机制明显不同。玉米种子中仅含有棉籽糖，玉米棉籽糖合成酶基因 *ZmRS* 功能敲除后，植株不能合成棉籽糖但积累较多的肌醇半乳糖苷，种子活力显著降低。和玉米不同的是，拟南芥种子中含有棉籽糖、水苏糖和毛蕊花糖几种棉籽糖家族寡聚糖，单独过表达 *ZmRS* 虽然增加了棉籽糖含量，却显著降低了种子活力，而共表达 *ZmGOLS2* 和 *ZmRS* 或单独过表达 *ZmGOLS2* 显著增加了总棉籽糖家族寡聚糖的含量，同时增强种子的活力。因此不是某个棉籽糖，而是总棉籽糖家族与拟南芥种子的活力呈正相关（Li 等，2017）。

5.4.2 损伤修复与种子的活力、劣变和寿命

基因组完整性对种子活力和寿命具有重要影响。基因组 DNA 损伤包括长期贮藏导致的端粒序列丢失（Boubriak 等，2007）以及温度、湿度、氧气和活性氧的积累效应导致的 DNA 链断裂、碱基错配等（Bray 和 West，2005）。种子在成熟脱水、发芽吸胀以及贮藏过程中会积累大量的 DNA 损伤，因此种子发芽期间须修复这些 DNA 损伤，DNA 损伤的程度以及修复所需要的时间决定了种子发芽的速度。DNA 链的断裂主要来自活性氧的氧化损伤，带来的其中一个主要损伤是鸟嘌呤 C_8 位置的羟基化，产生 8-oxoG（7,8-dihydro-8-oxoguanine），8-oxoG 可以与腺嘌呤和胞嘧啶 2 种碱基配对，导致 GC 到 AT 的颠换，过表达 *AtOGG1* 可显著降低吸胀 24 h 拟南芥种子中 8-oxoG 的含量，增强对老化处理的抗性（Chen 等，2012）。DNA 连接酶是 DNA 单双链修复的关键酶，DNA 连接酶基因 *ATLIG4* 和 *ATLIG6* 突变，导致拟南芥种子对老化处理更加敏感，耐贮藏性下降（Waterworth 等，2010）。烟酰胺（nicotinamide）是参与 DNA 修复的多聚二磷酸腺苷核糖聚合酶［poly（ADP-ribose）polymerases，PARP］的抑制剂，种子发芽期间烟酰胺如果不能被及时降解，种子发芽将会迟滞（Hunt 等，2007）。多聚二磷酸腺苷核糖聚合酶是真核生物中一种蛋白修饰酶，它能有效识别 DNA 损伤片段，并激活进行 DNA 修复，在细胞损伤、修复以及细胞死亡中有重要作用。在高活力拟南芥种子中 *AtPARP3* 高表达，突变体 *parp*3-1 比野生型对人工老化更敏感。

和 DNA 类似，蛋白损伤也会在种子中积累。例如天冬氨酰（aspartyl）和天冬酰胺酰（asparaginyl）可以自发地转化为异天冬氨酰（isoaspartyl），从而对种子的活力和耐贮性带来损害。蛋白 L-异天冬氨酰 O-甲基转移酶（protein L-isoaspartyl O-methyltransferase，PIMT）具有修复这些不正常的氨基酸残基的功能。在大多数植物中，蛋白 L-异天冬氨酰 O-甲基转移酶的活性被限制在种子中。研究发现，自然衰老或人工加速老化的大麦种子中异天冬氨酸的含量提高，蛋白 L-异天冬氨酰 O-甲基转移酶的活性较低。*AtPIMT1* 基因过表达导致种子中异天冬氨酸积累减少，逆境条件下发芽能力提高，耐贮藏性增强，种子寿命延长（Ogé 等，2008）。甲硫氨酸被活性氧氧化为甲硫氨酸亚砜是蛋白损伤的另一种主要形式。甲硫氨酸亚砜还原酶（methionine sulfoxide reductase，MSR）可修复被氧化的蛋白。植物种子中，甲硫氨酸亚砜还原酶的活性与种子发芽能力和种子寿命呈正相关（Châtelain 等，2013）。

活性氧由氧（O_2）被还原而来，包括超氧化物、过氧化氢、羟基自由基（$HO^{\cdot}$）等，是种子中 DNA 损伤、膜损伤等的重要原因。在干种子中，活性氧来自非酶反应（例如脂质过氧化），而在种子吸胀过程中，细胞的所有组分都可以产生活性氧。活性氧的产生是种子活力丧失的主要原因之一，在衰老种子中蛋白氧化（羰基化）水平显著提高。参与活性氧清除的酶类在种子中的含量与种子活力呈显著正相关。超氧化物歧化酶（SOD）的含量在高活力玉米种子和紫花苜蓿种子中显著高于低活力种子（Wu 等，2011；Yacoubi 等，2011），而过氧化氢酶（CAT）和还原型谷胱甘肽依赖的脱氢抗坏血酸还原酶的含量在人工加速老化的拟南芥种子中显著下降（Rajjou 等，2008）。金属硫蛋白（metallothionin）参与活性氧清除，其编码基因 *NnMT2a*、*NnMT2b* 和 *NnMT3* 在发芽的莲种子中高表达，在逆境条件下

这些基因被急剧上调表达，过表达 *NnMT2a* 和 *NnMT3* 使转基因拟南芥种子逆境发芽能力显著提高（Zhou 等，2012）。PER1（cys-1-peroxyredoxin）是一类种子特异的抗氧化蛋白，其功能是清除带有半胱氨酸的活性氧。来自长命种子莲子中的 *NnPER1* 可抵御活性氧导致的 DNA 损伤。*NnPER1* 基因在拟南芥中表达，可提高经过人工老化处理后种子的发芽率，使活性氧释放水平和脂质过氧化水平明显低于野生型，延长转基因种子的寿命（Chen 等，2016）。

5.4.3　植物激素与种子活力

快速发芽是种子活力的重要指标，利用适合种子发芽过程的短暂窗口快速发芽，有利于在逆境条件下生存。Morris 等（2016）对甘蓝的研究发现 3 个控制种子发芽速度的基因，其中 *BoLCVIG1* 影响种子对脱落酸的敏感性，*RABA1* 催化脱落酸的降解，减少种子中脱落酸的含量，表明脱落酸对种子发芽速度具有重要的影响。

壮苗是种子活力的另一个指标，在农业生产中尤其重要。王明明（2017）对玉米果穗不同部位种子的研究发现，果穗中部种子的幼苗最壮，上部种子的幼苗最弱；中部种子胚中脱落酸（ABA）含量显著低于上部种子，赤霉素 GA_4 含量极显著高于上部种子，ABA/GA_4 的比值极显著低于上部种子。转录组学研究发现，中部种子脱落酸合成基因 *NCED1*、*NCED5* 和 *NCED9a* 的表达量低于上部种子，脱落酸降解基因 *ABH3* 表达量高于上部种子，同时，参与赤霉素 GA_4 失活的基因 *GA2ox6* 和 *GA2ox10* 的表达量低于上部种子。表明种子中脱落酸和赤霉素影响幼苗的强壮程度。

此外，赤霉素和脱落酸信号通路关键阻遏物的快速降解对于种子活力也非常关键。核转录调节因子 DELLA 蛋白负向调节赤霉素信号途径，在抑制种子发芽过程中处于中心地位（Bassel 等，2004）。赤霉素与其受体蛋白 GID1 以及 F-box 蛋白 SLEEPY 结合，进而与 DELLA 蛋白结合为更加稳定的 GA-GID1-DELLA 复合体，之后 DELLA 蛋白被泛素化，然后被 26S 蛋白酶体降解，从而解除对种子发芽的抑制。正在发芽的种子中，bZIP 类转录因子 ABI5 控制脱落酸信号的感知，ABI5 活性导致植物种子发芽和幼苗生长的抑制。种子吸胀过程中产生大量一氧化氮（NO），一氧化氮通过对 ABI5 蛋白第 153 位半胱氨酸的 S-亚硝基化诱导 ABI5 的降解，从而解除脱落酸对种子发芽的抑制作用（Albertos 等，2015）。

5.4.4　表观遗传学与种子活力

从干种子到种子萌发，伴随着吸胀，种子需要沉默一批基因（种子成熟相关基因），同时激活另一批基因（种子萌发相关基因）的表达（Comai 和 Harada，1990），这个过程需要表观遗传信号的紧密协调以控制染色质的可接近性（chromatin accessibility），协调情况影响种子对吸胀的反应速度（van Zanten 等，2013）。

在拟南芥干种子中，染色质高度致密，相对异染色质分数（relative heterochromatin fraction，RHF）达到 0.2（van Zanten 等，2011），而在叶片中，相对异染色质分数则为 0.08～0.16（Tessadori 等，2004）。吸胀 2 d 后，拟南芥种子的相对异染色质分数迅速降至约 0.08（van Zanten 等，2011），表明种子吸胀后致密的染色质迅速变得疏松，以利于基因转录的进行。在发芽过程中，存在包括组蛋白甲基化、乙酰化在内的各类表观修饰变化，脱落酸和赤霉素在这些变化中发挥主要的调控作用（van Zanten 等，2013）。拟南芥精氨酸去甲基化酶 JMJ20 和 JMJ22 通过移除赤霉素合成酶基因 *GA3ox1* 和 *GA3ox2* 启动子区 H3R2 和 H4R3 的二甲基化，提高其表达水平，进而增加具有生物活性的赤霉素含量，促进种子发芽（Cho 等，2012）。外源施加脱落酸会抑制组蛋白乙酰转移酶基因 *HAT* 和组蛋白去乙酰化酶基因 *HDAC* 的表达，从而抑制玉米种子发芽（Zhang 等，2011）。在组蛋白去乙酰化酶基因突变体 *hd2c* 和 *hda6* 中，启动子区 H3K9 二甲基化水平的下降以及 H3K9K14 乙酰化水平的提高会抑制脱落酸应答基因 *ABI1* 和 *ABI2* 的表达（Luo 等，2012）。此外，*AtSUVH4* 受脱落酸和赤霉素的调控，参与种子的休眠释放（Zhang 等，2011）。

复习思考题

1. 种子生活力、发芽力、活力的概念及其三者的区别与关系各是什么？
2. 影响种子活力的因素有哪些？
3. 简述种子劣变的概念及其形态、生理生化机制。
4. 依据贮藏行为分类，种子被分为哪些类型？各自的特点是什么？

第6章

种子萌发

对于种子萌发的定义，不同学科给予了不同的解释。从生理角度来讲，种子萌发过程始于成熟干燥的种子吸水（吸胀，imbibition），止于胚根突破种皮（Cardwell等，1984）。从种子科学技术角度，种子萌发是指从种子到出苗（emergence）的一系列发育过程，反映了种子在正常条件下长成正常幼苗的能力（AOSA，1978）。从农业生产角度，种子萌发是种子从播种于土壤开始，到幼苗破土而出并具有自养能力的过程。

总之，种子萌发实质上是幼胚从静止状态恢复到活跃生长状态的生命活动历程，从形态上讲，则是指幼胚开始生长，胚根胚芽突破种皮向外伸长的现象。萌发过程中，种子不仅在形态结构上发生了多种变化，组织内部的生理代谢也变得旺盛，同时还表现出对外界环境条件的高度敏感。了解种子萌发过程中一系列形态、生理及分子生物学变化，掌握种子萌发适宜的外界条件，对于调控种子的发芽、出苗能力，保证播种的种子苗全苗壮苗齐，十分重要。

6.1 种子萌发过程及其特点

种子从吸水膨胀到萌发长成幼苗，实际上是一个连续渐进的过程，但常根据萌发特征将这个过程分为吸胀、萌动、发芽和幼苗形成4个阶段。

6.1.1 吸胀

吸胀（imbibition）是指种子吸水而体积膨胀的现象。吸胀是种子萌发的第一阶段，是种子萌发的开端。但从某种意义上来讲，种子吸胀却是一种物理现象而非生理作用，原因在于死种子同样可以吸胀，而活种子有时反而不能吸胀，例如硬实。

种子之所以能吸水膨胀，是因为种子中含有大量亲水胶体（例如糖类、蛋白质等），种子成熟干燥后，这些物质成为凝胶状态。这种干燥的种子一旦接触到水，由于亲水胶体对水分子的吸附，水分很快进入种子，种子体积逐渐增大。种子吸水膨胀直到细胞内的水分达一定的饱和状态，此时种子体积也达最大。当种子的生活力丧失以后，种子中亲水胶体的含量和性质并没有显著变化，因而依然能够吸胀。因此种子能否吸胀不能指示种子有无生活力。

然而活种子的吸胀与死种子的吸胀毕竟不同，活种子伴随吸胀过程，种胚细胞内的蛋白质（包括酶）、植物激素、细胞器等陆续发生水合活化，膜逐渐修复，一系列生理生化变化迅速由弱转强。而死种子虽能吸胀，但却失去了活化和修复能力。有的死种子，由于质膜的半透性丧失和亲水胶体的保水能力降低，使所吸收的水分充满于细胞间隙及胚和胚乳之间，呈现典型的水肿状态，体积明显增大。

种子吸胀力的强弱，主要决定于种子水势，干种子水势可低至－1 000 Pa，随着种子吸水，种子中的水势迅速上升，到吸胀完成时可升至－10 Pa 左右。种子吸胀力的大小，还受化学成分影响，蛋白质含量高的种子，其吸水量和体积膨大的比例都远大于淀粉含量高的种子，而油质种子的吸胀力则随含油量的不同而变化，其他成分相近时，含油量愈高，吸胀力愈弱。

种子吸胀的速度，则主要因种被和内含物的致密度及吸胀温度而不同。一般种被和内含物致密，通透性差，吸胀速度就慢；吸胀期间温度低，吸胀速度也慢，甚至会出现吸胀冷害（imbibition chilling injury），即有些作物干种子短时间在 0 ℃以上低温吸水，种胚就会受到伤害，再转移到正常条件下也无法正常发芽成苗的现象。吸胀期间温度高时，吸胀速度快。例如水稻，10 ℃时浸种 90 h 才能完成吸胀，而 30 ℃时浸种 40 h 就能完成吸胀。但有些种子（例如大豆种子以及低活力种子）吸胀速度不宜过快，吸胀过快会使细胞膜无法修复，且出现更多的损伤，使内含物外渗加剧，不利于种子发芽成苗，这种类型的损伤称为快速吸胀损伤。

由于种被结构的复杂性，种子吸水膨胀并不是从外向内均匀进行的，不同植物的种子水分进入种子的部位是有差异的。禾本科作物的种子（例如玉米）虽无不透水性种被，但其种被的表面也多具有加厚的角质化细胞壁，因而水分从种被表面浸入内部极少，大部分水分是从发芽口（果柄处）进入，胚首先吸水膨胀，然后向上部扩散引起胚乳吸胀。具有不透水性种被的种子，水分进入种子的部位主要是种脐部位，但豆科种子的脐部包括了脐缝、发芽口和脐条的外端口，到底哪个部位是主要的进水口呢？以前总认为发芽口是主要进水口，但研究发现，豆科种子浸入水中，最先膨胀的是内脐部位，此处先形成一个包，然后向四周扩展。依此推测，豆科种子脐部的脐条（维管束）外端口，可能是水分进入种子的主要部位。目前利用质子核磁共振微成像（H-nuclear magnetic resonance microimaging）技术能够检测到种子吸胀过程中的吸水模式。在烟草种子中，水分首先到达珠孔端，高分辨率的核磁共振成像技术显示吸胀早期珠孔端胚乳和胚根表现很强烈的水合模式（Manz 等，2005）。小麦种子也是首先在珠孔端发生吸水，然后水分进入到胚和盾片（Rathjen 等，2009）。西部白松的种子，水分通过种皮进入种子内部，并在胚中积累，先是子叶开始吸水，然后逐渐扩展至整个胚（Terskikh 等，2005）。

6.1.2　萌动

种子吸胀后，胚部细胞开始伸长、分裂，胚的体积增大，胚根胚芽向外生长达一定程度就会突破种皮，这种现象即称为萌动（protrusion），俗称露白，形象地表明了白色的胚部组织从种皮裂缝中开始呈现的状况。

萌动是种子萌发的第二阶段，此期种子吸水很少，但内部生理生化活动却开始变得异常旺盛。首先是酶的活性迅速提高，呼吸作用增强，营养物质的代谢也很强烈，大量贮藏物质被水解成小分子的可溶性物质，被胚吸收后作为构成新细胞的原材料。

种子从吸胀到萌动的时间因植物种类不同而异，若外界条件适宜，有些种子（例如小麦、油菜等）仅需 1 昼夜时间，而大豆、水稻等则需 2 昼夜，某些果种皮坚硬的林木、果树类种子，这个过程则往往需要几天乃至十几天。

种子萌动期间，对外界环境条件特别敏感，是植物一生中对不良环境条件抵抗力最弱的时期。此时若遇到异常条件（例如不良的温度、湿度、缺氧等），或各种理化刺激，就会引起幼苗生长发育失常或活力降低，严重时会导致死亡。因此要特别注意给予萌动中的种子提供良好的环境条件。但从育种角度讲，萌动期间是创造变异类型的良好时机，较低强度的刺激诱导便会引起较大变异，可从中选择优良的变异类型。

萌动是幼苗生长的基础，也是种子生物物理、生物化学和分子水平的变化及其相互作用的结果。

种子吸胀吸水使细胞体积增大，这能够刺激胚初始生长势的增加。然而这个过程是被动的，细胞体积膨胀的初始力量不足以使外围组织破裂，需要胚内部的膨胀力才能使胚根最终顺利突破。在生理休眠的种子里，由于脱落酸（ABA）的作用抑制胚的膨胀，因此萌发无法完成。当种子吸水达到阶段Ⅱ（详见本章 6.3.1 部分）时，种子吸水过程变缓，种子与周围环境的水势达到平衡。为了突破周围阻力完成萌动，胚性细胞则需要降低自身水势以吸收更多的水分。种子内贮藏物质降解为可溶性小分子物质可以降低胚性细胞的水势，使其细胞进一步吸水，体积膨大。刚开始时细胞壁会限制细胞体积的膨大，从而导致细胞膨压变大，阻止胚性细胞进一步吸水。如果膨压完全被细胞壁所制约，胚就无法突破周围组织的阻力，因此胚或胚乳的细胞壁必须弱化才能完成萌动。

拟南芥中的研究表明，种子萌发过程中产生的赤霉素可以诱导编码细胞壁修饰酶基因的表达，例如木葡聚糖糖基转移酶（XTH）和扩展蛋白（EXP），它们调控细胞壁的松弛，有利于细胞的伸长。在番茄种子中，种胚被刚性胚乳所包围（图 6-1 A）。尽管胚乳在萌发后为胚的生长提供营养中扮演了重要作用，但胚乳组织对胚根的突出是一种障碍。胚乳的珠孔区域（称为胚乳帽）（图 6-1 B）临近胚根的尖端，为胚的生长提供了一个机械阻力。对番茄种子的萌发而言，胚乳帽必须被弱化。胚乳帽由于半纤维素的沉积变得十分坚硬。番茄种子萌发中，通过酶解胚乳帽多糖组分，改变其细胞壁的物理特性，减少其对胚根生长的阻力。

胚根通过细胞伸长从种子中突破，之后便是由于细胞分裂和新形成细胞的伸长引起的细胞生长。因此细胞分裂是萌发后现象，促进了胚轴体生长和幼苗的形态建成。

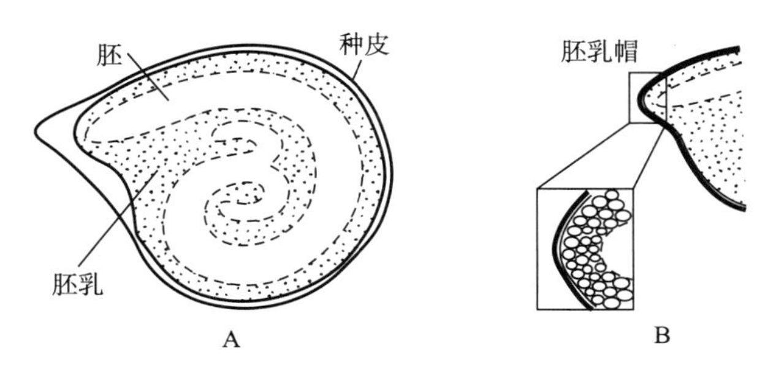

图 6-1　番茄种子的胚乳组织

如图 6-2 所示，Nonogaki 等关于种子萌发期间胚根和胚乳及种皮之间关系提出了 2 种假说。在发芽的种子中，胚根的出现是由胚生长势和胚乳、种皮等外围组织机械阻力之间的平衡所决定的，可能是胚生长势的提高，或是外围组织机械阻力的下降，或是二者之间共同作用。假说1：种子萌发源于胚生长势的提高。在萌发过程中野生型种子（WT）胚内部生长势提高，同时脱落酸抑制胚的生长，外围组织（种皮和珠孔端胚乳）对种子萌发也具有一定的机械约束力。脱落酸和外围组织的约束力抑制胚的初始生长势并与之平衡。此外，赤霉素（GA）的合成能诱导胚生长势的提高，进而改变胚内部的力量平衡，致使胚根突破。赤霉素合成缺陷突变体 *ga1* 的种子由于胚生长势增长不足，不能完成萌发过程，外源施加赤霉素可促进种子萌发。赤霉素和脱落酸合成双缺陷型突变体 *ga1 aba1* 可以在不施加外源赤霉素的情况下萌发，因为脱落酸的缺失消除了对胚生长的抑制效应。由于种皮色素合成缺陷突变体 *tt4* 中种皮的限制大幅降低，因此赤霉素和种皮色素合成双缺陷型突变体 *ga1 tt4* 在无赤霉素的情况下也能萌发。

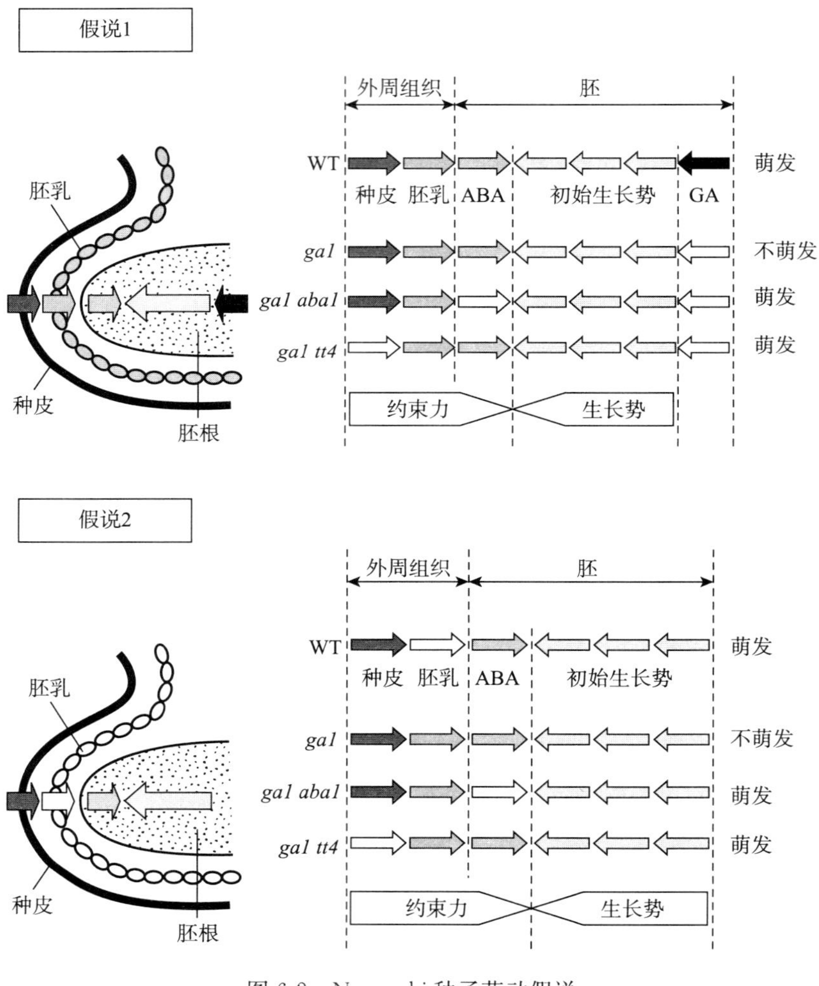

图 6-2　Nonogaki 种子萌动假说

（引自 Bewley 等，2013）

假说2：胚乳机械阻力的弱化导致种子萌发。此假说认为野生型种子萌发，不需要胚中生长势的额外增加，而是珠孔端胚乳的机械阻力的弱化，例如该部分胚乳细胞壁的降解。赤霉素可以诱导胚乳的降解，因此 *ga1* 突变体不能萌发是由于胚乳没有经过适当的弱化，其外围阻力大。*ga1 aba1* 和 *ga1 tt4* 双突变体的种子无需赤霉素仍能萌发，就是因为二者分别消除了胚和种皮的限制作用。

上述两种学说并非彼此矛盾，越来越多的证据表明了种子萌动是两个学说协同的结果。

6.1.3　发芽

种子萌动以后，随着胚部细胞分裂、分化的明显加快，胚根、胚芽迅速生长，当胚根、胚芽伸长达一定长度时，就称为发芽（germination）。过去的传统习惯是把胚根与种子等长、胚芽达种子一半作为发芽的标准。国际种子检验协会（ISTA）认为，种子萌发长成正常幼苗才称为发芽，我国新颁布的《农作物种子检验规程》亦按照国际种子检验协会的标准。

种子发芽期间，若处于适宜的水、气条件下，则首先突破种皮向外伸长的是胚根，胚芽随后伸长约达胚根长的 1/2。若萌发期间水分过少，则胚芽生长明显缓慢，造成根长芽短的现象；若水分过多，则胚芽生长快于胚根，导致芽长根短，其原因是胚根对水多、氧气少的条件反应比胚芽敏感。因此种子萌发期间的根芽比例，是协调水、气矛盾的形态依据。

禾本科的植物种子初生胚根伸出后，很快会有 1 至多条次生胚根（不定根）陆续长出（图 6-3 和图 6-4），这些次生胚根出现的条数，体现的主要是种子发育过程中所形成的次生胚根原基数目，与种子的活力密切相关；而与发芽条件有无相关性，有待进一步研究。

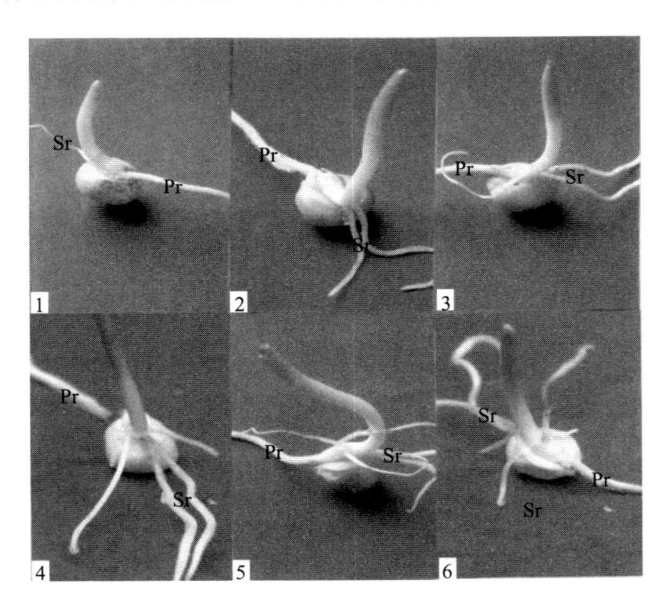

图 6-3　玉米种子萌发过程中的次生胚根（不定根）

Pr. 初生胚根（primary radicle）　Sr. 次生胚根（secondary radicle）

（1～6 图分别表示出现 1～6 条不定根）

处于发芽期间的种子，内部新陈代谢极为旺盛，产生足够的能量和代谢产物供幼苗生长，因而需氧量很多，如果氧气供应不足，易引起缺氧呼吸，不但能量产生少，还会使种胚

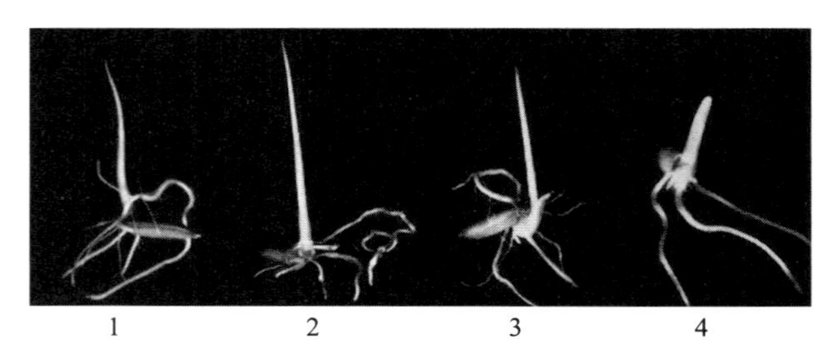

图 6-4　水稻种子（1～3）、小麦种子（4）萌发过程中的次生胚根

发生乙醇、二氧化碳中毒。农作物种子如催芽不当或播种后遇到不良条件（例如土质黏重、覆土过深、雨后表土板结等），萌动中的种子会因缺氧使呼吸受阻、生长停滞，或能发芽但幼苗无力顶出土面，导致烂种缺苗。这种情况多发生在大豆、花生、棉花等大粒种子或活力低的种子。

种子从吸胀到发芽所需的时间，因植物种类和种子活力而不同，一般种被透性好的种子需时较短，而种被坚硬、吸胀缓慢的林木、果树种子需时较长。同种作物种子，活力高的萌发快、需时短，反之则长。

6.1.4　幼苗形成

种子开始发芽后，若条件适宜，其胚根、胚芽会迅速分别向下向上生长形成幼苗出土。但从幼苗出土到独立生活，要经过一个过渡时期，这个时期幼苗的生长仍需依靠种子贮藏组织的养分。根据幼苗形成时的子叶发展趋向，可分为子叶出土型和子叶留土型两类。

6.1.4.1　子叶出土型

大豆、棉花、十字花科、瓜类、烟草、向日葵、甜菜等绝大多数双子叶植物的种子萌发时，其下胚轴显著伸长，初期弯曲成弧状，拱出土面后逐渐伸直，生长的幼苗与种皮脱离，子叶迅速展开并逐渐转绿，可进行光合作用，为双子叶出土型。随后两子叶间的胚芽长出真叶和主茎（图 6-5）。少数双子叶出土型种子（例如蓖麻种子），其双子叶出土时还附带有残留的胚乳，待出土后不久再行脱落（图 6-6）。出土的子叶营养耗尽后枯萎脱落。

少数单子叶植物（例如葱、洋葱、韭菜等）的种子也是子叶出土型，但其出土及幼苗形成的方式较为特殊。其种子萌发时，先是子叶的下部和中部伸长，将胚根推出种皮以外，随之胚轴长出种皮外，子叶的中下部很快也伸出种外，但子叶的先端却在较长时间内包被在胚乳内以吸收转运营养物质。子叶的外露部分最初呈弓形，进一步伸长生长时，将子叶先端拉出种皮以外，此时胚乳中营养物质已基本耗尽。子叶出土后变为绿色进行光合作用，

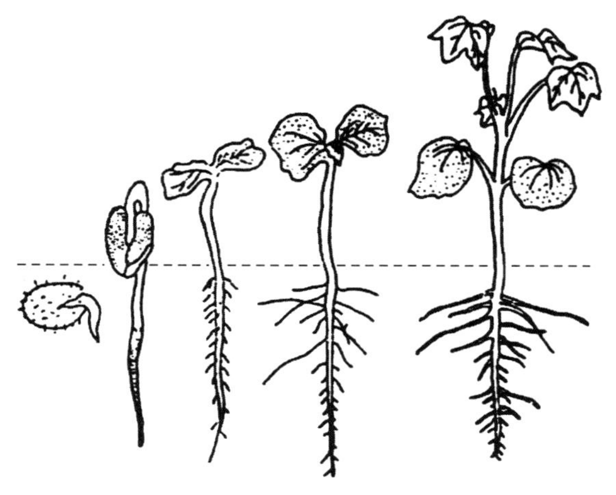

图 6-5　棉花种子萌发过程

幼苗逐渐由异养变为自养。不久，第一片真叶从子叶鞘的裂缝中长出。在土壤较松软时，种皮常会被生长的子叶先端带出土面（图6-7）。

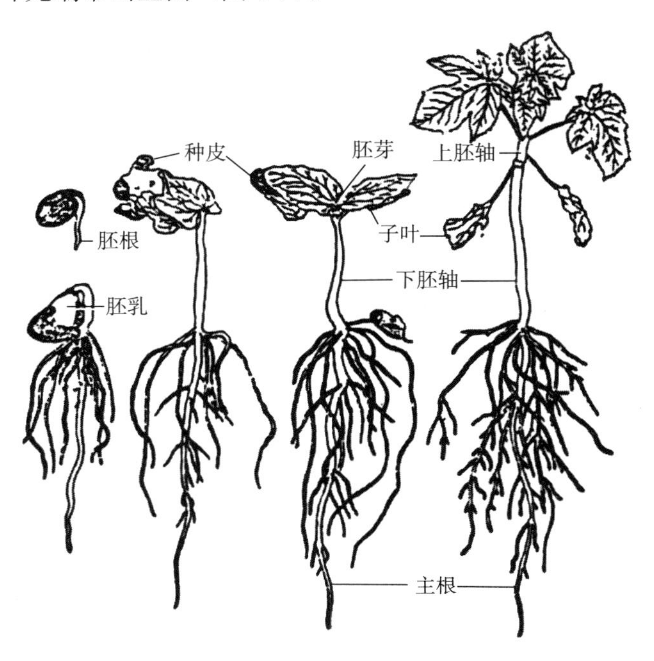

图6-6 蓖麻种子萌发过程

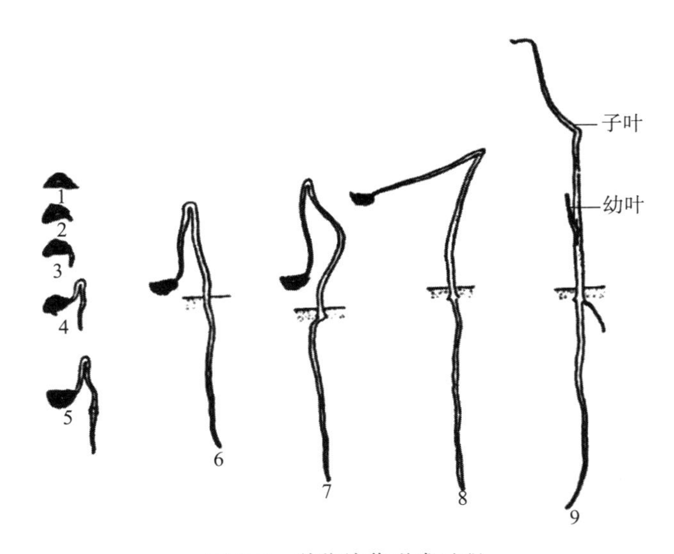

图6-7 洋葱幼苗形成过程

子叶出土型幼苗的优点是幼苗出土时幼芽包被在两子叶间受到保护，子叶转绿后能进行光合作用，继续为生长提供营养，有的作物这种功能可保持数周，例如棉花、萝卜、蓖麻等的种子。若子叶受损，则对幼苗的生长乃至开花结实不利，因而在作物移栽、间苗过程中应注意对子叶的保护。但此类作物顶土力弱，对土壤的要求高，播种时应精细整地，防止土壤板结，且应适当浅播。

6.1.4.2　子叶留土型

某些双子叶植物（例如豌豆、荔枝、柑橘、芒果、银杏、三叶橡胶等）的种子，虽然种子结构与双子叶出土型种子相似，但幼苗形成的形式却有相当大的区别。这些种子萌发时，下胚轴并不伸长而是上胚轴伸长，上胚轴连同胚芽伸出土面，子叶连同种皮留在土中（图 6-8），子叶中的养分通过胚轴输给幼苗，有胚乳种子中胚乳的养分则通过与之相连的子叶进入胚轴供给生长的幼苗。

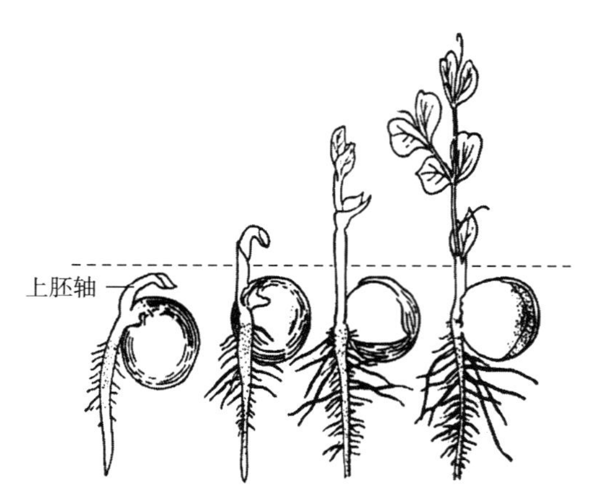

图 6-8　豌豆种子萌发过程

单子叶植物中的禾本科作物及杂草种子萌发时，为中胚轴或中胚轴和上胚轴共同伸长，子叶不但不出土，而且不脱离胚乳和果种皮。中胚轴是指盾片节与胚芽鞘节之间的部分，以玉米最明显，麦类次之，而水稻则不如上两个容易区分。萌发时，玉米、水稻为中胚轴伸长（图 6-9）而麦类是上胚轴（胚芽鞘节与真叶节之间）伸长。子叶留土型种子发芽时，幼苗的穿土力较强，播种时可较出土型略深，特别在干旱地区。禾本科作物出苗时最先顶出地面的为锥形的胚芽鞘，出土后在光照下开裂，内部的真叶陆续长出。没有胚芽鞘或胚芽鞘破裂、畸形时，幼苗出土将受阻，因而要注意保护胚芽鞘的完整性。又由于此类种子萌发时，营养组织和部分侧芽留在土中，一旦幼苗的地上部分受到损害，侧芽有可能出土长成幼苗。

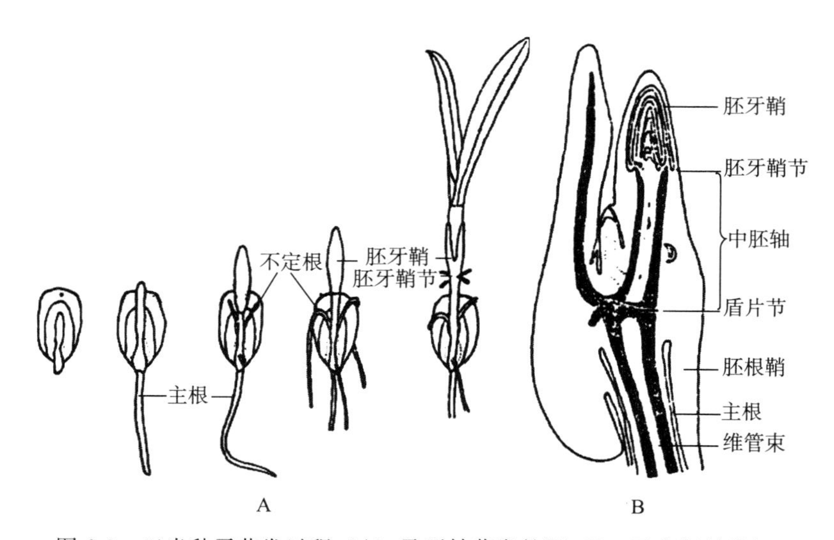

图 6-9　玉米种子萌发过程（A）及开始萌发的胚（B，示中胚轴伸长）

另有少数作物如花生（图 6-10），其下胚轴粗短且萌发时伸长缓慢，若覆土浅则子叶出土，覆土深则子叶掩留土中，故属子叶半留土类型。当然子叶出土与否还与品种有关，播种深度应视品种特性和土壤墒情而定。

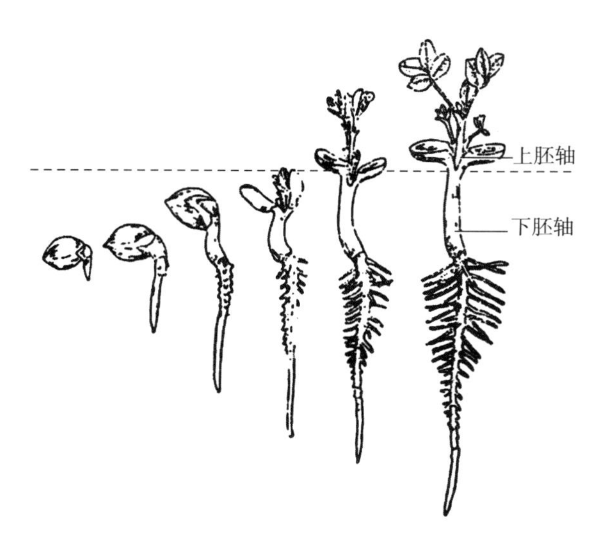

图 6-10 花生种子萌发过程

6.2 种子萌发过程中的生理生化变化

种子萌发过程，伴随着由种胚到种苗的形态变化，种子内部也在进行着一系列生理生化变化，包括细胞的活化与修复、酶的产生与活化、物质与能量的转化等，使胚细胞得以生长、分裂和分化，这是种子萌发的物质与能量基础。

6.2.1 吸胀作用与细胞活化和修复

在成熟干燥的活种子内部存在着一系列与种子萌发、生长代谢有关的酶和生物化学系统，但由于缺水而使其处于钝化或损伤状态，伴随着种子吸胀吸水和种子内蛋白质（包括酶）和细胞器的水合活化，代谢过程又重新激活。种子吸水的阶段Ⅰ发生的不仅仅是种子的物理吸水，种子所吸取的水分是细胞内各种代谢反应的溶质，是酶、辅酶和辅酶因子运输的介质，同时也是种子内贮藏的大分子营养物质水解反应的底物。例如模式植物拟南芥种子吸水 15 min 后就能检测到大量的基因表达变化，水稻种子吸水 1 h 后在代谢水平上也发生快速的变化（Rajjou 等，2012）。小麦种子吸胀 30 min 即可利用预存的 mRNA 合成蛋白质。放射性同位素示踪表明，种子吸水 5 min 后氨基酸代谢已开始，在 10～20 min 后糖酵解和呼吸作用也开始进行，很多酶开始活化，种子吸水至 1 h，种子内贮藏的植酸盐开始水解。当种子含水量达到 16%～18%或以上时，线粒体活性迅速上升。在 20 ℃时，红花三叶草吸胀的前 2 h，黑麦吸胀的前 6 h，玉米吸胀的前 8 h，呼吸强度持续增加。25 ℃时，大豆种子在吸胀达到饱和前的 10～16 h，呼吸强度也持续增加（Cardwell，1984）。

阶段Ⅱ（详见本章 6.3.1 部分）种子含水量变化不大，但各种酶系统被激活，细胞的各种生物化学反应也活跃起来。种子吸胀过程中被激活的酶类主要有两大类：A. 种子成熟过程中形成的酶，又分为 2 种情况：a. 在干燥的种子中，酶处于酶原状态，不具有活性，经水合作用便迅速获得活性，例如磷酸丙酮异构酶、细胞色素还原酶和腺苷酸环化酶；b. 需要通过植物激素或其他酶的作用，间接获得活性。这类种子中原本存在的酶，在种子吸水的几分钟至几小时内便被激活。B. 种子萌发过程中重新合成的酶，也分为 2 种情况：a. 利用种子贮存的 mRNA 和种子内原有的游离氨基酸合成的酶，这类酶的活化通常发生在种子吸水的 2～4 h 内；b. 利用新合成的 mRNA 和贮藏蛋白降解的氨基酸合成的酶，这类酶在种子吸胀的 6～12 h 内被激活。

综上所述，当种子吸水后，细胞即开始活化和修复活动。种子吸水后的修复，主要有膜系统的修复，其中包括线粒体等细胞器的修复，以及 DNA 和酶蛋白的修复。

6.2.1.1　膜系统的修复

正常的生物膜由磷脂和蛋白质组成，具有很完整的结构。但在干燥脱水时，磷脂的亲水端挤在一起，位于磷脂之间的蛋白质也发生皱缩，从而产生很多孔隙，变得破碎不完整，吸水后修补变为完整的膜（图 6-11），这个过程称为膜的修复。膜的修复受到种子细胞水合速度和种子劣变程度的影响。研究表明，当干种子吸水时，首先是外层细胞吸水以及溶质外渗，直至双层膜重新建立。内层细胞因水合较慢，有利于膜的修复，有可能在溶质外渗发生前使膜修复完整。大豆种子浸水 5 min 内，电导率的增加速度是以后的 10 倍，由此说明，溶质的大量外渗发生在种子快速吸水的前期。随着膜的修复，溶质的外渗量减少。而劣变种子膜系统受损或降解，膜的修复能力下降或完全丧失修复能力。

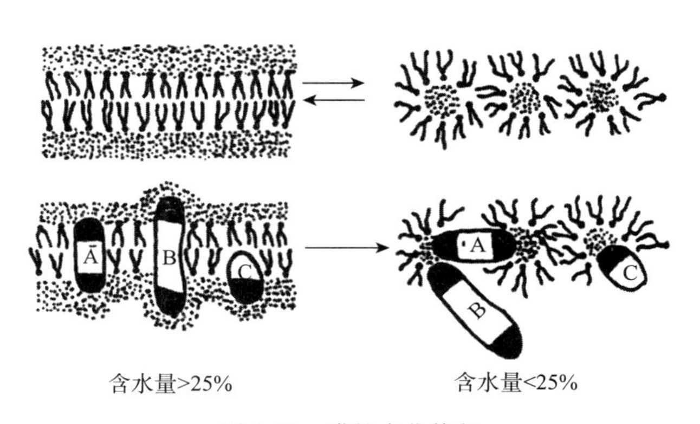

图 6-11　膜的水化修复

植物细胞中的线粒体是具有双层膜结构的细胞器。据电子显微镜观察，干燥种子中的线粒体外膜已破裂，变得不完整，因而使许多存在于线粒体膜上的呼吸酶分解、失活，不能行使其正常功能。对干燥豌豆种子匀浆蔗糖梯度分离的线粒体细胞色素氧化酶活性鉴定表明，细胞色素氧化酶活性有 3 个高峰，说明膜已破裂，其活性范围分散；但吸胀后，由于修复作用，酶活性出现 1 个主峰，说明膜已修复。线粒体膜的修复直接关系到呼吸作用的进行，因而是种子吸水早期细胞内发生的重要活动。

6.2.1.2　DNA 和酶蛋白的修复

种子在发育和成熟过程中的脱水，以及在萌发时的吸水过程中都伴随着大量的氧化胁迫，导致 DNA 损伤。在种子贮藏过程中，基因组 DNA 也会产生损伤，进而引起种子活力和生活力的下降，乃至丧失。所以在种子萌发时这些损伤的 DNA 必须进行修复，才能保证萌发过程的顺利进行。DNA 修复关键的步骤是 DNA 连接酶介导的 DNA 单链或双链断裂的重新连接，种子吸胀作用使 DNA 连接酶活化，当有底物供应时，就能将 DNA 修复，变为完整的DNA结构。拟南芥种子吸胀时，DNA连接酶的表达被迅速活化，在核DNA复制或者细胞分裂缺乏时，依然能够观察到高水平的DNA重新合成，表明存在DNA修复。在苜蓿种子萌发的早期阶段，与氧化损伤DNA修复有关的酶上调表达，也表明DNA的修复是种子萌发所必需的。干种子中缺损的RNA分子一般被分解，而由新合成的完整RNA取代。

在种子干燥和贮藏过程中，由于异常氨基酸的形成也发生蛋白质损伤，这样可能导致蛋白质的错误折叠，引起酶蛋白功能的下降或者丧失。与DNA修复相似，酶蛋白修复也是对已损伤的蛋白质结构进行溯源。蛋白L-异天冬氨酸甲基转移酶（PIMT）通过催化异常的L-异天冬氨酰残基转换成为正常的L-天冬氨酰在种子损伤蛋白的修复中起重要作用（Rajjou等，2012）。

细胞的修复能力与种子活力密切相关。Osborne（1982）用发芽率分别为95%和52%两种黑麦种子，放在放射性胸腺嘧啶液中培养，从放射性胸腺嘧啶的渗入量测定DNA的损伤和修复数量，结果表明，高活力黑麦胚渗入量随着发芽时间的延长而增加，说明高活力的种子修复能力强，而低活力的种子则相反。

此外，干燥种子细胞内存在的一些复合体（例如酶蛋白复合体、核糖核蛋白复合体等），在种子吸胀后开始水解，以便参与生物化学过程。例如大麦干种子中的β淀粉酶是以二硫键和蛋白质结合在一起或以两个双硫键与蛋白质结合在一起形成酶原的，种子吸水后经蛋白降解酶水解才能形成活化的β淀粉酶。核糖核蛋白体经过蛋白水解酶的水解作用，才能结合mRNA，在蛋白质合成中发挥翻译作用。对水稻干胚和吸胀胚中核糖核蛋白体蔗糖梯度测定表明，水稻干胚中只发现1个峰，即干种子胚中只存在单核糖核蛋白体，吸胀种胚中有3个峰，出现了60S大亚基和40S小亚基。

上述表明，种子在萌发早期已开始了复杂的代谢准备和代谢过程。

6.2.2　种子萌发过程中物质的分解与转化

种子吸胀激活了很多代谢过程，比如新合成的水解酶类的活化，这些水解酶可以将种子中贮藏的大分子物质（例如淀粉、蛋白质、脂肪和植酸等）水解成小分子物质供胚吸收利用。在种子的吸胀萌动阶段，胚的生长先动用胚部或胚中轴的可溶性糖、氨基酸以及仅有的少量贮藏蛋白，例如豌豆种子胚中轴的贮藏蛋白在发芽的前2～3 d内即被分解利用。当种子萌动以后，贮藏物质便开始分解成可溶性物质，运到胚部，供胚生长利用。因此种子萌发期间物质代谢的特点是贮藏器官发生贮藏物质分解，转化成可溶性物质运到胚部，一部分作为呼吸基质，一部分则在生长部位合成构成新细胞的材料（表6-1）。

表6-1　在黑暗中萌发水稻种子化学组成的变化

（引自Palmiamno和Juliano，1972）

萌发后时间 (d)	干物质量 (mg)	淀粉含量 (mg)	可溶性糖含量 (mg)	粗蛋白含量 (mg)	溶解性氨基酸氮含量 (μg)	可溶性蛋白质含量 (μg)
0	18.4	16.2	0.15	1.36	2.18	258
3	17.0	13.9	0.37	0.82	9.79	268
4	17.0	12.4	0.77	0.70	14.25	296
5	12.6	10.8	1.14	0.64	15.80	304

下面介绍种子中主要贮藏物质的分解与转化途径（图 6-12）。

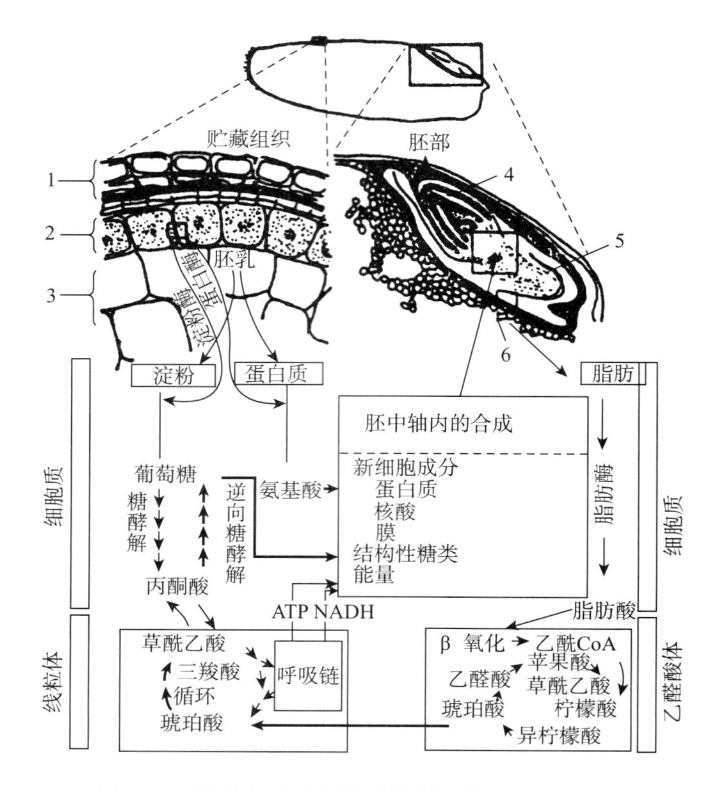

图 6-12　种子主要贮藏物质的分解利用方式和途径

→分解　→合成

1. 果种皮　2. 糊粉层　3. 淀粉层　4. 胚芽　5. 胚根　6. 盾片

（引自胡晋，2014）

6.2.2.1　淀粉的分解与淀粉粒的解体

粉质种子及食用豆类等种子富含淀粉，淀粉的降解产物是种子萌发过程中主要的物质与能量来源。淀粉降解有水解和磷酸解两种途径。

$$\text{水解途径：淀粉} \xrightarrow{\alpha\text{淀粉酶}} \text{糊精} \xrightarrow{\beta\text{淀粉酶}} \text{麦芽糖} \xrightarrow{\alpha\text{葡萄糖苷酶}} \text{葡萄糖}$$

$$\text{磷酸解途径：淀粉}+\text{Pi} \xrightarrow[\text{（无机酶）}]{\text{淀粉磷酸化酶}} \text{1-磷酸葡萄糖（G-1-P）}$$

在种子萌发初期，淀粉磷酸化酶活性高，磷酸解途径是淀粉转化的主要途径；而在萌发后期，α 淀粉酶、β 淀粉酶活性增强，水解途径则成为淀粉降解的主要途径。90%的淀粉水解成葡萄糖主要是由淀粉水解酶的催化。α 淀粉酶的产生与赤霉素的诱导有关，β 淀粉酶主要预存在胚乳中。然而近期资料表明，大麦和小麦种子中预存 α 淀粉酶。

据研究，禾谷类种子萌发时，首先在盾片及胚芽鞘中产生赤霉素，运到糊粉层后，诱导糊粉层细胞产生 α 淀粉酶，进入胚乳使胚乳水解，水解后的可溶性物质再经盾片输送进生长中的胚（图 6-13）。

种子中贮藏淀粉的水解需要多种酶的相互作用，才能彻底水解为葡萄糖。各种酶的作用特点各不相同，α淀粉酶是全能的，作用于直链淀粉能使其水解生成大量的麦芽糖及麦芽三糖，作用于支链淀粉能切断直链而形成麦芽糖、麦芽三糖及α糊精。β淀粉酶可使淀粉转化为麦芽糖，它作用在糖苷链上是从非还原性的末端开始的，并可作用于支链淀粉外围的直链部分，生成麦芽糖和β糊精。R酶也称为脱支酶，可以水解支链淀粉的α-1,6糖苷键，把支链切下，但该酶不能分解支链淀粉内部的分支。α葡萄糖苷酶可将麦芽糖转化为葡萄糖。因此，将淀粉水解为葡萄糖需要α淀粉酶、β淀粉酶、R酶和α葡萄糖苷酶的共同作用。

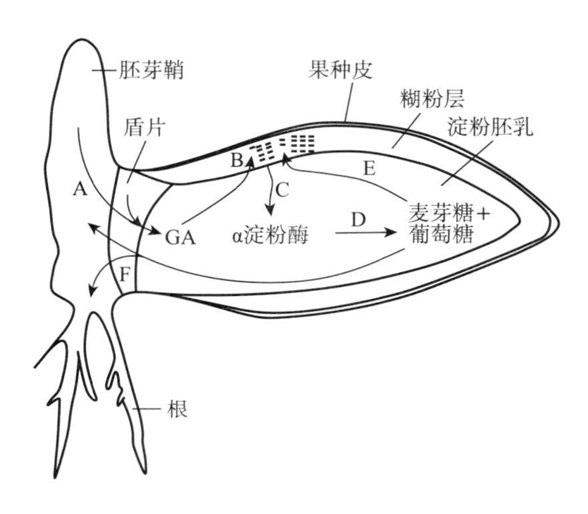

图6-13　大麦种子中α淀粉酶产生的调控机理

A. 胚芽鞘和盾片产生赤霉素（GA）　B. GA达糊粉层　C. GA诱导糊粉层产生α淀粉酶进入胚乳　D. 在水解酶作用下胚乳水解产生可溶性糖　E. 水解产物反馈调节水解酶的合成　F. 水解产物经盾片转输给胚的生长部位

随着淀粉粒中的淀粉不断被分解，淀粉粒开始被破坏，先是在表面出现缺痕和孔道，继而由于孔道增多变成网状，最后完全解体形成细碎小粒（图6-14），进而分解为葡萄糖。

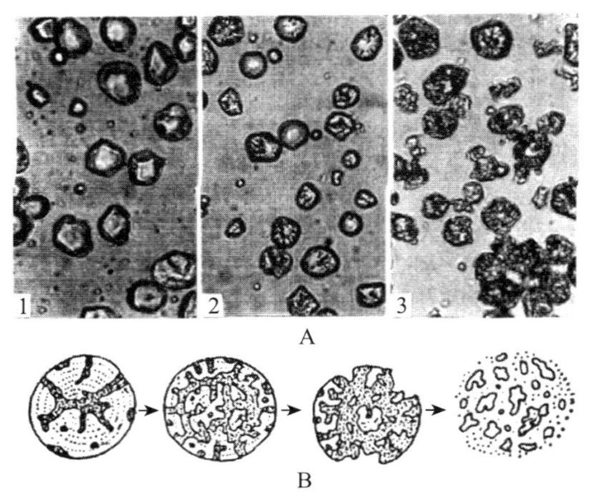

图6-14　萌发过程中胚乳淀粉粒分解过程

A. 玉米（显微解剖照片）（1. 发芽1 d　2. 发芽5 d　3. 发芽7 d）　B. 小麦（分解模式）

6.2.2.2　脂肪的分解与脂肪体的解体

脂肪是种子中的3大贮藏物质之一，尤其是油质种子含量更为丰富，因而脂肪的顺利转化对油质种子萌发至关重要。种子萌发时，存在于细胞脂质体中的脂肪首先被脂肪水解酶水解为脂肪酸和甘油。产生的脂肪酸在乙醛酸体中进行β氧化，生成乙酰CoA进入乙醛酸循环。乙醛酸循环产生的琥珀酸转移到线粒体中通过三羧酸循环形成草酰乙酸，再通过糖酵解逆过程转化为蔗糖，输送到生长部位。在有些植物种子中脂肪酸也可通过α氧化途径，α氧化的酶系统存在于线粒体中。脂肪水解的另一产物甘油能在细胞质中迅速磷酸化，即与ATP反应生成磷酸甘油，随后经脱氢作用生成磷酸二羟丙酮，磷酸二羟丙酮可循糖酵解进入三羧酸循环及呼吸链而被彻底氧化，也可循糖酵解的逆方向而合成糖。整个脂肪代谢所涉及的细胞器及相互关系如图6-15所示。

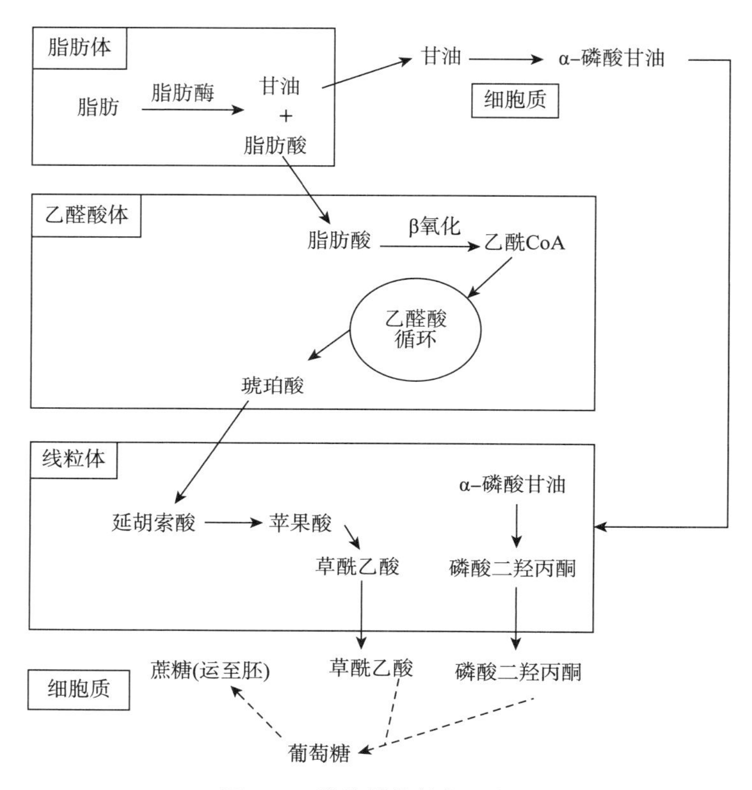

图6-15　脂肪转化的主要途径

在种子萌发过程中，脂肪被分解为脂肪酸和甘油，使脂肪的含量迅速下降，脂肪酸和蔗糖含量增加，因此萌发中随脂肪的水解，酸价逐渐上升；而随着不饱和脂肪酸不断分解为较小分子的饱和脂肪酸，脂肪碘价逐渐下降。脂肪酸由β氧化途径产生的乙酰CoA经三羧酸循环或乙醛酸循环可形成ATP供代谢之用，脂肪具有供给种子萌发大量能量的作用。

许多植物干种子中存有脂肪酶，当种子萌发时，脂肪酶活性明显上升，随着脂肪含量减少，脂肪酶活性降低。在萌发的不同阶段，脂肪酶适宜的pH范围发生相应的变化，例如蓖麻种子萌发初始3 d酸性脂肪酶（pH 5.0）活性高，而萌发后3～5 d碱性脂肪酶（pH 9.0）出现最大活性。不同作物种子脂肪酶的性质存在差异，适宜的pH范围亦会有不同。随着贮藏脂肪的降解，脂肪体完全解体或剩下无代谢功能的残膜。

某些非油质种子（例如小麦种子）的贮藏组织中也含有脂肪和脂肪酶。萌发初期的小麦胚乳中，脂肪代谢开始的同时脂肪酶活性升高，并可为羟胺和谷氨酸（1.0 mmol/L）所诱导。

6.2.2.3　蛋白质的分解与转化

种子萌发过程中，蛋白体中的贮藏蛋白首先可溶化，即先在蛋白酶A作用下被部分水解成分子质量较小的水溶性蛋白质，然后在蛋白酶A和蛋白酶B的作用下水解成多肽和氨基酸，由蛋白体进入细胞质；多肽再在肽酶（氨基肽酶、二肽酶、三肽酶）的作用下分解成氨基酸（图6-16）。

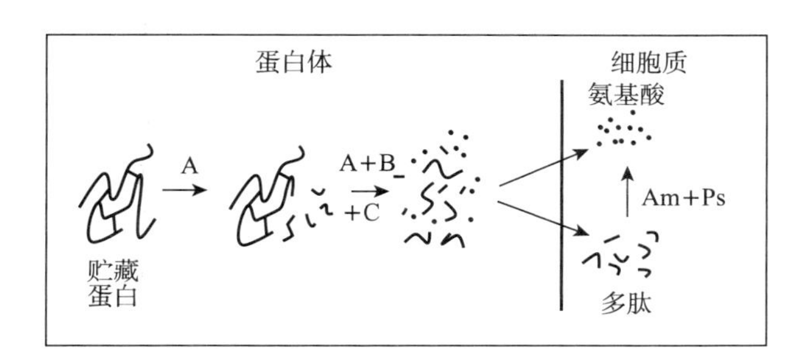

图6-16　贮藏蛋白水解的一般途径

A. 蛋白酶A　B. 蛋白酶B　C. 蛋白酶C　Am. 氨肽酶　Ps. 肽酶

水解产生的氨基酸进入胚的生长部位，有些直接成为新细胞中蛋白质合成的原料，有些则需被进一步分解成酮酸和氨，酮酸分解产生能量供给种子萌发之用，氨和草酰乙酸经天冬氨酸形成天冬酰胺，也能和谷氨酸形成谷氨酰胺。此外，转氨基反应也是种子中沟通蛋白质和糖代谢的桥梁，用标记的^{14}C-谷氨酸和^{14}C-天冬氨酸注入黄化的豌豆子叶中，有相当多标记的天冬氨酸和谷氨酸作为呼吸基质放出$^{14}CO_2$。用^{14}C标记的天冬氨酸、丙氨酸、甘氨酸饲喂蓖麻胚乳，可在其中找到标记的蔗糖，表明这些氨基酸能够转变为蔗糖，然后才转运到生长的胚轴中，同时还生成谷氨酸。

据测定，干种子中预存的蛋白酶量很少，活性也很低，大部分蛋白酶是在种子吸水后萌发初期合成并活化的。随着种子的萌发，种子中的蛋白酶活性提高，例如小麦种子蛋白酶在萌发2 d后略增，7 d后就增至10倍；菜豆干燥种子的蛋白酶活性很低，而在吸水后5 d活性迅速上升，但陈种子在萌发时产生蛋白酶的能力却显著降低。种子中不同部位蛋白酶的活化顺序是不同的，大豆子叶中酶活性首先显著地提高，然后胚轴中酶活性才缓慢地略为增强。蛋白酶活性变化的顺序与贮藏蛋白的动员和供应相符合。种子中不同部位酶的活性也是不同的，经测定，禾谷类种子以胚本体蛋白酶的活性为100，则子叶中的为29.6，胚乳中的仅为11.4。电子显微镜观察表明，蛋白酶进入蛋白体后才能进行水解过程，此酶是在内质网上合成，然后注入泡囊中，并移至蛋白体，当泡囊与蛋白体融合时，便将蛋白酶释放到蛋白体中，实现贮藏蛋白的水解，使不溶性蛋白成为片段、颗粒，最终溶解。

除上述3大贮藏物质外，种子萌发时的植酸代谢对贮藏物质的代谢与能量传递也有直接影响。植酸（肌醇六磷酸）是种子中的主要磷酸贮藏物，占贮藏磷酸的50%以上，并常与钾、镁、钙等结合以盐的形式存在。萌发时，肌醇六磷酸酶水解肌醇六磷酸镁钙，释放磷酸及肌醇。磷酸可供合成 ATP 之用，肌醇常与果胶及某些多糖结合构成细胞壁，因而对幼苗生长是必需的。

此外，种子萌发过程中还有许多物质参与代谢，例如各种激素、维生素、同工酶、RNA、DNA、矿物质等，缺少任何一种物质或生物化学过程，种子都不可能完成萌发，形成健壮幼苗。

6.2.3　种子萌发过程中的能量代谢

胚的萌动及幼苗的生长不仅需要大量营养物质，同样也需要大量生物能量，因而种子能否萌发及幼苗生长的好坏，与能量产生的呼吸作用密切相关。

呼吸强度在干燥种子中很低，随着种子的吸胀萌动而大大增强。例如玉米种子从含水量11%提高到18%时，放出的二氧化碳（CO_2）量增加约 85 倍。吸胀种子在萌发过程中的主要呼吸途径是糖酵解、三羧酸循环和磷酸戊糖途径。许多研究资料表明，种子在吸水初期是糖酵解途径占优势，促进丙酮酸的生成；其后则以磷酸戊糖途径占优势，促进葡萄糖的氧化。深入研究发现，在一切幼苗的生长中，磷酸戊糖途径起着越来越重要的作用。

种子的呼吸基质在萌发初期主要是干种子中预存的可溶性蔗糖和一些棉籽糖等低聚糖。到种子萌动以后，呼吸作用才渐渐转向利用贮藏物质的水解产物。

目前认为种子（例如豌豆）暗萌发过程中呼吸强度的变化分为 4 个阶段（图 6-17）。第一阶段，呼吸作用急剧上升，约持续 10 h，主要是由于与三羧酸（TCA）循环及电子传递链有关的酶系统活化，此时呼吸商（*RQ*）略高于 1.0，主要的呼吸基质为蔗糖，此阶段呼吸作用的增强与子叶组织的膨胀度呈线性关系。第二阶段，为呼吸滞缓期，持续约 15 h，此时子叶已为水所饱和，种子中预存的呼吸酶系统均已活化，呼吸商至 3.0 以上，表示发生了缺氧呼吸，此阶段呼吸的限制因子是氧气（O_2）的供应，这时呼吸作用与种皮有关，剥去种皮后可增加吸水率，同时缩短滞缓期。第三阶段，出现第二次呼吸高峰，这一方面是由于胚根穿破种皮，增加了氧的供应；另一方面是由于胚轴生长时，在不断分裂的细胞中新合成了大量的线粒体与呼吸酶系统。此阶段呼吸商下降至 1.0 左右，表明以糖类的有氧呼吸占优势。第四阶段，呼吸作用显著下降，这与贮藏物质耗尽相一致，因为种子在暗处萌发，没有光合作用发生。

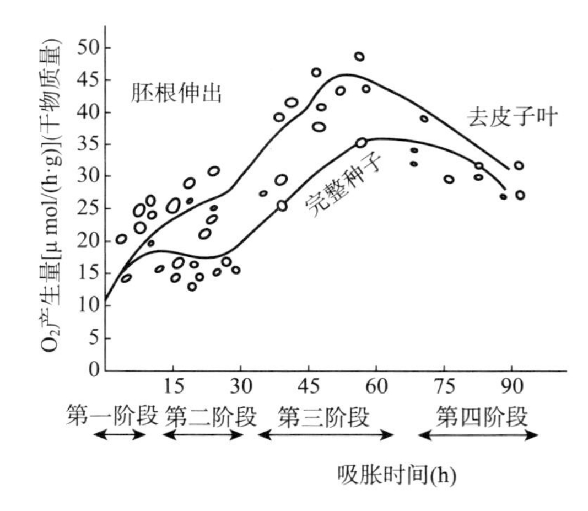

图 6-17　豌豆种子暗处吸胀时呼吸变化的 4 个阶段

大多数植物种子表现出与豌豆相似的呼吸形式，但这 4 个阶段的长短因植物而异，例如黑绿豆种子的这些阶段非常短，胚根的出现和第三阶段在吸胀 6 h 后就开始；而赤松种子，仅第一阶段就需要 2 d 才能完成。水稻、大麦、野燕麦、蓖麻、白菜等少数种子的呼吸进程无滞缓期存在，一般认为这种不必通过暂时的缺氧生活时期的种子，或者是不存在种被的限制作用，或者是在初始时就具备了效率高的呼吸系统，不必经过转换的时期，这种种子一般萌发速度较快。当然，即使是同种作物，这些阶段的长短也会随着吸胀温度、水分的有效性和周围的氧气浓度而变化。

呼吸是在线粒体上进行的，吸胀种子呼吸作用的增强必有线粒体活性的提高。但未吸水的子叶或胚乳中的线粒体发育不全，往往缺嵴，而种子吸水后贮藏物质降解时，线粒体具有较完整的结构，嵴数较多。目前认为，线粒体的发育模式有两种，一种是在干燥种子中贮藏的线粒体，吸水后进行修复和活化，另一种是在细胞内重新合成线粒体，使线粒体数目增加。随着线粒体的发育，不同作物种子内ATP含量以一定相似的模式变化。干种子中ATP含量较低，吸胀后ATP含量迅速上升，之后到种子萌动前保持相对稳定（ATP合成的速度和利用的速度达到平衡），种子萌动之后，ATP含量迅速上升。

吸胀种子的ATP含量与种子代谢强度、活力和外界萌发条件有密切关系，一般劣变的种子吸胀后ATP含量增加得很缓慢，萌发条件不良时，ATP的产生受阻或停止。此外，ATP的含量亦受ADP和AMP含量的影响。自能荷的概念提出后，三者的关系得到明确，ATP含两个高能磷酸键，能荷为1；而ADP含一个高能磷酸键，能荷相应为0.5。在生物系统中，能量生成和能量消耗之间的平衡关系可用腺苷酸库的能荷（energy charge，*EC*）来表示，其表达式为

$$EC=\frac{[\mathrm{ATP}]+\frac{1}{2}[\mathrm{ADP}]}{[\mathrm{ATP}]+[\mathrm{ADP}]+[\mathrm{AMP}]}$$

能荷是代谢过程的一个动力参数，它在0～1之间变动。当能荷小于0.5时，ATP再生系统活跃；当能荷大于0.5时，ATP利用系统活跃；当能荷小于0.2时，种子衰老；能荷大于0.2时，种子休眠；能荷在0.4～0.5时，种子难于萌发；能荷在0.7～0.9时，发芽良好。因此能荷可以作为调节组织能量利用和再生代谢活力以及种苗生长的一个指标。在实践中，能量利用效率可用物质效率这个指标来衡量。物质效率的表达式为

$$\begin{aligned}\text{物质效率}&=\frac{\text{黑暗条件下长成的幼苗干物质量}}{\text{种子发芽所消耗的干物质量}}\times100\%\\&=\frac{\text{黑暗条件下长成的幼苗干物质量}}{\text{种子发芽前的干物质量}-\text{种子发芽剩余物干物质量}}\times100\%\end{aligned}$$

由不同种类的种子比较可见，油质种子物质效率较高，而淀粉种子的物质效率较低。同种作物的种子，高活力的种子、适宜条件下发芽的种子，其物质效率较高，反之则低。

6.3　种子萌发的外界条件及其调控

植物种子要萌发并在萌发后能迅速长成正常幼苗，必须具备内在条件和外界环境。内在条件就是种子自身要具有强的生活力并已通过休眠，这些已在前几章中进行了论述。这里所要阐述的是，具备了萌发的内在条件的种子，需要具备什么样的外界条件才能萌发，需要具备什么样的外界条件才能萌发得好。种子萌发好，是作物高产、优质的基础。

6.3.1　水分

水是植物种子萌发的先决条件，控制好水分对种子良好萌发极其重要。播种前的种子一般水分很低，其生命活动非常微弱。外界水分一旦进入种子，就会使种皮软化，种子内部的

新陈代谢就迅速加强，例如呼吸增强、酶活性增强，进而贮藏物质水解，胚部细胞分裂、生长，表现为胚的萌动和发芽。

要使种子萌发必须满足其最低需水量，即萌动时最低限度的吸水量占种子原质量的比例（%）。不同作物种子萌发的最低需水量与作物特性、种子的化学成分及萌发速度密切相关（表 6-2）。一般情况下，蛋白质含量高、萌发速度慢的种子，其萌发的最低含水量高，而粉质种子、油质种子、萌发速度快的种子，其最低需水量低。但仅满足种子萌发的最低需水量，种子不可能萌发得既快又好，更不利于种子萌发后幼苗的形成。因此要使种子萌发得好，必须供给足够的水分。但水分过多，又会导致氧气减少，轻则使胚根不伸长，重则会使种子腐烂。水分控制得适度，就是要使水气协调，标志是幼苗的根和芽比例适当，根过长表明水少，芽长过根则表明水多，一般以芽为根长的一半为宜。在做发芽试验时应根据种子的萌发情况提供适宜的水分。一般萌发最低需水量高的种子，其萌发的总需水量也高。在土壤中的种子可吸收周围直径约 1 cm 范围内的土壤水分。当种子周围的土壤渗透压和吸水力上升时，种子吸水量就降低而影响发芽。所以农业生产上应足墒播种，但土壤不宜过湿，一般70%～80%的田间持水量有利于种子的萌发出苗。

表 6-2　几种作物种子发芽时的最低需水量（%）

种子名称	需水量	种子名称	需水量
水稻	26.0	油菜	48.3
小麦	60.0	亚麻	60.0
大麦	48.2	向日葵	56.3
黑麦	57.7	棉花	75.0
燕麦	57.7	豌豆	186.0
玉米	39.8	蚕豆	157.0
粟	25.0	大豆	126.0
荞麦	46.9	糖用甜菜	167.0
大麻	43.9	白三叶草	160.0

在适宜条件下，种子整个萌发过程的吸水表现为快→慢→快 3 个阶段，吸水曲线呈 S 形（图 6-18）。不同作物种子间发生生理代谢活动的吸水时间有所差异，并且会受到萌发条件的影响。阶段Ⅰ是迅速吸水期，即吸胀期，吸水的动力是种子中亲水胶体对水分的吸附力，这种吸水与种子生活力有无无关，即死种子同样能吸水，活种子有时反而不能吸胀，例如硬实；且吸水量与温度高低无关。阶段Ⅱ实际是吸水的滞缓期（又称为平台期），出现在萌动阶段，因为在前期种子吸进了大量水分，细胞水势已很高，而此时胚的生长还很缓慢。阶段Ⅲ发生在发芽阶段，此时胚的生长已明显加速，旺盛的生命活动使所需水分增多，因而此阶段的吸水属生命现象。死种子在完成了阶段Ⅰ的吸水后就不再吸水。脱落酸（ABA）抑制阶段Ⅲ吸水和从萌发到萌发后生长的转换。

用体内核磁共振（^{1}H-NMR）显微成像和固体核磁共振（^{1}H-MAS NMR）研究萌发的烟草种子在空间和时间上水分吸收的调节（Manz 等，2005），显示在水分吸收阶段Ⅱ和阶段Ⅲ的水分分布是不均一的。种子的珠孔端是主要的水分进入部位，珠孔端胚乳和胚根显示最高的水合（作用），种皮的破裂紧跟胚乳的破裂。脱落酸特异性抑制胚乳的破裂和阶段Ⅲ

的水分吸收，但不能改变阶段Ⅰ和阶段Ⅱ水分吸收的空间和时间模式。种皮破裂与初始种胚伸长导致的水分吸收增加相联系，它不能被脱落酸抑制。在转基因烟草种子的覆盖层（包括胚乳）中葡聚糖酶（β-1,3-glucanase）的过量表达不能变更吸胀期间种子水分吸收的湿度吸附（作用）等温线和空间模式，但能部分逆转阶段Ⅲ水分吸收和胚乳破裂的脱落酸抑制作用。体内^{13}C-MAS NMR光谱显示，种子油脂转移不受脱落酸抑制。因此脱落酸没有通过阻止油脂转移或通过降低珠孔端胚乳和胚根的水分保持能力而抑制萌发。不同种子组织和器官在不同的水平上水合。也有研究表明，烟草种子的珠孔端胚乳区扮演了种胚的水分贮存器的作用。

种子萌发期间若水分过多，如播种前不适宜浸种或播种土壤过湿会大大降低发芽率且使幼苗活力降低。不适宜的浸种对种子和幼苗的伤害主要是快速吸胀损伤引起，即许多种皮较薄、吸水力较强的干种子，一旦浸入水中，会使细胞迅速吸水膨胀，细胞膜、细胞器来不及进行良好的修复，导致细胞内含物外渗，微生物滋生，轻者幼苗瘦弱，重者烂种、烂苗。当然，对一些种皮坚硬、吸水力弱的种子，浸种能软化种皮、促进发芽，使幼苗早出土早生长发育。一般水生植物种子和沼泽湿地植物种子也能忍耐浸种。

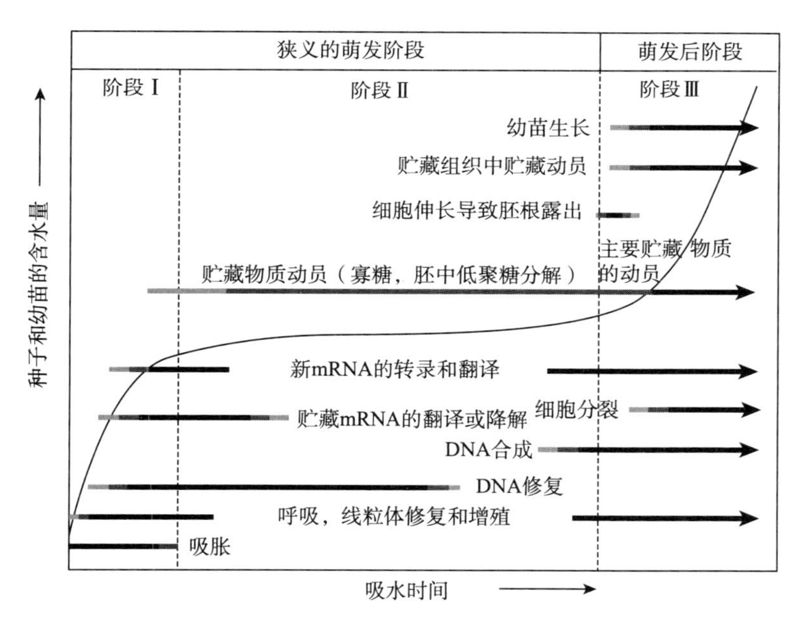

图6-18 种子萌发过程中的吸水曲线
（引自Nonogaki，2010）
（箭头线颜色的深浅代表生理生化变化的强弱）

水分过低导致的干旱胁迫也会大大降低种子发芽率，但对水分胁迫的反应因作物不同、品种不同而有很大差异（表6-3），大豆等蛋白质种子非常敏感，而禾谷类种子有较强的抗性。对水分胁迫有较好抗性的种子在干旱地区播种可以出苗，而敏感的种子出苗则必须有较好的墒情。水分胁迫对种苗的伤害还与时期有关，若水分胁迫发生在萌发早期即吸胀阶段，对种苗的损伤极小有时甚至有益，因为这时种子吸胀缓慢，避免了快速吸胀伤害，这可能是种子渗透调节处理能提高种苗活力的原理之一。试验表明，播种前经过渗透调节处理的种子，一旦解除了水分胁迫，种子便能迅速整齐发芽。但水分若胁迫发生在萌发过程的后期，就会出现干芽。因此种子萌发过程中对水分的调控应因种、因时而异。

表 6-3　水分胁迫对种子次生根生长的影响

种子种类	根长（mm）			
	0 MPa	−0.3 MPa	−0.6 MPa	−1 MPa
蒲公英	13	15	6	0
大麻	10	7	0	0
曼陀罗	33	22	13	0
大豆	68	12	0	0
反枝苋	32	38	33	16
珍珠粟	124	125	94	102

注：29 ℃下萌发 96 h。

6.3.2　温度

要使种子萌发，还必须满足其对温度的需求。适宜的温度可以使种子萌发得既快又好；温度过低，会直接影响萌发的生命过程，例如酶活性降低、呼吸作用减弱、物质转化受阻等，最终表现为发芽缓慢或不发芽，严重的还会导致冷害。但若温度高，又会导致呼吸消耗过多，有毒物质积累，虽发芽快但苗弱，温度过高则导致不发芽甚至死亡。因此每种种子发芽，必须高于其所要求的最低温度，低于最高温度，最好处于最适温度，此即种子萌发的温度三基点或称为三基点温度。最低温度和最高温度分别指种子至少有 50％正常发芽的最低温度和最高温度界限，最适温度则指种子能迅速萌发并达到最高发芽率的温度范围。种子萌发的温度三基点因作物种类而异，一般耐寒性作物的最低温度、最适温度和最高温度分别为 0～4 ℃、20～28 ℃和 40 ℃，喜温性作物则分别为 6～12 ℃、30～35 ℃和 40～42 ℃。在同类作物中，又因作物品种不同而有小的差异（表 6-4）。种子发芽温度的差异是植物对生态环境的一种适应性。

表 6-4　主要农作物种子发芽的温度三基点（℃）

作物种类	最低温度	最适温度	最高温度
水稻	8～14	30～35	38～42
高粱、粟、黍	6～7	30～33	40～45
玉米	5～10	32～35	40～45
麦类	0～4	20～28	38～45
荞麦	3～4	25～31	37～44
棉花	10～12	25～30	40
大豆	6～8	25～30	39～40
豌豆	1～2	25～30	35～37
紫云英	1～2	15～30	39～40
长果黄麻	16	20～35	40～41
烟草	10	24	30

（续）

作物种类	最低温度	最适温度	最高温度
亚麻	2～3	25	30～37
向日葵	5～7	30～31	37～40
油菜	0～3	15～35	40～41
黄瓜	12～15	30～35	40
西瓜	20	30～35	45
甜瓜	16～19	30～50	45
辣椒	15	25	35
葱蒜类	5～7	16～21	22～24
萝卜	4～6	15～25	35
番茄	12～15	25～30	35
芸薹属	3～6	15～28	35
芹菜	5～8	10～19	25～30
胡萝卜	5～7	15～25	30～35
菠菜	4～6	15～20	30～35
莴苣	0～4	15～20	30
茼蒿	10	15～20	35

有些植物种子在昼夜温差大的条件下发芽最好，表现出对变温的敏感性，例如烟草、马齿苋、茄科蔬菜等的种子。据报道，有些辣椒种子在恒温下经 45 d 不萌发或萌发缓慢，但在变温下经 5 d 就能很好萌发。大多数农作物种子恒温下也能正常萌发，但变温能使幼苗更强壮。

变温有利于种子萌发的可能原因有如下几点：a. 变温促进了气体交换。首先，变温能使种被胀缩受损，从而有利于水、气进入种子内部；其次，变温使得种子内外存有温差，促进气体交换；此外，低温下氧在水中的溶解度大，随水进入种子的氧气较多，有利于呼吸。b. 变温可减少贮藏物质的呼吸消耗。恒温发芽时，贮藏物质大部分用于呼吸作用，少量用于胚的生长。变温发芽时，在高温阶段，生物化学过程和呼吸代谢都旺盛，贮藏物质大量转化为可溶性物质，一部分用于呼吸，一部分用于胚生长；在低温阶段，呼吸消耗少，可溶性物质主要用于胚的生长。c. 变温有利于激活某些酶的活性，促进酶的活动。d. 变温能解除种子休眠，因为未完全通过休眠的种子在变温条件下可以较好萌发。

通常采用的是昼夜 20～30 ℃或 15～25 ℃变温，因植物种类而定，高温时间要短些，占 1/4；低温时间长些，一般占 3/4。

6.3.3　氧气

氧气是种子萌发不可缺少的条件。种子萌发时，呼吸作用特别旺盛。呼吸作用是氧化有机物而释放能量的过程，因而有 10%以上氧气才能促进种子萌发。据研究，含水量在 10%以下的油菜种子，呼吸很微弱，需氧量很少，一般只需 24～63 μL/（g・h）（以鲜物质计）。种子吸水 4 h 后，其含水量达到干物质量的 60%左右时，需氧量增加到 207.68 μL/（g・h）

(以鲜物质计)。当种子胚根、胚芽突破种皮后，氧的消耗量猛增到1 000 μL/（g·h）(以鲜物质计)。

一般来说，提高氧分压可促进萌发。但各种植物种子萌发所需的氧分压也不一致，这与植物的系统发育有关。水稻种子在含氧0.3%的空气里萌发率达80%，而小麦种子在含氧5.2%的空气中才有同样的萌发率。油质种子萌发时需氧量比谷类作物种子大。这是因为蛋白质和脂肪分子中含碳、氢较多，氧较少，因此在氧化时需要吸收更多的氧，才能使物质彻底分解。在常见的蔬菜种子中，黄瓜、葱等种子在较低氧分压下也能萌发；而芹菜、萝卜等种子，对氧敏感，在含5%氧气时几乎不能萌发，常需要10%以上的氧气。

然而莲的种子在100%的氮、氢或二氧化碳中能够全部萌发。研究表明，这主要是由于氧气能够通过内腔从种子组织的细胞间隙有效地供给胚的缘故，故名自身供氧的种子。分析其种子组织内部气体成分发现，氧气占18.3%，二氧化碳占0.74%，氮气占80.9%。

此外，二氧化碳浓度也影响种子萌发。通常在大气中含0.3%二氧化碳时对发芽无显著影响，当二氧化碳含量达17%～25%时就起阻碍作用，达37%时种子就完全不萌发。

6.3.4　光

许多植物种子的萌发还受光的影响，根据植物种子发芽时对光线反应的不同，可把种子分为以下4类：a. 发芽时必须要光；b. 光可促进发芽；c. 对光反应不敏感；d. 光抑制萌发。作物种子大多数属于对光反应不敏感，烟草属于光可促进发芽，苋菜属于光抑制发芽。此外，光质、光照度也影响种子萌发。

萌发时受光影响的种子称为感光性种子。感光性种子对光敏感的原因主要是种子中存在光敏色素。感光性种子的形成也是植物对环境条件的适应。

一般而言，植物种子处于干燥休眠状态时几乎不表现感光性，只有吸水进入萌发过程时才开始对光有感受，但感光性最高的时期在萌发早期，大多在吸水1～2 d之内。浸种时间太长就钝化了种子的感光性，例如千屈菜浸种12 h，烟草浸种20 h，光促进发芽作用最大，宝盖草种子也是在吸水12 h后感光性最强。莴苣种子在浸种50 min时照光发芽率为62%，浸种100 min时照光发芽率为90%。试验还发现，种子的感光性随着贮藏年限的增加而降低，种子越陈，感光性越差，太陈的种子，光反而会抑制发芽。此外，许多种子只有在一定温度下，光才有促进发芽的作用，如纤毛虎尾草种子，高温下光促进发芽，低温下光反而抑制发芽。

需要强调的是，现行的《农作物种子检验规程》规定，种子发芽的标准是能长成正常幼苗，而绿色是正常幼苗的一个指标。因此不管什么类型的种子，发芽试验时必须置于光照下；对忌光种子，可在萌发前期给予黑暗条件，到了幼苗形态建成阶段再置于光照下。

掌握种子萌发的外界条件，对指导农业生产具有重要意义。早春播种或育苗应考虑温度是否适宜种子正常萌发或出苗，以免冻害。在适宜温度下，协调水气矛盾则成为种子萌发出苗的关键。生产上，播种后落干或土壤过湿引起种子不能萌发出苗现象极为常见，因此干旱时要力争造墒播种，以满足种子萌发所需水分；在大雨过后或土壤过湿时不要急于播种，以免发生闷种现象，特别是一些对氧气敏感、需氧量多的种子（例如棉花）更应注意土壤的通气性。

以上主要从水、温、气、光4个方面对作物种子萌发的外界条件进行了探讨，但植物种子尤其天然植物群落中种子的萌发，其影响因素要复杂得多。

6.4 种子的生命循环

除无性繁殖外，种子是植物的主要繁殖器官，也是植物生命循环的起点及终点。栽培作物种子成熟后，会被种植者收获、加工、贮藏，作为下一季播种的种子。而野生植物种子成熟后，会通过崩裂、弹跳、散落等方式离开母体，再通过风、水、动物等四处散播至田区内，经耕犁或动物的携带进入土壤，形成土壤种子库。土壤种子库（soil seed bank）是指存在于土壤表面及土壤中全部存活种子的总和。土壤种子库是植物群落发生、发展与演替的基础。在群落的自然更替过程中，种子库的数量、品质、组成及其空间格局和动态，对群落组成、结构、多样性和生产力都有关键性影响，在种质资源的原生境保存和植物种群生态学研究中具有重要地位。土壤中种子的种类及数目因气候、土壤状况等环境因素及植被、动物等先前经历而有所差异。

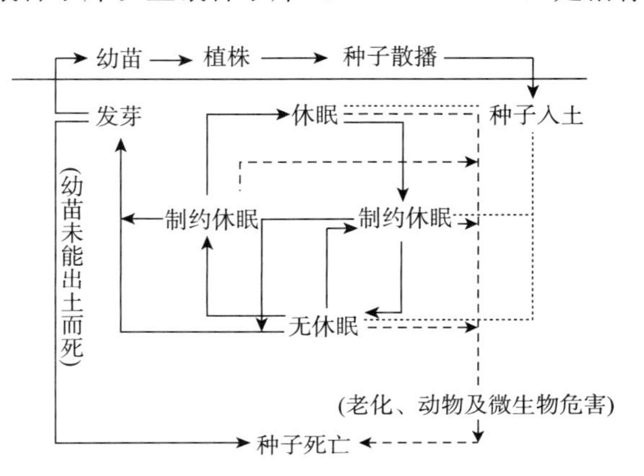

图 6-19 种子的生命循环
（点线表示种子入土至休眠或萌发前的阶段，虚线箭头表示从种子入土至死亡的可能过程，实线箭头表示从幼苗至种子形成、散播入土、萌发出苗或幼苗死亡的过程）
（引自 Kuo，1994）

同时，土壤种子库是种子生命自然循环的基础。种子生命的自然循环包括种子的形成、散播、入土及从土中发芽形成新个体（图 6-19）。萌发的种子可以长成新个体，但若埋土太深，萌发后可能来不及见到阳光而夭折。土壤中种子的萌发取决于种子的休眠特性及土壤环境的配合与否。土壤中种子活力的保持机制是值得深入研究的科学问题之一。

6.5 种子萌发的分子生物学研究进展

在种子吸胀的前几个小时，萌发相关基因的转录和翻译就会启动。mRNA 和蛋白质的重新合成是种子萌发的重要过程。吸胀种子的转录组和蛋白组的变化与种子从静止转变到活跃生长状态的萌发过程息息相关。

转录组学、蛋白组学等分子生物学技术的进步，为深入解析种子萌发的分子机制提供了可能。理解种子由休眠转入萌发的分子生物学机制为作物种子萌发和幼苗的正常生长提供一定的理论依据，这对种子植物的繁衍和农业生产意义重大。

6.5.1 种子萌发过程中的转录组分析

种子发育期间合成的 mRNA 贮存于干燥的种子中，在干燥的拟南芥、大麦、水稻和莴苣的种子中含有超过 10 000 个基因的 mRNA，这些贮藏的 mRNA 可能与信使核糖核蛋白复合体（messenger ribonucleoprotein complex，mRNP）相关联。这些基因大致反映了种子发育后期的基因表达情况，其中编码种子贮藏蛋白、热激蛋白、胚胎发育晚期丰富蛋白（LEA）及合成酶基因的表达水平很高。种子贮存 mRNA 大部分由特异性种子成熟相关基因编码，并且吸胀后会被快速降解。干燥的种子中以 mRNP 形式贮存的 mRNA 在种子吸胀开始被翻译成蛋白质，在细胞活化和修复中起到重要作用，直至被新合成的 mRNA 取代。转录和翻译抑制剂的试验支持拟南芥种子萌发过程中贮藏 mRNA 的参与，转录所必需的 RNA 聚合酶Ⅱ的抑制剂 α-鹅膏蕈碱（α-amanitin）不能完全抑制种子萌发（Rajjou 等，2004）。

通过基因芯片技术对番茄种子吸胀前后的转录组进行分析，结果表明种子转录活性在种子吸胀后的几个小时内就被激活。图 6-20 显示了番茄种子萌发过程中部分基因变化情况。与种子发育成熟相关基因（如贮藏蛋白、脱水蛋白和 LEA）的表达水平在种子吸胀后开始下调，吸胀后 24 h 表达水平骤降，48 h 无相关基因表达（番茄种子吸胀 36 h 可见胚根突破种皮，吸胀 60 h 全部种子完成萌动过程）。相反，与种子吸胀、细胞扩展蛋白（EXP）和细胞壁水解酶类（MAN2、XTHs）等相关基因的表达水平在种子萌发期间平稳上升。与种子吸胀和萌发相关基因活性的增强，与种子萌发后贮藏物质的动员、细胞分裂及种胚的生长密切相关。利用基因芯片技术，对拟南芥休眠种子和萌发种子中全基因组范围的表达基因的相关性分析发现，这些基因可分为种子休眠相关和萌发相关两大基因群，这二者之间的 mRNA 几乎无重叠。

对吸胀的水稻种子的转录组分析发现，有超过 1 000 个基因在吸胀后 1 h 和 3 h 间上调或者下调表达，但是吸胀后 1 h 内只有少数 mRNA 表达发生变化。同时代谢组分析结果表明，糖酵解和三羧酸循环在水稻种子吸胀早期被激活，可以为后续的胚的生长和幼苗的形态建成提供能量。拟南芥种子在吸胀后的 1～3 h，新合成的 mRNA 快速增加，其中一类基因在吸胀 3 h 后上调表达，吸胀 12 h 后又下调表达，推测其编码的蛋白质特异性地在种子吸胀期间起作用。拟南芥种子吸胀约 3 h 时上调表达的基因多与初生代谢有关，包括磷酸戊糖途径，呼吸作用的恢复是吸胀早期重要的细胞活动。

随着高通量测序技术的发展，人们能够更加清晰地了解种子萌发过程中基因表达的动态变化、种子逆境条件下萌发的差异表达基因，这为进一步解析种子萌发的调控机制奠定了基础。

6.5.2　种子萌发过程中的蛋白质组分析

种子萌发始于种子吸水，水分一旦进入干燥的种子就引发一系列生理生化变化。蛋白质作为一切生命活动的承担者，利用种子内贮存或者新合成的 mRNA，蛋白质合成才得以恢复。利用环己酰亚胺（cycloheximide）等翻译抑制剂能够有效地阻止胚根的伸出，因此蛋白质的合成是种子恢复生机和完成萌发所必需的。核糖体随着种子的发育和脱水过程贮存于干燥的种子内，一旦种子吸水，核糖体就与 mRNA 结合形成具备蛋白质合成能力的多聚核糖体。转录水平的证据也表明了在种子吸胀早期，编码核糖体蛋白的基因大量表达，因此核糖体的形成是种子萌发早期的重要事件。蛋白质组分析是指在特定的时间某一特定组织内全部蛋白质的表达模式及功能模式。种子萌发过程的蛋白质组分析可以反映出种子吸胀后各个阶段新合成的蛋白质及蛋白质降解的瞬时变化。

通过双向凝胶电泳技术，对萌发的拟南芥种子进行蛋白质分析，共检测到 1 500 多种蛋白质。一些蛋白质在萌动之前就有很高的表达量，此类蛋白质与贮藏物的降解相关。另外，微管蛋白、与种胚扩展和胚根伸长相关的蛋白质在吸胀种子中大量表达（Gallardo 等，2002），为种子萌发提供代谢基础。

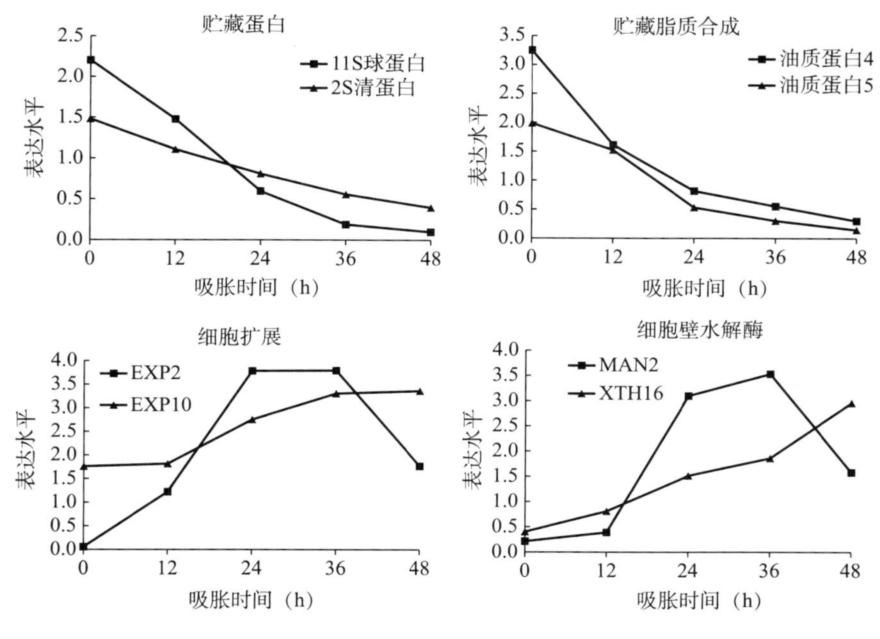

图 6-20　番茄种子吸胀后部分基因表达模式

（引自 Bewley 等，2013）

中国科学院武汉植物园团队利用双向电泳技术分析了水稻种子萌发的前 48 h 的蛋白表达图谱，结果发现种子贮藏蛋白、种子发育和脱水相关蛋白质含量下调，表明了萌发过程早期以贮藏物质的分解利用为主。同时分解代谢相关的蛋白质在种子吸胀后上调表达。转录组的数据与上述蛋白质组数据结果一致（He 等，2011）。

拟南芥、水稻、玉米、豌豆、番茄、蓖麻、麻疯树和海枣种子萌发过程中的差异蛋白质组分析表明，有许多蛋白被差异积累。这些蛋白质主要涉及代谢作用（包括氨基酸、脂类、氮和硫、糖、辅因子和次生代谢）、能量产生（糖酵解、磷酸戊糖途径、三羧酸循环和呼吸作用）、转录、蛋白质合成（包括蛋白质合成、折叠和水解）、细胞生长与结构（细胞骨架、生长调节）、细胞防御与抗逆（防御相关蛋白、去毒和胁迫反应）以及贮藏蛋白。

通过质谱技术研究也表明，在干燥和吸胀的种子中，有很多蛋白质受到翻译后修饰（Lu 等，2008；Arc 等，2011）。蛋白质的翻译后修饰，例如蛋白质的乙酰化、甲基化、磷酸化、去磷酸化或泛素化，这些修饰会影响蛋白质的稳定性和活性，进而调控种子的萌发过程。

6.5.3　种子萌发的管家代谢——甲硫氨酸代谢

在由植物合成的必需氨基酸中，甲硫氨酸（Met）是一种重要的代谢物，因为它不仅是蛋白质合成的底物，而且是合成 S-腺苷甲硫氨酸（AdoMet，一种普遍的甲基供体）、多胺、乙烯和维生素的前体。并且甲硫氨酸代谢在一切生命体中都是一种看家机制（housekeeping mechanism）。

甲硫氨酸代谢在种子萌发过程中也起着重要作用。蛋白质组学的研究发现，在很多种子（例如拟南芥、水稻等）的萌发过程中甲硫氨酸合成酶或 S-腺苷甲硫氨酸合成酶积累增加。

在拟南芥种子吸胀后 24 h（胚根突破种皮之前）甲硫氨酸合成酶大量累积，此后一直到吸胀后的 48 h（萌动）甲硫氨酸合成酶并没有进一步积累，因此猜测甲硫氨酸参与调控种子萌发胚根的突出。S-腺苷甲硫氨酸合成酶大量累积也是发生在种子萌动时刻。

通过外源化学物质抑制试验进一步证实甲硫氨酸代谢酶在种子萌发过程中的重要性，DL-炔丙基甘氨酸是甲硫氨酸合成酶的特异性抑制剂，它可以有效地延迟拟南芥种子萌发并抑制幼苗生长，而在延迟萌发的种子中再外源添加甲硫氨酸，这种抑制作用可以被部分恢复。叶酸类似物氨甲蝶呤和氨蝶呤可以有效抑制拟南芥种子萌发。叶酸的功能包括参与 DNA 和 RNA 组成单位胸腺嘧啶和嘌呤的合成，在甘氨酸与丝氨酸、同型半胱氨酸与甲硫氨酸互相转化过程中充当一碳单位的载体。在拟南芥中，抑制氨基端甲硫氨酸的切除将显著地影响拟南芥幼苗建成，然而靶向切除甲硫氨酸后将促进种子萌发和幼苗建成。

综上所有研究，Rajjou 等（2012）提出了甲硫氨酸代谢是种子萌发的关键事件（图 6-21）。

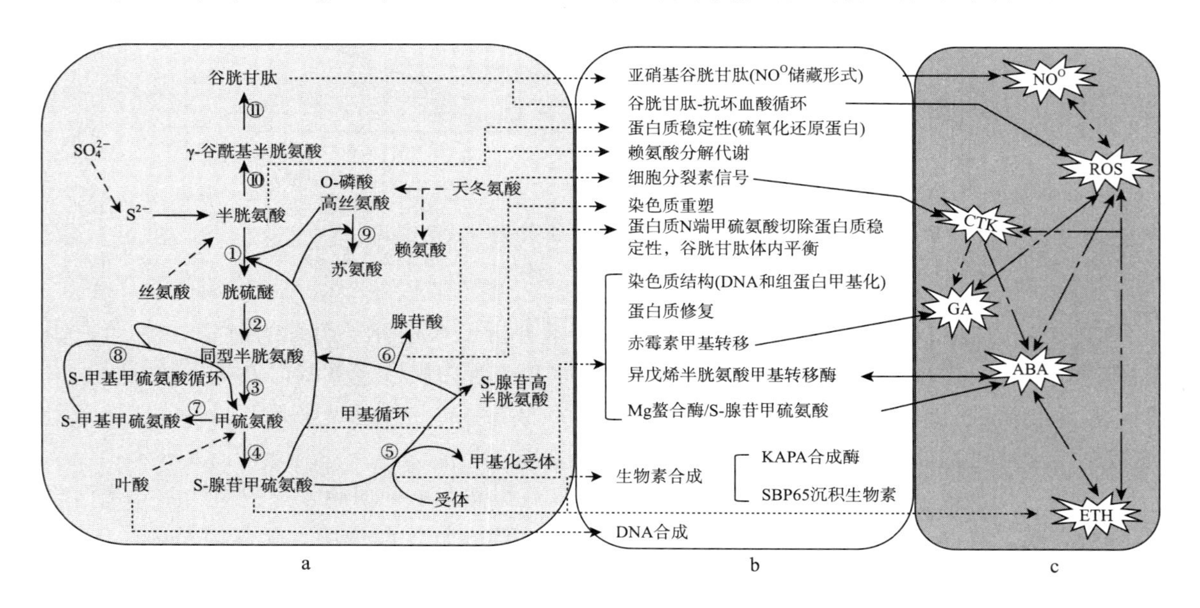

图 6-21　种子萌发甲硫氨酸代谢调控网络

a. 甲硫氨酸代谢通路［①γ-胱硫醚合成酶　②γ-胱硫醚裂解酶　③甲硫氨酸合成酶　④S-腺苷甲硫氨酸合成酶　⑤S-腺苷甲硫氨酸依赖的甲基转移酶　⑥S-腺苷高半胱氨酸水解酶　⑦S-腺苷甲硫氨酸:甲硫氨酸 S-甲基转移酶　⑧S-甲基甲硫氨酸:同型半胱氨酸 S-甲基转移酶　⑨苏氨酸合成酶　⑩γ-谷酰基半胱氨酸合成酶（谷胱甘肽合成酶）］　b. 种子萌发的生化过程及其与激素和化学活性物质信号通路　c. 激素之间及其与化学活性物质之间的信号通路

（引自 Rajjou 等，2012；李振华等，2015）

复习思考题

1. 种子萌发过程分为哪几个阶段？各阶段的特点是什么？
2. 种子萌发过程中的生理生化变化有哪些？其特点是什么？
3. 种子萌发过程中的吸水规律是什么？
4. 土壤种子库的概念及其重要性各是什么？

第7章

种子物理特性

种子物理特性是指种子本身固有的或种子在移动过程中所反映出来的多种物理属性。在个体层面上，如单粒种子的硬度和质地等；在群体层面上，主要包括种子比重、容重、孔隙度、密度、散落性、自动分级、吸附性和平衡水分等。种子物理特性除决定于品种遗传特性外，也受生产的环境条件和加工处理的影响。种子物理特性影响种子的加工特性和贮藏特性，能在一定程度上反映种子个体和群体的变化状况，可以为种子品质的鉴定、清选分级、加工处理机械的选择、种子仓库的建造和安全贮藏提供基本依据。

7.1 种子比重和容重

7.1.1 种子比重

种子比重（specific gravity）是指一定绝对体积种子的质量与同体积水的质量之比，即种子质量与其绝对体积之比。种子比重是种子成熟度和饱满度的重要指标之一。对大多数作物种子而言，种子成熟度越高，内部积累的营养物质越多，比重就越大；但油料作物种子恰好相反，成熟度高的种子，其比重小。种子比重大小与种子的类别、形态结构、化学成分、内部组织致密程度、含水量等密切相关，一般而言，淀粉含量高、组织结构致密的种子比重大，反之则小。不同作物种子比重存在差异（表7-1）。种子比重与种子的加工和贮藏密切相关。例如在种子加工贮藏过程中可以利用种子群体中不同组分比重的差异进行比重分选。

表7-1 主要农作物种子的比重

（引自毕辛华，1993）

作物种类	比重	作物种类	比重
稻　谷	1.04～1.18	大　豆	1.14～1.28
玉　米	1.11～1.22	豌　豆	1.32～1.40
谷　子	1.00～1.22	蚕　豆	1.10～1.38
高　粱	1.14～1.28	油　菜	1.11～1.18
荞　麦	1.00～1.15	蓖　麻	0.92
小　麦	1.20～1.53	紫云英	1.18～1.34
大　麦	0.96～0.11	苕　子	1.35

7.1.2　种子容重

种子容重（volume weight）是指单位容积内种子的绝对质量（单位为 g/L）。影响种子容重的因素很多，例如籽粒大小、形状、饱满度、附属物的有无、整齐度、表面特性、组织结构、化学成分、混杂物种类和数量等。一般而言，籽粒细小、参差不齐、外形圆滑、内部充实、结构致密、水分及脂肪含量低、淀粉和蛋白质含量高、混有沉重杂质（例如泥沙等）的种子，其容重较大；反之则小。常见农作物种子容重见表 7-2。需要注意的是，由于种子容重所涉及的因素较为复杂，测定时必须做全面的考虑，并对测定结果逐一分析，以免得出错误结论。在生产实际中，由于水稻、大麦种子带有稃壳，表面具稃毛，因此其充实饱满度不一定能从容重上反映出来，故一般不将水稻种子的容重作为检验项目。

在种子的加工和贮藏中，容重的应用非常广泛，下面仅举几个应用的例子。种子经过精选、干燥等加工处理后，种子容重可以得到明显提高；种子在贮藏期间的状态变化，可以通过种子容重的变化得以判断；在贮藏、运输过程中，可根据种子容重推算一定容量内的种子重量（质量），或一定重量（质量）的种子所需的仓容，以方便判断该批种子的总量和所需使用的运输工具。

表 7-2　常见农作物种子容重（g/L）

作物种类	容重	作物种类	容重
稻　谷	460～600	大　豆	725～760
玉　米	725～750	豌　豆	800
谷　子	610	蚕　豆	705
高　粱	740	油　菜	635～680
荞　麦	550	蓖　麻	495
小　麦	651～765	紫云英	700
大　麦	455～485	苕　子	740～790

7.2　种子堆的孔隙度和密度

种子堆体积组成包括种子堆固体成分（包括籽粒和固体杂质）体积与种子堆固体成分间的空隙体积两部分。种子堆孔隙度（porosity）是指种子堆空隙体积占种子堆总体积的比例（%）。种子堆密度（density）是指籽粒和固体杂质体积占种子堆总体积的比例（%）。种子堆孔隙度和密度是两个互为消长的指标，即密度大时孔隙度就小，密度小时孔隙度者大，二者之和恒等于 100%。

$$\text{种子堆密度}=\frac{\text{籽粒和固体杂质所占体积}}{\text{种子堆总体积}}\times 100\%$$

$$\text{种子堆孔隙度}=\frac{\text{种子堆总体积}-\text{籽粒和固体杂质所占体积}}{\text{种子堆总体积}}\times 100\%$$

也可利用种子比重和容重计算种子堆密度，计算公式为

$$\text{种子堆密度}=\frac{\text{种子容重}}{\text{种子比重}\times 10}\times 100\%$$

影响种子堆的孔隙度和密度的因素很多。作物种类和品种的差异，决定了籽粒大小、籽粒均匀度、籽粒形状、籽粒表面光滑度、内部组织结构、化学成分、稃壳或其他附属物的有无等。一般而言，带有稃壳和果皮的种子，密度比较小，例如稻谷、皮大麦、燕麦、黍稷、向日葵种子等。种子水分、入仓条件、堆积厚度等也对种子堆的孔隙度和密度产生影响，一般而言，种粒大而完整、表面有茸毛的种子，其孔隙度大，密度小；种粒细小或破碎粒多、表面光滑的种子，其孔隙度小，密度大；种子堆中混有较多大轻杂时，孔隙度增大，密度减小；混有较多小轻杂时，孔隙度减小，密度增加；经常被踩踏的种子堆表面和长年受挤压的种子堆底层，孔隙度都会明显地变小。常见农作物种子堆的孔隙度和密度见表 7-3。

表 7-3　常见农作物种子堆的孔隙度和密度

作物种类	孔隙度（%）	密度（%）	作物种类	孔隙度（%）	密度（%）
稻谷	50～65	35～50	玉米	35～65	35～65
小麦	35～45	55～65	黍稷	30～50	50～70
大麦	45～55	45～55	荞麦	50～60	40～50
燕麦	50～70	30～50	亚麻	35～45	55～65
黑麦	35～45	55～65	向日葵	60～80	20～40

孔隙是种子堆内外气体交换的通道，孔隙度大则有利于种子堆内水分和热量的散发，有利于种子的安全贮藏。在进行种子干燥时，可根据种子堆孔隙度的大小来确定机械干燥时的通风量和气体交换次数，以保证通风干燥效果。种子堆孔隙度大有利于药剂熏杀仓库害虫，毒气容易进入种子堆内部，杀虫效果好。种子贮藏期间，可根据种子堆孔隙度大小计算堆内所含空气量，从而计算出种子正常代谢时从孔隙中获取氧气的情况。例如某批小麦种子堆孔隙度为 48.2%，水分为 14.4%，容重为 790 g/L，种子呼吸速率为 0.67 mL/［kg・24h（O_2）］，在密闭条件下，小麦种子堆孔隙中的氧气所能够供种子正常呼吸的时间就可以计算出来，即 1 kg 小麦中所含空气的量为：482/790＝0.61 L，种子堆空隙中氧气含量为：0.61×20%＝0.12（L），那么小麦种子堆孔隙中的氧气能够供种子正常呼吸的时间为：0.12×1 000÷0.67＝179（d）。种子呼吸对氧气的消耗量除了与呼吸速率有关外，还与种子水分有关，一般种子水分愈高，呼吸速率愈大，则种子堆中氧气能提供种子正常呼吸的时间就越短。

7.3　种子散落性和自动分级

7.3.1　种子散落性

种子堆是一个群体，各种粒间存在一定的摩擦力，在外力作用下群体中籽粒间的相对排列位置会发生变化，因此它具有一定程度的流动性，当种子向低处移动时会形成种子流，该特性就称为种子堆的散落性。衡量种子堆散落性大小的指标是静止角和自流角。

种子从一定高度自然落下并达到一定数量时，就会形成一个圆锥体，所形成的圆锥体因种子组分散落性的差别而不同。散落性较好的种子所形成的圆锥体比较矮且其底部比较大，即圆锥体斜面与底部直径所成之夹角比较小；散落性较差的种子所形成的圆锥体比较高且底部比较小，即圆锥体斜面与底面直径所成的夹角比较大（图 7-1）。圆锥体斜面与底部直径所成的夹角称为种子的静止角或自然倾斜角，可作为衡量种子散落性大小的指标。主要作物种子的静止角见表 7-4。

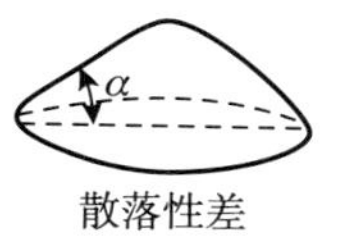

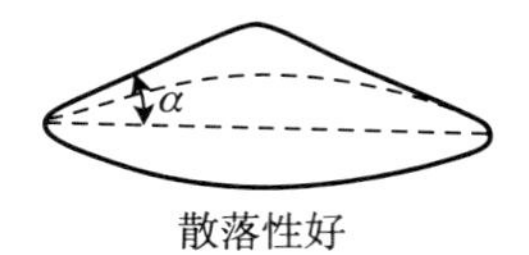

图 7-1　种子静止角

自流角是用于表示种子散落性大小的另一指标。将适量种子平摊在平板一端，然后将平板的另一端向上慢慢抬起，当平板斜面与水平面所成的角增大到一定数值时，斜面上的种子开始滚动，此时的角度（∠1）和绝大多数种子滚落完时的角度（∠2），称为种子的自流角（图 7-2），记作∠1～∠2。

种子散落性的大小与种子的形态特征、种堆组分、水分、加工程度、贮藏条件等有密切关系。凡种粒较大、形状近球形、表面光滑的，散落性较好，例如豌豆、油菜种子等。当加工精度偏低而混有各种轻的夹杂物（例如碎茎叶、稃壳、断芒、碎轴等），或在种子加工过程中因机械损伤造成的脱皮、压扁、破裂等情况时，则散落性降低。

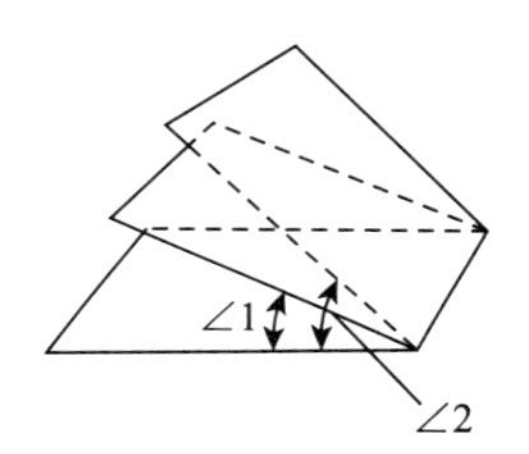

图 7-2　种子自流角

种子散落性大小与水分含量和夹杂物含量关系密切。种子水分愈高，则颗粒间的摩擦力愈大，其散落性也就愈差。种子水分与静止角有呈正相关的趋势。在测定种子静止角时，必须同时考虑种子水分；而同品种的种子，则可从静止角的大小大致估计其水分的高低。种子堆中夹杂物含量越高，种子间的摩擦力就越大，静止角增大，散落性变差。

表 7-4　主要农作物种子的静止角及其变异幅度

种子种类	静止角（°）	变异幅度（°）	种子种类	静止角（°）	变异幅度（°）
稻谷	35.0～55.3	20.3	大豆	25.0～36.5	11.5
小麦	27.0～38.0	11.0	豌豆	21.5～30.5	9.0
大麦	31.0～44.5	13.5	蚕豆	35.5～42.7	7.2
玉米	28.5～34.5	6.0	油菜籽	20.5～27.6	7.1
谷子	21.5～30.5	9.1	芝麻	24.7～30.5	5.8

种子散落性在贮藏过程中会逐渐发生变化，因此散落性可作为种子贮藏稳定状态的一种判断指标。散落性好的种子，其贮藏状态相对安全；若贮藏条件不当，往往导致种子回潮、发热、发霉、滋生仓库害虫，散落性就会变差甚至完全丧失，种子贮藏的安全性降低。定期

检查种子散落性的变化情况，可大致估测种子贮藏的稳定性，为安全贮藏提供依据。

在种子仓库设计时，可以根据种子散落性估算散装种子对仓壁产生的侧压力，以作为建材选择与种子仓库设计的依据。种子散落性越好，对仓壁产生的侧压力就越大。侧压力的大小可用下式求得。

$$p=0.5\times M\times H^2\times \tan^2(45°-0.5\alpha)$$

式中，p 为每米宽度仓壁上所承受的侧压力（kgf/m），M 为种子容重（g/L 或 kg/m³），H 为种子堆积高度（m），α 为种子静止角（°）。

种子加工过程中某些工艺参数要根据种子的散落性来确定。在种子清选、输送过程中，可利用散落性来提高工作效率，例如自流淌筛的筛面倾角应调节到稍大于种子的静止角，使种子能顺利地流过筛面；用输送机运送种子时，输送带倾角应调节到略小于种子的静止角，以免发生种子倒流。

7.3.2　自动分级

种子堆有饱满种子、瘦秕种子、完整种子、破碎种粒和各种杂质组成。当种子堆移动时，其中各组分都受到外界环境条件和本身物理特性的综合作用而发生重新分配，即性质相似的组成部分趋向聚集于相同部位，而失去了它们原来在整个种子堆中的均匀性，结果使不同部位的种子在品质上产生了差异。种子堆的自动分级是指种子在移动或堆放过程中，种子堆中不同性质的组分发生重新分配和聚集的现象。自动分级是在散落性的基础上形成的。

种子自动分级现象发生的根本原因是种子堆各个组分散落性不同，而散落性的差异是由各组分摩擦力和所受外力的不同所致。种子堆的自动分级还受其他复杂因素的影响，例如种子堆移动的方式、落点的高低、种子流动速度、仓库的类型等。用人力搬运倒入仓库的散装种子，落点较低且随机分散，一般不会发生自动分级现象；机械化大型仓库中，种子数量多，移动距离远，落点高，流动速度快，就很容易引起种子堆各组分的强烈自动分级现象发生。种子的净度和整齐度愈低，发生自动分级的可能性愈大。

当种子流从高处向下散落形成一个圆锥形的种子堆时，充实饱满的籽粒和沉重的杂质大多数集中于圆锥形的顶端部分或滚到斜面中部，而瘦小皱瘪的籽粒和轻浮的杂质则多分散在圆锥体的四周而积集于基部。从圆锥体的顶端、斜面上及基部分别取样，并分析样品的成分，算出每种成分所占比例，则可明显看出自动分级对种子堆所产生的高度异质性影响（表 7-5）。散落在种子堆基部靠近仓壁的种子品质最差，其容重显著低。破碎种子和尘土则大多数聚集在种子堆的顶部和基部，斜面中部较少。而轻的杂质、不饱满种子与杂草种子则大部分散落在基部，即仓壁的四周边缘，因而使这部分种子容重大大降低。在小型仓库中，种子进仓时，落点低，种子流动距离短，受空气的浮力作用小，轻杂质由于本身滑动的可能性小，就容易积聚在种子堆的顶端，而滑动性较大的大型杂质和大粒杂草种子则随饱满种子一起冲到种子堆的基部，这种自动分级现象在散落性较大的小麦、玉米、大豆等种子中更为明显。种子长距离运输过程中，由于不断受到振动，各组分产生自动分级，饱满度较差的种子、带稃壳的种子、经虫蚀而内部有孔洞的种子以及轻浮粗大的轻型杂物，都集拢到表面来。

表 7-5　种子装入圆筒仓内的自动分级

（引自毕辛华，1993）

种子堆取样部位	容重 (g/L)	破碎粒比例（%）	不饱满粒比例（%）	杂草种子比例（%）	有机杂质比例（%）	轻杂质比例（%）	尘土比例（%）
顶　部	704.1	1.84	0.09	0.32	0.14	0.15	0.75
斜面中部	708.5	1.57	0.11	0.21	0.04	0.36	0.32
仓壁基部	667.5	2.20	0.47	1.01	0.65	2.14	0.69

自动分级使种子堆各个组分分布的均衡性降低，种子堆某些局部会聚集瘪粒、破碎粒、杂草种子、灰尘等，致使吸湿性增强，孔隙度变小，常引起回潮发热以及仓库害虫和微生物活动增强，熏蒸时药剂不易渗透而降低熏蒸杀虫效果，从而影响种子的安全贮藏。种子堆的自动分级使得差异性增大，会影响种子检验的正确性，因此必须注意扦样的准确性和代表性，扦样时应严格遵守技术规程，选择适应的取样部位，增加点数，分层取样，使种子堆各个组分被取样的机会均等，以使检验结果真实反映种子品质状况。

7.4　种子硬度和角质率

7.4.1　种子硬度

种子硬度是指种粒抗机械力破坏的能力，是衡量种子机械结构和磨粉加工品质的物理性指标。种子硬度由于测定方法不同，单位不同。种子硬度与种子的角质率有关，一般种子角质率高则硬度大；相反则小。此外，种子硬度的大小还与种子本身的水分和温度有关，水分高的种子其硬度较低，反之则较高；在水分不变的情况下，种子的硬度随温度的下降而有所提高。

种子硬度测定的方法很多，较常见的有加压法、切割法、压痕法和磨粉法。加压法是用机械力将种子压扁，并用压力计测量所用的机械力，用此力的大小来表示种子的硬度，该法适于干燥或较硬种子的测定，但随着种子水分的增加，此法测定的结果可靠性变差。切割法是通过一次切割几粒种子或在一定速度下切割单粒种子时所受的阻力来测定硬度，但测定结果易受种子大小影响而使准确度下降。压痕法是利用测针在一定力的作用下刺入籽粒截面，以刺入的深度表示种子的硬度，其测定结果因种子组织结构疏密程度不同而异。谷物硬度计是利用谷物种子被切断时剪切力的值来表示谷物种子的硬度，仪器由测力计、刀刃测头、样品放置台和支架 4 部分组成。该仪器适用于小麦、水稻等作物种子的硬度测定。

7.4.2　角质率

角质率是角质种子所占的比例（%）。可以测定单粒种子角质部分面积的比例（%），也可以测定种子群体中角质种子的比例（%）。根据单粒种子剖面角质部分的比例，可将种子划分为 3 类：角质种子、半角质种子和粉质种子。角质种子透明度较高，粉质种子透明度较低，半角质种子的透明度介于二者之间。

角质种子比例＝（角质种子的数目＋1/2 半角质种子数目）/测定的种子数×100%

角质率与品种的遗传基础有关，同时受栽培条件、气候条件等因素影响。为了解决人工检测的误差，可以利用种子全粒或籽粒纵剖面图像的分析技术来测定籽粒的角质率。

7.5 种子堆的导热性和热容量

7.5.1 种子堆导热性

种子堆传递热量的性能称为种子堆导热性（thermal conductivity）。热量在种子堆内的传递方式，主要有两种：a. 靠籽粒间彼此直接接触的相互影响而使热量逐渐转移（传导传热），其进行速度非常缓慢；b. 靠籽粒间隙气体的流动而使热量转移（对流传热）。一般情况下，由于种子堆内的阻力很大，气体流动不可能很快，因此热量的传递受到很大限制。在某些情况下，种子颗粒本身在很快移动（例如通过烘干机）或空气在种子堆里以高速连续对流（例如进行强烈通气）时，则热量的传递会大大加速。

种子堆导热性的强弱通常用热导率来表示。种子堆热导率是指单位时间内通过单位面积静止种子堆的热量。它决定于种子的特性、水分的高低、种子堆的孔隙度、种子堆不同部位的温差等条件。种子的导热系数越大，种子水分越高，种子堆孔隙度越小，种子堆各层之间温差越大，则热导率越大；反之，则越小。

种子的导热系数是指 1 m 厚的种子堆，当表层和底层的温度相差 1 ℃时，在每小时内通过该种子堆每平方米表层面积的热量，其单位为 kJ/（h·m·℃）。农作物种子的导热系数一般都比较小，大多数在 0.42～0.92 kJ/（h·m·℃），并随种子温度和水分的增减而变化（表 7-6）。种子堆的导热性差，在生产上会带来两种相反的作用，在贮藏期间，如果种子本身温度比较低，由于导热不良，不易受外界气温上升的影响，可保持比较长期的低温状态，对安全贮藏有利。但在外界气温较低而种子温度较高的情况下，由于导热很慢，种子不能迅速冷却，以致长期处在高温条件下，持续进行旺盛的生理代谢作用，使生活力迅速减退和丧失，这就成为种子贮藏的不利因素。因此农作物种子经干燥后，必须经过一个冷却过程，并使种子的残留水分进一步散发。

表 7-6　几种农作物种子的导热系数

（引自颜启传，2001）

作物种类	种子温度（℃）	水分（%）	导热系数［kJ/（h·m·℃）］
小麦	20.0	22.8	0.832
小麦	16.6	17.8	0.548
小麦	10.0	17.5	0.385
大麦	17.5	18.6	0.640
燕麦	18.0	17.7	0.497
黑麦	16.7	11.7	0.723
黍	18.0	11.9	0.602

7.5.2 种子堆热容量

种子堆热容量（thermal capacity）是指 1 kg 种子温度升高 1 ℃时所需的热量，单位为 kJ/（kg·℃）。种子热容量的大小取决于种子的化学成分及各种成分的比率。种子中主要化学成分的热容量［kJ/（kg·℃）］，干淀粉为1.548，油脂为2.050，干纤维为1.340，水分为4.184。水的热容量比一般种子的干物质热容量要高出1倍以上，因此水分愈高的种子，其热容量愈大。

了解种子堆热容量，可推算一批种子在秋冬季节贮藏期间放出的热量，并可根据热容量、热导率和当地的月平均温度来预测种子冷却速度。刚收获的农作物种子，水分较高，热容量较大，如果直接进行烘干，使种子温度升高到一定程度所需的热量较大，消耗燃料多，而且不可能一次完成烘干的过程；如温度太高，会导致种子死亡。因此种子收获后，在田间或晒场进行预干是经济而稳妥的办法。

复习思考题

1. 请比较种子容重和比重概念的区别。各自的影响因素有哪些?
2. 简述种子堆密度、孔隙度的概念。其影响因素有哪些?
3. 评价种子散落性的指标有哪些?
4. 种子的自动分级的概念及其应用价值各是什么?

第8章

种子加工原理与技术

种子加工是保障种子安全贮藏，提升种子品质的重要环节。种子加工的概念有狭义和广义之分。广义的种子加工包括种子干燥、处理在内的从初清到包装的所有加工过程，包括清选、干燥、分级、处理、计量和包装全过程。狭义的种子加工是指除去种子干燥、处理以外的种子加工程序。本章内容包括了广义种子加工的全过程。

8.1 种子加工流程

种子加工流程即种子加工过程各道工序的时序总和。种子加工流程因种子种类、夹杂物类别和性质、加工设备先进性和种子加工质量要求等的不同而异。种子加工流程主要包括准备工序、基本清选工序、干燥工序、清选分级工序、处理、计量和包装工序等。

8.1.1 种子加工基本工艺流程

种子加工的工艺流程会因种子类别不同和种子批组分不同而有差异，但种子加工基本工艺流程如图8-1所示。

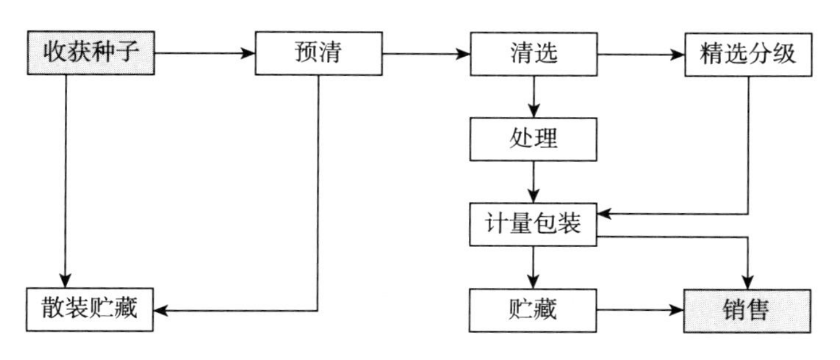

图8-1 种子加工基本工艺流程

8.1.2 种子加工基本工序

8.1.2.1 准备工序

准备工序是为种子基本清选做准备的工序，其内容主要包括脱粒、预清和除芒。准备工序因种子种类不同而有差异。多数种子一般只经过预清就可以了，但玉米种子则需先进行果穗干燥，再脱粒，然后才预清；带芒或绒毛的某些麦类种子、牧草种子、林木种子和蔬菜种子要先经去毛或除芒工序，然后进行预清；棉花种子要先经脱绒处理。

8.1.2.2　基本清选工序

基本清选（basic clearing）是所有种子加工过程的必要工序。基本清选的目的是清除夹杂物（例如碎茎叶、颖壳、泥沙、草籽、异作物种子和在规定尺寸范围之外的种子），使其达到种子品质的基本要求，为进一步精加工奠定基础。基本清选一般使用风筛清选机来完成。

8.1.2.3　干燥工序

干燥（drying）是在完成预清或基本清选工序后，降低种子水分的加工工序。干燥的目的就是将种子水分降低到安全水分，以利于安全贮藏。不同作物种子，其干燥工序可以安排在加工程序的不同环节，例如玉米果穗烘干是在脱粒之前。

8.1.2.4　精选分级工序

种子只经过基本清选往往达不到商品种子的品质要求，因此还需要精加工，例如按照种子的尺寸特性和比重等进行加工精选，以选出饱满优良的种子。有些种子在精选加工结束后，为了体现优质优价或满足精量播种的需要等，还要再行分级。种子的分级一般要利用分级机来完成。国外使用的分级机一般是滚筒式分级机，筛型有波纹长孔筛和窝眼圆孔筛两种。

8.1.2.5　种子处理工序

种子处理工序是指采用物理、化学、生物、引发等方法处理精选后的种子。其目的是改善和提高种子品质，增强抗病抗虫能力，以利于增加产量，有利于后续机械播种作业等。种子处理也可在播种前进行。最常见的物理处理方法有光、电、磁、声、微波等，而化学处理方法主要有包衣和丸化，引发处理是控制种子吸水修复的过程。

8.1.2.6　计量和包装工序

经过清选分级处理后的种子，要通过重量（质量）计量或数量计量，然后进行包装。包装容量侧重体现使用的方便性和实用性。包装材料也多样化，不同地区对包装材料的防潮性能、耐挤拉性能有不同的要求。目前的商品种子包装日趋精美，并印有要求的规定指标明细。

种子加工流程除了包括上述基本工序外，还有很多辅助工序，例如进料、除尘、运输、装袋、缝袋、标签等。

8.2　种子清选分级

种子收获后必须进行有效的清选。种子清选的目的就是通过机械加工，清除混入种子中的茎叶碎片、异作物种子、杂草种子、泥沙、石块、空瘪粒等夹杂物，使刚收获种子中的非种子成分得以去除，提高种子净度和纯度，为后续的清选工作创造条件，并将种子按照加工质量的要求分成不同的等级。种子清选分级通过清选机械设备和分级机械设备来完成。由于种子的清选和分级这两项操作的工作原理和方法有许多共同之处，因此习惯上统称为分选机械。

用于种子清选的机械种类繁多。按结构特点可以分为简单清选机和复式清选机。简单清选机只有一种清选机械（例如风选机、筛选机等），复式清选机有多个清选机械且联合作业。按安装形式可以分为固定式清选机和移动式清选机。按机器性能可以分为预清机、清选机和精选机。按机组的组成又可以分为单机、机组和成套设备（或种子加工厂）。单机指单一机械；机组是由两到多台单机组成来完成部分清选分级工序；成套设备是由多台机械通过中间部件连接成一个相对完整的流水作业体系，完成清选、分级、计量、包装乃至拌药、包衣等一系列工序。总体来讲，目前我国种子分选机械以单机和机组为主，集团化、规模化的种业集团基本拥有种子清选成套设备。

8.2.1　按种子尺寸特性分选

种子的尺寸特性通常以长度、宽度和厚度 3 个尺寸指标来描述。种子长度、宽度、厚度之间的数量关系有 4 种情况：a. 扁长形种子，为长度＞宽度＞厚度的种子，例如水稻、小麦、大麦等的种子；b. 圆柱形种子，为长度＞宽度＝厚度的种子，如小豆等的种子；c. 扁圆形种子，为长度＝宽度＞厚度的种子，例如野豌豆等的种子；d. 球形种子，为长度＝宽度＝厚度的种子，例如豌豆等的种子。

种子尺寸特性分选使用的筛型，按照制造方法可分为冲孔筛、编织筛、鱼鳞筛等几类。按照筛孔的形状分为圆孔筛、长孔筛、窝眼筒（图 8-2）。

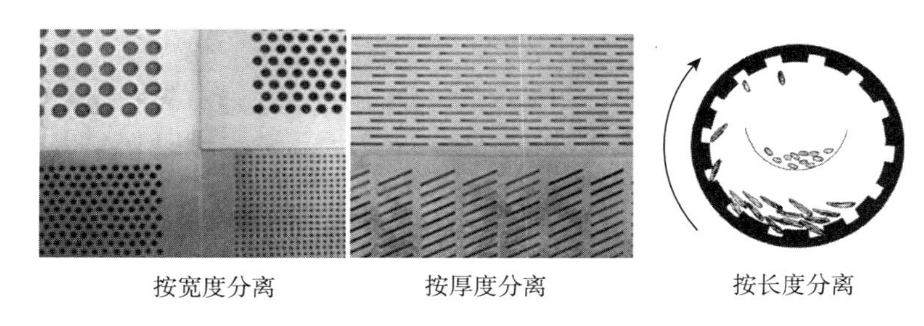

按宽度分离　　按厚度分离　　按长度分离

图 8-2　按种子尺寸分离的筛孔

按种子的长度、宽度、厚度尺寸特性进行分离时，大于筛孔尺寸的种子不能通过筛子，而小于等于筛孔尺寸的种子，其尺寸越接近筛孔尺寸通过筛子的机会就越小，与筛孔尺寸相等的种子实际上不能通过筛子。因此确定筛孔尺寸时，上筛应比被筛物分界尺寸稍大些为宜。表 8-1 所列为几种常用种子的筛孔选取范围。

表 8-1　几种作物种子的筛孔尺寸的选取范围

（引自谷铁城和马继光，2001）

作物种类	上筛（mm）	中筛（mm）	下筛（mm）
玉米	Φ13～13.5	Φ11～12	Φ5.5～6.0
水稻	L4.0～4.5	L3.2～3.8	L1.7～2.0
小麦	L5.0～5.5	L3.6～4.0	L1.9～2.2
大豆	Φ9.0～9.5	Φ8.0～8.5	Φ4.5～5.0
油菜	Φ4.0～4.5	Φ2.8～3.0	Φ1.2～1.5

注：Φ 表示圆孔筛直径，L 表示长孔筛孔长。

圆孔筛是根据种子宽度的差异进行分离工作的。圆孔筛的筛孔直径有大小不同规格，筛孔只能限制种子的宽度，对种子的长度和厚度不起作用。清选时，种子宽度大于筛孔直径的留在筛面上，宽度小于筛孔直径的则通过筛孔落下成为筛下物。

长孔筛是根据种子厚度的差异进行分离工作的。长孔筛的筛孔长度大于宽度，所以筛孔只对厚度起限制作用，对种子的长度和宽度不起作用。清选时，厚度大于筛孔宽度的种子留在筛面上，小于筛孔宽度的则通过筛孔落下成为筛下物。长孔筛可用于不同饱满度种子的清选。

窝眼筒和窝眼盘都是根据种子长度的差异进行分选的。窝眼盘是由一系列装在同一根水平转轴上的冲孔窝眼盘组成。每个窝眼盘的两面都有许多窝眼，窝眼有 R 型、U 型和方型 3 种，每种都有几种不同的尺寸。R 型窝眼有一个水平提升面，对提升纵向断裂和细长的种子效果较好；U 型窝眼的提升面呈圆形，对提升圆形种子效果非常好。这两种窝眼主要适用于宽度为 2.5～6.0 mm 的较小颗粒。方型窝眼的尺寸较大，适用于宽度为 6～13 mm 的籽粒。水平转轴回转时，窝眼盘把小于窝眼直径的种子混合物由底部带到一定高度后，抛入出口处的斜槽中，未被提升的种子被倾斜叶片沿轴向推向出口一侧。提升端的颗粒可以是需要的种子，也可以是短混杂物，视种子混合物的状况而定。排列在同一轴上的窝眼盘，它们的窝眼尺寸可以是渐次增加的，以便有选择地渐次除去各种长度的籽粒。如果仅仅分离一挡长度，那么所有窝眼盘可具有同一窝眼尺寸，以增大分离能力。

8.2.2　按种子空气动力学特性分选

种子空气动力学特性分选是根据种子和杂物与气流相对运动时受到的作用力大小进行分选的。处于气流中的种子或杂物，除了受本身的重力（G）外，还受到气流的作用力（P）。种子与气流相对运动时受到的作用力（P）可用下列公式计算。

$$P = k\rho F v^2$$

式中，k 为阻力系数，ρ 为空气的密度（kg/m^3），F 为种子垂直于相对速度方向上的最大截面积（迎风面积）（m^2），v 为种子对气流的相对运动速度（m/s）。

在图 8-3 中，处在上升气流中的种子，当 $P < G_1$ 时，种子向下运动；当 $P > G_3$ 时，种子向上运动；当 $P = G_2$ 时，种子悬浮在气流中，此时气流的速度称为临界速度，可用来表示种子的空气动力学特性。利用种子空气动力学特性分选就是采用低于种子临界速度而高于种子中轻杂临界速度的气流速度，使种子中的轻杂沿着气流方向运动，而种子则靠重力落下，从而达到分选的目的。

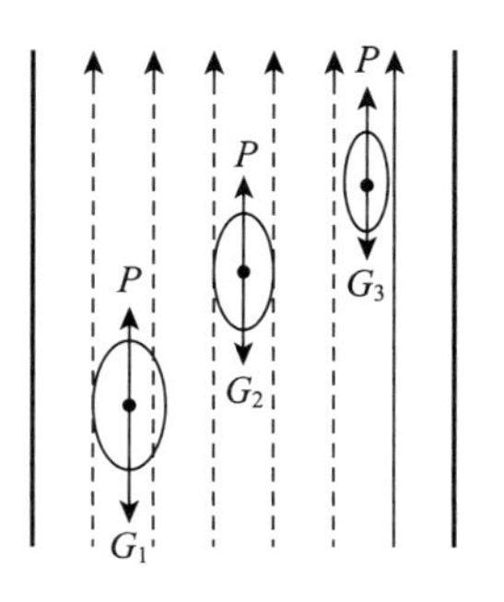

图 8-3　利用空气动力学特性分选原理

种子空气动力学特性分选常用的设备主要是风选机。将按空气动力学特性分选和按种子尺寸特性分选二者结合在一起，组成风筛式清选机，是目前种子分选的主要加工设备之一。风筛式清选机主要由机架、喂料装置、筛箱、筛体、清筛装置、曲柄连杆机构、吸风道、风机、沉降室、排杂系统、风量调节系统等组成。使用风筛式清选机进行分选时，在喂料辊的旋转作用下，喂入到进料斗中的物料通过前吸风道风口落到上筛筛面上；物料降落过程中，上升气流将其中的尘土和轻杂带走，进入前沉降室。没有被气流吸走的种子落到上筛筛面上，由于上筛筛面往复运动，尺寸小于上筛筛孔尺寸的种子就会穿过上筛筛孔落到中筛筛面上；大于上筛筛孔尺寸的较大杂质沿上筛筛面运动到大杂出口。而落到中筛筛面上的种子，尺寸小于中筛筛孔的，穿过中筛，落到下筛上；大于中筛筛孔的中杂沿筛面运动到中杂出口。落到下筛筛面上的种子中，尺寸小于筛孔的小杂，穿过筛孔，落到小杂滑板上，在筛箱的往复运动过程中，运动到小杂出口；下筛筛面上的种子在沿下筛筛面运动过程中，途经后吸风道时，在自下而上穿过的气流作用下，临界速度低于气流速度的虫蛀、破损、未成熟等较轻籽粒或杂质通过风道进入后沉降室，好种子沿筛面运动至好种子出口。

8.2.3　按种子相对密度分选

按种子相对密度（比重）分选是目前种子分选的主要方法，分选效果较理想。按种子相对密度分选的机械目前仍为主流分选机械。

8.2.3.1　按种子相对密度分选的工作原理

按种子相对密度分选是根据种子群体中颗粒相对密度的差异来进行分离的。当种子颗粒相对密度相同时，按大小分级。当种子大小相同时，按相对密度分级。种子从进料器进入并落在筛面上，在筛面的振动和风机风力的作用下，筛上物料因自动分级出现分层，大相对密度种子在下层，小相对密度种子在上层，中等相对密度的种子在中间层。大相对密度种子与筛面接触，在筛面振动作用下向排料端的高处移动；小相对密度种子在筛面上层，在后继物料的推动下向排料端的低处移动；中等相对密度种子向排料端的中间位置移动。经过分选的种子至少可分为 3 部分：大相对密度种子、中等相对密度种子和小相对密度种子或轻型杂物。

8.2.3.2　相对密度分选机的一般结构

相对密度分选机型号较多，但其主要的结构都包括振动筛、风机、变速机构、进种斗、机架等。

相对密度分选机的振动筛由振动台和筛箱组成。筛面作为振动筛的最重要部件，是种子分离的主要工作面，它由筛框和筛片组成，可使空气按着一定的模式流出。在筛面上各点的空气流量可调，在与筛面振动的配合下具有分选功能。在筛面的排料端一般有 3 个用铁板制成的挡板，可调节不同比例分离后的成品。在筛面的边框上由 11 个木块来调节筛面的容量，在木块的同一侧有一个用铁板制成的插门，用来排出沙石。

相对密度分选机的变速机构是用来调节筛面振动频率范围的部件。机架主要用于支撑和固定全机的零部件，由钢板和角铁制成。进种斗由进种筒和流量调整部件组成，主要用于加工过程中流量的控制。

8.2.4　按种子表面特性分选

种子表面特性主要指种子表面形状、表面粗糙度等。种子表面特性分选主要是根据种子表面特性的差异来进行的。表面特性差异比较大的种子群体在一定倾角的斜面上，会因与斜面摩擦力的不同而分离。种子表面粗糙度不同，与斜面的摩擦力也不同。

最常用的种子表面特性分离机械是帆布滚筒。根据分离的要求和被分离物质状况，可采用不同性质的斜面。对形状不同的种子，可选择光滑的斜面；对表面状况不同的种子，可采用粗糙不同的斜面。斜面的角度与分离效果密切相关，被分离成分与正常种子的自流角差异越显著，分离效果越好。例如帆布滚筒可用于清除豆类种子中的菟丝子和老鹳草，把种子倾倒在一张向上移动的帆布上，随着帆布的向上移动，杂草种子被带向上，而光滑的豆类种子向倾斜方向滚落到底部（图 8-4）。帆布滚筒也可剔除豆类种子中的石块、泥块、未成熟和破损的种子，还可以剔除杂草种子和谷类作物种子中的野燕麦种子。

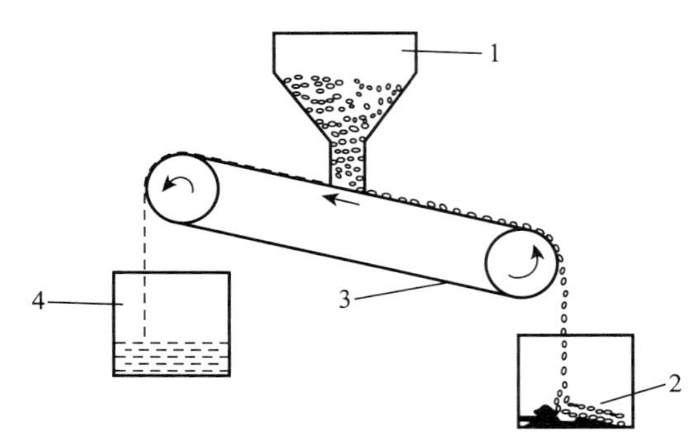

图 8-4　按种子表面光滑程度分离器
1. 种子漏斗　2. 圆或光滑种子
3. 粗帆布　4. 扁平或粗糙种子
（引自颜启传，2001）

对种子表面粗糙度差异比较明显的种子，还可以利用磁力分离机进行分离。其分选原理是，表面粗糙的种子可吸附磁粉，当使用磁性分离机清选时，磁粉和种子混合物一起经过磁性滚筒，光滑的种子不粘或少粘磁粉，可自由地落下，而杂质或粗糙种子粘有磁粉则被吸附在滚筒表面，随滚筒转到下方时被刷子刷落。这种清选机一般都装有 2～3 个滚筒，以提高清选效果。

8.2.5　螺旋分选

螺旋分选可用于圆粒种子，例如大豆、白菜、油菜等的种子。其工作原理是，当种子从上盖喂入口进入后，沿螺旋面下滑，表面光滑的圆形种粒会产生较大的离心力而向螺旋面外侧移动，而表面粗糙的扁粒、破瓣、土块等成分因摩擦阻力大、速度较慢、产生的离心力较小，而沿螺旋面内侧滑移，这样就可使种子得到分选。螺旋分选后的大豆种子，其净度可提高 2%～3%，土块清除率达 99%。

8.2.6　按种子光、电特性分选

8.2.6.1　按种子光特性分选

光特性分选也称为色选，是根据种子色泽明亮或灰暗的特征来进行分离的。种子首先要通过一段照明的光亮区域，在该区域内每粒种子的反射光与事先在背景上选择好的标准光色进行比较，当种子的反射光不同于标准光色时就会产生信号，该种子就会被从混合群体中排斥出来而落入另一个管道，从而得到分离。尽管不同类型的颜色分离器在不同型号的光特性分选性能上有所不同，但分选的基本原理相同。种子在平面槽中鱼贯地移动，经过光照区域，若有不同颜色种子即被快速气流吹出（图 8-5）。目前种子色选机械在种子加工中已经得到广泛应用。在杂交稻父本和母本的挑选、霉粒的分拣等方面应用效果良好。

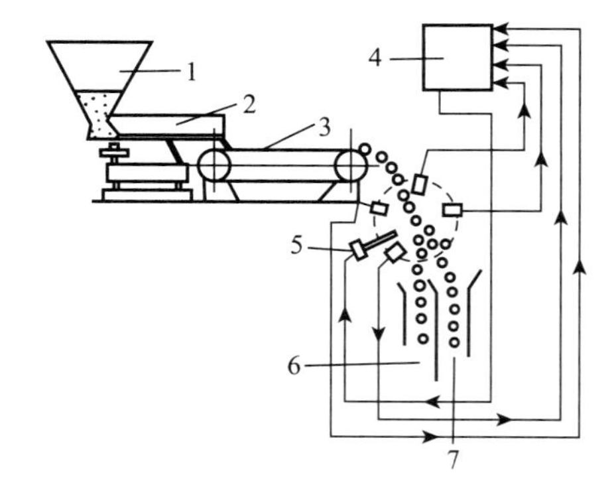

图 8-5　光电色泽种子分离机
1. 种子漏斗　2. 振动器　3. 输送器　4. 放大器
5. 气流喷口　6. 优良种子　7. 异色种子
（引自国际种子检验协会会刊 vol. 34，1969）

8.2.6.2　按种子电特性分选

正常成熟的完整种子并不带负电，但当种子受伤、受潮或劣变后，其负荷电子的能力增加，因此对外总体表现为负电性。一般而言，高活力种子不带负电或带负电低，低活力种子则刚好相反。

正是基于不同种子的这种电特性差异而设计的种子静电分离器，用于不同电特性种子的分选，当种子混合样品通过电场时，凡是带负电的种子都被正极吸引到一边而落下，从而将低活力种子剔除，剩余的则是高活力种子。目前利用种子负电性分离的有静电转筒分离机和电晕放电箱两种设备。其中，静电转筒分离机的工作原理为，当种子从漏斗经阀门进入静电转筒时，由于转筒带有正电荷而电极带负电荷，则在转筒之间形成电场。在种子通过该电场时，其受电场的作用决定于种子带电性和强度，一般而言，正常、高活力的种子带电量小而劣变种子带负电荷多。当一批种子中的劣变种子经过电极转筒时，带电荷少的正常、高活力种子则落入盛接器；而带负电荷多的劣变、低活力种子则与带正电荷的转筒表面相吸附，经毛刷刷下，落入另一个盛接器，从而将不同活力的种子分离。

利用电晕放电箱分离种子的工作原理是，当带有不同电荷的种子进入电晕放电的电场时，在电场作用下发生的偏向不同，带电荷少的、正常、高活力种子落入盛接器，而带负电荷多的劣变、低活力种子则被正极吸引落入另一个盛接器，从而将不同活力的种子分离。该法可用于从小粒混杂种子、发过芽的种子或劣变种子中分离出好的种子。

8.3　种子干燥

种子干燥的目的，就是在保持种子生命活力的前提下，使得种子水分降低到一定数值，以便于种子的生产、精选分级和安全贮藏。

8.3.1　种子干燥原理和工艺

8.3.1.1　种子干燥原理

种子具有吸湿和散湿特性，当空气中的水蒸气压大于种子内部水蒸气压时，种子就会从空气中吸收水分；反之，种子水分向空气中散失，种子水分下降。种子热空气干燥，是通过干燥介质给种子传热，使种子内部水分不断向外表面扩散和表面水分不断蒸发来实现的。种子表面水分的蒸发速度，取决于空气中水蒸气分压与种子表面间水蒸气分压之差，二者差值越大则种子表面水分的蒸发速度就越快。

种子的干燥包括两个过程，第一个过程是种子内部的水分以气态或液态的形式沿毛细管扩散到种子表面，第二个过程是水分由种子表面蒸发到干燥介质中。这两个过程在种子干燥过程中是同时发生的，但二者的速度不一定时时相等。当扩散速度大于蒸发速度时，蒸发速度的快慢对于干燥过程起着控制作用，称为外部汽化控制；当蒸发速度大于内部扩散速度时，扩散速度的快慢控制干燥过程，称为内部汽化控制。合理的干燥工艺应该是使内部扩散速度等于或接近于外部蒸发速度。对于小颗粒种子，干燥时内部扩散速度一般大于外部蒸发速度，属于外部控制干燥，此时，若要提高干燥速度就应设法提高外部蒸发速度。对于颗粒较大的种子，内部扩散速度一般小于外部蒸发速度（特别是水分较小时），此时，设法加快内部扩散速度成为提高干燥速度的关键，否则如果此时只提高外部蒸发速度，不仅对种子干燥速度的加快无明显作用，反而会引起种子爆腰、变形，从而影响种子发芽率。

在进行种子干燥时，当出现内部扩散速度小于外部蒸发速度时，很难人为地控制内部扩散速度。此时，为使内部扩散速度与外部蒸发速度相协调，常采用以下措施：a. 适当降低外部蒸发速度，可采取降低干燥介质的温度或减少通过种子的干燥介质流量；b. 暂时停止干燥，并将种子堆放起来，使种子内部的水分逐渐向外扩散，一段时间后使种子内外水分均匀一致，该过程称为缓苏过程，简称缓苏。实践证明，缓苏时间在 40 min 到 4 h 之间可使缓苏达到预期效果，经缓苏后。即使不再继续加热，只送入外界空气加以冷却，也可使种子水分继续降低 0.5～1.0 个百分点。

8.3.1.2　种子干燥工艺

典型的种子干燥工艺过程包括预热、恒速干燥、减速干燥、缓苏和冷却 5 个阶段（图 8-6）。

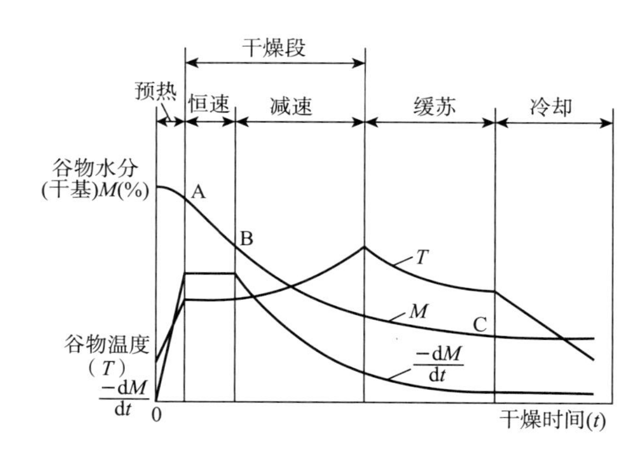

图 8-6　谷物干燥特性曲线

A. 恒速干燥阶段　B. 减速干燥阶段　C. 缓苏阶段

（1）预热阶段　此时，干燥介质供给种子的热量主要用来提高种子温度，只有部分热量用于水分蒸发。预热阶段的长短取决于种子的初始温度、一次性干燥种子的数量及干燥条件。随着种子温度的提高，种子表面的水蒸气压不断增大，干燥速度加快，当干燥介质供给种子的热量正好等于水分蒸发所需热量时，种子温度不再升高，干燥速度也不再变化，此时干燥过程进入恒速干燥阶段。

（2）恒速干燥阶段　此时，种子从内部扩散到表面的水分大于或等于从表面蒸发的水分，其表面温度等于干燥介质的湿球温度，干燥介质的温度与种子表面温度之差为定值。在此阶段，种子干燥速度达到了最大值，且保持不变。

（3）减速干燥阶段　此时，水分已较恒速干燥阶段有显著的减少，其内部扩散速度小于表面蒸发速度，干燥速度逐渐降低，种子温度逐渐上升，种子水分缓慢下降。

（4）缓苏阶段　此时，种子堆放状态，是种子内外层的热量和水分互相传递，逐渐达到表里温湿平衡。缓苏后种子表面温度有所下降，水分也有少许减低，干燥速度变化很小。

（5）冷却阶段　此阶段种子温度要求下降到不高于环境温度 5 ℃，冷却过程中种子水分基本保持不变，水分降低幅度为 0～0.5 个百分点。

8.3.2　种子干燥方法

种子干燥的方法很多，主要有自然干燥、对流干燥（机械通风干燥和热空气干燥）、微波干燥、红外线干燥、干燥剂干燥、冷冻干燥等方法。

8.3.2.1　自然干燥

自然干燥就是利用风吹日晒等自然条件，使种子水分不断降低，并降至或接近种子安全贮藏水分的种子干燥方法。一般情况下，水稻、小麦、高粱、大豆等作物种子通过自然干燥即可达到安全水分。玉米种子完全依靠自然干燥往往达不到安全水分，可以通过机械烘干来作为补充措施。自然干燥可以降低能源消耗，降低种子的加工成本。自然干燥是目前我国普遍采用的干燥方法，一般在自然干燥前都要进行清理晒场和预晒。

自然干燥又分为晒干（即日光干燥）和阴干两种方式。

晒干即种子在日光下晾晒，使种子内的水分不断散发到空气中从而降低种子水分的方法。晒干速度与光线强度和风速密切相关。在日晒干燥时，摊晒的厚度要适宜，一般大粒种子可摊 15～20 cm 厚，玉米、大豆、蚕豆等中粒种子可摊 10～15 cm 厚，水稻、小麦等小粒种子可摊 5～10 cm 厚。种面摊成波浪形，并经常翻动，可使干燥较快且较均匀。但应注意，在水泥晒场或柏油场地晒干时，要注意厚度的掌握，以避免场地表面温度太高伤害种子。

阴干即将种子置于阴凉通风处，使种子慢慢失去水分，从而使种子得到干燥的方法。阴干主要针对一些特殊的种子类型，例如栎类、板栗、油茶、油桐等林木种子要求有较高的安全水分，干燥速度过快容易导致生命力丧失；杨、柳、榆、桑、桦、杜仲等树木种子，因其种皮薄、粒小、后熟代谢旺盛，也不宜快速脱水而需要阴干；肉质果实中取出后经过水洗的种子和大多数中草药材种子也需要以阴干方式进行干燥。

8.3.2.2　通风对流干燥

刚刚收获的种子水分较高，在阴雨天气可利用风机将低温干燥空气吹入种子堆中，把种子堆间隙的水汽和呼吸热量带走，以达到避免热量积聚导致种子发热变质，使种子散湿降温的目的。通风对流干燥的干燥介质是空气，空气的相对湿度对干燥效果有很大影响，只有干燥介质相对湿度低于 70%时才可达到散湿降温的目的。通风对流干燥需要的设备简便，只要有风机即可进行。表 8-2 列出了通风对流干燥时的工作参数。

表 8-2　种子常温通风对流干燥作业的推荐工作参数

作物	干燥前种子水分（%）	种子堆最大厚度（m）	最低风量 [m³/(m³·min)]	干燥介质最大允许相对湿度（%）	作物	干燥前种子水分（%）	种子堆最大厚度（m）	最低风量 [m³/(m³·min)]	干燥介质最大允许相对湿度（%）
稻谷	25	1.2	3.24	60	高粱	25	1.2	—	60
	20	1.8	2.40			20	1.2	3.24	
	18	2.4	1.62			18	1.8	2.40	
	16	3.0	0.78			16	2.4	1.62	
小麦	20	1.2	2.40	60	大麦	20	1.2	2.40	60
	18	1.8	1.62			18	1.8	1.62	
	16	2.4	0.78			16	2.4	0.78	
玉米	30	1.2	—	60	大豆	25	1.2	—	65
	25	1.5	4.02			20	1.8	3.24	
	20	1.8	2.40			18	2.4	2.40	
	18	2.4	1.62			16	3.0	1.62	

8.3.2.3　加热对流干燥

加热对流干燥是将干燥介质（空气）先行加热然后通过种子表面，以加速种子干燥进程的种子干燥方法。加热对流干燥中的干燥介质起着载湿体和载热体的作用，即不但将热量传递给待干燥的种子而起到载热体的作用，而且同时把从种子中蒸发出来的水蒸气及时带走而起着载湿体的作用。

干燥介质对种子生活力的影响主要取决于热空气的温度、种子成熟度、种子水分和种子受热时间的长短。加热对流干燥如果技术控制不当就容易导致种子温度过高，而种子温度太高容易杀死胚芽。在不同的平衡相对湿度下，干燥的临界温度不同（表8-3）。种子成熟度差且水分较高时，易丧失生活力。不同种类的种子，其耐热能力不同，为了确保种子具有旺盛的生活力，Harrington（1972）指出，谷物、甜菜及牧草种子干燥的最高温度为45 ℃，大部分蔬菜种子为35 ℃。

加热对流干燥种子应注意以下几点：a. 切忌种子与加热器直接接触，以免种子烤焦、灼伤而影响生活力。b. 严格控制种子温度，水稻种子的水分在17%以上时，种子温度控制在43～44 ℃；小麦种子种子温度一般不宜超过46 ℃；大多数作物种子烘干温度应掌握在43 ℃，随种子水分的下降可适当提高烘干温度。c. 经烘干后的种子需冷却到常温后才能入仓。

表8-3　禾谷类作物种子在不同平衡相对湿度下的临界种子温度（℃）

作物种类	相对湿度（%）			
	60	70	80	90
小麦	62.8	61.7	58.3	52.2
玉米	51.7	50.6	47.8	46.1
黑麦	53.3	50.0	45.0	40.6
燕麦	58.9	55.0	50.0	

注：种子生活力的降低小于5%。

8.3.2.4　微波干燥

微波通常是指频率在300～300 000 MHz的电磁波，其波长范围是1～1 000 mm。由于微波的波长与通常无线电波波长相比极为微小，故称为微波。

（1）微波干燥原理　物质按其导电性可分为良导体和非导体两类。微波在良导体的表面会产生全反射，所以良导体不能用微波直接加热。非导体又可分为非吸收性介质和吸收性介质两种。微波在非吸收性介质表面发生部分反射，其余部分透入介质内部继续传播但很少被吸收，热效应极微，故非吸收性介质也不适宜于用微波加热。微波在吸收性介质中传播时被显著吸收而产生热，具有明显热效应，故吸收性介质最宜于微波加热。种子中的水是能强烈地吸收微波的吸收性介质。当种子被放在微波场中时，由于微波以极高的频率周期地改变外加电场的方向，使种子中的极性分子——水分子迅速摆动，产生显著的热效应。此热效应使种子温度上升，加速水分汽化而使种子干燥。

（2）微波干燥特点　在微波干燥过程中，由于种子的表面与周围介质之间发生热交换和湿交换，使种子表面耗掉一部分热，因而种子表面温度的升高慢于种子内部，其结果是种子内部的温度高于种子表面的温度，热扩散方向和湿扩散方向一致，都由种子内部向外，干燥速度较快，同时对种子有一定消毒作用。该干燥方法若控制不当，易引起种子生活力降低。

8.3.2.5 红外线干燥

红外线是一种电磁波，在波谱中占有较宽的波段，介于可见光和微波之间，其波长范围是 0.76～100 μm，频率大于 3 000 000 MHz。红外线按它的电磁波长可分为近红外线、中红外线和远红外线 3 种，一般将波长为 0.76～1.5 μm 的称为近红外线，波长为 1.5～5.6 μm的称为中红外线，波长为 5.6～100 μm 的称为远红外线。

物质内部的原子都以一定的固有频率运动着，当分子受到红外线辐射时，如果红外线的振动频率与分子固有运动频率相等，分子就会发生与共振运动相似的情况，使分子运动加剧，由一个能级跃迁到另一个能级，从而使被照射物体升温加热。又由于水分子在远红外线区有较宽的吸收带，所以远红外线将其电磁能量传给与辐射源没有直接接触的种子，从而使种子中的水分运动加剧，升温蒸发，达到干燥种子的目的。

红外线辐射干燥种子的方法具有升温快、质量高、投资少、易控制等优点。红外线有一定的穿透能力，当种子被红外线照射时，其表面及内部同时加热，此时由于种子表面的水分不断蒸发而使种子表面温度降低，所以种子内部温度比表面温度要高，种子水分的热扩散方向是由内向外。种子内部水汽的扩散和热扩散方向一致，加速了水分的汽化，提高了种子的干燥速度。用远红外线干燥种子，只要温度控制得当，不会影响种子的品质，只要种子温度低于 45 ℃，一般不会影响种子的发芽率。此外，红外线还具有杀虫卵、灭病菌的作用，有利于种子品质的提高。

8.3.2.6 干燥剂干燥

干燥剂干燥种子，就是将种子与干燥剂按一定比例密闭在容器内，利用干燥剂的吸湿能力，不断吸收种子扩散出来的水分，使种子水分不断降低，直至达到平衡水分为止的干燥方法。该干燥方法可使种子水分降到相当于相对湿度 25%以下的平衡含水量。该干燥法主要适用于少量种质资源和用于科学研究的种子保存。

种子干燥剂有变色硅胶、氯化钙、活性氧化铝、生石灰、五氧化二磷等。

变色硅胶为玻璃状半透明颗粒，化学性质稳定，其吸湿能力因空气相对湿度而异，最大吸湿量可达自身质量的 40%。硅胶吸湿后在 150～200 ℃以下加热脱水后其干燥性能不变，仍可重复使用，但烘干温度超过 250 ℃时则开裂粉碎丧失吸湿能力。常在普通硅胶内掺入氯化锂或氯化钴使其成为变色硅胶，干燥的变色硅胶呈深蓝色，随着逐渐吸湿而呈粉红色；当相对湿度达到 40%～50%时变色，能指示硅胶的吸水情况。

生石灰（氧化钙）也可以用作种子干燥剂，吸湿后由固体分散成粉末状的氢氧化钙，吸湿能力较硅胶强，但不能重复使用，一般每千克生石灰可吸水 0.25 kg。

氯化钙通常是白色片剂或粉末，其吸湿性与生石灰相同或略强，吸湿后呈疏松多孔的块状或粉末，加热后水分蒸发，冷却后可继续使用，一般每千克氯化钙吸水 0.7～0.8 kg。

五氧化二磷为白色粉末，吸湿性极强，能很快潮解，有腐蚀作用，潮解后的五氧化二磷通过干燥后仍可重复使用。

干燥剂的用量因干燥剂种类、保存时间、密封时种子水分而异。生石灰、硅胶和氯化钙 3 种干燥剂的吸湿能力有限，种子干燥到达一定程度时即使加大用量和延长吸湿时间至 20 d，小麦种子水分几乎不再下降。在长期采用干燥剂贮藏过程中，种子水分随干燥贮藏时间延长而逐渐降低，但愈来愈缓慢。小粒种子较大粒种子失水快。

8.3.2.7 冷冻干燥

冷冻干燥也称为冰冻干燥（freeze-drying）。该方法使种子在冰点以下的温度产生冻结，通过升华作用以除去水分，从而达到干燥种子的目的。水分的状态分固态、液态和气态，当在水的冰点以下的温度、压力范围内时，冰与水汽能够保持平衡，可以直接升华为水蒸气。在低温下除去种子水分时，种子的物理变化和化学变化是很小的。因此利用冷冻干燥法可使种子保持良好的品质。冷冻干燥通常有常规冷冻干燥法和快速冷冻干燥法两种。

8.3.3 种子干燥的影响因素

种子干燥的影响因素包括内部因素和外部因素，内部因素包括种子本身的大小、种皮结构、生理状态、化学成分等，外部因素主要包括干燥介质的温度、湿度、流速及与种子的接触状况。

8.3.3.1 内部因素

（1）种子生理状态 种子生理状态对干燥效果有很大影响。刚收获的种子，水分较高，代谢旺盛，因此干燥时宜缓慢进行，或采取先低温后高温的二次干燥方式；若采取高温干燥条件，则会导致干燥速度过快而引起种子表面硬化，此时内部水分不能通过毛细管向外蒸发。种子持续高温干燥还会使种子生活力下降甚至丧失。小麦种子水分高于20%时空气介质温度应低于45 ℃；当种子水分低于20%时，空气介质温度可以达到50 ℃。玉米果穗烘干的温度不应高于40 ℃。

（2）种子化学成分 种子的化学成分不同，其吸湿和散湿的性能也有差异，因而其干燥特性和效果也会有差别。水稻、小麦、玉米等粉质种子，其胚乳主要由淀粉组成，组织结构疏松，毛细管粗大，传湿力强，容易干燥，可采用较高的温度进行干燥。

大豆、蚕豆、菜豆等蛋白质种子，含有大量的蛋白质，组织结构紧密，毛细管较细，传湿力弱，但种皮疏松易失水。干燥时，若采用较高的温度和气流速度，子叶内水分蒸发缓慢，而种皮失水过快，会造成种皮破裂，不易贮藏，而且影响种子的生命力。所以对这类种子干燥时，尽量采用低温进行慢速干燥。

油菜等油质种子，含有大量脂肪，脂肪是不亲水性物质，种子水分比上述两类种子更容易散发，可用较高的温度进行干燥。但油菜籽种皮疏松易破，热容量低，在高温的条件下易失去脂肪，这是干燥过程中必须考虑的。

（3）种粒大小、种层厚度和水分 种粒大小不同，其吸热量也不一致。大粒种子需热量多，小粒则少。因此种子颗粒越小，种层厚度越薄，则干燥越容易，反之则难。一般而言，种子水分越高，干燥速度越快。但随着种子水分降低，干燥速度会减慢。

8.3.3.2 外部因素

（1）干燥介质温度 干燥介质温度是影响种子干燥的重要因素。干燥介质温度高，可以降低空气相对湿度，增大空气持水能力，加快种子水分蒸发速度。应用温度较高、相对湿度较大的介质对种子进行干燥，要比低温度但同样湿度介质的干燥效果好，所以应尽量避免在温度较低的情况下对种子进行干燥。但干燥介质的温度也不宜过高，因为温度过高会产生以下不利影响：a. 当干燥介质的温度提高到种子表面的水分蒸发速度大于内部扩散速度时，干燥过程受内部扩散控制，属于减速干燥阶段，而减速干燥阶段的延长对干燥不利；b. 温度过高会使种子出现破裂、爆腰等现象，当温度超过种子允许受热温度时，种子的发芽率会明显降低，对种子品质影响较大。干燥介质温度的高低，还与介质和种子接触的时间长短有关，对于接触时间很短的干燥过程，可采用较高温度的介质；而对于接触时间较长的干燥过程，则应采用较低温度的介质。

（2）干燥介质相对湿度　在干燥介质温度不变的条件下，干燥介质的相对湿度决定了种子的干燥速度。干燥介质相对湿度小，种子的干燥速度就高，反之则低。但是仅仅通过降低干燥介质相对湿度以强化干燥过程的做法并不可取，因为这样做往往会造成外部蒸发速度大于内部扩散速度的结果，最终引起种子爆腰、裂皮。当种子外部蒸发速度大于内部扩散速度时，若适当提高干燥介质的相对湿度，可使外部蒸发速度适当降低，内部扩散速度则相应升高，从而使整个种子的干燥过程加快。

（3）干燥介质流速　在种子干燥过程中，种子表面会产生吸附性浮游状气膜层，会阻止种子表面水分的蒸发，故必须用流动的干燥介质将其逐走，以使种子表面的水分继续蒸发。当种子水分较高时，在相同的干燥时间内，干燥介质流速大则种子干燥速度较快；当干燥过程进入减速干燥阶段后，内部扩散速度控制干燥过程，此时流速的增加对干燥过程的影响不明显。应该注意的是，干燥介质流速的提高会增大风机功率和热能的损耗，所以在提高流速的同时，要考虑热能的充分利用和风机功率保持在合理的范围，以降低种子的干燥成本。

（4）干燥介质与种子的接触状况　在种子干燥过程中，干燥介质与种子的接触状况有3种：气流掠过种子层表面、气流穿过种子层和种子颗粒悬浮于气流之中。其中，种子处于悬浮状况时种粒完全被介质所包围，从种子中蒸发出来的水分立即被干燥介质接收，干燥速度最快；气流穿过种子层时，干燥速度较慢；气流掠过种层表面时，干燥速度最慢。在种子的实际干燥过程中，接触状况多为气流掠过种子层表面和气流穿过种子层。

8.4　种子处理

种子处理泛指播种前对种子采取的各种预措。广义的种子处理不仅是指播种前对种子的各种预措，而且还指对种子一生，即包括从种胚的形成、发育到种子成熟收获、加工调制的种子生产过程以及贮藏中直至播种前和播种过程中，人为施加于种子的各种处理，亦即凡是在种子一生中任何时期人为施加的各种处理方法均称为种子处理。狭义的种子处理一般包括物理处理、化学处理和生物处理。种子处理是种子加工技术的重要组成部分，是提高种子商品性、播种质量的重要手段。种子处理的普及和应用水平已成为一个国家种子工作水平高低的标志之一。

种子处理技术是多种科学技术的集成，并随着科技突破而进展迅速。种子处理技术不仅涉及种子科学知识、植物病虫害和农药科学知识，还涉及机械科学知识和环境保护知识。一种新的种子处理方法的出现，又会引起种子贮藏、运输、包装、田间栽培技术的相应变革。随着人们环境保护意识的增强，人们在进行种子处理的过程中既要考虑病虫害的防治效果，又要考虑尽量减少种子处理剂对自然环境的污染。

8.4.1　种子处理概述

种子处理方法多种多样，大体可分为物理法、化学法、生物法和引发处理。物理法主要包括温水浸种、电场处理、磁化处理、射线处理等。化学法是利用杀虫剂、杀菌剂和其他化学制剂对种子进行处理。生物法是利用有益微生物对种子进行处理。引发主要通过渗透调节、温度调节、气体调节、激素调节等来达到提高种子活力的目的。如果按处理手段分类，则又可分为人工处理和机械处理两种。人工处理又可分为浸种、闷种、拌种等。机械处理则有拌药、包衣、丸粒化等。按使用药剂剂型分类，又可分为粉剂处理、液剂处理和浆剂处理。按施加药剂的种类来分，可分为杀虫剂处理、杀菌剂处理、微量元素处理、种衣剂处理等。根据处理剂的组成成分分类，又可分为单元型药剂处理和复合型药剂处理。在实际应用中，要根据不同情况选择不同的处理方法。

采取不同的方法对种子进行处理，或可以提高种子活力，刺激种子萌发和促进幼苗生长，或有效防止地下地上病虫害的发生，减缓种子劣变进程，还有利于机械播种和节约用种量。种子处理是实现种子标准化和商品化的重要技术环节。高质量的种子经处理后更能发挥优良品种的潜力，这样就提高了商品种子的市场竞争能力。

8.4.2　种子的物理因素处理

种子的物理因素处理，主要是指在播种前或在种子加工过程中，对种子进行光、电、磁、热、射线等物理手段处理，其目的是提高活力、促进萌发、防治病虫害、解除休眠等。

8.4.2.1　温度处理

在我国农业生产中，使用温度处理种子来达到杀虫灭菌目的的简单种子处理方法有悠久的历史。简单的温度处理方法主要包括温水浸种和层积处理。

（1）温水浸种　温水浸种就是利用一定温度的水浸泡种子，既可解除种子休眠，促进种子发芽，又可灭菌防病，增强种子抗性。温水浸种又分恒温浸种和变温浸种两种处理方式。恒温浸种是指在浸种过程中水温保持恒定不变。变温浸种是指种子要在两个或两个以上不同温度的水中轮换浸泡，包括冷浸日晒和冷水温水浸种。这两种方式各有利弊，恒温浸种一般水温比较低，浸种时间长，方法简便，较为安全；而变温浸种要求的水温高，浸种时间短，灭菌效果比恒温浸种好，但是如果温度控制不当往往会引起种子不安全问题的发生。温水浸种的种子处理方法在蔬菜种子、稻麦种子上的应用效果较好，但应注意水温和处理时间的控制。

（2）层积处理　种子的层积处理包括低温层积处理和变温层积处理两种处理方式。低温层积处理也称为低温层积催芽，是指在低温（3～5 ℃）条件下，将种子和沙分层堆积的一种种子处理方法。低温层积处理可有效解除种子休眠，为种子萌发做好物质及能量上的准备。变温层积处理是指用高温与低温交替进行催芽的种子处理方法，即先用高温（15～25 ℃）后用低温（0～5 ℃），必要时再用高温进行短时间的催芽。红松、山楂、黄栌等林木种子采用低温层积时，需要的时间较长，而用变温层积处理则催芽效果好，需要时间短。变温层积的温度和时间因植物种子种类而异。

8.4.2.2　电场处理

电场处理可分为电流场处理和电压场处理（包括静电处理和电晕场处理）两种方法。种子经过电场处理后，种子内脱氢酶、淀粉酶、酸性磷酸酶、过氧化氢酶等多种酶的活性提高，因此能有效地提高种子活力，促进种子的萌发。

（1）低频电流处理　低频电流处理是将种子放在绝缘容器内，以种子或浸种水为通电介质，容器两边各放一金属片作电极板，通入低频电流（200 V，50 Hz）。处理时间和电流因种子类型而异，一般电流为 0.1～1.0 A，处理时间为 15～30 min。水稻、大麦、小麦等种子预先浸种 24 h 后，再经低频电流处理，种被透水性和酶活性均增强，发芽出苗迅速。

（2）静电和电晕场处理　静电处理是将种子置于直流静电场中进行处理的种子处理方法。静电处理时应根据作物的种类施加不同的电场，因为正负电场处理对种子的活力影响不同。例如负电场处理莴苣种子能促进发芽，正电场则抑制发芽；青椒种子用+200 kV/m 电场处理的幼苗生长优于对照，而用－200 kV/m 电场处理的幼苗生长较差。静电处理时，影响处理效果的参数主要有电场强度和处理时间。参数的一般选择原则是，电场强度高则处理时间短，电场强度低则处理时间长。综合有关研究结果，处理农作物种子的最佳电场强度为±（100～550）kV/m，时间为 3 s 至 2 h；蔬菜种子静电场强度为 50～250 kV/m，处理时间为 1～1.5 min。电晕场处理是放电电场，处理方式与静电场相似，处理效果明显好于静电场。

8.4.2.3　磁场处理

磁场处理种子的方法主要有两种，一种是应用磁场直接处理干种子，另一种是磁化水处理。磁场直接处理是用铁、钴、镍等合金制成永久性磁场，通过调节磁场的距离以获得不同的场强，将种子置于其间进行处理。磁化水处理是指，让水以一定的流速通过磁场切割磁力线，以获得经磁场处理的水即磁化水，再用磁化水对种子进行处理。种子促活机就是专门用于种子磁场处理的设备。磁场处理的主要参数是场强和时间，不同作物种子对场强大小的敏感度不同，不同场强所产生的效应也不同。微弱的磁场能促进种子中酶的活化，提高发芽势。一般认为粮食作物种子的适宜场强为 0.15～0.20 T，蔬菜种子为 0.1～0.4 T，瓜类种子为 0.2～0.4 T。在水稻、小麦、番茄、菜豆等种子上的磁场处理试验表明，处理可大大提高种子的发芽势和发芽率，并刺激生根和提高根系活力。

种子磁场处理的效应是使细胞、生物大分子极化或磁化，改变生物大分子的构象，使酶活性发生变化，生物膜的通透性增强，某些酶活性增强，内源激素含量发生变化，生理活性物质发生显著变化，种子活力提高，发芽势和发芽率提高。

8.4.2.4　射线处理

射线处理是指用 α 射、β 射、γ 射、X 射线等低剂量（2.58×10^{-2}～2.58×10^{-1} C/kg）辐照种子的处理方法。射线处理可促进种子萌发和增加产量。有试验表明，用 0.129～0.258 C/kg 的剂量进行射线处理，可使种子提早萌发和提早成熟。例如采用^{60}Co γ 射线对烤烟种子进行预处理，可提高烤烟种子的发芽势、发芽率和抗病能力；用 1～5 Gy 剂量的 X 射线辐照甘草种子，发芽率比对照提高 60%。

用低功率激光照射种子，有提高发芽率、促进幼苗生长、早熟、增产和杀虫抗病的作用。由于激光对植物有机体有着各种复合效应（光、热、电磁场等效应），种子经一定剂量的激光照射刺激后，加强了表面及内部组织的吸水性和透气性，能增强酶的活性，促进新陈代谢，提高种子发芽率，增加抗病能力，起到早熟和增产的作用。

8.4.2.5　等离子体处理

等离子体不是一种特殊物质，而是物体存在的一种状态，也被称为物体的第四种状态。当物体被加热到足够高的温度或其他原因，原子核外电子脱离原子核的束缚，称为自由电子。失去电子的原子核成为带正电的离子，它与电子所带的负电的电量相等，物体整体并不带电，所以称为等离子体。

等离子体处理种子的技术源于航天试验。在航天试验中发现，卫星搭载的作物种子经太空中的等离子体及宇宙射线等作用，激活了作物某些潜在的增产因素，返回地面后种植，作物表现出较强的抗逆性，作物产量和品质得到明显提升。2000 年吉林省农业科学院率先进行等离子体种子处理技术的应用研究。大量研究表明，利用等离子体处理技术可提高种子的活力，使发芽率显著提高，出苗整齐，根系发达，产量提高。

等离子体处理的效应：a. 可以提高种子活力。等离子体处理种子后，种子内过氧化物酶同工酶等多种酶的活性提高，可有效地提高种子活力，并促进种子提前发芽、幼苗生长和根系发育。b. 可提高作物的抗逆性。种子经等离子体处理后，幼苗的超氧化物歧化酶、过氧化物酶含量及活性明显提高，脯氨酸含量明显提高，因而增强了作物的抗逆性。c. 可以快速灭菌。等离子体产生的臭氧、紫外线可迅速杀灭种子表面的致病菌，例如黄瓜种子的真菌病菌等。

8.4.2.6　微波处理

微波是指波长为 1～1 000 mm 的电磁波，其频率为 300～300 000 MHz。利用微波处理种子，可以有效地杀灭种子内外的病菌，提高种子的发芽率，加快萌发速度，促进生长发育，提高作物产量。利用微波 1.25 W/（h·kg）处理水稻种子，处理的水稻株高比对照高 4.0 cm；穗长比对照短 0.2 cm；穗数多 29 个/m^2；每穗粒数多 4.3 个；空瘪率降低 1.22%；千粒重增加 0.51 g；增产效果显著，比对照区增产 366.0 kg/hm^2，增产率达到 5.11%。

8.4.3　种子的化学因素处理

种子的化学因素处理是指播种前或在种子加工过程中，使用各种化学药剂对种子进行的处理，旨在杀灭病虫，是目前应用最广的种子处理方法。

8.4.3.1　浸种和闷种

（1）浸种　浸种是把种子浸在一定浓度的药液里，经一定时间后，使种子吸收和黏附药剂，再取出晾干播种，从而杀灭种子表面和内部病菌的种子处理方法。浸种操作简便，无须特殊设备，对药剂物理性质的要求不高，药液可以反复使用。目前溶于水的药剂加工剂型有可湿性粉剂、水剂、乳剂和胶悬剂。应特别注意，不能用粉剂浸种，因为粉剂不溶于水，浮于水面或下沉，种子着药不匀，达不到浸种灭菌效果。一般浸种的药剂浓度和浸种时间有关，浓度低时浸种时间可略长，浓度高时浸种时间要短。若不能准确掌握好药液浓度和浸种时间，就容易发生药害或降低浸种效果。浸种时药液液面要高出种子 10～15 cm，以免种子吸水膨胀后露出药液面，造成吸附不均匀而影响浸种效果。浸种后要用清水及时洗去种子表面附着的药剂，并摊开晾干。

（2）闷种　闷种是用有效成分较高的药液浸湿种子或喷洒在种子表面上，并充分拌匀，而后把处理过的种子堆放在一起，加上覆盖物闷熏一段时间，充分发挥药剂的熏蒸作用以提高杀菌药效的种子处理方法。闷种法也称为半干法。闷种所选用的杀菌剂大多具挥发性强，常用的闷种药剂有 40%福尔马林稀释液、抗菌剂“401”和“402”等。闷种用药量因种子类别而异。闷种时间要根据药液浓度、种子种类和防治对象来确定。一般闷过的种子应在 2 d内播种。

8.4.3.2　拌种和熏蒸

（1）拌种　拌种是用干燥的药粉与干燥的种子在播种前混合搅拌，使每粒种子表面都均匀地黏附一层药粉，形成药衣或药膜，以杀死种子表面或内部病菌的种子处理方法。拌种的具体操作是，先把一定量的种子与药剂分 3～4 次放入滚筒拌种箱内，药剂装入时应尽量撒布均匀，装毕加盖，摇动拌种箱滚动拌种。拌种箱内装入的种子量应为箱子最大容量的 2/3～3/4，这样可以保证拌种箱内有一定的空间，以便种子在拌药过程中翻动，使种子与药粉均匀接触。拌种时应选用内吸性强的杀菌剂，或根据具体防治对象选用杀菌效果好的剂型。拌种用药量应根据不同作物种子的要求确定，一般用药量为种子质量的 0.2%。要使药剂全部均匀地黏附在种子表面，药粉在种子上紧紧贴附且不易脱落。拌种后的种子如果受潮则容易产生药害，故种子拌药后若一时不能播种，应贮放在干燥处，避免受潮。

（2）熏蒸　熏蒸是在相对密闭的场所或种子容器中使用有毒气体进行杀虫和灭菌的种子处理方法。熏蒸的主要目的是灭虫，也可用于杀灭病原物。熏蒸时常用的药剂有溴甲烷、环氧乙烷、硫酰氟、二溴氯丙烷等。熏蒸时为了兼治多种病虫害，常将几种杀菌剂、或杀菌剂与杀虫剂混合熏蒸种子。著名的“五西合剂”就是将防治棉花炭疽病菌、红腐病菌的西力生与防治立枯病菌的特效药五氯硝基苯混合配成的。又如把福美双与地茂散以不同比例进行混配，混剂的增效作用也很明显。

8.4.3.3　低剂量半干法和热化学法

（1）低剂量半干法　低剂量半干法是采用非常低的药剂用量来处理种子的方法。即先把药液尽量均匀地倒在拌种箱的壁上，然后装入种子，加盖后混合，使药剂均匀分布在种子上。低剂量半干法的用药量一般只有闷种法用药量的 1/10。由于该法的药液用量很少而浓度很高，故用此法处理过的种子含水量增加不大，可以较长时间贮存。

（2）热化学法　热化学法是指用热的药液处理种子，以提高杀菌效力的种子处理方法。此法实际上是热水处理与化学处理相结合的方法。例如用 55～60 ℃的 0.2%二硝基硫氰化苯的药液浸棉花种子 30 min，或用 55～60 ℃的抗菌剂“402”2 000 倍液处理 30 min，可防治棉花种子携带的枯萎病菌，效果良好。由于热水促进了化学药剂的渗透作用，故增强了防病效果。此法可以减少药剂的消耗量，缩短浸种时间，所用的药液浓度一般可以是浸种用药液浓度的几分之一。此法常用于果实处理和防治种子贮藏期病害。

8.4.4　种子包衣和种子丸化

种子包衣和种子丸化，是利用种衣剂或丸化剂对种子进行处理的技术，在目前的种子处理中应用极其广泛。

8.4.4.1　种子包衣

种子包衣指利用非种子物质包裹在种子表面，在种子表面形成一层膜，并不明显改变种子形状和大小的种子处理方法。经包衣处理后的种子称为包衣种子。种子包衣适合于绝大多数大中粒种子。种衣剂包括成膜剂、黏着剂、杀菌剂、杀虫剂、染色剂、填充剂等物质。

（1）种衣剂的类型　种衣剂按形态分为干粉型种衣剂和悬浮型种衣剂。按其组成成分和性能的不同分为农药型、肥料型、生物型、复合型、特异型等。农药型种衣剂的主要目的是防治种子和土壤病害和虫害，其主要成分是农药，是当前应用最普遍和最广泛的一种类型。肥料型种衣剂是添加肥料和生长促进物质，以促进苗期生长为目的种衣剂。生物型种衣剂是应用现代生物技术研制而成的一种微生物型种衣剂，是筛选有益植物生长的根生菌处理，以达到防病的目的。复合型种衣剂是为防病、提高抗性、促进生长等多种目的而设计的复合配方类型，其化学成分有农药、微量元素肥料、植物生长调节剂或抗性物质等，目前我国开发的许多种衣剂都属这种类型。复合型种衣剂适应范围广，易为群众接受，但其缺点是针对性差。特异型种衣剂是根据不同种子和不同目的而专门设计的种衣剂，例如为水稻旱育秧而设计的高吸水种衣剂、蓄水抗旱种衣剂、抗流失种衣剂、调节花期种衣剂等属于此类型。

（2）种衣剂的化学成分　目前使用的种衣剂的成分主要由有效活性成分和非活性成分两部分组成。

①有效活性成分　有效活性成分是指对种子和作物生长发育起作用的主要成分，主要包括农药、微量元素肥料、激素、菌肥等。目前我国应用于种衣剂的农药有效成分主要有氟虫腈、咯菌腈、精甲霜灵、吡虫啉、苯醚甲环唑、多菌灵、福美双、克百威等。微量元素肥料主要有硼、锌、镁等。植物生长调节剂主要有赤霉素和萘乙酸等。

②非活性成分　非活性成分是指种衣剂中有效活性成分之外的配套助剂，其作用是保持种衣剂的物理性状。非活性成分主要包括成膜剂、交链剂、乳化湿润悬浮剂、抗冻剂、渗透剂、稳定剂、消泡剂、着色剂以及丸化种子用的黏着剂、填充剂、染料等。其中，成膜剂是种子包衣剂的关键助剂，其作用是使种衣剂包被种子后能立即固化成膜，形成种衣，它在土壤中遇水几乎不溶解，但能吸胀透水透气，保证种子正常发芽生长，并使药、肥料缓慢释放，例如用于大豆种子的乙基纤维素（EC）、用于甜菜种子的聚吡咯烷酮等。交链剂的作用是促进成膜剂在种子表面交链固化成膜。乳化湿润悬浮剂的作用是使种衣乳化、湿润和悬浮均匀。稳定剂亦称为胶体保护剂，例如环糊精等。防冻剂有乙二醇等。消泡剂有正辛醇、二甲基硅油等。着色剂有若达明 B、酸性大红 GR、酸性红 G、苹果红、草绿等，按不同比例配比，可得到多种颜色。着色剂一方面可作为识别种子的标志，另一方面也可作为警戒色，防止鸟雀取食。种子丸化的黏着剂主要为高分子聚合物，例如阿拉伯树胶、淀粉、羧甲基纤维素、甲基纤维素、乙基纤维素、聚乙烯醋酸纤维盐、藻朊酸钠、聚偏二氯乙烯（PVDC）、聚乙烯氧化物（PEO）、聚乙烯醇（PVOH）等。填充剂的材料较多，有黏土、硅藻土、泥炭、云母、蛭石、珍珠岩、活性炭、磷矿粉等。

（3）种衣剂的理化特性　优良包膜型种衣剂的理化特性应达到以下要求。

①成膜性好　成膜性是种衣剂的关键物理特性，也是衡量种衣剂品质好坏的重要指标，优良包膜型种衣剂要求能迅速固化成膜（种衣剂在种子表面的固化成膜时间一般不超过 15 min），种子不粘连，不结块。

②种衣牢度高　种衣牢度是指种衣剂薄膜在种子表面黏附的牢固程度，一般用脱落率来表示，要求脱落率不高于 0.7%。

③黏度适当　黏度是种衣剂黏着在种子上牢固度的关键影响因素，不同种子的黏度要求不同，一般为 150～400 mPa·s，小麦、大豆种子要求在 180～270 mPa·s，玉米种子要求在 50～250 mPa·s，棉花种子要求在 250～400 mPa·s。

④细度合理　细度是成膜性好坏的基础，种衣剂细度标准为 2～4 μm，其中要求 2 μm 的粒子占 95%以上，4 μm 以下的粒子占 97%以上。

⑤缓释性良好　种衣剂能透气、透水，有再湿性，播种后吸水很快膨胀，但不立即溶于水，缓慢释放药效，药效一般维持 45～60 d。

⑥纯度高 纯度是指所用原料的纯度，要求有效成分含量要高。

⑦酸度适宜 种衣剂的酸度决定是否影响种子发芽和贮藏期的稳定性，要求种衣剂为微酸性至中性，一般 pH 以 6.8～7.2 为宜。

⑧贮存稳定性好 种衣剂要求冬季不结冰，夏季有效成分不分解，一般可贮存 2 年。

⑨生物活性高 种子经包衣后的发芽率和出苗率应与未包衣的种子相仿，对病虫害的防治效果应较高。

8.4.4.2 种子丸化

种子丸化是利用黏着剂，将杀菌剂、杀虫剂、染料和填充剂等非种子物质黏着在种子外面，通常做成在大小和形状上没有明显差异的单粒种子单位，以利机械播种的种子处理方法。丸化主要适用于小粒农作物、蔬菜等种子，例如油菜、烟草、胡萝卜、白菜、甘蓝、甜菜等的种子。因种子丸化时加入了填充剂（如滑石粉）等惰性材料，所以丸化种子的体积和质量都有增加，千粒重也增加。

(1) 种子丸化的基本工艺 种子丸化的基本工艺是：种子清选→用黏着剂浸湿种子→与杀虫剂、杀菌剂、除草剂、营养物质混合→与填充剂混合搅拌→丸粒化成型→热风干燥→按粒度筛选分级→检验→计量称量→包装。

(2) 种子丸化的基本方法 种子丸化的基本方法有旋转法和飘浮法。

①旋转法 旋转法即在水平滚筒中设置喷液管和丸衣粉输送器，清选后的种子从进料口流入滚筒，随筒身的旋转而不断滚动，同时喷液与撒粉，加入各种药剂和辅助剂，经过一段时间后形成具有丸壳的种子。分层丸化时，随着丸径的增大，表面积也加大，当丸径达到预定大小时喷浓胶和撒细粉，此时可掺入不同警戒色。丸化后的种子进入热风干燥器进行干燥，然后筛选分级，将合格的丸化种子进行计量包装。

②飘浮法 飘浮法即用风机把具有一定温度的空气送入丸化筒，丸化筒中的种子因受上升气流的作用而呈悬浮状态，再通过空气压缩机将粉料和助剂送入丸化筒中。在丸化筒中，种子表皮和粉末之间产生黏附力，丸径不断扩大。种子在气流中的相互撞击和摩擦使黏结牢固，外表光滑，最后形成丸粒。丸化种子则定量定时加入各种成分，在丸衣罐内滚动至一定体积，过筛，染色，最后完成丸化。

8.4.5 种子带和种子毯

(1) 种子带 种子带是用纸或其他材料制成狭带，种子随机排列成簇状或单行于其上的种子处理方法。种子带可以铺在田间作种植之用。制作时将种子在胶液中浸渍，再铺在纸带上，干后将纸带卷成圆筒。使用纸带时，使种子在适宜温度下吸湿促其萌发，并注意保湿。萌发后可将纸带铺在田间。例如小粒蔬菜和草坪种子常用此法。

(2) 种子毯 种子毯是用纸或其他材料制成很薄但面积较大的毯状物，种子以条状、簇状或随机散布在整片种子毯上的种子处理方法。种子毯可铺在田间作种植之用。种子毯的制作和使用的方法与种子带相类似，一般亦用于小粒种子。

8.4.6 种子引发

种子引发主要通过渗透调节、温度调节、气体调节、激素调节等来达到提高种子活力的目的。种子引发的概念最早由 Heydecker 等在 1973 年提出，早期的引发也称为渗透调节，主要是控制种子缓慢吸水和逐步回干的一种种子处理技术。种子经过引发处理后，活力增强，抗逆性增强，耐低温，出苗快而齐，成苗率高，从而间接节约种子，降低成本，提高效益。目前种子引发处理技术应用较多的，主要包括石刁柏、茄子、甘蓝、辣椒等名贵蔬菜、花卉种子，大粒的农作物种子生产上应用较少。

8.4.6.1　种子引发原理

干种子吸水依次有吸胀、滞缓和胚根突破种皮后的快速吸水 3 个阶段。种子引发是将种子用高渗溶液浸泡处理，通过控制种子吸水进程，使种子缓慢吸收水分而停留在吸水和吸氧的发芽第二阶段（滞缓阶段），此时种子处在细胞膜、细胞器和 DNA 的修复，酶活化发芽准备和适应环境的代谢状态。此阶段由于完成了一些有利于其后萌发及生长的物质代谢过程而使其萌发能力及抗逆能力有了明显提高。种子引发完成后再将种子逐步缓慢回干。

8.4.6.2　种子引发方法

种子引发常用的方法有液体引发、固体基质引发、滚筒引发和生物引发。

（1）液体引发　液体引发是以溶质作为引发剂，种子置于溶液湿润的滤纸上或浸于溶液中，通过控制溶液的水势，调节种子吸水量。最常用的引发剂是聚乙二醇（PEG），它是一种高分子有机化合物，相对分子量约为 6 000 或 8 000，无毒，黏度大，溶液通气性差，不能透过细胞壁进入细胞。很多种类物质可以用于种子的引发。应用单一药剂进行处理的，有 Na_2HPO_4、$Al(NO_3)_3$、$Co(NO_3)_2$、KNO_3、K_3PO_4、NaCl、$MgSO_4$、KH_2PO_4、NH_4NO_3、$Ca(NO_3)_2$、$NaNO_3$、KCl、丙三醇（甘油）、甜菜碱、甘露醇、脯氨酸、聚乙二醇（PEG）、交联型聚丙烯酸钠（SPP）；或几种药剂混合作为处理溶液，如 $KNO_3+K_3PO_4$、$KNO_3+K_2HPO_4$、$KH_2PO_4+(NH_4)_2HPO_4$、PEG＋NaCl、K_3PO_4＋BA（苄基腺嘌呤）、PEG＋链霉素、PEG＋四环素、聚乙二醇＋壳梭孢菌素、聚乙二醇＋金霉素、聚乙二醇＋福美双、聚乙二醇＋福美双＋苄基青霉素、聚乙二醇＋$GA_{4\sim7}$＋乙烯利，甚至用海藻悬液进行引发。盐溶液在种子引发期间有两方面作用，其一，盐溶质作为一个渗透物质调节水分进入种子；其二，盐离子可能进入胚部细胞影响预发芽代谢。在种子引发过程中，由于种子在高湿温暖的条件下极易受到真菌等微生物的侵染和危害，因此在种子引发过程中应注意病原菌的抑制。

（2）固体基质引发　固体基质引发是通过种子与固体颗粒、水以一定比例混合在闭合的条件下，控制种子吸胀达到一定的含水量，但防止种子胚根的伸出。大部分水被固相基质载体所吸附，干种子表现负水势而从固相载体中吸水直至平衡。理想的引发固体基质应具备下列要求：具有较高的持水能力；对种子无毒害作用；化学性质稳定；水溶性低；表面积和体积大，容重小；颗粒大小、结构和空隙度可变；引发后易与种子分离。目前常用的固体基质有片状蛭石、页岩、多孔性黏土、软烟煤、合成硅酸钙等。在固体基质引发中，所用的液体成分除水外，还有聚乙二醇溶液和小分子无机盐溶液。种子与固体基质的比例通常为1∶1.53左右，加水量常为固体基质干物质量的 60%～95%。

（3）滚筒引发　滚筒引发体系最早由英国的国际园艺组织建立，目前在某些蔬菜种子上已大规模商用。滚筒引发通常用聚乙二醇或其他药剂作为引发溶液，种子通过半透性膜从渗透液吸收水分保持种子内的水势在一定的水平，足以在种子吸胀的第二阶段（滞缓期）开展代谢活动，但防止胚根伸出种皮。滚筒引发是先将种子放置在铝质滚筒内，然后喷入水汽，滚筒以水平轴转动，速度为 1～2 cm/s。种子在滚筒内吸水 24～48 h，混合均匀一致，当这个时期结束时种子非常丰满，但表面干燥。吸湿种子在滚筒内培养5～15 d，以增强引发的效果，然后用空气流干燥。

(4) 生物引发 生物引发是将种子生物处理与播种前控制吸水方法相结合的种子处理新技术。引发期间利用有益真菌或细菌作为种子保护剂，让其大量繁殖布满种子表面，使幼苗免遭有害菌的侵袭。生物引发的一般步骤是先将种子进行表面消毒，用成膜剂（例如甲基纤维素）包膜种子，然后将种子放在两层发芽纸或纸巾间，在适宜的温度下缓慢吸水至一定水平，引发种子可直接播种。据报道，甜玉米种子用带有荧光假单细菌AB254的1.5%甲基纤维素悬浮液包衣，包衣种子短暂回干2 h，然后在23 ℃下吸水20 h并立即播种，可预防猝倒病。

8.5 种子计量包装

种子计量包装是商品种子产品加工的最后一道工序。计量包装设备兼具称量（计数）和包装两种功能。种子包装应具备商标、定容规格和防潮耐拉包装物，借以提高种子的商品特性，保证种子的安全贮藏和运输。

8.5.1 种子包装材料及其选择

8.5.1.1 种子包装材料的种类和特性

目前应用比较普遍的包装材料主要有麻袋、编织袋、多层纸袋、金属罐、聚乙烯铝箔复合袋、聚乙烯袋等。麻袋强度好，透湿容易，但防湿、防虫和防鼠性能差，一般容量偏大。编织袋具有一定的强度，容量适合装运，但防湿性能不佳，但在其内衬加聚乙烯袋可增强防湿效果。在高温高湿地区也有将编织袋的经纬线进行热合，以提高包装袋的防潮性能。金属罐强度高，透湿率几乎为零，防湿、防光、防淹水、防有害烟气、防虫、防鼠性能好，并适于高速自动包装和封口，是较适宜的种子包装容器，但一般要求罐装种子的水分要低、品质优良。

聚乙烯和聚氯乙烯包装袋为多孔型塑料，不能完全防湿。用这种材料制成的种子袋，密封在里面的干燥种子会慢慢地吸湿。因此其厚度在0.1 mm以上是必要的。但这种防湿包装只有1年左右的有效期。铝箔有许多微孔，但水汽透过率仍很低，厚的铝箔几乎不透水汽。聚乙烯铝箔复合袋强度适当，透湿率极低，也是较适宜的防湿包装材料。该复合袋由数层组成，中间铝箔有微小孔隙，最内及最外层为聚乙烯薄膜，这种包装袋具有很好的防湿效果。一般认为，用这种包装袋包装种子，1年内种子水分不会发生明显变化。纸袋多用漂白亚硫酸盐纸或牛皮纸制成，其表面覆上一层洁白陶土以便印刷。许多纸质种子袋系多层结构，由几层光滑纸或皱纹纸制成。多层纸袋因用途不同而有不同结构。普通多层纸袋的抗破力差，防湿、防虫、防鼠性能差，在非常干燥时会干化，易破损，不能长时间有效保持种子生活力。纸板盒和纸板罐（筒）的多层牛皮纸能在一定时间内保持种子的大多数物理品质无显著变化，并适宜于机械自动包装和封口。

8.5.1.2 种子包装材料和容器的选择

包装容器要按种子种类、种子特性、种子水分、保存期限、贮藏条件、种子用途和运输距离及地区等因素来选择。

多孔纸袋或编织袋一般用于要求通气性好的种子类型（例如豆类），或用于数量大，贮藏在干燥低温场所，保存期限短的批发种子的包装。小纸袋、聚乙烯袋、聚乙烯铝箔复合袋、铁皮罐等通常用于零售种子的包装。铁皮罐、铝盒、塑料瓶、玻璃瓶、聚乙烯铝箔复合袋等容器可用于价高或少量种子长期保存或种质资源保存的包装。在高温高湿的热带和亚热带地区的种子包装，应尽量选择严密防湿的包装容器，并且将种子干燥到安全保存的水分范围内，以防吸湿使种子丧失生活力。

8.5.1.3　种子包装方法

（1）包装数量　目前种子包装方法主要有重量（质量）包装和粒数包装两种。一般农作物和牧草种子采用重量（质量）包装。一般按农业生产规模、播种面积和单位面积用种量来确定包装重量（质量）。如美国大田作物种子每袋22.7～45.4 kg，蔬菜花卉种子每袋11.35～45.40 kg，烟草种子每袋14.175～28.350 g，其他小粒种子可每袋454～2 270 g。我国由于农户生产规模较小，再加上全国各地区间气候与种植技术差异大以及作物种类的不同，因此在包装数量上存在较大差异。例如杂交水稻种子每袋1～5 kg，玉米种子每袋2.5～25 kg，蔬菜种子有每袋4 g、8 g、20 g、100 g、200 g等不同的包装。目前随着种子品质的提高和精量播种需要，对比较昂贵的蔬菜和花卉种子有采用粒数包装的，例如每袋100粒、200粒等包装。因此为适应种子定量和定数包装的需要，种子包装机械也有相应类型。

（2）包装工艺流程　种子包装工艺流程主要包括种子从散装仓库输送到加料箱→称量或计数→装容器→封口→贴（或挂）标签等程序。

先进国家和我国的一些地区种子包装已基本上实现自动化或半自动化操作。种子从散装仓库，通过重力或空气提升器、皮带输送机、升降机等机械运动送到加料箱中，然后进入称量计数设备。当达到预定的质量或体积时，即自动切断种子流，接着种子进入包装机，打开包装容器口，种子流入包装容器，最后种子袋（或容器）经缝口机缝口或封口和贴标签（或预先印上），即完成了包装操作。

8.5.1.4　种子包装的注意事项

（1）种子必须经过精选处理　种子通过精选，将有害成分清除掉，以保证种子净度达到标准要求。经精选后的种子还须进行药剂熏蒸或包衣处理，以保证种子包装后不霉变，不虫蛀。

（2）严格控制种子品质　严格按照国家的种子品质（质量）标准，把好品质关，使种子的纯度、净度、水分、发芽率等指标均符合国家种子标准要求。种子水分应低于种子的安全贮藏水分。

（3）注意种子标签的规范化　必须注意种子标签的内容要求，保证标签的真实性。

（4）选择合适的包装材料和包装规格　应根据不同作物品种、粒型、单位面积用种量及种价，选择不同材料的包装物。

（5）计量准确　包装计量要准确无误，在国家规定的计数（量）允许误差范围内。

（6）文字清晰　种子包装物上印刷的图文要醒目明了，信息完整。

8.5.2　种子标签和使用说明

种子标签是指印刷、粘贴、固定或者附着在种子、种子包装物表面的特定图案及文字说明。使用说明是指对种子的主要性状、主要栽培措施、适应性等使用条件的说明以及风险提示、技术服务等信息。种子标签和使用说明的标注、制作和管理应遵守《农作物种子标签和使用说明管理办法》。

8.5.2.1 种子标签标注内容

种子标签应当标注下列内容。

(1) 作物种类、种子类别、品种名称 作物种类明确至植物分类学的种；种子类别按照常规种和杂交种标注。类别为常规种的按照育种家种子、原种、大田用种标注；品种名称应当符合《农业植物品种命名规定》，一个品种只能标注一个品种名称。审定、登记的品种或授权保护的品种应当使用经批准的品种名称。

(2) 种子生产经营者信息 包括种子生产经营者名称、种子生产经营许可证编号、注册地地址和联系方式。种子生产经营者名称、种子生产经营许可证编号、注册地地址应当与农作物种子生产经营许可证载明内容一致；联系方式为电话、传真，可以加注网络联系方式。

(3) 质量指标和净含量 质量指标是指生产经营者承诺的质量标准，不得低于国家或者行业标准规定；未制定国家标准或行业标准的，按企业标准或者种子生产经营者承诺的质量标准进行标注。质量指标按照质量特性和特性值进行标注。质量特性按照下列规定进行标注：a. 标注品种纯度、净度、发芽率和水分，但不宜标注水分、发芽率、净度等指标的无性繁殖材料、种苗等除外；b. 脱毒繁殖材料按品种纯度、病毒状况和脱毒扩繁代数进行标注；c. 国家标准、行业标准或农业农村部对某些农作物种子有其他质量特性要求的，应当加注。特性值应当标明具体数值，品种纯度、净度、水分保留一位小数，发芽率保留整数。净含量是指种子的实际重量（质量）或者数量，标注内容由“净含量”字样、数字、法定计量单位（kg或者g）或者数量单位（粒或者株）3部分组成。

(4) 检测日期和质量保证期 检测日期是指生产经营者检测质量特性值的年和月，年和月分别用四位和两位数字完整标示。示例：检测日期：2018年08月。质量保证期是指在规定贮存条件下种子生产经营者对种子品质特性值予以保证的承诺时间。标注以月为单位，自检测日期起最长时间不得超过12个月。示例：质量保证期6个月。

(5) 品种适宜种植区域和种植季节 品种适宜种植区域不得超过审定、登记公告及省级农业农村主管部门引种备案公告公布的区域。审定、登记以外作物的适宜区域由生产经营者根据试验确定。种植季节是指适宜播种的时间段，由生产经营者根据试验确定，应当具体到日，采用下列示例：5月1日至5月20日。

(6) 检疫证明编号 检疫证明编号标注产地检疫合格证编号或者植物检疫证书编号。进口种子检疫证明编号标注引进种子、苗木检疫审批单编号。

(7) 信息代码 信息代码以二维码标注，应当包括品种名称、生产经营者名称或进口商名称、单元识别代码、追溯网址等信息。二维码格式及生成要求由农业农村部另行制定。

(8) 其他 属于下列情形之一的，种子标签除标注以上内容外，应当分别加注以下内容。

a. 主要农作物品种，标注品种审定编号；通过两个以上省级审定的，至少标注种子销售所在地省级品种审定编号；引种的主要农作物品种，标注引种备案公告文号。

b. 授权品种，标注品种权号。

c. 已登记的农作物品种，标注品种登记编号。

d. 进口种子，标注进口审批文号及进口商名称、注册地址和联系方式。

e. 药剂处理种子，标注药剂名称、有效成分、含量及人畜误食后解决方案；依据药剂毒性大小，分别注明“高毒”并附骷髅标志、“中等毒”并附十字骨标志、“低毒”字样。

f. 转基因种子，标注“转基因”字样、农业转基因生物安全证书编号。

8.5.2.2　使用说明内容

使用说明应当包括下列内容。

(1) 品种主要性状和主要栽培措施　品种主要性状、主要栽培措施应当如实反映品种的真实状况，主要内容应当与审定或登记公告一致。通过两个以上省级审定的主要农作物品种，标注内容应当与销售地所在省级品种审定公告一致；引种标注内容应当与引种备案信息一致。

(2) 适应性　适应性是指品种在适宜种植地区内不同年度间产量的稳定性、丰产性、抗病性、抗逆性等特性，标注值不得高于品种审定、登记公告载明的内容。审定、登记以外作物适应性的说明，参照登记作物有关要求执行。

(3) 风险提示　风险提示包括种子贮藏条件以及销售区域主要病虫害、高低温、倒伏等因素对品种引发风险的提示及注意事项。

(4) 咨询服务信息。

(5) 其他　除以上内容外，有下列情形之一的，还应当增加相应内容。

a. 属于转基因种子的，应当提示使用时的安全控制措施。

b. 使用说明与标签分别印制的，应当包括品种名称和种子生产经营者信息。

8.5.3　品牌和商标

种子品牌是用于识别种子商品的某个名词、句子、符号、设计图样的组合。它的基本功能是避免不同种类种子产品发生混淆。种子品牌包括品牌名称、品牌标志和商标。种子品牌名称是指品牌中可用语言称谓表达的部分，例如丰乐、“中”字、天禾、利生、绿炬、蒙丰、登海、方圆等品牌和商标都属于可用语言称谓的种子品牌名称。品牌不仅包括能发音的名称，而且还包括以符号、图像、图案、颜色等所显示的品牌标志。

种子商标是经过政府有关部门登记注册的品牌，它受法律保护，有专门的使用权，并且有排他性。所有商标都是品牌。

种子品牌是种子公司发展的最大资产。种子品牌是种子公司种子产品质量、信誉和优良服务的象征。把品牌看成是商誉，集优良品种、优质种子、优良服务于一体，是公司发展的重要策略。种子企业在创种子品牌过程中充分调动职工的积极性和创新能力，集中力量和智慧创品牌，保品牌。一个著名的品牌意味着优良品种和优质种子，一个为种植者牢固记忆、永不忘怀的形象，从而能迅速占领种子市场，获得名牌的市场效益。

复 习 思 考 题

1. 种子清选分级的方法有哪些？其原理是什么？
2. 种子干燥的原理是什么？何时及如何进行缓苏处理？
3. 种子处理的方法及其原理各是什么？
4. 种子标签的内容及其意义各是什么？

第 9 章

种子贮藏原理与技术

种子贮藏是种子企业在经营活动的重要环节。种子的安全贮藏对于保持种子品质、提高企业的效益具有重要意义。本章从种子贮藏条件、贮藏原理、贮藏期间的管理等方面，介绍如何做好种子安全贮藏。

9.1 种子仓库

种子仓库是贮藏种子的主要场所。良好的贮藏条件对于保持种子生活力具有十分重要的意义。因此为保证种子具有优良的播种品质，建造性能良好的种子仓库非常必要。目前常见的种子仓库有许多类型，其性能差异较大。

9.1.1 种子仓库的基本性能要求

(1) 牢固性 地面和仓壁能承受种子的压力、风力和不良气候的影响。从仓顶、仓身到墙基和地坪，都应采用结实耐用的建筑材料，以利于种子安全贮藏。

(2) 防潮性 种子具有很强的吸湿性，因而要求仓房具有防潮性能。引起贮种受潮的原因通常是地坪返潮、仓壁和墙根透潮、房屋渗漏。为此，种子仓库的地坪和仓壁均要采用隔潮性能好的建筑材料（例如沥青）建造。仓房要建在地势高且干燥处，使四周排水通畅。仓内地坪应高于仓外 30～40 cm 或以上。屋檐要有适当宽度，仓外沿墙脚砌泄水坡，并经常保持外墙及墙基干燥，防止雨水积聚渗入墙内。

(3) 隔热性 仓外温度能影响仓库温度和种子温度。种子仓库需要具有良好的隔热性能，以减少仓外温度的对仓库温度和种子温度的影响，使种子较长期地保持低温状态。为此，屋顶可设顶棚，建隔热层；将仓壁表面粉刷成白色或浅色。

(4) 密闭与通风性 密闭的目的是隔绝雨水、潮湿、高温等不良气候对种子的影响，并使药剂熏蒸杀虫达到预期效果。通风的目的是散去仓内的水汽和热量，以防种子长期处在高温高湿条件下影响其生活力。因此仓库门、窗应对称设置，窗户采用翻窗形式，关闭时能做到密闭可靠。同时，窗户位置高低适当，过高则屋檐阻碍空气对流，不利于通风；过低则影响种子仓库利用率。

(5) 防虫、防杂、防鼠、防雀 仓内房顶应设天花板，内壁四周需平整，并用石灰刷白，便于查清虫迹。仓内不留缝隙，既可杜绝害虫的栖息场所，又便于清理种子，防止混杂。库门需装防鼠闸，窗户应装铁丝网，以防鼠雀进入。

（6）种子仓库附近应设晒场、保管室、检验室等 晒场用于处理进仓前的种子，其面积大小视种子仓库而定，一般以相当于种子仓库面积的 2～3 倍为宜。保管室是存放种子仓库器材工具的专用房，其大小可根据种子仓库实际需求和器材多少确定。检验室需设在安静而光线充足的地方。

建仓地点应在经济调查的基础上确定。计划所建种子仓库的类型和大小，既要考虑该地区当前的生产特点，还要考虑该地区的生产发展情况以及今后的远景规划，使种子仓库布局最为合理。

9.1.2 种子仓库的类型

目前我国普遍采用的仓房分为房式仓、恒温恒湿仓、机械化圆筒仓、地下种子仓库、山洞仓等。

（1）房式仓 房式仓外形如一般民用平房，是我国目前已建种子仓库中数量最多的一种类型。因建材不同分为木材结构、砖木结构、钢筋水泥结构等多种。木材结构因取材不易，密闭性能及防鼠、防火等性能较差，现已逐渐被淘汰。目前建造的大部分是钢筋水泥结构的房式仓。这类种子仓库较牢固，密闭性能好，能防鼠、防雀、防火，仓内无柱子，仓顶均设天花板，内壁四周及地坪都铺设防潮的沥青层。这类种子仓库适宜于贮藏散装或包装种子，仓库容量在 1.5×10^5～1.5×10^6 kg。这类仓房建筑形式及结构比较简单，造价较低，但其机械化程度低。

房式仓平面形状一般呈矩形，这样可最有效地利用种子仓库的面积，便于种子的直线运输，适应固定式机械的安装和作业，同时也便于移动式种子机械的移动。

（2）恒温恒湿仓 恒温恒湿仓也称为低温仓，是通过制冷设备及装置，保持和控制种子仓库内的温度和湿度的稳定，使种子在低温干燥条件下贮藏，以延长种子寿命、保持种子活力的一种种子仓库类型。许多发达国家建有恒温恒湿仓，用于贮藏原种。原种贮藏库是为大田生产服务的，贮藏期一般为 3 年，其温度控制在 15 ℃以下，湿度保持在 30%。恒温恒湿仓的主体主要由制冷机械室、种子贮藏室、保管人员工作室等几部分组成。恒温恒湿仓的基本要求是隔热保冷、防潮隔气、结构坚固、经济合理等。

（3）机械化圆筒仓 机械化圆筒仓的仓体呈圆筒形，筒体高大，包括进出仓输送装置、工作塔、筒仓体等。进出仓输送装置的功能是将种子输送进工作塔，或从筒仓体中将种子输送出来。工作塔是用来升运和清理种子用的。工作塔后面设有筒仓体，是用于贮藏种子用的，常由几个到十几个筒仓构成筒仓群。工作塔可以是固定的也可以是移动的。筒仓一般用钢筋水泥制成。一般筒仓高为 15 m，半径为 3～4 m，每筒仓可贮藏种子 2.0×10^5～2.5×10^5 kg。

（4）地下种子仓库 在地下建成的种子仓库称为地下种子仓库，简称地下仓。地下种子仓库的建造不需要钢材、木材，在气候、土质条件好的地方均可建造，建造容易，投资少，同时仓库温度较低且稳定，有利于低温贮藏。地下种子仓库的仓壁、仓底和仓顶都包在不同厚度的土石层中，土层本身是一种隔热材料，导热系数较小。覆土 2.5 m 厚的地下种子仓库，常年的种子温度可控制在 20 ℃以下。在土层 10 m 以下的种子仓库受外温的影响很小，可使种子温度常年保持在 17 ℃以下，东北地区还可以更低些。地下种子仓库密闭性好，便于熏蒸杀虫，而且不占耕地，不足之处是难以防潮，因此在地下水位较高的平原地区和低洼地区不宜采用。另外，若选点设计不当，运输时会有一定的困难。

（5）山洞仓　山洞仓是利用山洞改造而成的，也有新开挖的。山洞仓一般将山洞打通，即两端均可进出，便于通风和运输。山洞仓宽度一般为 5～8 m，长度不等，有的达 500 m 以上。仓顶为拱形，两端都是 2～3 层门，各层门之间相隔 6～8 m，门上有隔热隔潮层，密闭性能好。山洞仓由于精心施工，科学管理，仓内温度可维持在 17 ℃以下，相对湿度常年保持在 70%以下，因而能延长种子寿命，较长时间保持种子生活力。

9.2　种子贮藏期间的变化

种子贮藏后仍须保持较高发芽率，才能满足作物生产的需要。种子在贮藏期间，其代谢活动微弱，这有利于维持一定贮藏期限。但一般种子贮藏后其活力和发芽率下降，特别是在高温高湿条件下种子劣变发生更快。

种子耐贮藏性由遗传、种子发育期间的环境条件、贮藏条件等因素共同决定。种子在贮藏过程中的劣变与细胞内活性氧、自由基的积累及其导致的膜脂过氧化伤害具有直接关系。种子中的不饱和脂肪酸的氧化会引起细胞膜的通透性增强，同时氧化形成的自由基和过氧化物会对蛋白质、膜的结构、细胞组织造成破坏从而导致种子活力丧失。

在种子贮藏阶段，成熟的种子会经历活力下降的不可逆过程，同时种子内的糖、蛋白质、脂肪等物质含量总体会下降，导致种子的活力下降。高活力种子贮藏蛋白的动员能力较强，而劣变种子贮藏蛋白的动员能力下降。种子在劣变过程中其活力下降并不是以等速率递减，而是在开始贮藏的较长一段时间内，生活力下降较为缓慢，尔后进入生活力快速下降阶段。种子生活力快速下降起降点的发芽率在品种间存在很大的差异，下降速率也存在显著差异。在种子发芽率出现明显下降之前，一些活力指标（例如发芽势、根苗干物质量、发芽指数和活力指数）先行出现明显下降。研究发现，脂肪酸氧化酶缺失的水稻种子，耐贮藏性增强。

9.2.1　种子温度的变化

种子温度变化是种子在贮藏过程中安全状态的一个重要标志。由于种子本身的代谢作用和受环境的影响，致使仓内温度发生变化，甚至会出现发热、吸湿回潮、虫霉等异常情况。种子温度在一年中随着气温升降变化具有一定的规律性。掌握这种规律对防止种子发热、保证种子安全有着重要的意义。

9.2.1.1　种子温度日变化

种子温度在一昼夜之间的变化称为种子温度日变化。种子温度随仓库种类的不同而有不同的变化规律。在普通仓内，种子温度日变化有一个最低值和最高值，最低值和最高值出现的时间一般比当地气温最低值和最高值的出现时间迟 2～3 h。种子温度最低值一般出现在上午的 6:00—7:00，最高值一般出现在下午的 17:00—18:00 时，上午 10:00 左右空气温度、仓库温度、表层种子温度相近。种子温度日变化仅表现在种子堆表层 15 cm 左右和沿壁四周，且变化幅度也较小，一般在 0.5～1.0 ℃；距种子堆表面 30 cm 以下几乎无变化。仓库的结构和建筑材料对仓内温度的变化有着很大影响。

9.2.1.2 种子温度年变化

种子温度在一年之中的变化称为种子温度年变化。种子温度年变化随仓库种类的不同而有不同的变化规律。在普通仓内，在气温上升季节（3—8月），种子温度也随之上升，但种子温度低于仓库温度和气温；在气温下降季节（9月至翌年2月），种子温度也随之下降但高于仓库温度和气温。种子温度升降的速度一般要比气温慢0.5～1.0个月，因而表现出当气温开始回升时种子温度却还在继续下降，或当气温开始下降时种子温度却还仍在继续上升。例如每年3月气温开始回升，而种子温度在仍在继续下降，因此一年中最低种子温度出现在3月或3月以后。同理，每年9月气温开始下降，而种子温度在仍在继续上升，因此一年中最高种子温度出现在9月或9月以后。

种子温度年变化在种子堆各层次之间的差异较明显。各层次之间的变化幅度受种子堆的大小、堆放方式（包装与散装）、仓库结构严密程度以及作物种类的影响。一般小型种子堆、袋装堆放、大粒种子及密闭性能差的仓库，种子温度随气温变化较快，种子堆各层次间的温差幅度较小，升降幅度与气温基本上相近；相反，种子温度则随气温变化较慢，种子堆各层次间的温差也较明显。以大型散装仓水稻种子为例，其最高、最低种子温度往往比仓库温度延迟1个月左右才出现。种子堆各层间的种子温度变化速度亦有明显差异，上层种子温度升降较快，每月可升降5～6 ℃；中层次之；下层最慢，每月可升降3～4 ℃。因此种子堆各层次间温差变化幅度较为明显，即在一年中1—3月下层种子温度最高，中层次之，上层最低；6—10月为上层最高，中层其次，下层最低；4—5月与11—12月各层种子温度基本持平。

9.2.2 种子湿度的变化

种子堆湿度的影响主要来自两个方面，一是外界大气湿度（包括仓内空气湿度）的影响，二是种子本身的影响。在普通仓内，种子堆表层湿度的变化受大气湿度的影响较大。种子堆内部的湿度在静止状态下受平衡水分规律的支配，在空气流动状态下受空气对流和扩散作用的影响。种子堆内部一般低温部位和高水分部位湿度最大。

9.2.3 种子水分的变化

种子水分的变化和种子堆湿度的变化一致。在普通仓内，种子水分变化受仓内湿度的影响较大。由于种子吸湿性强，所以其水分变化比温度变化快。

种子水分的日变化，主要发生在普通仓种子堆表层15 cm左右，30 cm以下变化很小。种子湿度一般是每天日出前最高，16:00左右最低，差值随仓内湿度大小变化。种子水分的年变化主要受大气相对湿度的影响，随季节而变化。在正常情况下，低温和雨季空气的相对湿度大时，上层种子水分高；在高温和干旱季节相对湿度小时，种子水分低。种子堆各层的变化也不相同，表层的种子水分变化尤为突出，中层和下层的种子水分变化小。但下层近地面15 cm左右的种子易受地面防潮性能的影响，防潮性能差的地面，种子水分上升较快。表面层和接触地面的种子往往因水分高而易发生结露、发热、霉烂现象，因此必须加强管理。

9.2.4 种子结露及其预防

种子在贮藏过程中，由于受温度和湿度的变化及水分转移的影响，在种子堆内外会出现结露现象。结露是指当湿热的空气和较低温度的种子堆（层）相遇时，种子堆孔隙中的水汽达到饱和时，水汽便凝结在种子表面，形成与露水相似的水滴的现象。结露开始出现时的温度称为露点温度，简称露点。种子结露以后，含水量急剧增加，种子生理活动随之增强，易发生发芽、发热、虫害、霉变等情况。因而预防种子结露，是贮藏期间管理上的一项经常性工作。

9.2.4.1 种子结露类型及其原因

种子堆结露的形成主要原因是温差。只要空气与种子之间存在温差，并达到露点就会发生结露现象。空气湿度愈大，愈容易引起结露。种子水分愈高，结露的温差愈小，种子愈易结露；反之，种子愈干燥，结露的温差愈大，种子愈不易结露。结露的类型及其发生的原因如下。

（1）表层结露　表层结露多发生在开春后，此时外界气温上升，空气湿度较大，湿热空气进入仓库内接触到种子堆表面时，易引起种子表层结露，其发生深度一般在表层 3 cm 左右。表层结露的原因，主要是季节变化导致气温上升或下降，使得种子温度与室外温度相差悬殊，在种子表层发生结露；或者因种面堆放器材导致通风出现死角，引起水分转移而发生结露；环流熏蒸管道预埋不达标或种子堆随时间推移下沉，导致环流熏蒸管道接近甚至露出种面，发生结露；新种子进入仓库时水分超标，未及时通风，易导致表层结露。

（2）底层结露　底层结露常发生在经过暴晒的种子未经冷却，直接堆放在仓内地面上，由于温差较大引起地面结露。也有可能发生在距地面 2～4 cm 的种子层，所以也称为下层结露。底层结露的主要原因是热种子进入仓库与冷地面直接接触，产生较大温差，地面或底部种子吸湿结露；种子堆内部湿热扩散等原因，使种子堆底层水分积聚，导致底层结露。

（3）垂直层结露　垂直层结露易发生在靠近内墙壁和柱子周围的种子上，呈垂直形。内墙壁结露者常见于圆筒仓的南面，因日照强，墙壁传热快，种子传热慢而引起结露。柱子周围结露常发生在钢筋水泥柱子，木质柱子结露的可能性较小。房式仓的西北面在秋冬季也存在结露的可能性。垂直层结露，主要是由于种子与垂直的墙壁、柱子、垂直主管道等部位接触之处，若温差过大易发生结露；自动分级形成的垂直杂质区也容易出现水分积聚，形成结露；墙壁未干或渗水，造成垂直种层内水分积聚，形成结露。

（4）局部结露　种子堆内通常不会发生结露，如果种子堆内存在发热点，而发热点温度又较高时，则在发热点的周围易发生结露。另外，两批不同温度的种子堆放在一起时，或入库时间不同时，易出现温差而引起种子堆内夹层结露。

（5）冷藏种子结露　经过冷藏的种子温度较低，遇到外界热空气也会发生结露，尤其是夏季高温情况下从低温库提取出来的种子，易发生结露。

9.2.4.2 种子结露的预测和预防

（1）种子结露的预测　种子结露是由于空气与种子之间存在温差而引起的，但并不是任何温差都会引起结露，只有达到露点时才会发生结露。为预防种子结露，及时掌握露点温度显得十分重要。预测种子的露点温度，一般采用查露点温差表（表 9-1）的方法。例如已知仓内种子水分为 13%，种子温度为 20 ℃，查表 9-1，在温差约为 12 ℃就有可能发生结露。

表 9-1　种子堆露点温差（℃）

种子温度（℃）	种子水分（%）								
	10	11	12	13	14	15	16	17	18
0	−14	−11	−9	−7	−6	−4	−3	−2	−1
5	−9	−7	−5	−3	−1	0	1	3	4
10	−2	0	1	3	4	5	7	8	9
13	1	3	4	6	7	9	10	11	12
14	2	5	6	7	8	10	11	12	13
15	3	4	6	8	9	10	12	13	14
16	3	5	7	8	10	11	13	14	15
18	4	6	8	10	12	13	15	16	17
20	6	8	10	12	13	15	16	18	19
22	8	10	12	14	15	17	18	20	21
24	10	12	14	16	17	19	20	22	23
26	12	14	16	18	20	21	22	24	25
28	14	16	18	20	22	23	24	26	27
30	16	18	20	22	24	25	26	28	29
32	18	20	22	24	26	27	28	30	31
34	20	22	24	26	28	29	30	32	33

（2）种子结露的预防　防止种子结露的方法，关键在于降低种子与空气、接触物之间的温差。具体措施如下。

①保持种子干燥　干燥能抑制种子生理活动及虫、霉危害，也能使结露的温差增大，在较大的温差条件下也不至于立即发生结露。

②密闭门窗保温　在季节转换时期，气温变化大，密闭门窗，尽可能少出入仓库，尽可能减少外界湿热空气进入仓库内，可预防结露。

③表面覆盖移湿　春季在种子表面覆盖1～2层麻袋片，可起到一定的缓和作用，即使结露也是发生在麻袋片上，到天晴时将麻袋移置仓外晒干冷却再使用。

④翻动表层散热　秋末冬初气温下降，经常翻动种子深至20～30 cm的表层，必要时可扒深沟散热，可防止上层结露。

⑤种子冷却入库　经晒干或烘干种子，除热处理之外，都应冷却入库，可防底层结露。

⑥柱子围包　有柱子的仓库，可将柱子整体用一层麻袋包扎，或用4～5层报纸包扎，可防柱子周围的种子结露。

⑦通风降温排湿　气温下降后，如果种子堆内温度过高，可采用机械通风方法降温，使之降至与气温接近，可防止上层结露。对于采用塑料薄膜覆盖贮藏的种子堆，在10月中下旬揭去薄膜改为通风贮藏。

⑧仓内空间增温　将门窗密封，适当提高仓内温度，提高空气持湿能力，缩小温差，可防上层结露。

⑨冷藏种子增温　在高温季节，冷藏种子出库前放在干燥的环境内使之与外界气温平

衡，可防结露。

9.2.4.3　种子结露的处理

当种子发生结露时，应及时采取措施加以处理。处理措施主要是降低种子水分，以防进一步发展蔓延而造成更大的损失。在处理时，要根据具体情况深入分析，采取经济有效的处理措施，坚持局部结露局部处理的原则，区别轻重，分别处理。处理必须彻底，以防止损失扩大，同时，也应防止盲目翻倒，造成浪费。处理方法如下。

（1）挖沟翻倒　种子堆上层结露时，可根据其结露程度、部位和发生的季节，采取翻倒种面、扒沟自然通风的方式进行降温散湿。

（2）熏蒸　对因仓库害虫猖獗而引起的结露，应及时采取熏蒸措施，杀死害虫。如处于入仓过程，可利用害虫的上爬性，在种面起几个堆尖，人工筛虫灭杀，或用敌敌畏喷洒灭杀。

（3）机械通风　对种子温度变化引起的结露，如果范围过大，可采取整仓大功率机械通风。如果范围较小，可采取单管风机或通风机组在结露部位局部通风，及时降温散湿。

（4）过筛除杂　对因种子中杂质过多、集中引起的结露，在通风降温散湿后，可对结露部位的种子进行过筛除杂，进行彻底解决。

（5）晾晒甚至倒仓　结露严重的种子，必须移出仓外，进行晾晒或烘干。当因气候原因无法晾晒，也无烘干通风设备时，可根据结露部位采用就仓吸湿的办法，即将生石灰用麻袋灌包扎口，平埋在结露部位让其吸湿降水，经过 4～5 d 取出。如果种子水分仍达不到安全标准，可更换石灰再埋入，直至达到安全水分为止。全仓结露严重时，尤其是垂直层及底层结露较多时，必须倒仓处理，既彻底解决结露的问题，找出结露的原因，又可杜绝结露现象的再次发生。

9.2.5　种子发热及其预防

种子温度在数日内超出仓库温度影响的范围，发生异常上升的现象称为种子发热。

9.2.5.1　种子发热的原因

（1）种子生理代谢旺盛　种子是有生命的有机体，即使在比较干燥的情况下，仍进行着生理代谢活动，缓慢地释放出水分和热量，这些水分和热量如果得不到及时散发，在种子体内不断地积聚，促使种子生命活动加剧，放出更多的水分和热量，久而久之，就有可能引起种子发热。这种情况多发生于新收获或受潮的或高水分种子。

（2）微生物和仓库害虫活动　由于种子堆内积聚了大量的水分和热量，有利于微生物生长、繁殖。微生物在生长、繁殖过程中释放出的水分和热量，比相同条件下种子呼吸放出的要多许多倍。实践证明，种子发热往往伴随着种子发霉。因此种子本身呼吸和微生物活动的共同作用，是导致种子发热的主要原因。有些仓库害虫（如谷蠹类），如果大量繁殖活动，也可能会促使种子发热。

（3）种子堆放不合理　种子堆各层之间和局部之间温差较大，造成水分转移、结露等情况，也易引起种子发热。

（4）仓房条件差或管理不当　有的仓库封闭不严，发生渗漏情况，引起种子吸湿返潮，也是造成种子发热的原因之一。

9.2.5.2 种子发热的类型

种子发热的类型与结露类似，可分上层发热、下层发热、垂直发热、局部发热和整仓（囤）发热。上述前4种发热类型中，无论哪种发热类型发生，如不迅速处理，都有可能导致整仓（囤）种子发热。尤其是下层发热，管理上容易被疏忽，最容易发展为全仓发热。

9.2.5.3 种子发热的预防

防止种子发热首要的是防止结露，降低种子水分和减少温度变化是防止结露的措施。因此预防种子发热首先要降低水分，其次注意以下几点。

（1）严格掌握入库种子的品质 在贮藏前种子应充分晾晒、扬净并严格检验，使其水分、净度等达到安全贮存标准后才能入库贮存。入库前必须严格进行清选、干燥和分级，达不到标准的不能入库，对需长期贮藏的种子，要求应更加严格。入库时，种子必须经过冷却（热进仓处理的除外）。这是防止种子发热，确保安全贮藏的基本措施。

（2）做好清仓消毒，改善仓库贮藏条件 种子仓库应建造在地势高、地下水位低和向阳背风的地方。仓房必须具备通风、密闭、隔湿、防热等条件，以便在必要时做好密闭工作；而当仓内温度和湿度高于仓外时，能及时通风，如对没有充分晾晒的种子或后熟作用时间较长的作物种子，贮藏初期应进行通风，以降温散湿，使种子长期处在干燥、低温、密闭的条件下，确保安全贮藏。

（3）加强管理，勤于检查 应根据气候变化规律和种子生理状况，制定具体的管理措施，及时检查仓库温度和湿度，及早发现问题，采取对策，如通风换气、深耙种子堆表面、翻仓倒囤、晾晒除杂等，以散潮降温。采用晾晒、冷冻等方法，创造不利于害虫和微生物生存的条件，同时也能直接杀死害虫和微生物。如果虫害较严重或不易翻仓倒囤进行晾晒，可用80%敌敌畏熏杀或用磷化铝蒸熏。

种子发热后，应根据种子结露发热的严重程度，采用翻耙、开沟等措施及时排除热量，必要时采用翻仓、摊晾、通风等办法降温散湿。发热过的种子必须测定发芽率，凡已丧失生活力的种子，均不应再作为种子用。

9.3 种子贮藏期管理

种子贮藏期管理是种子贮藏的重要工作内容，这对于保证种子贮藏质量、保持种子活力和生活力、防止种子混杂和发热霉变至关重要。种子贮藏期管理的任务，就是控制贮藏条件以降低种子生理代谢水平，使种子贮藏物质的损耗降到最低限度，以保持种子的活力和生活力，防止种子贮藏期间混杂、劣变和发热霉变，保证种子的贮藏质量。

9.3.1 种子入库前的准备

种子入库前的准备包括种子的准备和种子仓库的准备两个方面，具体包括种子的干燥清选、质量检验、分级、种子仓库的全面检查与维修、种子仓库的清仓消毒等。

9.3.1.1 严把种子入库标准

种子必须达到入库标准方能入库。种子入库标准主要是种子水分在安全水分以下。凡不符合入库标准的种子，均不能进仓，须经过处理经检验达到入库标准后才能入库。如果种子品质达不到入库标准，则需要进行再加工。

9.3.1.2　入库前种子的分批

种子入库前要进行分批，做到“五分开”：a. 等级不同的种子要分开。在符合种子入库标准的前提下，应将不同等级的种子分开存放，以免降低种子等级。b. 干种子和湿种子要分开。应按照种子水分不同分开贮藏，一个仓或种子堆的水分差异不应超过1%，以防发生水分转移现象而影响种子贮藏的安全性。c. 受潮和不受潮的种子要分开。受过潮的种子，即使种子水分再降到安全水分，其内部酶的活性依然较强，种子的呼吸速率也较大，贮藏难度较大，必须单独存放。d. 新种子和陈种子要分开。新种子大多具有后熟作用，易产生“出汗”现象，而陈种子的品质多变劣，不耐贮藏，如果新种子与陈种子混存则会影响种子品质。e. 有病虫和无病虫的种子要分开堆放。这主要是为防止病虫蔓延到无病虫种子中。

此外，还应将不同品种严格分开，并将产地、收获年度、收获季节、水分及纯度、净度等有差异的种子分别堆放和处理，使得每批种子都具有较强的均匀性。

9.3.2　种子仓库的准备

种子仓库的准备包括种子仓库安全检查和种子仓库的清仓消毒，这是提高种子贮藏安全性和防止病虫滋生的重要技术环节。

9.3.2.1　种子仓库安全性检查

种子仓库安全性检查是对种子仓库的全面检查，主要针对种子仓库的牢固性、隔热性、防潮性、防鼠防雀性能等的检查，还要检查种子仓库有无裂缝、地面有无破损、门窗是否牢固齐全和关闭灵活紧密等。

9.3.2.2　清仓

清仓包括种子仓库清理与仓库外清洁两个方面。种子仓库清理是将仓库内的异品种种子、杂质、垃圾等全部清除，同时还要清理仓具，剔刮虫窝，修补墙面，嵌缝粉刷。仓库外则应铲除周围的杂草，移走垃圾，排除污水，保持仓库外环境整洁。

9.3.2.3　种子仓库消毒

种子仓库消毒一般采用喷洒和熏蒸药剂的方法。空仓消毒可用敌敌畏、敌百虫等药剂处理。敌敌畏的使用剂量为80%乳油100～200 mg/m^3，可用喷雾法或挂条法施药。喷雾法是用80%敌敌畏乳油1～2 g兑水1 kg，配成0.1%～0.2%的稀释液进行喷雾。挂条法是将宽布条或纸条浸在80%敌敌畏乳油中，然后挂在种子仓库空中，行距约2 m，条距2～3 m，任其自行挥发杀虫。施药后必须密闭门窗72 h以有效地杀灭仓库害虫。用敌百虫消毒，可将敌百虫原液稀释成0.5%～1.0%的水溶液，充分搅拌后，用喷雾器均匀喷洒，用药剂量为30 g/m^3。也可用1%敌百虫水溶液浸渍锯木屑，晒干后进行烟熏杀虫。用药后也要关闭门窗72 h。也可用磷化铝进行熏蒸消毒。无论使用哪种方法杀虫，消毒后都需通风散毒。种子仓库消毒后，要及时清扫，并将清扫物妥善处理。

9.3.2.4　种子仓库容量的计算

为了合理使用和保养种子仓库，有计划地贮藏种子，种子入库前要计算种子仓库容量。种子仓库容量的计算应在不损坏种子仓库、种子和不影响操作的前提下，合理地测算出种子仓库的可用面积、可堆高度、堆放种子的种类、堆放种子的容重，以正确地确定种子仓库的容量。

9.3.3　种子的堆放

种子入库时，要按种子类别和级别分别堆放，防止混杂。如果条件许可，可以按种子类别不同分仓堆放。种子的堆放方式有袋装堆放和散装堆放两种方式。无论是哪一种堆放方式，在堆放完成后，都要在种子堆垛上插放标签和卡片，并在标签上注明作物种类、品种名称、种子等级、纯度、发芽率、水分、生产年月、产地和经营单位。

9.3.3.1　袋装堆放

袋装堆放适用于较大容量的包装种子和多品种种子，既能防止品种间的混杂，又有利于通风和管理，特别是对果壳脆弱、种皮疏松的种子有一定的保护作用。

袋装堆放方式有实垛、非字形垛和半非字形垛、通风垛等，具体堆垛方式由种子仓库条件、种子品质、贮藏目的、入库季节等确定。

实垛即袋与袋之间不留距离，依次按规则堆放。垛宽一般以4列为宜（列指种袋长度），也可以堆成2列、6列或8列，垛长根据需要确定。堆垛两头要堆成半非字形，以防倒垛。实垛可提高仓容利用率，但对种子品质要求较高，一般适于冬季低温入库或临时存放的种子。

非字形和半非字形垛即按照非字或半非字形排列种子袋。非字形堆垛是如一层采用中间并列各纵放2袋，左右两侧各横放3袋，形如非字，其上层、下层则用中间两排与两边换位的方式。半非字形垛是非字形垛的减半。该种垛的通风性能和种垛稳定性好，便于检查。

通风垛的种子袋间的空隙较大，一般垛成工字形、井字形、口字形和铜钱形。该垛型的垛宽不宜超过两列，垛高不宜过高。通风垛中的空隙较大，有利于通风散湿散热，多用于高水分种子，但种垛的稳定性较差，堆垛时应注意安全，防止倒垛事故的发生。

袋装堆放的垛高和垛宽，一般因种子的品质状况和种子水分确定。高水分种子宜采用通风垛，且垛宽越小越好，高度也不宜太高，以便于散湿散热；低水分种子堆垛的高度和宽度可以相对大一些。堆垛的方向应与库房的门窗通道平行，以提高通风散湿散热的效果。堆垛时袋口向垛里，以降低病虫害感染的概率和防止散口倒垛。种垛底部可垫离地约20 cm高的仓板，以利于通风，防止地面潮湿气体直接进入种子堆。

9.3.3.2　散装堆放

当种子品质好、数量多、仓容不足或包装容器缺乏时，可采用散装堆放方式，即将种子倒入仓内。散装堆放对仓容利用率高，温度和湿度变化较小，但对种子品质的要求高，适宜存放充分干燥且净度高的种子。

散装种子可采用全仓散堆及单间散堆、围包散堆、围囤散堆等方式。全仓散堆即将种子散装在整仓内。此法贮种数量多，对仓库容量利用率高。有时根据种子数量和管理的需要，可将全仓隔成几个单间进行堆放，或堆放多个品种，以方便管理和避免混杂，即单间散堆。散装种子堆高度必须在安全线以下，一般为2～3 m。贮藏期间要加强结露现象或堆底种子的温度和湿度变化的检查，发现问题应及时处理。

围包散堆即把同一批种子部分装入种子袋，并把这些种子袋沿壁四周离墙0.5 m处围垛成墙池，围包高度可至2 m左右，墙池内倒入同批散装种子，散装种面要低于围包高度10～20 cm。围包时要袋袋紧靠，层层骑缝，使围包连成一个整体以防倒塌，同时由下而上逐层缩进 3 cm 左右，形成倒斗状。围包散堆适用于仓壁不十分坚固或无防潮层的种子仓库，或散落性较强的种子（例如大豆、豌豆的种子）。围包散堆可以充分利用仓库容量，并能有效防止机械混杂。

在需要贮藏的品种多且每个品种数量不多的情况下，通常采用围囤散堆的方式，即使用围席等围成圆筒状，将散装种子灌入圆筒内贮藏。围囤散堆还适用于品种、级别不同或不符合入库标准而临时堆放贮藏的种子。

9.4　种子仓库管理

9.4.1　种子仓库的合理通风和密闭

在种子贮藏期，要根据实际情况，进行合理通风和密闭，以调节种子仓库内种子的温度、湿度和氧气含量，从而调控仓库内种子生命活动和虫霉危害的发生。通风就是为了给种子散湿、降温或调节种子仓库内的气体组成，使种子处于低温干燥状态。密闭的目的是使种子堆与外界隔绝，避免仓库外热量、水分或仓库害虫进入仓库内。

9.4.1.1　种子通风和密闭的原则

合理的通风和密闭才能保证种子处于安全状态。种子仓库通风和密闭要遵循一定的原则，具体如下。

a. 当遇降雨、刮台风、浓雾等天气时不宜通风，而应密闭。

b. 当仓库外温度和湿度均低于仓库内时，可通风，但要注意寒流的侵袭，防止种子堆内结露。

c. 当仓库外温度与仓库内温度相同且仓库外湿度低于仓库内时可通风散湿，当仓库内外湿度基本相同且仓库外温度低于仓库内时，可通风降温。

d. 仓库外温度高于仓库内而相对湿度低于仓库内，或者仓库外温度低于仓库内而相对湿度高于仓库内时，应根据当时种子仓库内外的绝对湿度来决定。如果仓库外的绝对湿度低于仓库内，可通风；反之，则不宜。

e. 在一天内，傍晚可以通风，而后半夜不宜通风。

f. 在一年内，在气温上升的季节，对于低温干燥的贮藏种子，或热进仓杀虫的种子，应以密闭为主。但对新收获的高水分种子，或温度很高的种子，仍需打开门窗通风降温、散湿。在气温下降季节，则应以通风为主。

9.4.1.2　种子通风和密闭的方法

（1）种子仓库通风　种子仓库通风方式有自然通风和机械通风两种，可根据种子仓库的设备条件和需要来选择。

①自然通风　自然通风是根据种子仓库内外温度和湿度状况，选择有利于降温散湿的时机，打开仓库门窗，让空气自然对流的方法。自然通风的效果与仓库内外温度差、风速和种子堆装方式有关。当仓库外温度低于仓库内时，因存在压力差，会使冷空气进入仓库内，湿热空气被排出仓库外，温差越大，则仓库内外空气交换量就越多，通风效果就越好；风速越大，则风压增大，空气流量越多，通风效果越好；袋装堆放种子仓库的通风效果比散装堆放种子仓库的通风效果好，小堆和通风垛的通风效果比大堆和实垛的通风效果好。

②机械通风　机械通风是指利用机械鼓风或吸风，通过通风管道或通风槽，将外界的干

冷空气送入仓库内种子堆，或将仓库内种子堆内的湿热空气抽出，达到降温散湿效果的方法。机械通风可以使种子保持适当低温和干燥的状态，多用于散装种子仓库。机械通风效果比自然通风较好，具有通风时间短、降温散湿快且均匀的优点。

（2）种子仓库密闭　种子仓库密闭根据需要分为高温密闭和低温密闭两种。

①高温密闭　高温密闭的主要目的是杀虫，适用于耐热性较强的麦类和豌豆种子。具体做法是，入库种子水分达到国家标准，经太阳晒至或机械加温至 46～48 ℃时趁热入仓，入仓时应一次装满并压盖封闭保温，以避免发生结露和仓库害虫复苏。密闭时间一般为 7～10 d。达到杀虫效果后应及时撤去覆盖物，通风降温，以免高温密闭的时间过长而影响种子生活力。

②低温密闭　低温密闭的目的是降低种子的呼吸速率，延长种子寿命，抑制仓库害虫和微生物的繁殖生长，适用于干燥种子。低温密闭可利用自然冷却和机械冷却的方式。在冬季严寒干燥时，将种子仓库的门窗打开，采用摊薄、翻动等方法加速种子冷却，也可将种子运到仓外场院上冷却。经低温冷却后的种子重新入库后，在春季气温回升前密闭，利用冬季低温使种子安全越夏。密闭时要求将种子仓库的门窗封堵严密，仓库门口加挂隔热物。种子仓库检查时应早、晚入仓，以防外界热量、水分的侵入。若种子仓库条件较差，也可采用种子堆表面压盖隔热材料法隔热隔湿，并防止结露。压盖时要求做到平、紧、密、实。

9.4.2　种子仓库检查

种子仓库检查的内容主要包括温度、水分、发芽率、虫霉鼠雀、仓库内设施等，且要根据不同检查指标定时检查，确保种子贮藏安全。在种子仓库检查时，如要检查多个指标，就需要按照一定的顺序，合理安排检查步骤，以达到高效且无遗漏的目的。

9.4.2.1　种子仓库检查的步骤

种子仓库检查是对贮藏期间种子品质监控的有效手段，可以全面掌握贮藏种子状况，及时发现和解决问题。种子仓库检查应有计划有步骤地进行，具体步骤是：a. 打开仓门，先闻有无异味，再观察仓库内有无鼠雀活动留下的痕迹，仓库壁上是否有仓库害虫；b. 划区设点，安放温度计和湿度计；c. 扦取样品，以便进行水分、发芽率、虫害、霉变等项目的检查；d. 观察温度和湿度结果；e. 察看种子仓库内外有无堆垛倾斜、仓壁有无缝隙和鼠洞；f. 对扦取的样品进行检测，对检查结果进行分析，提出处理意见。

在种子仓库检查前要制订好计划，准备好相关设备，按照种子仓库检查步骤全面进行，同时做好记录。种子仓库检查结束后要立即分析结果，并制定和落实好处理意见。

9.4.2.2　种子仓库检查的内容

种子仓库检查的内容很多，凡是与贮藏安全有关的项目都在检查之列，主要包括种子温度、水分、发芽率以及虫霉鼠雀的检查。

9.4.2.3　种子仓库检查报告和处理意见

种子仓库检查完成后，要填写仓库内种子检查情况记录表（表 9-2），并根据实际情况制定出科学的处理意见，并落实。种子仓库管理的目标是无混杂、无虫、无霉、无鼠雀、无事故。

表 9-2　仓库内种子检查情况记录表

<table>
<tr><th rowspan="3">品种名称</th><th rowspan="3">入库日期</th><th rowspan="3">种子数量</th><th colspan="3" rowspan="2">检查日期</th><th colspan="2" rowspan="2">相对湿度（%）</th><th rowspan="3">空气温度（℃）</th><th rowspan="3">仓库温度（℃）</th><th colspan="15">种子堆温度（℃）</th><th rowspan="3">种子水分（%）</th><th rowspan="3">发芽率（%）</th><th rowspan="3">种子纯度（%）</th><th colspan="2" rowspan="2">虫情（头/kg）</th><th rowspan="3">处理意见</th></tr>
<tr><th colspan="3">东</th><th colspan="3">南</th><th colspan="3">西</th><th colspan="3">北</th><th colspan="3">中</th></tr>
<tr><th>月</th><th>日</th><th>时</th><th>仓库外</th><th>仓库内</th><th>上层</th><th>中层</th><th>下层</th><th>上层</th><th>中层</th><th>下层</th><th>上层</th><th>中层</th><th>下层</th><th>上层</th><th>中层</th><th>下层</th><th>上层</th><th>中层</th><th>下层</th><th>米象</th><th>谷蠹</th></tr>
<tr><td></td><td></td><td></td><td></td><td></td><td></td><td></td><td></td><td></td><td></td><td></td><td></td><td></td><td></td><td></td><td></td><td></td><td></td><td></td><td></td><td></td><td></td><td></td><td></td><td></td><td></td><td></td><td></td><td></td><td></td><td></td></tr>
<tr><td></td><td></td><td></td><td></td><td></td><td></td><td></td><td></td><td></td><td></td><td></td><td></td><td></td><td></td><td></td><td></td><td></td><td></td><td></td><td></td><td></td><td></td><td></td><td></td><td></td><td></td><td></td><td></td><td></td><td></td><td></td></tr>
<tr><td></td><td></td><td></td><td></td><td></td><td></td><td></td><td></td><td></td><td></td><td></td><td></td><td></td><td></td><td></td><td></td><td></td><td></td><td></td><td></td><td></td><td></td><td></td><td></td><td></td><td></td><td></td><td></td><td></td><td></td><td></td></tr>
<tr><td></td><td></td><td></td><td></td><td></td><td></td><td></td><td></td><td></td><td></td><td></td><td></td><td></td><td></td><td></td><td></td><td></td><td></td><td></td><td></td><td></td><td></td><td></td><td></td><td></td><td></td><td></td><td></td><td></td><td></td><td></td></tr>
</table>

查仓员：

9.4.3　仓库害虫防治

种子贮藏期间极易受到多种仓库害虫及鼠类的危害，其危害不仅表现在种子质量的损失，引起种子发热、霉变，而且危害后大多数种子的胚部受损，发芽率降低，严重降低种子的种用价值。因此为确保种子的安全贮藏，必须重视对仓库害虫的防治。

9.4.3.1　仓库害虫主要种类及其生活习性

（1）玉米象　玉米象俗称蛘子、象鼻虫等，属鞘翅目象甲科。玉米象成虫主要危害禾谷类种子，尤以小麦、玉米、糙米及高粱种子受害为重；其幼虫主要在种粒内蛀食危害。种子受害后，种子堆中的碎粒和碎屑增加，易引起后期性害虫的发生及种子霉变等继发性危害。

玉米象在我国各地都有分布，在北方一般 1 年发生 2～3 代，寒冷地区 1 年发生 1～2 代，南方的最多 1 年可发生 7 代。玉米象主要以成虫在种子仓库内黑暗潮湿环境中越冬，在种子堆中多分布于上层。成虫在仓库内和田间均能产卵繁殖。雌虫每天可产卵 3 粒，最多 10 粒，平均单雌产卵量约为 150 粒，最多可达 570 粒。产卵一般集中在种子堆上部的 7 cm 种层内。幼虫孵化后即在种子内蛀食，并逐渐蛀入种子内部，将种子食成空壳。幼虫共 4 龄，老熟后即在种子内蜕皮化蛹。

玉米象生长发育的适宜温度为 24～30 ℃，最高发育温度为 32.3 ℃。当温度低于 7.2 ℃或高于 35 ℃时，停止产卵。玉米象适宜的种子水分为 15%～20%，种子水分低于 8.2%时不能生活，低于 9.5%时停止产卵。

（2）绿豆象　绿豆象属鞘翅目豆象科，以幼虫蛀食绿豆、赤豆、豇豆、扁豆、菜豆、蚕豆、豌豆、大豆等种子以及莲子等，尤其以绿豆、赤豆和豇豆受害最为严重，单个种粒内往往有数头，种粒被蛀食后仅剩空壳。

绿豆象成虫体长为 2.6～3.0 mm，卵圆形，茶褐色或褐色，密生白色、黄褐色及赤褐色细毛。绿豆象在我国各地均有分布，在我国北方每年发生 3～4 代，在江淮地区每年发生 4～6 代，条件适宜地区可每年可发生 11 代。绿豆象以幼虫在种粒内越冬、翌春化蛹羽化为成虫爬出种粒。成虫善飞，爬行迅速，具假死性和趋光性。绿豆象生长发育的适宜温度为 29.5～32.5 ℃，最适相对湿度为 68%～95%；最适温度为 31 ℃，适宜相对湿度为 68%～79%；温度低于 10 ℃或高于 37 ℃时，发育停止。

（3）谷蠹　谷蠹属鞘翅目长蠹科，在我国各地均有分布，但以淮河以南地区发生最重。

谷蠹食性复杂，可取食水稻、大麦、小麦、玉米、高粱、豆类、药材、林木等的种子，以稻谷和小麦种子受害最重。谷蠹大发生时，常将种子蛀成空壳，并引起种子堆发热，易引起后期性害虫及霉菌的发生。

谷蠹在种子堆中主要分布于种子堆的中下层。1 年发生 2 代，成虫蛀入仓库内木板、竹器内或在发热的种子堆中越冬，少数以幼虫越冬。翌年春季气温回升到 13 ℃左右时，越冬成虫开始活动，交配产卵，7 月中旬前后出现第 1 代成虫，8 月中旬至 9 月上旬出现第 2 代，此时危害最严重。成虫飞翔力强，有趋光性，喜从胚或种子破损处蛀入，直至发育为成虫才从种粒内钻出。幼虫一般 4 龄，少数 5～6 龄，老熟后在种子内或粉屑内化蛹。谷蠹成虫的耐热和耐干能力很强。谷蠹发育温度为 18.2～39.0 ℃；抗寒力很弱，0.6 ℃以下时只能存活 7 d，0.6～2.2 ℃时存活时间不超过 11 d。

(4) 大谷盗　大谷盗属鞘翅目谷盗科，在我国各地均有分布，可危害禾谷类、豆类、油料、药材、林木、烟草、花卉等的种子，尤其喜食谷物种子的胚部。大谷盗成虫亮黑色；头大而呈三角形，触角 11 节，棍棒状。

大谷盗在我国北方 1 年发生 1 代，完成 1 代所需时间可长达 3 年以上，多以成虫在木板缝隙内及碎屑、包装物缝隙内越冬，少数以幼虫越冬。越冬成虫在翌年 4 月开始产卵，越冬幼虫同时化蛹，5 月前后羽化交配产卵。成虫寿命可达 1～2 年，主要捕食其他害虫。幼虫喜食种胚，严重影响发芽率。大谷盗生长发育的最适温度为 27～28 ℃，耐饥、耐寒能力均强。

(5) 黑毛皮蠹　黑毛皮蠹别名日本鲣节虫，属鞘翅目皮蠹科，在我国主要分布于东部地区。其幼虫食性极杂，可危害各种禾谷类、豆类、油料、药材等的种子。

黑毛皮蠹通常 1 年发生 1 代，以幼虫在仓库缝隙、铺垫物以及尘芥杂物中越冬。翌年 5 月中旬前后越冬幼虫化蛹，6 月下旬羽化。成虫具有趋光性，善飞，爬行迅速，喜在门、窗或仓库外明亮处活动，不取食贮藏物，仅飞到野外取食花蜜、花粉，并进行交配活动。雌虫交配后数日即开始产卵，卵散产于种子表面或种表附近，产卵期短，约 7 d，单雌产卵量为 450～890 粒。幼虫一般为 7～12 龄，若环境不适可达 20 龄以上。3 龄前仅取食碎屑粉末及破损种子，4 龄后可取食完整种子。黑毛皮蠹的幼虫耐饥、耐寒力强，在缺乏食物时，可取食自身蜕皮来维持生命；在－1.1～1.7 ℃时能生存 314 d，在－3.9～－1.1 ℃时能生存 198 d。

(6) 麦蛾　麦蛾属鳞翅目麦蛾科，在我国各地普遍发生，是我国稻麦产区的主要害虫，在长江以南地区发生最为严重。幼虫蛀食麦类、稻谷、玉米、高粱等的种子。幼虫蛀食危害的种子，大部分被蛀食一空。在我国麦蛾幼虫对小麦、稻谷种子的危害最为严重。

麦蛾的成虫灰黄色，头顶无毛丛，复眼黑色，触角丝状；下唇须发达，3 节，向上弯曲超过头顶。在我国北方地区，麦蛾每年发生 2～4 代，在南方或仓库内环境适宜时每年可发生 10～12 代。麦蛾以老熟幼虫在种子内越冬，极少数以蛹及初龄幼虫在种子内越冬。越冬幼虫于翌年春季气温回升后开始化蛹，一般 5 月下旬至 6 月下旬大量羽化，一部分成虫在仓库内产卵繁殖，大部分飞到即将成熟的麦田产卵于麦穗上。幼虫孵化后蛀入麦粒内部，随小麦收获带入仓库内继续危害。在气温 30 ℃、相对湿度 70%的条件下，完成 1 代约需 33 d。麦蛾发育的适宜温度为 21～35 ℃，发育起点温度为 10.3℃，成虫在 52 ℃、45 ℃和 43 ℃时的存活时间分别为 1 min、35 min 和 42 min；幼虫、蛹和卵在 44 ℃时 6 h 死亡。幼虫在－17 ℃

时经 25 h 死亡。在种子水分 8%或相对湿度 26%以下时，麦蛾就不会发生。

9.4.3.2　仓库害虫的防治

种子贮藏期害虫的防治必须贯彻“预防为主，防治并举，综合防治”的方针，着眼于整个种子仓库生态系统，合理利用各种防治措施，以达到防止各种仓库害虫生长发育和传播蔓延，保障种子安全的目的。具体措施包括清洁卫生、植物检疫、机械物理、生物和化学方面的防治。

（1）清洁卫生防治　种子仓库的清洁卫生是预防害虫发生的根本措施。种子仓库应做到“仓内六面光，仓外三不留”，即对种子仓库内的墙壁和天花板的孔洞、缝隙进行粉刷、嵌补，对仓库附近的杂草、垃圾、污水等及时清除。与种子接触的工具、设备等一切物品都应经常保持清洁。

除保持仓库内外的清洁外，还应加强对种子仓库内外的消毒。一是在种子脱粒、晾晒前对种子场院进行消毒处理，二是种子入库前对种子仓库及其周围环境进行消毒。消毒的常用药剂有敌百虫、敌敌畏、辛硫磷、防虫磷等。种子入库后还应做好隔离工作，经常检查以防止害虫的感染，可在种子仓库周围喷布防虫带等。

（2）植物检疫防治　植物检疫的目的在于禁止或限制危险性病虫等人为地从国外传入国内，或传入后限制其在国内继续传播的一种措施。种子仓库害虫极易随种子调运而传播，因此加强种子调运中的检疫检查工作，对防止种子害虫的传播蔓延具有重要意义。

植物检疫分为对内检疫和对外检疫两种。对外检疫是对进出口的植物种用材料等实施检疫，以防止危险性病虫害跨国传播蔓延。对内检疫是防止国内已有的危险性病虫害从已发生的地区向外扩散蔓延。例如谷象、蚕豆象、四纹豆象等是我国北方一些省份的仓库害虫检疫对象。

（3）机械物理防治

①机械防治　机械防治主要是利用人工或各种机械来清除种子中的害虫。具体方法有风车除虫、筛子除虫、压盖种面、竹筒诱杀、离心撞击治虫和抗虫种袋等措施。

②物理防治　物理防治是利用物理因素直接消灭害虫或恶化害虫的发生环境，抑制害虫发生和危害的防治措施，主要有高温杀虫和低温杀虫两类方法。

A. 高温杀虫：利用夏季日光晒种，可使种子温度达到 50 ℃左右，几乎所有贮藏期种子害虫都能被杀死。晒种时应先晒好场地，然后将种子平摊在晒场上，在晒场周围喷布防虫带。种子晒后，一般要冷却到常温后再入仓，但是新收获的小麦种子可以趁热入仓密闭。

B. 低温杀虫：低温杀虫是利用冬季低温直接杀死仓库害虫的方法。选择寒冷而干燥的傍晚，将种子薄摊在仓库外场院上，当平均气温在－5 ℃左右时，冷冻 1 夜（约 12 h）即可，于清晨趁冷入仓密闭，使种子保持较长时间低温状态以导致害虫死亡。此外，为减少种子搬运的劳动强度，也可采用仓内通风冷冻的方式，即在平均气温低于－5 ℃的寒冷冬季，选择干燥晴朗的夜晚，打开种子仓库的门窗，使冷空气在仓内对流，并结合耙沟等方法，使种子温度降低到低温状态，然后关闭门窗，进行密闭使得害虫死亡。

（4）生物防治　生物防治是利用生物及其产物控制害虫的方法。目前，利用贮藏期种子害虫的外激素、生长调节剂、抑制剂、病原微生物、天敌昆虫以及利用种子本身的抗虫性来防治和抑制仓库害虫。

①外激素防治　现已提取并人工合成的外激素有谷蠹虫的聚集激素以及谷斑皮蠹、杂拟谷盗、黄粉虫、麦蛾、红铃虫、印度谷螟等数十种害虫的外激素。这些外激素可应用于种子

贮藏期害虫的调查和防治。用外激素与诱捕器相结合，可大量捕杀仓库害虫，也是有效的仓库害虫防治方法之一。

②生长调节剂和抑制剂防治　目前已发现的十几种保幼激素类似物对印度谷螟、粉斑螟、谷蠹、锯谷盗、赤拟谷盗、杂拟谷盗等害虫的防治效果较好。例如 ZR-515、ZR-512等，有效剂量为 5～50 mg/kg。生长抑制剂除虫脲（敌灭灵）对鳞翅目害虫有特效，按 1～10 mg/kg 的用量拌入小麦种子中能有效防治谷蠹达 1 年之久。

③病原微生物及其制剂的防治　用于防治种子仓库害虫的病原微生物类群主要有细菌、真菌和病毒。在贮藏期种子害虫的防治中应用较广泛的有苏云金芽孢杆菌和颗粒病毒。苏云金芽孢杆菌制剂（即 Bt 乳剂）主要用来防治鳞翅目幼虫，例如印度谷螟、粉斑螟、粉缟螟、米黑虫、麦蛾等，对鞘翅目害虫防治效果不明显。施药方式可分为种子拌药和表层施药两种。颗粒体病毒（GV）用于防治印度谷螟效果明显。每千克小麦种子中加入 1.9 mg 颗粒体病毒粉剂（含 3.2×10^{7}颗粒体/mg），可使小麦种子中印度谷螟幼虫全部死亡。

（5）化学防治　化学防治是利用化学农药直接杀灭仓库害虫的方法。用于防治贮藏期种子害虫的农药主要有触杀剂和熏蒸剂两大类。

在贮藏期种子害虫的防治中，触杀剂主要在两个方面应用。一是用于空仓、器具的消毒及用于布设防虫带；二是作为保护剂使用，拌入种子以保护种子在较长时期内免遭虫害。常用的触杀剂有敌百虫、敌敌畏、敌虫块和辛硫磷。目前生产上常用的种子保护剂有防虫磷、甲嘧硫磷、杀螟松、粮种安等。

熏蒸剂具有渗透性强、防治效果好、易于通风散失等特点。当种子已经发生害虫且其他防治措施难以奏效时，便可使用熏蒸剂。常用的熏蒸剂主要有磷化铝，其次为氯化苦、溴甲烷等。磷化铝的主要杀虫原理是磷化铝吸收空气中的水分子后产生磷化氢毒气，从而杀死仓库害虫。磷化铝的剂型主要有片剂和粉剂两种。粉剂中磷化铝含量为 85%～90%，为浅灰绿色的固体粉末。片剂是由磷化铝原粉、氨基甲酸铵、硬脂酸镁和石蜡混合后压制而成，磷化铝含量为 58%～60%，每片约 3 g，可产生磷化氢气体约 1 g。磷化铝片剂中的氨基甲酸铵为一种保护剂，具有极强的吸湿能力，它可以随磷化铝的吸湿分解而释放出二氧化碳和氨气，这两种气体对磷化铝有稳定作用，可减缓磷化铝的分解，并能防止磷化氢的自燃；固体石蜡和硬脂酸镁为稳定剂，既能起增加药片硬度的作用，又能适度控制磷化铝的分解速度。

9.4.3.3　磷化铝的使用方法

（1）用药方式

①种面施药　每个施药点片剂不超过 300 g，粉剂不超过 200 g。按总用药量计算出施药点的数目，在种子堆面上均匀地布设施药点。每点将药均匀地薄摊在不能燃烧的器皿（例如瓦钵、瓷盘等）中，片剂不准重叠堆积，厚度不超过 0.5 cm。施药后密闭种子仓库，熏蒸结束散气后应及时清除药物残渣。

②布袋深埋　按各点施药量将药剂装入小布袋内，每袋片剂不超过 15 片，粉剂不超过 25 g。用投药器由里向外把药包埋入种子堆中，每个药包应拴一条细绳，其一端留在种面外，以便熏蒸散气后按细绳标志取出药包。种子堆在 3 m 以上时，可采用种面施药与埋藏施药相结合的方法。

③帷幕熏蒸　用塑料薄膜或 PVC 篷布作帷幕进行磷化铝熏仓时，要求帷幕与种子堆之

间留有一定的空间，以利于磷化氢气体扩散，同时还要注意保证帷幕内结露的水滴不能落在药剂上。

④包装种子堆施药　以总用药量的 50%～60%在种子堆上面施药，其余药剂施放在种垛间的通道上。

⑤低药量熏蒸　此法主要适用于塑料薄膜或 PVC 篷布严格密封的种子堆，用药量比常规施药法少，一般为磷化铝 2～3 g/m^3，不得低于 1.5 g/m^3。施药方法：a. 缓慢熏蒸，即通过物理或化学的手段，使熏蒸剂有限制地缓慢释放出毒气的方法；b. 间歇熏蒸，即在使用磷化铝熏蒸时，对密闭的种子堆进行两次或三次投药，每次投药间隔 7 d 左右；c. 双低熏蒸，即低氧（或高二氧化碳）与低药量相结合的方法，低氧或高二氧化碳可促进害虫的呼吸，从而增强磷化氢杀虫效果。

应保证仓库或帷幕密闭不漏气，常用的检测方法是用硝酸银试纸显色法，即用 5%的硝酸银溶液浸湿白色的滤纸，在需要检查的地方挥动，若存在漏气则试纸遇空气中的磷化氢即变色，由黄色变棕褐色以致黑色，变色愈快色泽愈深则说明漏气愈严重，应及时补封漏气处。

（2）磷化铝熏蒸

①做好熏蒸前准备工作

A. 做好现场调查：主要调查害虫的虫口密度、种类、虫期和主要活动栖息部位，种子的品种、数量、用途、水分、贮藏时间、堆放形式、种子温度、仓库温度、气温、湿度，种子仓库的结构、密闭性能、内部机器设备以及与四周民房的距离，近期天气预报情况；测量仓库和种子堆体积，确定施药量。

B. 制定熏蒸方案：根据现场调查的情况进行综合分析，制订熏蒸方案。如果仓库密闭性能差，应采用帷幕熏蒸。下雨天不可熏蒸。总之，制订熏蒸方案应本着安全、经济、有效的原则，选用药剂种类并确定合适的用药量，确定施药方法、密闭时间和防护措施，根据工作量来确定参加人数和具体人员。

C. 准备熏蒸用具和器材：根据选定的药剂和施药方法，准备好施药、密封、安全防护用具和相关器材。

D. 整理种子堆或熏蒸物：整仓散装种子熏蒸要扒平种面，留好走道，出入口要方便、安全。包装种子熏蒸，要堆码牢实，堆垛之间要架木板，出入口堆成梯形，以便安全行走。种子仓库内凡暴露的金属机器、仪表等易受腐蚀的物品，均要拆卸移出或将暴露部位以机油或用塑料薄膜密封起来。

E. 注意安全：对施药人员要进行具体分工，明确责任，必要时应先演练一次。大型熏蒸要与当地公安、卫生部门取得联系。如果种子仓库离居民区较近，要贴出告示，提醒注意。

F. 种子仓库进行熏仓时，种子水分不宜过高。

②施药步骤　施药按照由上而下、自里而外循序进行。负责救护和清点人数的人员，要密切注意施药人员的动态，完成施药后，要准确地清点现场的施药人员。待施药人员全部撤出后，封门人员要及时封闭仓门。封毕后，要对种子仓库四周进行测漏，如有毒气外漏，应及时补封。工作人员一律戴防毒面具进行操作。

③熏仓的后续工作　经过设定的熏蒸时间后，必须立即进行种子仓库的通风散气。从仓

库外部开启门窗放气，先开上层，后开下层，先开下风方向，再开上风方向。种子仓库散气后，应及时将熏蒸剂剩余的残渣、残液处理好，一般选择在离水源较远的地方挖坑深埋。然后检查熏蒸效果，并采取有效的防虫措施，防止再感染害虫。

由于磷化氢是剧毒气体，在熏仓时一定要注意安全。当熏仓结束后，在进仓作业之前要进行残毒检测，确认仓库内无残余毒气时才能入库作业。残余毒气的检测可用5%～15%硝酸银溶液浸湿纸条，戴防毒面具在仓库内各处行走若发现纸条变暗，说明毒气尚存，需继续通风散毒，当纸条不变暗时，说明残毒散尽，可以进仓作业。

9.4.4　仓库鼠类防治

仓库鼠类的危害主要表现在两方面。a. 仓库鼠类直接取食种子，造成种子数量损耗减少带来经济损失。据报道，1只小家鼠1年要消耗9 kg以上的种子。同时种子仓库中的鼠类在仓库内活动期间还排泄大量的尿粪污染种子，使种子受潮霉变，引起种子品质的下降，严重影响种子的发芽率。b. 鼠类大多具有搬运习性，往往引起种子的混杂，造成种子纯度下降，尤其是对仓库内贮藏的杂交种亲本带来的混杂，损害会更大。仓库鼠类还咬食破坏种子包装物、种子机械电缆，在种子仓库周围掏挖鼠洞，引起种子仓库密闭性能和防潮性能的下降等，这都严重影响仓库内贮藏种子的安全。所以防止害鼠进入种子仓库，杀灭仓库害鼠，一直是种子仓库管理人员的重要工作内容之一，必须引起足够的重视，进行全面防治。

9.4.4.1　仓库鼠类的种类及其生活习性

种子仓库危害的常见害鼠主要有小家鼠、褐家鼠和黄胸鼠3种。

（1）小家鼠　小家鼠又称为鼷鼠、田小鼠、小老鼠、小耗子、小鼠等，分布于世界各地，在我国各地均有分布。小家鼠是种子仓库、种子生产田的主要害鼠之一，在种子仓库内可危害各种贮藏种子，在种子生产田可危害多种作物，并咬毁种子包装物和室内使用器材等，造成种子的损失和混杂。

小家鼠体长为55～90 mm，体质量为7～25 g，尾长等于或稍短于体长，头较小，吻部短而尖，耳宽大，乳头5对。毛色因栖息环境而异，背部毛为棕灰色、灰褐色或黑褐色，毛基部黑色，腹部毛为白色、灰白色或灰黄色，背腹毛界线分明。小家鼠是一种家栖兼野栖的鼠类，常在室内外地下挖洞而居，昼夜活动，但以夜间活动为主；繁殖力较强，在我国南方地区几乎全年均能繁殖，春秋两季为繁殖高峰期。

（2）褐家鼠　褐家鼠又称为大家鼠、沟鼠、挪威鼠、白尾鼠、家耗子等，呈世界性分布，在我国除西藏局部地区外都有分布。褐家鼠是我国广大农村和城镇的最主要害鼠，不仅大量盗食各类种子、污染种子，而且毁坏种子仓库、种子机械、啃咬电缆、传播疾病。褐家鼠体型粗大，体长为150～250 mm；尾长明显短于体长，但超过体长的2/3，尾毛稀，表面环状鳞节清晰；头小，吻短，耳短而厚。其毛色随年龄和栖息场所而变化，一般体背毛色为棕褐色或灰褐色，毛基为深灰色，毛尖棕色或褐色；头部和背中央毛色较深，间生许多全黑色长毛。体侧毛色较浅。腹部毛色为灰白色，毛基深灰色，毛尖白色，与体侧有明显分界。尾部背面黑褐色，腹面灰白色。褐家鼠亦为家野两栖的鼠种，其栖息地十分广泛；在栖息地挖土打洞穴居，室内常在仓墙缝隙、仓墙角下、仓内地坪下打洞筑巢，有群居习性；昼夜活动，以夜间活动为多；食量大，耐饥力强，耐渴力差；繁殖力强，条件适宜时全年均可繁殖，春秋两季为繁殖高峰期。

（3）黄胸鼠　黄胸鼠又称为长尾鼠、黄腹鼠等，在我国主要分布于长江以南地区，西藏东南部、陕甘宁地区、山东及河南也有分布。黄胸鼠在仓库内可盗食各种贮藏种子，在种子生产田则重点危害玉米、水稻、花生、芭蕉等农作物及其种子，造成产量损失。

黄胸鼠与褐家鼠体形相似，但稍瘦小，体长为130～180 mm，尾长超过体长，少数尾长等于或略短于体长，鼻吻部略尖，耳大而薄。体毛稍粗，背毛棕褐色，毛基部深灰色，尖端棕褐色或黄褐色。背脊部中间呈棕黄色，有时略带褐色，毛基均为灰色。黄胸鼠亦为家野两栖鼠类，在房屋内，常栖息于房屋高层部位，喜攀登，多隐匿于房顶、檐下、棚上、门框、窗框上端等处营巢而居，在室内杂物堆中也能栖居；昼夜活动，以夜间为主；繁殖力强。在室内黄胸鼠同褐家鼠常同室而居，黄胸鼠在上层，褐家鼠在下层，且二者对小家鼠有明显的排斥现象。

9.4.4.2　仓库鼠类的防治方法

种子仓库发生的害鼠主要为家栖鼠类，其分布广、栖息场所多，因此防治时应注意地上地下、室内室外的全面防治。

（1）建筑防鼠　合理的防鼠建筑和设施在防鼠工作中具有非常重要的作用。种子仓库建造时，就应考虑防止鼠类进入室内的建筑措施，即种子仓库的门窗要密合，不留缝隙，仓门的下端要镶嵌铁皮且高度要达30cm以上。种子仓库墙基、墙壁要用水泥填缝，地面要硬化。通往仓库外的管道和电线四周不能留有孔隙，管道口上要安装铁丝网，种子仓库周围要设防鼠墙。

（2）清洁卫生防鼠　保持种子仓库内整洁、卫生，对仓库内防鼠具有重要意义。种子尽量用包装袋并堆放整齐，要避免种子散落地面。库存种子应垫高，离地面和墙各30 cm，以断绝鼠粮。仓库内如果发现有鼠类活动痕迹，必须马上查找并堵塞鼠洞，并进行灭鼠。在种子仓库外部也要搞好防鼠措施，即对种子仓库周围的杂草、垃圾、砖瓦石块等应及时清除，不给鼠类留有任何隐蔽场所。

（3）捕鼠器械灭鼠　我国各地用于捕鼠的器械种类多达300多种，这些捕鼠器械在种子仓库中尤其实用，种子仓库内常常使用的捕鼠器械有以下几种。

①捕鼠夹　捕鼠夹是最常用的捕鼠工具，其使用安全简便。常用的有铁板夹、木板夹、铁丝夹、钢弓夹、环形夹等。

②捕鼠笼　捕鼠笼有多种样式，常常安放在鼠道上，将鼠诱入捕鼠笼，然后再行捕杀。

③电子捕鼠器　电子捕鼠器又称为电猫。其捕鼠原理是，将普通交流电转变为高压小股脉冲电流，将接触捕鼠线的鼠类击昏或击毙，并在捕鼠器上转换成光、声信号报告捕鼠信息。电子捕鼠器适宜在鼠类群体密度高的场地使用，尤其适用于种子仓库灭鼠，在鼠类活动高峰期开机效果更佳。黄昏和黎明为种子仓库中鼠类的活动高峰，此时安装电子捕鼠器的灭鼠效果最好。电子捕鼠器的使用注意事项：捕鼠线必须拉紧，绝缘物绝缘要良好，安放捕鼠线时，如果地面干燥，可洒些盐水以增加地面的通电性；鼠体触电时间过长往往会引起燃烧，因此捕鼠时应有专人值班，要注意人身安全；发现报警铃响就应及时处理被击昏的鼠体；在捕鼠器附近不可堆放易燃易爆品。

④粘鼠胶　粘鼠胶的种类很多。可用松香与桐油（或蓖麻油等）按1∶1或2∶1熬制而成，其黏性可维持10 d以上。还可选101粘鼠胶，即改性的聚乙酸乙烯的丙酮溶液，其黏性可以保持1个月以上。使用时将粘鼠胶20～50 g涂于15～20 cm的薄木板、铁皮或硬纸

板上，涂成环状，板中心留直径 5 cm 左右的空白放诱饵。将涂好的粘鼠板平放于鼠洞口、鼠道上或鼠类经常出没活动的地方。粘鼠板使用和安放期间，要避免水、油、灰尘污染或阳光照射，以防失去黏性。粘鼠胶对小家鼠等体形小的鼠类捕灭效果较好。

除以上介绍的几种捕鼠器械外，尚有许多有效的捕鼠器和捕鼠方法，各地种子仓库管理中可因地制宜选用。近年来已经有批量生产的超声波灭鼠器，可以用来驱鼠或灭鼠。

（4）药剂灭鼠　药剂灭鼠是利用化学药物（例如杀鼠剂、熏蒸剂、驱避剂、绝育剂等）来防治害鼠，在种子仓库中可结合防治仓库害虫进行熏蒸防治。用于种子仓库的驱鼠剂主要有环己酰胺、马拉硫磷等。用马拉硫磷和丁子香酚的混合物既能驱鼠又能防治害虫。目前，被广泛应用于灭鼠的化学药剂是杀鼠剂。常用杀鼠剂种类主要有以下几种。

①敌鼠类　我国生产的敌鼠类杀鼠剂为敌鼠钠盐，是一种抗凝血类慢性杀鼠剂。其纯品为淡黄色粉末，无臭无味，无腐蚀性，长期保存不变质，有效含量不低于 80%。害鼠中毒症状为精神委靡不振，蹲缩地面，浑身发抖，口、鼻、耳、内脏出血，皮下出血导致死亡。敌鼠钠盐对人、畜、禽低毒，但对猫、狗较敏感，并可引起二次中毒。用于灭鼠的毒饵常用含量为 0.025%～0.030%，采用多次投毒。毒饵的配制方法为先用 80 ℃以上的热水将敌鼠钠盐充分溶解，然后把诱饵及染色剂倒入药液中，混合均匀制成毒饵。

②杀鼠灵　杀鼠灵为抗凝血类杀鼠剂。其纯品为白色结晶粉末，无臭无味，工业品杀鼠灵略带粉红色，不溶于水。其作用机制和中毒症状与敌鼠类相似，一般鼠类取食后 3～4 d 内死亡。杀鼠灵对猫、狗、猪较敏感，但对其他动物低毒。杀鼠灵主要用于防治褐家鼠，毒饵含量为 0.005%～0.025%；用于小家鼠和黄胸鼠的防治则需提高毒饵含量，一般采用 0.025%～0.050%的含量。毒饵的配制方法为 2.5%的杀鼠灵 1 份（按质量计），饵料 97 份，植物油 2 份，再加入少量警戒色，均匀混合后即成 0.025%毒饵。使用时采用多次投毒的方法。

③大隆　大隆是目前毒力最大的一种抗凝血类杀鼠剂，具有急性和慢性两种杀鼠剂类型，是目前防治抗药鼠类效果较好的一种。大隆原药为灰白色粉末，不溶于水。大隆制剂为含 0.005%有效成分的毒饵，在种子仓库使用时，投饵点应相距约 5 m，每点投放大隆毒饵 20～30 g。

④磷化锌　磷化锌为急性无机杀鼠剂，在灭鼠中被广泛应用。磷化锌是由黄磷（或赤磷）和锌粉在高温下作用而成，为灰黑色粉末，具大蒜味，不溶于水和有机溶剂，溶于酸。当鼠类取食后，磷化锌在胃中与胃酸作用生成磷化氢，从而中毒死亡。磷化锌对其他动物毒性也高，是一种广谱性杀鼠剂，并可引起二次中毒现象。鼠类中毒后引起肺水肿，肝、肾、中枢神经系统和心肌会遭到严重损害，并出现抽搐、麻痹、昏迷等症状，最后窒息致死。磷化锌中毒后在 3～10 h 内死亡，一般不超过 24 h。磷化锌常用 1%～3%的毒饵，也可用毒水、毒糊、毒粉等。其适口性好，但中毒未死的鼠类再遇此药时会产生明显的拒食现象。毒饵的配制方法为，先在 97～99 份饵料中加入少许植物油，搅拌均匀，再加入磷化锌原粉1～3 份，充分拌匀即可。使用时分作数堆投放在种子仓库内，每堆 3～5 g。防治种子仓库中的鼠类时，还可使用毒水，即将磷化锌配成 5%～10%的毒水，放在鼠类能进行饮水的容器内，在缺水的仓库内，对褐家鼠等有饮水习性的鼠类防治效果最显著。在毒水中加少量糖可增强引诱力，提高防治效果。同时，应在毒水中加少许红墨水或蓝墨水作警戒色，以防发生人畜中毒事故。

⑤安妥　安妥为一种选择性很强的急性杀鼠剂，其纯品为白色结晶，味苦，工业品为灰色或浅褐色粉末，对褐家鼠的毒力强，对家畜、家禽毒力低，但对狗、猫、猪相当敏感。鼠类取食中毒后常需要到洞外呼吸新鲜空气，找水喝，最后窒息死亡。安妥毒饵一般含有效成分 1%～5%，毒饵施放后，要将室内的水容器盖好，在室外放置一些水盆，使鼠类中毒后外出饮水而死于仓库外。由于安妥对鼠类易引起拒食和导致抗药性产生，因此有的国家已禁用或规定不得在 1 年内使用 1 次以上。

9.5　其他种子贮藏技术

这里主要介绍种子贮藏领域的新技术，包括超低温贮藏和超干贮藏。

9.5.1　超低温贮藏

超低温贮藏是指－80 ℃以下的超低温中保存种质资源的贮藏技术。超低温的冷源采用干冰、超低温冰箱、液氮（－196 ℃）及液氮蒸气相（－140 ℃）等。由于超低温贮藏通常采用液氮为冷源，故超低温贮藏又称为液氮（－196 ℃）贮藏。在超低温条件下保存的种子等生物材料，其新陈代谢活动基本处于停滞状态，因而能达到长期安全保存的目的。

在迅速降温过程中，生物细胞随着温度的降低出现细胞外介质结冰，但细胞内尚未结冰，造成细胞内外蒸汽压力存在差异。只要降温速率不影响脱水的连续性，细胞内水分不断向细胞外扩散，细胞原生质浓缩，从而降低细胞内含物的冰点，能有效地阻止细胞质和液泡中结冰。但过度脱水会使细胞内有害物质积累，蛋白质分子之间形成二硫键，破坏蛋白质（包括酶）和膜的完整性，导致种子受害。但如果降温速率非常快，细胞质溶液固化，但仍保持非结晶状态，这种现象称为玻璃化，对细胞不构成直接伤害。从理论上说，细胞内含物一旦发生玻璃化，就能避免细胞内结冰。在超低温（－196 ℃）条件下，原生质、细胞、组织、器官、种子代谢过程基本停止并处于“生机暂停”的状态，从而大大减少或停止了与代谢有关的劣变，为“无限期”保存创造了条件。

超低温贮藏技术近期发展很快。自 20 世纪 70 年代以来，已有较大的进展，一系列利用低温冷冻贮藏技术保存植物材料的研究证明，利用液氮超低温冷冻技术可以安全地保存许多植物的种子、花粉、分生组织、芽、愈伤组织、细胞等。这种保存方式用液氮作冷源，液氮罐就是冷冻器和贮藏容器，除了每隔 40～60 d 补充 1 次液氮外，不需机械制冷设备及其他管理，保存费用仅相当于种质库保存的 1/4。放入液氮保存的种子不需要特别干燥，一般收获后，常规干燥种子即可，还能免去种子的活力检测和繁殖更新，是一种节省人力、物力、财力的种子低温保存新技术，适合于长期保存珍贵稀有种质。

9.5.2　超干贮藏

超干种子贮藏亦称为超低含水量贮藏，是指种子水分降至 5%以下，密封后在室温条件下或稍降温的条件下贮藏种子的方法，常用于种质资源保存和珍贵育种材料的保存。1985 年，国际植物遗传资源委员会首先提出对某些作物种子采用超干贮藏的设想，并作为重点资助的研究项目。1986 年，英国雷丁大学首先开始种子超干贮藏研究。从 20 世纪 80 年代后期开始，我国也相继开展了种子超干贮藏研究，并取得了一些阶段性结果。

多数传统型植物种子均可进行超干贮藏，但不同类型种子的耐干程度有差异。脂肪类植物种子具有较强的耐干性，而淀粉类和蛋白类种子耐干性较差，且品种间种子耐干程度差异也较大。

传统型种子寿命随其水分下降而延长，当种子水分低于某个临界值时，种子寿命将不再延长，甚至会出现种子活力下降的现象，此临界水分为种子超干最适水分。种子超干的最适水分取决于种子的耐脱水性，它是种子在发育过程中获得的一种综合特性，与种子内蛋白质、脂肪、糖类的积累密切相关。不同作物种子超干贮藏的最适水分不同，需通过试验研究确定。从20世纪80年代后期开始，已经研究出的不同作物种子超干水分临界值列于表9-3。

表9-3 不同作物种子超干贮藏水分临界值

（引自胡晋等，2001）

作物种子	临界水分（%）	资料来源	作物种子	临界水分（%）	资料来源
粳稻	4.4	Ellis（1992）	西瓜	1.25	季志仙（1993）
籼稻	4.3	Ellis（1992）	南瓜	2.46	季志仙（1993）
爪哇稻	4.5	Ellis（1992）	冬瓜	1.79	季志仙（1993）
白芝麻	2.0	Ellis（1986）	花生	2.0	IBPGR（1990）
甘蓝型油菜	3.0	Ellis（1986）	大豆	6.9	支巨振（1991）
白菜型油菜	2.0	Ellis（1986）	大白菜	1.6	程红焱（1991）
豇豆	3.3	Ellis（1986）	萝卜	0.3	周祥胜（1991）
向日葵	2.04	Ellis（1986）	黑芝麻	0.6	周祥胜（1991）
亚麻	2.7	Ellis（1986）	甜椒	1.32	沈镝等（1994）
黄瓜	1.02	季志仙（1993）	章丘大葱	1.67	沈镝等（1994）

9.5.2.1 超干贮藏的意义

传统的种质资源保存方法是采用低温贮藏，全世界大部分的基因库都以－20～－10℃、5%～7%含水量的条件贮藏种子。但是低温库建库费用和运转费用相当高，特别是在热带地区，这对发展中国家是一个较大的负担，因此有必要探讨其他较经济简便的方法来解决种质资源的保存问题。种子超干贮藏正是一种高效的种质保存新技术，以降低种子水分来代替降低贮藏温度，达到相近的贮藏效果，节约种子贮藏费用。

Ellis（1986）将芝麻种子水分由5%降到2%，在20℃下种子寿命延长了40倍，并证明2%含水量的芝麻种子贮藏在20℃条件下与5%含水量种子贮藏在－20℃条件下的效果一样。可见，种子超干贮藏大大节省了制冷费用，节省能耗，有很大的经济意义和潜在的实用价值，是一种具有广阔应用前景的种子贮藏方法。

9.5.2.2 超干贮藏技术

（1）超低含水量种子的获得 要使种子含水量降至5%以下，采用一般的干燥条件是难以做到的。如果用高温烘干，就会降低种子活力以至丧失生活力。目前采用的方法有真空冷冻干燥、干燥剂干燥等，一般对种子生活力没有影响。例如张海英等（1999）用真空冷冻干燥处理小白菜种子1d和2d后，种子水分可分别降到2.9%和1.9%，在20℃温度下贮藏94个月，种子发芽率仍能维持在98%以上的初始水平。郑光华等通过有效的干燥前预处理，避免了种子因强烈过度脱水而造成形态和组织结构上的损伤，同时采取先低温（15℃）后高温（35 ℃）的逐步升温干燥法，使大豆种子的干裂率由87%降为0%，而且不降低种子活力。

（2）超干种子萌发前的预处理　超干种子发芽前，采用缓湿措施使种子吸湿平衡到正常水分，防止超干种子的吸胀损伤，获得高活力的种苗。

复习思考题

1. 种子仓库通风的原则和方法各是什么？
2. 简述种子发热、结露的原理。其防治方法有哪些？

第10章

种子检验与扦样

10.1 种子检验概述

种子检验是种子品质（质量）检验的简称。种子检验学是指采用科学的技术和方法，对种子品质进行分析测定，判断其优劣，评定其种用价值的一门应用科学。种子检验过程中通常要按照一定的标准，运用一定的仪器设备进行。

10.1.1 种子检验的内容

种子是最基本的生产资料，其品质好坏直接关系到农业生产的丰歉。种子品质的好坏不仅影响良种特性的发挥，而且影响种子经营者的效益和信誉。因此农业生产必须采用良种。良种应包括两个方面的含义，其一是优良的品种，其二是优良的种子，即优良品种的优良种子才能称为良种。优良的品种是指具备优良的特征特性、丰产潜力，具有优良的营养品质和加工品质的品种，简单地说就是具有高产、稳产、优质、高效的特性。这些优良性状是由优良的遗传特性决定的，在育种者的选育过程中和品种试验过程中进行了多年的筛选、评价。因此通过审定的品种都已满足优良品种的要求。优良的种子是指种子应具备优良的品种品质和优良的播种品质。品种品质是指与品种的遗传基础有关的种子品质性状，包括品种纯度的两个方面，即真实性和一致性。播种品质是指影响播种质量的种子品质性状，分为净、饱、壮、健、干5个方面。净是指种子清洁干净的程度。壮是指种子发芽、出苗整齐健壮的程度。饱是指种子充实饱满的程度。健是指种子健康完善的程度。干是指种子干燥的程度。

因此种子检验的内容应包括种子品种品质和播种品质，分为：种及栽培品种真实性和纯度（genetic purity）、转基因检测（GMO test）、种子净度（mechanical purity）、其他植物种子数（other plant seed）、种子发芽力（seed germination）、种子生活力（seed viability）及活力（seed vigor）、种子水分（seed moisture）、种子重量（质量）（seed weight）、种子健康度（seed health）等内容。这些指标又可以分为品种品质（真实性、品种纯度、转基因指标）、生理品质（发芽力、生活力、活力）、物理品质（净度、其他植物种子数目、种子水分、种子质量）、健康品质（病、虫指标）。种子检验分析的对象包括所有的播种材料，分为普通种子（真种子、果实等）、包衣种子、人工种子、营养器官。

10.1.2　种子检验的作用

种子检验的最终目的是保证农业生产使用符合标准的种子，为农业丰收奠定基础。种子检验的作用具体表现在种子的生产过程、种子加工过程、种子经营贸易过程和种子使用过程之中。

（1）种子检验对种子生产的作用　在种子生产过程中，种子品质主要受繁殖材料纯度的高低、生产技术及其落实情况等因素影响，例如播种时期、播种方式、隔离情况、去雄、去杂等。这些因素主要影响种子的纯度。在种子生产的播种以前，通过检验保证繁殖材料的品质，这是种子生产过程的重要环节。如果生产种子的繁殖材料本身品质不佳，就很难生产出合格的种子。其次，在种子生产过程中，通过田间检验，检查隔离情况，防止生物学混杂；提出除杂去劣的措施与标准，提高繁殖材料的纯度；对病虫、杂草进行检查，防止检疫性病虫、杂草的传播蔓延。

（2）种子检验对种子加工的作用　在种子加工过程主要对种子的发芽、净度、水分、纯度等品质指标产生影响，通过检验防止发芽率降低，防止机械损伤和机械混杂，确定适宜的加工程序和加工机械参数等。

（3）种子检验对种子经营贸易的作用　在种子经营贸易中，通过检验，首先防止假劣种子的流通；其次，正确评定种子品质，以质论价促进种子品质的不断提高。此外，种子检验还可保证种子经营贸易中贮藏和运输的安全。在我国部分地区，由于自然条件的限制种子水分偏高，在种子调运过程中应采用通风等安全措施防止种子在运输过程中发热霉烂，特别是在长途调运和由温度低的地区向温度高的地区的调运时，更应注意种子的检验工作。

（4）种子检验对种子生产的作用　在种子使用过程中，首先通过检验防止假劣种子下地，选择使用符合标准的种子，避免品质低劣的种子对农业生产的危害。其次通过检验，评价种子的品质，确定播种量，保证一播全苗。因此种子检验是种子质量管理的重要手段，是实现良种化和种子质量标准化的重要措施。总之，种子检验的作用，体现在种子工作全过程，概括起来有以下几点：a. 保证实现种子质量标准化；b. 保证种子加工、贮藏和运输的安全；c. 检测经营流通中种子的品质，促进种子品质不断提高；d. 防止种传病虫杂草的传播蔓延，特别是检疫性病虫杂草，一旦发现，即禁止调运，就地销毁。

10.1.3　种子检验的发展概况

10.1.3.1　国际种子检验的发展概况

种子检验最早起源于欧洲。18 世纪中叶至 19 世纪中叶，欧洲各国种子贸易不断发展，一些不法商贩在种子中掺杂使假，牟取暴利，严重影响了使用者的经济利益。针对这些不法行为，许多国家颁布种子管理法令。例如瑞典伯恩市早在 1816 年就明确规定，禁止出售掺杂的三叶草种子。英国也于 1870 年颁布了农场主种子法，禁止种子掺假。与此同时，为了鉴别假劣种子，种子检验应运而生。1869 年德国的诺培博士（Friedrich Nobbe）在萨兰德（Tharandt）建立了世界上第一所种子检验实验室，开展了种子的真实性、种子净度和发芽率检验等项工作。1871 年荷尔斯特（E. M. Holst）在哥本哈根创建了私人种子实验室，以后发展成为丹麦国家种子试验站。随后，奥地利、荷兰、比利时、意大利等国也相继建立了种子检验室。1875年欧洲各国在奥地利召开了第一次欧洲种子检验站会议，主要讨论种子检验的要点和控制种子品质的基本原则。1876年美国建立了北美洲第一个负责种子检验的农业研究站。1890年和1892年北欧国家分别在丹麦和瑞典召开了制定和审议种子检验规程的会议。1897年美国颁布了标准种子检验规程。20世纪初，亚洲和其他洲的许多国家也陆续建立了若干种子检验站，开展种子检验工作。随着国际种子贸易的发展，种子检验技术急需规范化、标准化。国际种子检验的联合研究，被提到议事日程上来，于1906年在德国的汉堡举行了第一次国际种子检验大会。1908年美国和加拿大两国成立了北美洲官方种子分析者协会（AOSA）。1921年在丹麦的哥本哈根召开了第三次国际种子检验大会，创立了欧洲种子检验协会（ESTA）。1924年在英国剑桥召开了第四次国际种子检验大会，决定把欧洲种子检验协会改为国际种子检验协会（ISTA）。国际种子检验协会在正常情况下每隔3年举行1次世界大会（ISTA Congress）。

国际种子检验协会的目标是：a. 制定、修订、出版和推行《国际种子检验规程》；b. 促进国际贸易中广泛采用一致的标准程序；c. 开展种子科学技术研究和培训工作。国际种子检验协会的任务是：a. 召开世界性种子会议，讨论和修订《国际种子检验规程》，交流种子科技研究成果；b. 组织和举办种子技术培训班、讨论会和研讨会；c. 加强与其他国际机构的联系和合作；d. 编辑和出版发行国际种子检验协会刊物，例如《国际种子检验协会新闻通报》《种子科学和技术》等刊物和手册；e. 颁发国际种子检验证书；f. 组织核准试验（referee test）。目前国际种子检验协会除制定了《国际种子检验规程》外，还组织编写了《栽培品种的真实性鉴定》《种子检验手册——栽培品种的真实性测定》《幼苗鉴定手册》《净种子定义说明手册》《四唑测定手册》《活力测定方法手册》《栽培品种鉴定的生物化学测定》《种子扦样手册》《种子鉴定手册》等近20种手册。

10.1.3.2　我国种子检验的发展概况

中华人民共和国成立以前，我国没有专门的种子检验机构，种子检验工作由粮食部门和商品检验机构代为开展。中华人民共和国成立以后，随着农业的发展，1956年农业部成立种子管理局，下设检验室。1957年农业部种子管理局在北京双桥农场举办了种子检验学习班。同年又委托浙江农学院举办全国种子干部讲习班。尔后，各省种子部门陆续建立了种子检验科，开展种子检验工作。1976年农业部颁发了《农作物种子检验办法》和《主要农作物种子分级标准》。1977年委托浙江农业大学继续举办种子培训班，其后（1979）又委托山东农学院举办种子培训班。1978年5月，国务院批转了农业部《关于加强种子工作的报告》，批准在全国建立各级种子公司，并提出了“四化一供”的工作方针。1981年中国种子协会在天津成立，并建立了种子检验分会和技术委员会。1984年制定和颁布了国家种子分级标准和检验规程，1995年修订颁布了新的《农作物种子检验规程》GB/T 3543.1～7—1995，2017年对《农作物种子检验规程》进行了再次修订。1998年以后相继对种子品质（质量）分级标准进行了修订和完善。

近几年来，我国种子检验仪器和技术都有了较大的发展，种子检验的科研工作也日渐深入。但种子检验工作仍存在着许多问题，例如种子检验人员不稳定、检验室和仪器没有标准、种子检验的科技投入少等。这在一定程度上影响了种子检验水平的提高，进而影响了种子品质的管理。

10.2　种子检验的特点和程序

10.2.1　种子检验的特点

10.2.1.1　种子检验的特点

（1）种子检验具有一定的连贯性和顺序性　种子检验的每个项目都按“样品→检测分析→计算及结果报告”这样一个顺序，一个项目测定后的样品可能作为下一个项目的分析样品。因此某个环节失误将导致整个检验工作的失败，某个环节测定结果不准确，有时会影响到下一个环节的测定结果。例如生活力、发芽力、纯度及质量测定等都是采用净度分析后的净种子，如果净度分析不准确，就会影响后面项目测定结果的准确性。如果样品扦取没有代表性，必然会导致整个测定结果的错误。

（2）种子检验必须严格按照技术规程进行，结果才有效　在国际贸易中，必须按照《国际种子检验规程》进行测定。在国内贸易中，必须按照国家标准《农作物种子检验规程》进行测定，或者按贸易双方协定的方法进行检验。

（3）种子检验必须借助大量先进的仪器和设备。

10.2.1.2　种子检验工作的要求

做好检验工作需要：a. 熟悉和掌握技术方法和标准，制订质量检验计划，使有关人员熟练掌握产品的质量标准；b. 熟练使用各种计量器具、检验设备和理化分析仪器，对产品品质特性进行定量或定性的测量；c. 把检验结果与质量标准进行比较，根据比较的结果，判定被检验对象是否合格；d. 根据判断结果，提出处理意见。

10.2.2　种子检验的程序

10.2.2.1　种子检验的职能分类

种子检验从职能上分为内部检验、监督检验和仲裁检验。内部检验又称为自检，是种子的生产单位、经营单位或使用单位，对本身的种子进行检验，以了解其种子品质的优劣。监督检验是种子品质管理部门或管理部门委托种子检测中心对辖区内的种子品质进行检测，以便对种子品质进行监督管理。仲裁检验是仲裁机构、权威机构或贸易双方采用仲裁程序和方法，对种子品质进行检测，提出仲裁结果。以上三者虽然检验目的不同，但都发挥着一个共同的作用，即控制和保证种子的品质。

10.2.2.2　种子检验的对象分类

种子检验从检测对象上分为田间检验、室内检验和小区种植鉴定。田间检验是在种子生产过程中，根据植株的特征特性，对田间的纯度进行测定，同时对异作物、杂草、病虫感染、生育情况、倒伏程度等项目进行调查。室内检验是种子收获以后在种子加工、贮藏、销售及使用过程中扦取种子样品进行检验。室内检验的内容较多，包括种子真实性、品种纯度、净度、发芽力（生活力）、活力、千粒重、水分及病虫害等。小区种植鉴定是将种子样品播到田间小区中，以标准品种为对照，根据生长期间表现的特征特性，对种子真实性和品种纯度进行鉴定。这是纯度鉴定最为经典的方法。不论是田间检验、室内检验还是小区种植鉴定，都必须按规定的检验程序进行。从总体来看，一般先田间检验，后室内检验。种子室内检验程序见图 10-1。健康度测定根据测定要求的不同有时是用净种子，有时是送验样品的一部分。

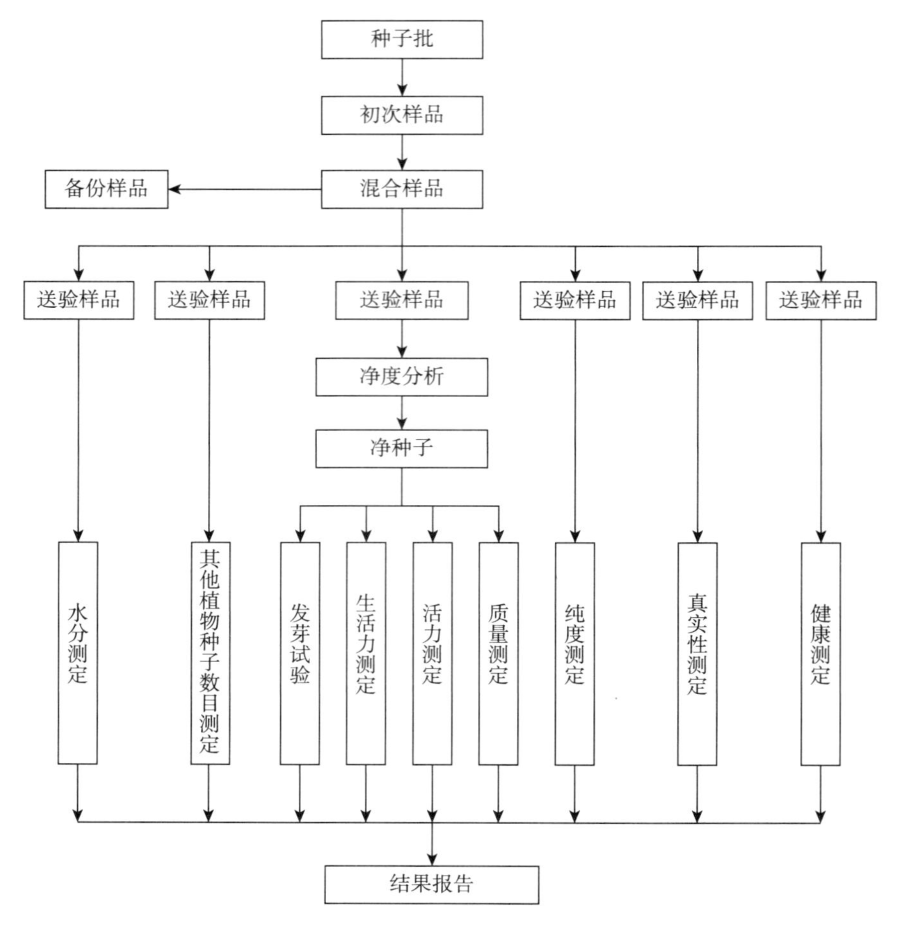

图 10-1　种子室内检验程序

10.3　扦样

扦样（sampling）是种子室内检验的第一步，其目的是要获得一个适当重量（质量）的能代表种子批各部分组成的供检验样品。即要求送验样品具有与种子批相同的组分，并且这些组分的比例与种子批中组分比例一致。扦取的样品有无代表性是决定检验结果正确与否的关键步骤之一。若扦取的样品无代表性，即使分析检验技术再正确，其结果也不能反映该批种子的真实品质状况，由此导致对种子品质作出错误的评价，给种子生产者、经营者和用种者造成经济损失。因此扦样员必须受过专门训练，扦样过程必须遵循扦样的基本原则，以达到扦样的目的，为正确评价种子品质奠定基础。

10.3.1　扦样的原则

a. 被扦种子批要均匀一致，不能存在异质性。

b. 按照预定的扦样方案，采用适宜的扦样器和扦样技术扦取样品。扦样方案所涉及关键三要素（扦样频率、扦样点的分布以及各个扦样点所扦取的样品的数量）都在《农作物种子检验规程》中作了明确规定。扦样点在种子批各个部位的分布要随机、均匀。每个扦样点所扦取的初次样品数量要基本一致，不能有很大差别。

c. 按照对分递减或随机抽取原则，选择适宜的分样器具和分样技术分取样品。

d. 保证样品的可溯性和原始性。样品必须封缄与标识，能溯源到种子批，并在包装、运输、贮藏等过程中尽量保持其原有特性。

10.3.2　扦样的有关概念

（1）种子批　根据《国际种子检验规程》种子批（seed lot）是指"规定重量（质量）的、外观一致的种子"。根据我国《农作物种子检验规程》，种子批是指"同一来源、同一品种、同一年度、同一时期收获和质量基本一致、在规定数量之内的种子"。不同作物种子批的最大数量见附表 1。

（2）初次样品　初次样品（primary sample）是指从种子批的一个扦样点上所扦取的样品。

（3）混合样品　混合样品（composite sample）是指由同一种子批内扦取的全部初次样品混合而成的样品。

（4）次级样品　次级样品（sub-sample）是指按规定的方法从混合样品中获取的部分样品。

（5）送验样品　送验样品（submitted sample）是指从混合样品中分取的送往种子检验室供检验用的规定重量（质量）的样品。

（6）备份样品　备份样品（duplicate sample）是指从同一混合样品中获得的送往实验室备存的样品，标识为"备份样品"。

（7）试验样品　试验样品（working sample）简称试样，是指在实验室内从送验样品中分取的规定重量（质量）的（或整个送验样品）供检验某一项目用的样品。

10.3.3　扦样准备和条件

10.3.3.1　扦样准备工作

扦样人员除了根据被检作物的种类准备扦样器具外，在扦样前首先要向有关单位和人员调查了解种子批的基本情况，查看相关文件记录，实地观察种子批的贮藏环境和包装状况。若种子批均匀一致；种子堆处于便于扦样状态，即扦样人员至少能靠近种子批堆放的两个面进行扦样；所有盛装的种子袋均已封口，并有一个相同的批号或编码的标签，此标识均已记录在扦样单或样品袋上，此时可以扦样。否则，或若能明显地看出该批种子在形态上或文件记录上有异质性（其测定方法见本章 10.3.6 部分）的证据时，应拒绝扦样，或要求对该种子批进行适当的处理改变后再扦样。

10.3.3.2　根据被扦种子数量进行种子批划分

不同农作物的种子批最大重量（质量）的具体规定参见附表 1，其最大种子批重量（质量）容许多 5%。如果一批种子超过了这个限制，就必须分成两个或若干种子批，每批不得超过规定的重量（质量），分别给予不同批号。

10.3.4　扦取初次样品的方法

10.3.4.1　扦样频率

种子批划分后，根据扦样容器（袋）大小和类型确定扦样频率（表10-1）。

（1）袋装种子的扦样频率　应根据种子批总袋数确定应扦袋数。对于装在小容器内的小包装种子，应将小容器合并成重量（质量）不超过100 kg的扦样单位。每个扦样单位可作为一个“容器”，并按上述方法确定应扦容器的个数。

（2）散装种子或种子流的扦样频率　《农作物种子检验规程》所述的散装种子是指大于100 kg容器的种子批（例如集装箱）或正在装入容器的种子流，必须满足扦样条件所述的种子批和容器的封缄与标识的要求，根据散装种子数量确定扦样点数。

表10-1　种子批扦样频率

包装种子		散装种子	
种子批袋数（容器数）	应扦取的最低袋数（容器数）	种子批大小（kg）	扦样最低点数
1～5	每袋至少扦取5个初次样品	500以下	至少扦取5点
6～30	每3袋扦1袋，但不得少于5袋	501～3 000	每300 kg至少扦1点，但不得少于5点
31～400	每5袋扦1袋，但不得少于10袋	3 001～20 000	每500 kg至少扦1点，但不得少于10点
400以上	每7袋扦1袋，但不得少于80袋	20 000以上	每700 kg至少扦1点，但不得少于40点

10.3.4.2　扦取初次样品

（1）选择扦样器与方法　针对不同的作物种子类型以及包装形式，选择不同的扦样器扦取初次样品。适用于袋装种子扦样的有单管扦样器和双管扦样器，适用于散装种子扦样的是长柄短筒圆锥形扦样器和自动扦样器。

（2）扦取初次样品　初次样品的数量应满足种子送到检验室检测所需的最小重量（质量）外，同时需保留足够种子作为保留样品。每个扦样点上扦取的初次样品重量（质量）要求大体相等，不能有很大差别。

对于装在容器中的种子批，应在整个种子批中随机地或根据计划选定取样的容器。从其上、中、下各部位扦取初次样品。若种子在收购、调运、加工、装卸过程中，应根据种子批的总袋数和应扦袋数，间隔一定的袋数设置一个扦样点。

根据种粒的大小、形状选用合适的扦样器。中小粒袋装种子用单管扦样器，扦样时先用扦样器尖端拨开麻袋线孔，扦样器凹槽向下从袋的一角与水平呈30°向相对一角插入，待扦样器全部扦入后，将手柄旋转180°，使凹槽旋转向上抽出扦样器，从空心手柄中倒出种子，并将麻袋扦孔拨好，若属塑料编织袋，可用胶布将扦孔贴好。大粒种子可拆开袋口，用双管扦样器扦样，扦样器插入前应关闭孔口，插入后打开孔口，种子落入孔内，再关闭孔口，抽出袋外，缝好麻袋拆口。

当种子是散装或在大型容器里时，则随机从种子批不同部位和深度扦取初次样品。根据扦样点既要有水平分布又要有垂直分布的原则，将这些扦样点均匀地设在种子堆的不同部位（注意顶层 10～15 cm 和底层 10～15 cm 不扦样，扦样点距墙壁应在 30～50 cm 或以上）。扦样的点数根据种子批的大小来确定。常用的散装种子扦样器是长柄短筒圆锥形扦样器。

总之，扦样时应注意种子的大小、形状、密度、有无稃壳或其他品质特性，所用的工具必须不会损坏种子。使用前所有的取样仪器都必须是清洁的，以防交叉污染。扦样器长度略短于容器长度。使用扦样器一定要注意避免使种子损伤，否则会破坏种子样品本来的品质状态，从而影响样品的代表性。

扦样完毕要及时将容器被扦样器损坏的部位恢复、修补或者重新包装。对于粗麻袋或其他类似的编织包装袋，可在取出扦样器后，用扦样器尖端在孔洞上下左右拨几下，使编织线重新合并，关闭孔洞。对于密封纸袋或塑料袋，可以在袋上穿孔，然后用特制黏性补丁（例如贴片或胶带）将孔口封闭。对于铁罐包装，可以打开铁罐取得初次样品，再将铁罐重新封口。若密封包装在扦样过程中被破坏，也可将扦样后的种子转移至新容器中。

最后，在扦取初次样品的过程中，扦样员要特别注意观察初次样品间是否存在异质性。如果在扦样时发现初次样品之间有明显的差别，表明这个种子批存在异质性，就要终止扦样。如果初次样品之间差别不是很明显，但是扦样人员怀疑存在异质性时，就要进行异质性的检查，以确定异质性是否真实存在。

10.3.5　样品的配制与处理

10.3.5.1　混合样品的配制

在将一批种子中各个扦样点上扦出的全部初次样品充分混合之前，须将它们分别倒在样品盘内，仔细观察，比较这些初次样品在形态、颜色、光泽、水分等品质方面有无显著差异，唯有无显著差异时方可将全部初次样品混合在一起，组成一个混合样品。若发现有些初次样品的品质有显著差异，应把这部分种子从该批种子内分出，作为另一批种子单独扦取混合样品；如不能将品质有差异的种子从这批种子中分出，则需要根据种子批的具体情况，对整批种子进行必要处理（清选、干燥或翻仓）后扦样。对各初次样品的品质的一致性发生怀疑时，进行异质性测定。

10.3.5.2　送验样品的配制

(1) 送验样品的重量（质量）规定　针对不同的检验项目，送验样品的重量（质量）不同。在《农作物种子检验规程》中规定了 3 种情况下的送验样品的最低重量（质量）。一是水分测定，需磨碎的种子要求 100 g，其他不需磨碎的种子为 50 g。二是种及品种鉴定，豆类、玉米及种子大小类似的其他属实验室测定需样品 1 000 g，稻麦及种子大小类似的其他属需 500 g，甜菜属及种子大小类似的其他属需 250 g，其他属需 100 g；若需田间种植鉴定，样品需要加倍，其他属需加至 250 g。三是所有其他项目测定，送验样品要求至少达到《农作物种子检验规程》规定的最低重量（质量）（附表 1）。这里指的其他项目测定包括净度分析、其他植物种子数目测定以及采用净度分析后的净种子作为试样的发芽试验、生活力测定、重量（质量）测定、种子健康测定等。通常净度分析和其他植物种子数目测定所需的送验样品至少应包含 25 000 粒种子，这个数目是净度分析样品的 10 倍，因此每个送验样品的重量（质量）可以根据各种种子的千粒重大小推算得到，但其最大重量（质量）一般不超过1 000 g。如果送验样品小于规定重量（质量），应当及时通知扦样员。只有在收到足够数量的送验样品后才能开始检验分析。

也有一些植物其送验样品与净度分析样品之间并不是10倍的关系。对于一些较为昂贵或稀有品种、杂交种，允许使用较少的送验样品。如果不做其他植物种子数目测定，小种子批的送验样品要求至少达到规定的相应净度分析试样的重量（质量），但在检验结果报告上必须加以说明“送验样品的重量（质量）未达到规程规定的大小”。

（2）送验样品的分取　通常在扦样现场得到混合样品后，即可称量，如果混合样品的重量（质量）与所要求的送验样品重量（质量）相接近（不少于），就可以直接将混合样品作为送验样品。但如果所得到的混合样品数量超过要求的送验样品很多时，则可用分样器或分样板分出足够数量的送验样品。如果现场不具备相应的分样条件，则应将全部混合样品送到种子检验室进行分样。

常用的分样方法有机械分样和徒手分样两类。机械分样是使用分样器分样，常见的分样器有钟鼎式分样器、横格式分样器和电动分样器。

①钟鼎式分样器　钟鼎式分样器有大、中、小不同类型，大者常用于中大粒种子的分样，小者可用于菜籽等小粒种子的分样，它们的结构完全相同，顶部为漏斗，下面为活门，其下一圆锥体，圆锥体顶尖正对活门的中心，圆锥体底部周围均匀地分为36个格，其中在相间一半（18个）格子的下面设有小槽，所分样品经小槽流入内层，经小出口流入盛接器，另外相间的18个格为一通路，样品流入外层，进入大出口的另一盛接器。使用时先将分样器放平，清理干净，关好活门，将样品倒入漏斗内并摊平，出口处正对盛接器，迅速打开活门，样品下落，经圆锥体平均分散通过格子，分两路落入盛接器内，最后拍打分样器，使样品全部落入盛接器，样品即被分成两份。分样次数视需要样品多少而定。

②横格式分样器　横格式分样器适合于大粒种子及带皮壳的种子。其顶部为一长方形可倾倒的槽，下面为12～18格的长方形凹槽漏斗，其中相间的一半格子通一个方向，另一半格子通另一个方向，每组格子下面分别有一个与倾倒盘长度相等的盛接盘。使用时，将盛接槽、样品槽等清理干净，并将其放在合适的位置，把样品倒入样品槽摊平，迅速翻转使种子落入漏斗内，即将样品一分为二。

③分样板分样　在无分样器或由于种子结构所限而无法使用仪器时，可用四分法。此法简单易行，只需一付分样板和一张玻璃台面的分样台，分样台面积为1 m^2左右，四周框边略高于台面，并设立一段可活动的框边，以便取出样品。分样板为木制，长为35 cm，宽为12 cm，手持柄宽为17 cm。分样时将样品倒于干净的分样台上，先纵横混合3次以上，然后铺成一个厚度不超过1 cm的正方形，用分样板画两条对角线，样品被分成4个三角形，取两个对顶角三角形为一份样品，即得两份样品。如有必要取其一份继续分样至所需数量为止。使用此法分样要注意将样品下台面上的尘介杂质用毛笔扫入各自的样品中，以保证样品的代表性。

注意，在各个项目测定前，也要依据测定项目的要求通过分样的方法从送验样品中分取有代表性的试验样品。重复样品须独立分取，在分取第一份试验样品后，送验样品的剩余部分必须重新混合后，再分取第二份试样。

（3）送验样品的处理　送验样品要求置于合适的包装容器中，妥善保管，以防在运输过程中损坏或丢失。供水分测定的样品或是种子批已被烘干至较低水分时，应包装在防湿容器中，并尽可能排除其中的空气。用于净度分析、发芽试验、活力和健康测定等项目的送验样品装入纸袋或布袋。

所有送验样品包装袋都必须严格封缄，并给予与种子批相同的鉴别标识，以清楚地表明样品与其所代表的种子批之间的对应关系。已经化学药剂处理的，必须提供处理药剂的名称。同时填写扦样单，包括扦样者和被扦者名称、扦样日期、种子批号、植物种和品种名称、种子批重量（质量）和容器数目、待检验项目以及其他与扦样有关的情况说明。

送验样品应由扦样员尽快送到种子检验室，不得延误。

(4) 样品的保存　送验样品送到检验室后，首先要进行验收，检查样品包装、封缄是否完整，重量（质量）是否符合《农作物种子检验规程》规定的待检项目送验样品的最低重量（质量）等。验收合格后进行登记。

要求尽量在收到样品后就立即进行检验。必要时正常型种子须保存在凉爽和通风良好的室内。非正常型（例如顽拗型或中间型）种子，从混合样品中取得送验样品后，不进行任何保存，须尽可能快地检验。因为当样品保存在实验室条件下时，种子水分可能会在保存期间随着室内温度和湿度而发生改变。此外，贮藏也可能引起种子休眠的变化。如果不能及时检验，必须将样品保存在凉爽和通风良好的样品贮藏室内，尽量使种子品质的变化降到最低限度。

为了便于复检，送验样品应在该种的特定最佳条件下保存。检验后的样品和监督抽查的备份样品应当在能控制温度和湿度的专用房间存放一段时间，通常是 1 个生长周期。检验机构有规定的，按照检验机构的要求保留样品。还要注意防止虫害和啮齿动物危害。但是种子检验室对贮藏期间样品品质发生劣变并不承担责任。

当要求复检时，须按照规定分样方法从保存样品中分取一部分，封缄后送往指定的检验室。剩余部分继续保存。

10.3.6　种子批异质性测定

种子批异质性是指种子批内各成分的分布不均匀一致，未达到随机分布的程度。对于存在异质性的种子批来说，即使严格按照规程进行扦样，也不可能获得有代表性的样品。因此当种子批内不同种子容器（例如包装袋）或初次样品间存在明显差异时，就应拒绝扦样。异质性测定的前提是当扦样人员对种子批的均匀性有所怀疑时，进行异质性测定，以确定是否真的存在异质性。

10.3.6.1　异质性测定程序

异质性测定是将从种子批不同容器中抽出规定数量的若干个样品所得的实际方差与随机分布的理论方差相比较，得出前者超过后者的差数，通过统计计算对这个差异的显著性进行判断。每一样品分别取自各个不同的容器，不考虑容器内种子的异质性。

(1) 种子批的扦样　扦样的独立容器样品数应不少于表 10-2 的规定。

扦样的容器应严格随机选择。从容器中取出样品必须代表种子批的各部分，应从每袋的顶部、中部和底部扦取种子。每一容器扦取的样品重量（质量）应不少于《农作物种子检验规程》规定该种子批送验样品的一半。

表 10-2　扦取容器数与临界 H 值（1%概率）

种子批的容器数（N_0）	扦取的独立容器样品数（N）	纯度分析和发芽试验临界 H 值		其他种子数目测定临界 H 值	
		无稃壳种子	有稃壳种子	无稃壳种子	有稃壳种子
5	5	2.55	2.78	3.25	5.10
6	6	2.22	2.42	2.83	4.44
7	7	1.98	2.17	2.52	3.98
8	8	1.80	1.97	2.30	3.61
9	9	1.66	1.81	2.11	3.32
10	10	1.55	1.69	1.97	3.10
11～15	11	1.45	1.58	1.85	2.90
16～25	15	1.19	1.31	1.51	2.40
26～35	17	1.10	1.20	1.40	2.20
36～49	18	1.07	1.16	1.36	2.13
50 或以上	20	0.99	1.09	1.26	2.00

（2）测定方法　异质性可用下列项目表示。

①净度分析：任一成分的重量（质量）比例（%）　在净度分析时，如能把某种成分分离出来（如净种子、其他植物种子、杂质），则可用该成分的重量（质量）比例（%）表示。试样的重量（质量）应估计其中含有 1 000 粒种子，将每个试验样品分成两部分，即分析对象部分和其余部分。

②其他植物种子粒数　选择任何一种能计数的成分，例如某一植物种或所有其他植物种，用种子粒数来表示。每份试样的重量（质量）估计大约含有 10 000 粒种子，数出其中所指定的植物种子数。

③发芽试验：任一记载项目的比例（%）　在标准发芽试验中，任何可测定的种子或幼苗都可采用，例如正常幼苗、不正常幼苗或硬实等。从每个容器样品（又称为袋样）中同时取 100 粒种子按《农作物种子检验规程》规定的标准发芽方法进行发芽试验。

（3）*H* 值的计算

①净度与发芽

$$W=\frac{\overline{X}(100-\overline{X})}{n}f$$

$$\overline{X}=\frac{\sum X}{N}$$

$$V=\frac{N\sum X^2-(\sum X)^2}{N(N-1)}$$

$$H=\frac{V}{W}-f$$

式中，N 为扦取容器的数目；n 为从每个容器样品中得到的测定种子粒数（如净度分析为 1 000 粒，发芽试验为 100 粒，其他植物种子数目为 10 000 粒）；X 为每个容器样品中净度分析任一成分的重量（质量）比例或发芽率（%）；$\overline{X}$ 为从该种子批测定的全部 X 值的平均值；W 为净度或发芽率的独立容器样品可接受方差；V 为从独立容器样品中求得的某检验项目的实际方差；f 为得到可接受方差的多重理论方差因子，见表 10-3；H 为异质性值。

如果 $N<10$，X 计算到小数点后两位；如果 $N\geqslant10$，则计算到小数点后三位。

②指定的种子数

$$W = \overline{X} \cdot f$$

如果 $N<10$，计算到小数点后一位；如果 $N\geqslant10$，则计算到小数点后两位。

表 10-3　用于计算 W 和 H 值的 f 值

特　性	无稃壳种子	有稃壳种子
净　度	1.1	1.2
其他种子数目	1.4	2.2
发　芽	1.1	1.2

10.3.6.2　结果报告

表 10-2 表明，当种子批的成分呈随机分布时，只有 1%概率的测定结果超过 H 值。

若求得的 H 值超过表表 10-2 的临界 H 值，则该种子批存在显著的异质性；若求得的 H 值小于或等于临界 H 值，则该种子批无异质现象；若求得的 H 值为负值，则填报为零。

异质性的测定结果应填报如下：

$\overline{X}$、N、该种子批袋数、H 及一项说明："这个 H 值表明有（无）显著的异质性"。

如果 $\overline{X}$ 超出下列限度，则不必计算或填报 H 值：净度分析的任一成分高于 99.8%或低于 0.2%；发芽率高于 99%或低于 1%；指定某一植物种的种子数每个样品小于 2 粒。

复 习 思 考 题

1. 种子检验的内容和程序各是什么？
2. 如何扦到有代表性供种子检验用的样品？
3. 如何进行种子批异质性测定？

第11章

种子室内检验

对于田间检验合格的种子生产田，其种子收获后，还要进一步进行室内检验，其目的是保证农业生产上使用优质良种，杜绝或减少由于种子品质差所造成的田间缺苗断垄，避免用种的盲目性和冒险性，控制病虫和有害杂草的蔓延，充分发挥栽培品种的优良性能，确保农业生产安全。同时，可以为种子贸易提供依据。种子品质由不同的指标构成，本章主要介绍种子净度、种子发芽率、生活力及活力、品种真实性和纯度、种子水分、种子健康等指标的检验方法。

11.1 种子净度分析

种子净度（seed purity）是指种子清洁干净的程度，是指种子批或样品中净种子、杂质和其他植物种子组成的比例和特性。种子质量标准中种子净度是指样品中除去杂质和其他植物种子后，留下的本作物（种）净种子重量（质量）占样品总重量（质量）的比例（%）。种子净度是衡量种子品质的一项重要指标。净度分析（purity analysis）的目的是通过分析样品中净种子、其他植物种子和杂质3种成分，了解该种子批中洁净可利用种子的真实重量（质量）、其他植物种子及杂质的种类和含量，为种子清选、质量分级和计算播种用量提供依据。

11.1.1 净度分析的方法与标准

种子净度分析的方法有精确法和快速法两种。精确法由德国人诺培（Friedrich Nobbe）于1875年创立。它将试验样品分为好种子、废种子、有生命杂质和无生命杂质4种成分，对好种子的要求较严格，只有从外观上判断有可能发芽的种子才列为好种子。该法的特点是技术复杂、主观影响大、分析费时、对好种子的标准把握较难，分析结果误差大，但获得结果较符合实际，曾一度应用于欧美大陆。我国第一部《农作物种子检验规程》（GB 3543—1983）中的净度分析就采用此法作为标准。但目前国内外已不再采用，故不赘述。

快速法1908年创立于加拿大，以后广泛应用于美洲大陆，1953年被列入《国际种子检验规程》。它将试样分为净种子、其他植物种子和杂质3种成分。该法的特点是技术简单、主观影响小、分析省时、分析结果误差小、对净种子的区分界限明确、标准易掌握，因而被广泛应用。我国现行的《农作物种子检验规程》（GB/T 3543—1995）就采用此法作为标准。

按快速法进行净度分析时将样品区分为净种子、其他植物种子和杂质，具体标准如下。

11.1.1.1　净种子

净种子（pure seed）是指送验者所叙述的种，包括该种的全部植物学变种和栽培品种。

(1) 一般原则　下列结构凡能明确地鉴别出它们是属于所分析的种（已变成菌核、黑穗病孢子团或者线虫瘿除外），即使是未成熟的、瘦小的、皱缩的、带病的或发过芽的种子单位都应作为净种子。

①完整的种子单位　种子单位（seed unit）即通常所见的传播单位，包括真种子瘦果、类似的果实、分果和小花。种子单位如是小花须带有一个明显含有胚乳的颖果或裸粒颖果（缺乏内外稃）。

②大于原来大小一半的破损种子单位。

(2) 一些例外　根据上述原则，在个别的属或种中有一些例外：a. 种皮完全脱落的种子单位应列为杂质。b. 即使有胚芽和胚根的胚中轴，并超过原来大小一半的附属种皮，豆科种子单位的分离子叶也列为杂质。c. 甜菜属复胚种子超过一定大小的种子单位列为净种子，但单胚品种除外。d. 在偃麦草属、燕麦属、虎尾草属、鸭茅属、早熟禾属和高粱属中，附着的不育小花不须除去而列为净种子。e. 黑麦草属、羊茅属及匍匐冰草属的颖果达到或超过内稃长度的 1/3 才为净种子。f. 鸭茅属和羊茅属保留完整的复粒种子单位归入净种子。g. 黑麦草属所附不育小花未达到结实小花顶端的也列为净种子。

11.1.1.2　其他植物种子

其他植物种子（other plant seed）是指净种子以外的任何植物种类的种子单位（包括其他植物种子和杂草种子）。其鉴别标准与净种子的标准基本相同。但以下情况例外：

a. 甜菜属种子单位作为其他植物种子时不必筛选，可用遗传单胚的净种子定义。

b. 鸭茅、草地早熟禾的种子单位，作为其他植物种子时不必经过吹风程序。

c. 复粒种子单位应先分开，然后将单粒种子单位按净种子和杂质的定义进行划分。

d. 菟丝子易碎、灰白至乳白色的种子单位列入杂质。

11.1.1.3　杂质

杂质（inert matter）包括除净种子和其他植物种子以外的所有种子单位、其他杂质及结构。标准为：

a. 明显不含真种子的种子单位。

b. 甜菜属复胚种子单位大小未达到净种子定义规定的最低大小的。

c. 破裂或受损伤种子单位的碎片为原来大小的一半或不及一半的。

d. 按净种子的定义，不将这些附属物作为净种子部分或定义中尚未提及的附属物。

e. 种皮完全脱落的种子。

f. 脆而易碎，呈灰白、乳白色的菟丝子种子。

g. 脱下的不育小花、空的颖片、内外稃、稃壳、茎叶、球果、鳞片、果翅、树皮碎片、花、线虫瘿、真菌体（例如麦角、菌核、黑穗病孢子团）、泥土、沙粒、石砾及所有其他非种子物质。

11.1.2　种子净度分析的程序

种子净度分析大体分为重型混杂物检查、试验样品分取、试验样品分析和称量、结果计算与处理、结果的校正与修约、结果报告 6 大步骤。

11.1.2.1　重型混杂物检查

重型混杂物是指重量（质量）和体积明显大于所分析种子且严重影响结果的混杂物，例如土块、小石块、小粒种子中混有的大粒种子等。若在送验样品（或至少是净度分析试验样品重量（质量）的 10 倍以上）中有重型混杂物应先检查并挑出，并分别按杂质或其他植物种子挑选归类，分别称量计算其比例（%）。

$$重型杂物比例=\frac{m}{M}\times 100\%=\frac{m_1+m_2}{M}\times 100\%$$

式中，m 为重型杂物重量（质量）（g），m_1 为其他植物种子重量（质量），m_2 为杂质重量（质量），M 为分析重型杂物的送验样品重量（质量）（g）。

11.1.2.2　试验样品的分取

从挑出重型杂物后的送验样品中独立分取试验样品（即在分取第一份试验样品后，送验样品的剩余部分必须重新混合后，再分取第二份试验样品）。净度分析的试验样品应至少含有 2 500 个种子单位。样品量太大则费工，太小则缺乏代表性。由于每种作物的不同品种之间籽粒差异大，因此每种作物都有规定的试验样品最小重量（质量）（附表 1）。净度分析可用规定重量（质量）的一份试验样品，或两份半试验样品［试验样品重量（质量）的一半］进行。分取的试验样品应按精度要求（表 11-1）称量，以满足计算各种成分百分率达到一位小数的要求。

表 11-1　样品称量精度

样品重量（质量）（g）	称重精确至下列小数位数
1.000 以下	4
1.000～9.999	3
10.00～99.99	2
100.0～999.9	1
1 000 或 1 000 以上	0

注：此精度适于试验样品、半试验样品及其成分的称量。数据摘自《农作物种子检验规程　净度分析》（GB/T 3543.3—1995）

11.1.2.3　试验样品的分析和称量

试验样品称量后，依据净度分析标准将样品分为净种子、其他植物种子和杂质。也可用镊子施压，在不损伤发芽力的基础上进行检查。放大镜和双目解剖镜可用于鉴定和分离小粒种子单位和碎片。反射光可用于分离禾本科可育小花和不育小花以及检查线虫瘿和真菌体。筛子一般由上、下两层组成，上层为大孔筛，下层为小孔筛，可用于分离样品中的茎叶碎片、土壤和其他细小颗粒。种子吹风机可用于从较重的种子中分离出较轻的杂质，例如皮壳及禾本科牧草的空小花。但要注意吹风机仅用于处理少量样品（1～5 g），应具备准确定时、气流均匀一致、可调节不同的风力等性能，才可获得精确的结果。

对样品仔细分析，按净种子的标准将净种子、其他植物种子、杂质分别放入相应的容器。当不同植物种之间区别困难或不可能区别时，则填报属名，该属的全部种子均为净种子，并附加说明。当分析瘦果、分果、分果爿等果实和种子时（禾本科除外），只从表面加以检查，不用施压，也不用放大镜、透视仪或其他特殊的仪器。从表面发现其中明显无种子的，则把它列入杂质。对于损伤种子，不管是空瘪还是充实，如果没有明显地伤及种皮或果皮，均作为净种子或其他植物种子，若种皮或果皮有一裂口，必须判断留下的部分是否超过原来大小一半，如果不能迅速做出判断，则将种子单位列为净种子或其他植物种子。最后对分离后各成分分别称量。

11.1.2.4　结果计算与处理

(1) 结果计算　分析结束后将净种子（P）、其他植物种子（OS）和杂质（I）分别称量。称量的精确度见表11-1。然后将各成分重量（质量）之和与原试验样品重量（质量）进行比较，核对分析期间物质有无增失。如果增失超过原试验样品重量（质量）的5%，必须重做；如增失小于原试验样品重量（质量）的5%，则计算各成分比例（%）：净种子比例（%）（P_1）、其他植物种子比例（%）（OS_1）和杂质比例（%）（I_1）。计算时应注意：a. 各成分比例（%）的计算应以分析后各种成分的重量（质量）之和为分母，而不用试验样品原来的重量（质量）。b. 若分析的是全试验样品，各成分重量（质量）比例（%）应计算到一位小数；若分析的是半试验样品，各成分的重量（质量）百分率应计算到二位小数。c. 净度分析结果的平均值是加权平均值。

$$P_1 = \frac{P}{P + OS + I} \times 100\%$$

$$OS_1 = \frac{OS}{P + OS + I} \times 100\%$$

$$I_1 = \frac{I}{P + OS + I} \times 100\%$$

如果净度分析为两份半试验样品或两份全试验样品，3种成分均得到两组结果。

(2) 结果处理（容许差距）

①半试验样品　如果分析为两份半试验样品，分析后任一成分的相差不得超过重复分析间的容许差距（表11-2）。若所有成分的实际差距都在容许范围内，则计算各成分的平均值。如差距超过容许范围，则按下列程序处理。

再重新分析成对样品，直到一对数值在容许范围内为止（全部分析不必超过4对），凡一对间的相差超过容许差距两倍时，均略去不计，各种成分比例（%）的最后记录，应从全部保留的几对加权平均数计算。

②全试验样品　如在某种情况下有必要分析第二份试验样品，两份试验样品各成分的实际差距不得超过容许差距。若所有成分都在容许范围内，取其平均值。如果超过则再分析一份试验样品，若分析后的最高值和最低值差异没有大于容许误差2倍，填报三者的平均值。如果这些结果中的一次或几次显然是由于差错而不是由于随机误差所引起的，需将不准确的结果除去。

表11-2　同一实验室内同一送验样品净度分析的容许差距

（5%显著水平的两尾测定）

两次分析结果平均		不同测定之间的容许差距			
		半试验样品		全试验样品	
50%以上	50%以下	无稃壳种子	有稃壳种子	无稃壳种子	有稃壳种子
99.95～100.0	0.00～0.04	0.20	0.23	0.1	0.2
99.90～99.94	0.05～0.09	0.33	0.34	0.2	0.2

（续）

两次分析结果平均		不同测定之间的容许差距			
50%以上	50%以下	半试验样品		全试验样品	
		无稃壳种子	有稃壳种子	无稃壳种子	有稃壳种子
99.85～99.89	0.10～0.14	0.40	0.42	0.3	0.3
99.80～99.84	0.15～0.19	0.47	0.49	0.3	0.4
99.75～99.79	0.20～0.24	0.51	0.55	0.4	0.4
99.70～99.74	0.25～0.29	0.55	0.59	0.4	0.4
99.65～99.69	0.30～0.34	0.61	0.65	0.4	0.5
99.60～99.64	0.35～0.39	0.65	0.69	0.5	0.5
99.55～99.59	0.40～0.44	0.68	0.74	0.5	0.5
99.50～99.54	0.45～0.49	0.72	0.76	0.5	0.5
99.40～99.49	0.50～0.59	0.76	0.80	0.5	0.6
99.30～99.39	0.60～0.69	0.83	0.89	0.6	0.6
99.20～99.29	0.70～0.79	0.89	0.95	0.6	0.7
99.10～99.19	0.80～0.89	0.95	1.00	0.7	0.7
99.00～99.09	0.90～0.99	1.00	1.06	0.7	0.8
98.75～98.99	1.00～1.24	1.07	1.15	0.8	0.8
98.50～98.74	1.25～0.49	1.19	1.26	0.8	0.9
98.25～98.49	1.50～1.74	1.29	1.37	0.9	1.0
98.00～98.24	1.75～1.99	1.37	1.47	1.0	1.0
97.75～97.99	2.00～2.24	1.44	1.54	1.0	1.1
97.50～97.74	2.25～2.49	1.53	1.63	1.1	1.2
97.25～97.49	2.50～2.74	1.60	1.70	1.1	1.2
97.00～97.24	2.75～2.99	1.67	1.78	1.2	1.3
96.50～96.99	3.00～3.49	1.77	1.88	1.3	1.3
96.00～96.49	3.50～3.99	1.88	1.99	1.3	1.4
95.50～95.99	4.00～4.49	1.99	2.12	1.4	1.5
95.00～95.49	4.50～4.99	2.09	2.22	1.5	1.6
94.00～94.99	5.00～5.99	2.25	2.38	1.6	1.7
93.00～93.99	6.00～6.99	2.43	2.56	1.7	1.8
92.00～92.99	7.00～7.99	2.59	2.73	1.8	1.9
91.00～91.99	8.00～8.99	2.74	2.90	1.9	2.1
90.00～90.99	9.00～9.99	2.88	3.04	2.0	2.2

注：摘自《农作物种子检验规程　净度分析》(GB/T 3543.3—1995)。

11.1.2.5　结果的校正与修约

送验样品有重型杂质时，最后净度分析结果应校正，净种子比例（P_2）、其他植物种子

比例（OS_2）和杂质（I_2）的校正公式为

$$P_2 = P_1 \times \frac{M-m}{M}$$

$$OS_2 = OS_1 \times \frac{M-m}{M} + \frac{m_1}{M} \times 100\%$$

$$I_2 = I_1 \times \frac{M-m}{M} + \frac{m_2}{M} \times 100\%$$

式中，M 为送验样品的重量（质量）(g)；m 为重型杂质的重量（质量）(g)，m_1 和 m_2 分别为重型杂质中的其他植物种子重量（质量）和杂质重量（质量）(g)（$m=m_1+m_2$）；P_1、I_1 和 OS_1 分别为除去重型杂质后的净种子重量（质量）比例（%）、杂质重量（质量）比例（%）和其他植物种子重量（质量）比例（%）。如果净度分析为两份半试验样品或两份全试验样品时，P_1、I_1 和 OS_1 分别为两重复的平均。

最后应检查，应有（$P_2+I_2+OS_2$）=100.0%。

各种成分的最终结果应保留一位小数，其和应为 100.0%，否则应在最大的比例上加上或减去不足或超过的数（修正值），使最终各成分之和为 100.0%。如果其和是 99.9%或 100.1%，那么从最大值（通常是净种子部分）增减 0.1%。如果修约值大于 0.1%，那么应检查计算有无差错。注意，含量小于 0.05%的成分填报时应将数字除去，填报“微量”

11.1.2.6　结果报告

净种子、其他植物种子和杂质的比例（%）必须填在检验证书规定的空格内。若一种成分的结果为零，须在适当空格内用“—0.0—”表示。若一种成分少于 0.05%，则填报“微量”。

11.1.3　其他植物种子数目测定

11.1.3.1　其他植物种子数目测定的目的与方法

其他植物种子是指样品中除净种子以外的任何植物种类的种子单位，包括杂草和异作物种子两类。测定的目的是估测送验人所指定的其他植物种子的数目，包括泛指的种（如所有的其他植物的种）、专指某一类（例如在一个国家里列为有害种）、特定的植物种（例如匍匐冰草）。在国际贸易中这项分析主要用于测定有害或不受欢迎种子存在的情况。

根据送验者的不同要求，其他植物种子数目测定可分为完全检验、有限检验、简化检验和简化有限检验 4 种（ISTA，2017）。完全检验（complete test）是指从整个试验样品中找出所有其他植物种子的测定方法。有限检验（limited test）是指从整个试验样品中只限于找出指定种的测定方法。简化检验（reduced test）是指用规定重量（质量）较小的部分样品的试验样品检验全部种类的测定方法。简化有限检验（reduced-limited test）是指用规定重量（质量）较小的部分样品的试验样品检验指定种的测定方法。

11.1.3.2　其他植物种子数目测定的程序

（1）试验样品重量（质量）　供测定其他植物种子的试验样品通常为净度分析试验样品重量（质量）的 10 倍，即约含 25 000 个种子单位的重量（质量），或与送验样品重量（质量）相同。但当送验者所指定的种较难鉴定时，可减少至规定试验样品量的 1/5。

（2）分析测定　分析时可借助放大镜和光照设备。根据送验人的要求对试验样品逐粒观察，取出所有其他植物的种子或某些指定种的种子，并数出每个种的种子数。当发现有的种子不能准确鉴定到所属种时，可鉴定到属。如果为有限检验，找出与送验人要求相符合的全部指定种的种子后，即可停止分析。

（3）结果计算　结果用实际测定试验样品重量（质量）中所发现的种子数表示。但通常折算为样品单位重量（质量）（每千克）所含的其他植物种子数，以便比较。

$$\text{其他植物种子含量（粒/kg）}=\frac{\text{其他植物种子数}}{\text{试验样品重量（质量）(g)}}\times 1\,000$$

（4）容许差距　当需要判断同一检验室或不同检验室对同一批种子的两个测定结果之间是否有明显差异时，可查其他植物种子计数的容许差距表。先根据两个测定结果计算出平均数，再按平均数从表中找出相应的容许差距。进行比较时，两个样品的重量（质量）须大体相等。

11.2　种子发芽试验

种子发芽试验的目的是了解种子发芽力，据此比较种子批的品质和播种价值，估计种子在田间的出苗情况。因此种子发芽力的高低是决定种子品质优劣的重要指标之一。发芽试验对种子生产经营和农业生产具有重要意义。收购入仓前做好发芽试验，可掌握种子品质状况；贮藏期间做好发芽试验，有利于检查贮藏质量，及时改善不利的贮藏条件；经营调运前做好发芽试验，可避免调运销售发芽率低的种子而造成经济损失。播种前做好发芽试验，可选用发芽率高的种子播种，有利于正确计算播种量，精细播种，节约用种，为作物高产打下基础。

11.2.1　种子发芽及幼苗鉴定标准

11.2.1.1　种子发芽的概念

发芽（germination）是指在适宜条件下（通常在检验室内）幼苗出现和生长达到一定阶段，其主要结构表明在田间的适宜条件下能否进一步生长成为正常的植株。种子在适宜条件下发芽并长成正常植株的能力称为发芽力（germinability）。发芽力通常用发芽势和发芽率来表示。发芽势（germination potential）是指在规定的条件下，初次计数时间内长成的正常幼苗数占供检验种子数的比例（%）。种子发芽势高，则表示种子活力强，发芽迅速、整齐，增产潜力大。发芽率（germination percentage）是指在规定的条件下，末次计数时间内长成的正常幼苗数占供检验种子数的比例（%）。发芽率是反映种子品质的重要指标，种子发芽率较高时，通常播种后出苗率也较高。

11.2.1.2　幼苗鉴定标准

种子萌发后长成的幼苗可分为正常幼苗和非正常幼苗（图 11-1 和图 11-2），可能还有一部分是不发芽种子。只有正常幼苗才用于计算种子的发芽率。

（1）正常幼苗　正常幼苗是指生长在良好土壤及适宜的水分、温度和光照条件下，具有继续生长成为正常植株潜力的幼苗。《国际种子检验规程》和我国《农作物种子检验规程》把正常幼苗分为 3 类：完整的正常幼苗、带有轻微缺陷的正常幼苗和次生感染的正常幼苗。

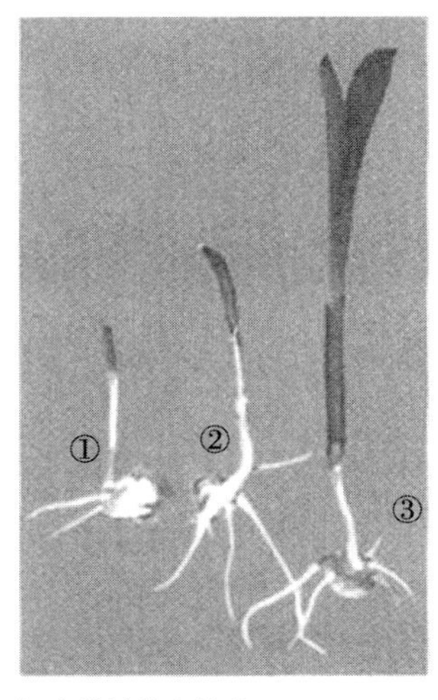

初生根矮化和缺失
①③初生根缺失，为不正常幼苗
②初生根粗短，为不正常幼苗

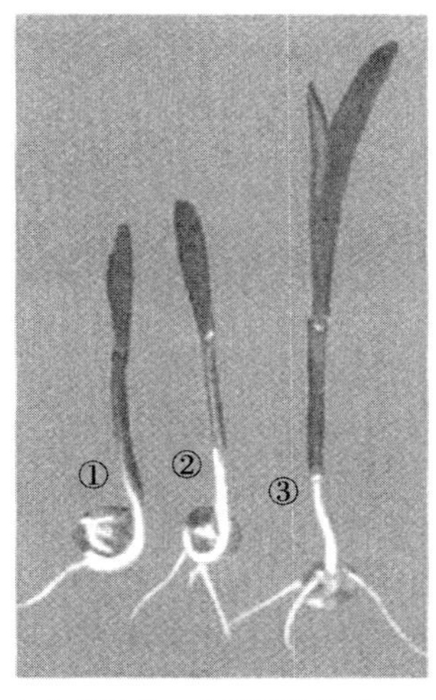

初生根缺失，为不正常幼苗
①②③为不正常幼苗

初生根霉烂，为不正常幼苗
①②初生根已霉烂，为不正常幼苗
③正常幼苗(对照)

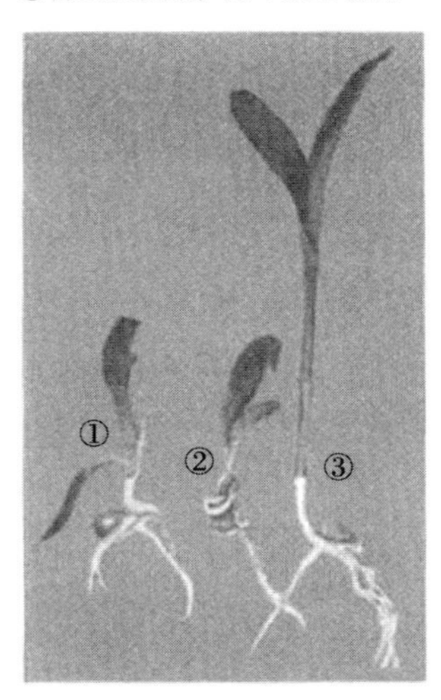

胚芽鞘畸形和中胚轴形成环状
①胚芽鞘畸形，为不正常幼苗
②中胚轴形成环状，为不正常幼苗
③正常幼苗(对照)

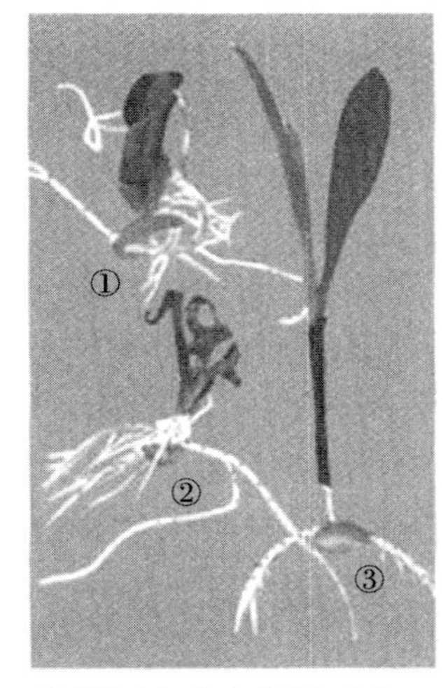

胚芽鞘和初生叶畸形和破碎
①②胚芽鞘和初生叶畸形和破碎，为不正常幼苗
③正常幼苗(对照)

胚芽鞘过度开裂与主茎轴分离
①胚芽鞘过度开裂，为不正常幼苗
②胚芽鞘与主茎轴分离，为不正常幼苗
③正常幼苗(对照)

图 11-1　玉米正常幼苗和不正常幼苗形态特征

①完整的正常幼苗　此类正常幼苗主要结构生长良好、完全、匀称和健康。因种不同，应具有下列一些结构。

A. 具有发育良好的根系，其组成如下：a. 细长的初生根，通常长满根毛，末端细尖。b. 在规定试验时期内产生的次生根。c. 在燕麦属、大麦属、黑麦属、小麦属和小黑麦属中，由数条种子根代替一条初生根。

B. 具有发育良好的幼苗茎轴，其组成如下：a. 出土型发芽的幼苗，应具有一个直立、细长并有伸长能力的下胚轴。b. 留土型发芽的幼苗，应具有一个发育良好的上胚轴。c. 在有些出土型发芽的一些属（例如菜豆属、落花生属）中，应同时具有伸长的上胚轴和下胚轴。d. 在禾本科的一些属（例如玉米属、高粱属）中，应具有伸长的中胚轴。

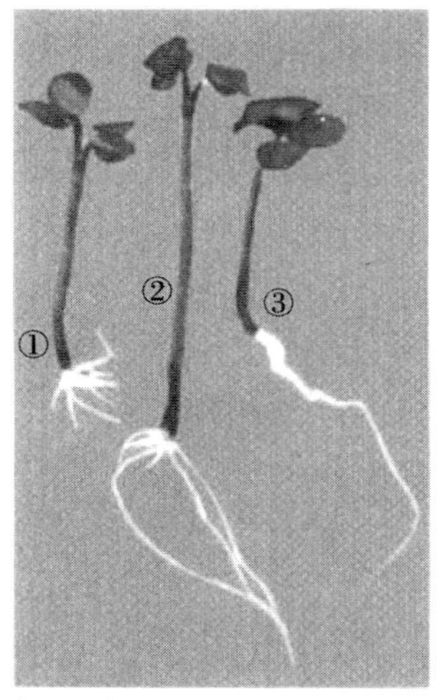

初生根粗短
①②初生根粗短，为不正常幼苗
③正常幼苗(对照)

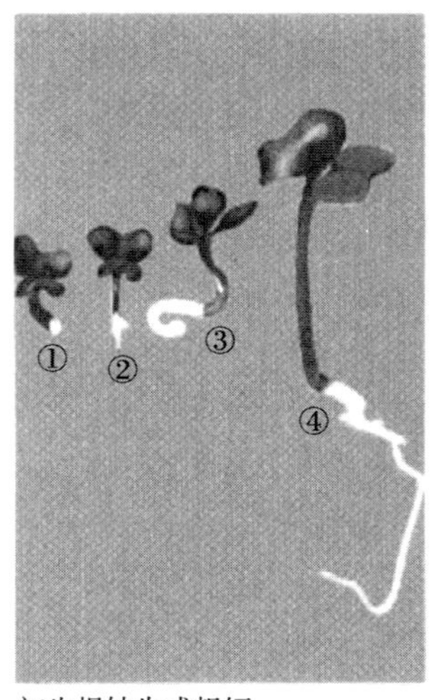

初生根缺失或粗短
①③初生根缺失，为不正常幼苗
②初生根粗短，为不正常幼苗
④正常幼苗(对照)

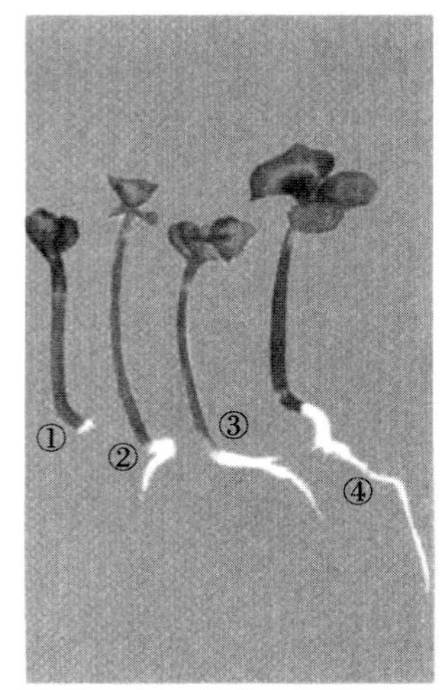

初生根缺失或生长障碍
①初生根缺失，为不正常幼苗
②③初生根生长障碍，为不正常幼苗
④正常幼苗(对照)

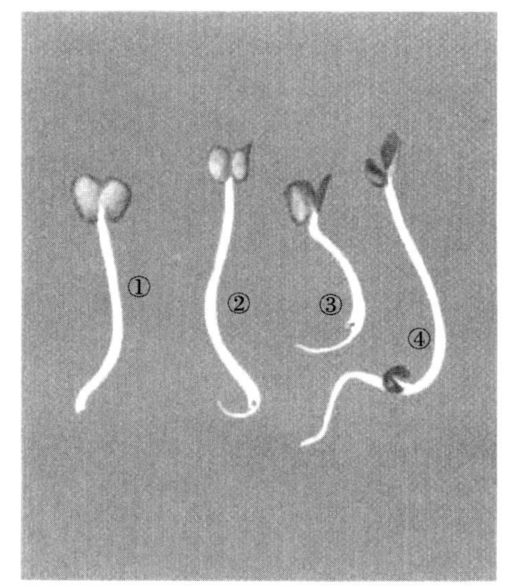

初生根缺失
①~③初生根缺失，为不正常幼苗
④正常幼苗(对照)

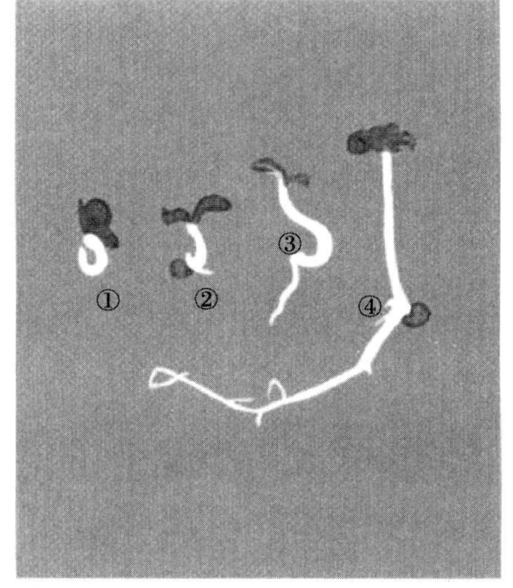

下胚轴弯曲畸形
①~③下胚轴弯曲畸形，为不正常幼苗
④正常幼苗(对照)

图 11-2　芸薹属正常幼苗和不正常幼苗形态特征

C. 具有特定数目的子叶：a. 单子叶植物具有 1 片子叶，子叶可为绿色和呈圆管状（葱属），或变形而全部或部分遗留在种子内（例如石刁柏、禾本科）。b. 双子叶植物具有 2 片子叶，在出土型发芽的幼苗中，子叶为绿色，展开呈叶状；在留土型发芽的幼苗中，子叶为半球形和肉质状，并保留在种皮内。c. 在针叶树中，子叶数目为 2～18 枚不定，通常其发育程度因种而不同；子叶呈绿色而狭长。

D. 具有展开、绿色的初生叶：a. 在互生叶幼苗中有 1 片初生叶，有时先发生少数鳞状叶，例如豌豆属、石刁柏属等。b. 在对生叶幼苗中有 2 片初生叶，例如菜豆属。

E. 具有一个顶芽或苗端，其发育程度因所检验的种而不同。

F. 在禾本科植物中有 1 个发育良好、直立的胚芽鞘，其中包着 1 片绿色初生叶延伸到顶端，最后从芽鞘中伸出。

②带有轻微缺陷的正常幼苗　此类正常幼苗主要结构出现某种轻微缺陷，但在其他方面能均衡生长，并与同一试验中的完整幼苗相当。有下列缺陷则为带有轻微缺陷的正常幼苗。

A. 初生根：a. 初生根局部损伤，或生长稍迟缓。b. 初生根有缺陷，仅次生根发育良好，特别是豆科中一些大粒种子的属（例如菜豆属、豌豆属、巢菜属、花生属、豇豆属和扁豆属）、禾本科中的一些属（例如玉米属、高粱属和稻属）、葫芦科所有属（例如甜瓜属、南瓜属和西瓜属）和锦葵科所有属（例如棉属）。c. 燕麦属、大麦属、黑麦属、小麦属和小黑麦属中只有 1 条强壮的种子根。

B. 下胚轴、上胚轴和中胚轴局部损伤。

C. 子叶（采用“50%规则”）：a. 子叶局部损伤，但子叶组织总面积的一半或一半以上仍保持着正常的功能，并且幼苗顶端或其周围组织没有明显的损伤或腐烂。b. 双子叶植物仅有 1 片正常子叶，但其幼苗顶端或其周围组织没有明显的损伤或腐烂。c. 具有 3 片子叶而不是 2 片子叶（采用“50%规则”）。

D. 初生叶：a. 初生叶局部损伤，但其组织总面积的一半或一半以上仍保持着正常的功能（采用“50%规则”）。b. 顶芽没有明显的损伤或腐烂，有 1 片正常的初生叶，例如菜豆属。c. 菜豆属的初生叶形状正常，大于正常大小的 1/4。d. 具有 3 片初生叶而不是 2 片，例如菜豆属（采用“50%规则”）。

E. 胚芽鞘：a. 胚芽鞘局部损伤。b. 胚芽鞘从顶端开裂，但其裂缝长度不超过胚芽鞘的 1/3（对于玉米，如果胚芽鞘有缺陷，但第 1 叶完整或仅有轻微缺陷的幼苗仍可作为正常幼苗）。c. 受内外稃或果皮的阻挡，胚芽鞘轻度扭曲或形成环状。d. 胚芽鞘内的绿叶，虽然没有延伸到胚芽鞘顶端，但至少要达到胚芽鞘的一半。

③次生感染的正常幼苗　由真菌或细菌感染引起次生感染，使幼苗主要结构发病和腐烂，但有证据表明病原不来自种子本身。

（2）非正常幼苗　非正常幼苗是指生长在良好土壤及适宜的水分、温度和光照条件下，表现不能生长成为正常植株潜力的幼苗。1996 年版《国际种子检验规程》和我国《农作物种子检验规程》把非正常幼苗分为 3 类：受损伤的幼苗、畸形或不匀称的幼苗和腐烂幼苗。

①受损伤的幼苗　由机械处理、加热、干燥、冻害、化学处理、昆虫损害等外部因素引起种子伤害，使幼苗结构残缺不全或受到严重损伤，以致不能均衡生长者。例如子叶或苗端破裂或幼苗其他部分完全分离，引起不正常；下胚轴、上胚轴或子叶有裂缝和裂口；胚芽鞘损伤或顶端破损；初生叶有裂口，缺失或发育受阻等症状。

②畸形或不匀称的幼苗　这类不正常幼苗是指由于种子老化等内部因素引起种子发芽的生理紊乱而造成幼苗生长细弱，或存在生理障碍，或主要结构畸形，或不匀称者。引起生理劣变的因素可在种子所处的不同时期，例如亲本植株处于不利的生长条件、种子处于较差的成熟环境、过早收获、受除草剂或杀虫剂等伤害、不利的贮藏条件、某些遗传因素或种子自然老化所致等。不正常幼苗特征包括初生根生长发育迟缓或变得过于纤细；下胚轴、上胚轴或中胚轴缩短或变粗，形成环状、扭曲或呈螺旋状；子叶卷曲、变色或坏死；胚芽鞘缩短和

畸形或形成裂口、环状、扭曲或呈螺旋状；反向生长（芽弯曲向下，根具有负向地性）；缺乏叶绿素（幼苗黄化或白化）；幼苗过于纤细或呈玻璃透明状水肿。

③腐烂幼苗 由初生感染（病源来自种子本身）引起，使幼苗主要结构发病和腐烂，并妨碍其正常生长者。

(3) 不发芽种子 在发芽试验末期仍不发芽的种子为不发芽种子，可分为以下几种情况。

①硬实 硬实是指由于不能吸水而在试验末期仍保持坚硬的种子。

②新鲜种子 新鲜种子是指在发芽试验条件下，既非硬实，又不发芽而保持清洁和坚硬，具有生长成为正常幼苗潜力的种子。

③死种子 在试验末期，既不坚硬，又不新鲜，也未产生生长迹象的种子为死种子。

11.2.2 种子发芽试验设施

进行种子发芽试验必须具有各种标准和先进的发芽设备，以满足种子发芽的各种要求，保证取得正确的发芽试验结果。种子发芽试验设施主要有发芽床、发芽容器（germination container）、数种设备（seed counting apparatus）、发芽箱（germination chamber）、发芽室（germination room）等。

11.2.2.1 发芽床

发芽床也称为发芽基质（germination medium），是种子发芽和幼苗初期生长发育的衬垫物，通常采用纸、沙、蛭石、纱布、毛巾、海绵等。但《农作物种子检验规程 发芽试验》（GB/T 3543.4—1995）规定，发芽床的材料一般情况下只使用纸和沙，土壤和其他介质不宜作为初次试验的发芽床；发芽床应具备保水性、通气性好，无毒质，无病菌和一定强度的基本要求。

(1) 纸床 纸床是种子发芽试验中使用最多的一类发芽床。纸床多用于中小粒种子的发芽，例如水稻、小麦、高粱、黍稷、谷子、油菜、芝麻、烟草、多数禾本科牧草等的种子。用于发芽试验的纸类主要有专用发芽纸、滤纸、纸巾等。有不同颜色的发芽纸，例如蓝色、棕色、白色等，但幼根在蓝色发芽纸上呈现得更清楚。

发芽纸应满足以下要求。

A. 持水性强：吸水良好，不但吸水快（将纸条下端浸入水中，2 min 内水上升 30 mm 或以上），而且持水力也强，具有足够的保水能力，不断为种子发芽供应水分。

B. 无毒质：纸张必须无酸碱、染料、油墨及其他对发芽有害的化学物质。纸张的 pH 应在 6.0～7.5 范围内。

C. 无病菌：发芽试验所用纸张必须清洁干净，无病菌污染，否则纸上携带的病菌会滋生蔓延而影响试验结果。

D. 纸质韧性好：纸张既要具有多孔性和通气性，又要具有一定强度，以免吸水时糊化或破碎；并在操作时不会撕破，幼根不致穿入纸内，便于幼苗的正确鉴定。

(2) 沙床 沙床是种子发芽试验中较为常用的一类发芽床。其质量要求为，沙的 pH 应在 6.0～7.5 范围内，沙粒直径在 0.05～0.80 mm 范围内。在此范围内的沙粒既具有足够的持水力，又能保持一定的空隙，透气性好。为满足以上要求，沙子在使用前需过筛、洗涤和高温处理。用直径 0.05 mm 和 0.80 mm 的筛子过筛，取直径在 0.05～0.80 mm 范围内的沙子，用清水洗涤，除去污染物和有毒物质，随后摊放在托盘内，180 ℃高温下烘干 1 h 或

130～170 ℃高温下烘干 2 h，以杀死病菌和沙内的其他种子。

一般情况下，沙子可重复使用。重复使用的沙子使用前必须经洗涤、烘干、消毒。化学药品处理的种子发芽试验后的沙子不能重复使用。

（3）土壤床　有些特殊情况会用土壤作发芽床。要求土壤疏松、不结块，无大颗粒，不含混入的种子、细菌、真菌、线虫或有毒物质，使用前须经过筛和高温消毒。土壤床不宜重复使用。当在鉴定带病种子样品、纸床上幼苗出现中毒症状、对鉴定幼苗有怀疑或为特定的研究目的时使用土壤床。

11.2.2.2　发芽容器

在发芽试验时，需要发芽容器来安放发芽床。发芽皿、发芽盘和发芽盒等均可作为发芽容器。发芽容器必须透明、保湿、无毒，具有一定的种子发芽和幼苗生长的空间，确保一定的氧气供应，要易清洗和易消毒，并配有盖。发芽试验所用发芽盒的容积可根据作物种子种类而定。

11.2.2.3　发芽箱与发芽室

发芽箱和发芽室是为种子发芽提供适宜条件（温、湿、光）的设备，常用的有光照发芽箱、人工气候箱和发芽室。它们必须满足以下条件：a. 维持温度变化在±1 ℃范围内，注意不包括开门引起的温度变化。b. 当变换温度时，一般应能在 30 min 内迅速转换过来。c. 如果试验的物种需要光照，必须有控光功能。d. 如果发芽种子没加盖或未封起来，应有加湿装置，以保证发芽床的湿润。但在没有加湿装置的情况下，往往进行人工加湿。

11.2.2.4　数种设备

常用的数种设备有活动数粒板、真空数种器和电子自动数粒仪。

11.2.3　标准发芽试验程序

11.2.3.1　发芽床、发芽温度的确定

按作物种子发芽技术规定（附表 1），选用最合适的发芽床和发芽温度。

（1）选择发芽床　每个物种列出 1～3 种发芽床。一般来说，中小粒种子用纸上发芽床，中粒种子也可用纸间发芽床或沙床；大粒种子和对水分敏感的中小粒种子宜用沙床发芽。非休眠种子可选用纸上发芽床和纸间发芽床，但活力较低的种子以用沙床作发芽床效果较好。

（2）确定发芽温度　发芽温度是指发芽床上种子所处平面上的温度，而不是指空气温度或水的温度。每个物种列出 1～3 种温度条件，包括恒温和变温，可以根据物种特征、实验室条件选择发芽温度。休眠种子选用变温或较低恒温发芽较为有利。麦类、蚕豆、豌豆、甜菜、葱类等耐寒作物一般采用 20 ℃恒温。玉米、水稻、大豆、绿豆、黑豆、棉花、高粱、黄瓜、西瓜、甜瓜、辣椒属等喜温作物则通常采用 20～30 ℃变温，亦可使用 25 ℃恒温（甜椒、辣椒属 30 ℃）。油菜、甘蓝、大白菜、大头菜等芸薹属作物则采用 15～25 ℃变温或 20 ℃恒温发芽。烟草、薏苡、黄秋葵、豆瓣菜、柽麻、瓠瓜等种子规定只使用变温。

11.2.3.2　种子发芽试验前处理与样品准备

（1）种子发芽试验前处理　由于许多物种种子存在休眠，直接进行发芽试验往往不能快速、整齐、良好地萌发。种子发芽试验前处理主要是解决有休眠种子的休眠问题（详见第 4 章的 4.5 部分）

①种子置床前　先进行破除休眠处理，例如去壳、加温、机械破皮、预先洗涤、硝酸钾

浸渍等处理，然后置床发芽。例如花生果先剥壳，预先加温处理；稻属种子经预先加温或硝酸钾浸种处理等。

②种子置床后　此时进行破除休眠处理，例如预先冷冻处理，先将种子置入湿润的发芽床上，按规定条件处理一定时间后再进行发芽试验。例如葱属、芸薹属等的种子，需先冷冻处理。

③湿润发芽床处理　例如使用硝酸钾、赤霉素处理时，可使用 0.2% KNO_3溶液或 0.05%～0.10% GA_3溶液湿润发芽床。

此外，在种子发芽试验过程中，往往会发现有些种子严重感染病菌，有的甚至蔓延到整个发芽床。对于这些带菌严重的种子，发芽试验前必须做好种子处理，以杀灭病菌。但不是《农作物种子检验规程》规定必需的程序。

（2）样品准备　试验样品必须从充分混合的净种子中，用数种设备或手工随机数取 400 粒种子。为了使幼苗生长有足够的空间，一般中小粒种子（例如水稻、小麦、油菜等）以 100 粒为 1 个重复，试验设 4 个重复；大粒种子（例如玉米、大豆、棉花等）以 50 粒为 1 个副重复，试验设 8 个副重复；特大粒种子（例如花生、蚕豆等）可以 25 粒为 1 个副重复，试验设 16 个副重复。

（3）发芽床及容器的准备　发芽床初次加水量应根据发芽床的性质和大小确定。供种子发芽用的水应干净，pH 为 6.0～7.5。如果水质不好，则要用蒸馏水或去离子水。对于纸床，发芽纸吸足水分后，沥去多余水。对于沙床，加水量应为其饱和含水量的 60%～80%，即 100 g 干沙中加入 18～26 mL 水，不可出现手指一压即出现水层。细沙加水要加湿加透，一次加足，以后发芽期间不再加水，以手握成团，手松开团不散且不黏手为准。粗沙加水至手握成团，手松开沙自然散开。特别值得注意的是，不能将干沙先倒入发芽容器，然后加水拌匀。这种拌沙法往往会造成干湿不均，或是沙中水分多孔隙少，氧气不够，影响正常发芽。发芽容器事先洗净、晾干或烘干、消毒。

11.2.3.3　种子置床

（1）种子置床的要求与方法　置床要求种子试验样品均匀分布在发芽床上，每粒种子之间应留有足够的空间，一般保持其 1～5 倍种子大小的间距，以防止种子携带的病菌或污染菌的相互感染，也给种子的生长预留足够的空间。此外，每粒种子均应良好接触水分，使发芽条件一致。

①沙床　沙床有两种置床方法：沙上（TS）和沙间（S）。沙上方法是将种子压入沙的表面，湿沙厚度为 2～3 cm，适用于小粒种子的发芽试验。沙中方法是将种子播放在平整的湿沙上，湿沙厚度为 2～4 cm，然后根据种子的大小加盖 1～2 cm 厚度的湿沙。沙中方法适用于大中粒种子。

②纸床　纸床主要有 3 种使用方法：纸上（TP）、纸间（BP）和褶折纸（PP）。

A. 纸上方法：纸上（TP）方法是将种子播放在一层或多层湿润的纸上发芽，包括 3 种方式：a. 在培养皿里垫上两层充分湿润的发芽纸，播种后盖好盖或用塑料袋罩好，放入发芽箱或发芽室进行发芽试验。b. 直接放在发芽箱的盘上，盘上是湿润的发芽纸或脱脂棉，种子播种在上面。箱内的相对湿度尽可能接近饱和，以防干燥。c. 放在雅可勃逊发芽器上，它配有放置发芽纸的发芽盘。用灯芯通过发芽盘的缝隙或小孔，伸入到下面的水浴槽，以保持发芽床经常湿润。为防止水分蒸发，给发芽床盖上 1 个钟形罩，罩顶部有 1 个孔，可以通气而不致过分蒸发。

B. 纸间方法：纸间（BP）方法是将种子放在两层纸中间，包括 3 种方式：a. 用 1 层发芽纸轻轻地盖在种子上。b. 采用纸卷，将种子均匀放置在湿润的发芽纸上，再将另 1 张同样大小的发芽纸覆盖在种子上，然后卷成纸卷，两端用橡皮筋或绳子捆住，立放，套上塑料袋保湿。此法也常用于幼苗生长测定来评估种子活力。c. 把种子放在湿润的纸封里，可平放或立放。

C. 褶折纸方法：褶折纸方法是将种子放在类似手风琴的具有褶裥的纸条内，播种后放在盒内或直接放在发芽箱内，并用 1 条宽阔的纸条包在褶折纸的周围，防治干燥或干燥过快。《农作物种子检验规程》规定使用纸或纸间进行发芽的可用这种方法代替。

（2）粘贴标签　种子置床后，应在发芽皿或其他容器底盘的侧面或内侧贴上标签，注明品种名称、样品编号、重复次数、置床时间等，然后盖好盖子或套上 1 个薄膜塑料袋，移至规定条件下发芽培养。

11.2.3.4　在规定条件下培养

按规定的发芽条件，选择适宜温度发芽。虽然规定的各种温度均为有效，但一般来说，新收获的或有休眠的种子和陈种子，以选用变温或较低的恒温为好。对需光种子（例如茼蒿）必须有光，以促进发芽。需暗型种子在发芽试验初期应放在黑暗条件下培养。其他种子发芽时，最好在光照下培养，因为光照有利于抑制发芽过程中霉菌生长繁殖和让幼苗进行光合作用。对于变温发芽的种子，光照在高温期间供给。

11.2.3.5　检查管理

在种子发芽期间，必须进行适当的检查管理，以保持适宜的发芽条件。最好每天检查水分、温度、霉菌等情况，及时发现并排除问题。

（1）水分管理　水分是影响发芽结果最重要的因素。因此应每天检查发芽床湿度是否适宜。发芽床必须始终保持湿度适宜，重复间水分一致，不能过多，也切忌断水。否则影响发芽试验结果。

（2）温度管理　发芽温度应保持在所需温度的±1 ℃范围内，防止因控温部件失灵、断电、电器损坏等意外事故造成温度失控。如果做变温发芽，则应按规定及时变换温度，分别持续 8 h 和 16 h。对于非休眠种子，变温应在 3 h 内完成；但对于休眠种子，尤其是牧草种子，温度变化要短于 1 h，或通过调换发芽箱实现突然变温。

（3）霉菌管理　发芽试验过程中，如发现霉菌滋生，应及时取出发霉种子，洗净后再将种子放回原处。当发霉种子超过 5%时应及时更换发芽床，以免霉菌继续感染。如果发现腐烂死亡种子，则应立即去除并做好记载。

最后，还应注意氧气的供应情况，避免因缺氧而使正常发芽受影响。定期检查光照，防止因控光部件失灵、断电、电器损坏等意外事故造成光照失控。

11.2.3.6　发芽数据记载

（1）幼苗计数时间　按规定的初次记数和末次记数时间进行数据记载。如果需计算发芽指数，每天都应对发芽种子数做详细记载。如果需计算活力指数，在末次记数时还需对根长/苗长或根质量/苗质量（包括鲜物质量和干物质量，最好是干物质量）进行数据测量并记载。

在初次记载时，计数发育良好的正常幼苗，对可疑的或损伤、畸形或不均衡的幼苗，通常留到末次计数。严重腐烂的幼苗或发霉的种子应及时从发芽床上除去，并随时计数。如果在规定末次计数天数时，只有几颗种子开始发芽，则试验时间可延迟 7 d 或其一半时间。相反，如果在试验规定末次计数之前可以确定能发芽种子均已发芽，则可提早结束试验。

末次计数应按正常幼苗、不正常幼苗、硬实、新鲜不发芽种子和死种子定义进行鉴定、分类、分别计数和记载。复胚种子单位作为单粒种子计数，试验结果用至少产生 1 株正常幼苗的种子单位的比例（%）表示。也可根据送验人要求，测定 100 个种子单位所产生的正常幼苗数，产生 1 株、2 株或 2 株以上正常幼苗的种子单位数。

（2）幼苗鉴定 当幼苗的主要结构发育到一定时期时必须按幼苗鉴定标准对每株幼苗进行鉴定。根据种的不同，试验中绝大部分幼苗应达到：子叶从种皮中伸出（例如莴苣属）、初生叶展开（例如菜豆属）、叶片从胚芽鞘中伸出（例如小麦属）。尽管一些种（例如胡萝卜）在试验末期并非幼苗的子叶都从种皮中伸出，但至少在末次计数时可以清楚地看到子叶基部的“颈”，按照前述的鉴定标准进行鉴定。

11.2.3.7 结果计算与报告

（1）结果计算 试验结果用正常幼苗数的比例（%）来表示。计算时，以 100 粒种子为 1 个重复，如采用 50 粒或 25 粒的副重复，则应将相邻的副重复合并成 100 粒的重复。计算 4 次重复的正常幼苗平均发芽率，检查其是否在容许的差距（表 11-3）范围内。若重复间的实际最大差距在平均发芽率对应的最大容许差距范围内，则表明试验结果是可靠的，正常幼苗的平均发芽率即为试验的发芽率；如果超过最大容许差距，要进行重新试验。正常幼苗、不正常幼苗、硬实、新鲜不发芽种子和死种子的比例（%）之和为 100%，各比例（%）修约至最近似的整数，0.5 修约进入最大值。

表 11-3 同一发芽试验 4 次重复间的容许差距

（2.5%显著水平的两尾测定）

平均发芽率		最大容许差距
50%以上	50%以下	
99	2	5
98	3	6
97	4	7
96	5	8
95	6	9
93～94	7～8	10
91～92	9～10	11
89～90	11～12	12
87～88	13～14	13
84～86	15～17	14
81～83	18～20	15
78～80	21～23	16
73～77	24～28	17
67～72	29～34	18
56～66	35～45	19
51～55	46～50	20

注：数据引自《农作物种子检验规程 发芽试验》（GB/T 3543.4—1995）。

(2) 结果报告　须填报正常幼苗、不正常幼苗、硬实、新鲜不发芽种子和死种子的平均比例（%），若其中有任何一项结果为零，则需填入符号“—0—”。

同时还须填报采用的发芽床、温度、试验持续时间以及种子发芽前的处理方法，以提供评价种子种用价值的全部信息。

(3) 重新试验

①重新试验的条件　为确保试验结果的可靠性和正确性，当试验出现以下所列情况之一时，须进行重新试验：a. 怀疑种子有休眠，则应破除休眠重新试验，将得到的最佳结果填报，应注明所用的方法。b. 由于真菌或细菌的蔓延而使试验结果不一定可靠时，可采用沙床或土壤进行试验。如有必要，应增加种子之间的距离。c. 当正确鉴定幼苗数有困难时，可在沙床或土壤上进行重新试验。d. 当发现试验条件、幼苗鉴定或计数有差错时，应采用同样方法进行重新试验。e. 当发现不正常幼苗因化学处理中化学试剂或其他毒素危害所致时，采用沙床或土壤重新试验，将得到的最佳结果填报。f. 当样品事先有标准发芽率，而试验结果低于该值时，送验者往往要求重新试验。g. 当 100 粒种子重复间的差距超过最大容许差距时，应采用同样的方法进行重新试验。

②重新试验的结果处理　如果第二次结果与第一次结果相一致，即其差异不超过规定的容许差距（表 11-4），则两次试验的平均数填报在结果单上。如果第二次结果与第一次结果不相符合，其差异超过容许差距，则采用同样的方法进行第三次试验，用第三次试验结果与第一次和第二次进行比较，填写符合要求的结果平均数。若第三次仍未得到符合要求的结果，应考虑人员操作、发芽设备等原因。

表 11-4　同一或不同实验室来自相同或不同送验样品间发芽试验的容许差距

（2.5%显著水平的两尾测定）

平均发芽率		最大容许差距
50%以上	50%以下	
98～99	2～3	2
95～97	4～6	3
91～94	7～10	4
85～90	11～16	5
77～84	17～24	6
60～76	25～41	7
51～59	42～50	8

注：数据引自《农作物种子检验规程　发芽试验》(GB/T 3543.4—1995)。

当遇到时间紧迫，急需了解种子发芽力的基本情况时，可采用快速发芽试验。快速发芽试验法主要是利用适当的高温高湿，加速种子吸胀，促进种子内部的生理生化代谢，或是除去阻碍种子发芽的因素，从而加速种子发芽。快速发芽试验法有物理方法和化学方法，物理方法有去壳法、高温盖沙法、剥胚法等，化学方法有使用赤霉酸等。

11.3　种子生活力与活力测定

种子生活力与活力都是种子品质的重要指标，尽管二者具有明显区别，但也存在着密切联系。掌握种子生活力与活力测定的原理与方法，对从事种子检验工作十分必要。

11.3.1　种子生活力测定

11.3.1.1　种子生活力测定的意义及方法

（1）种子生活力测定的意义　种子生活力是指种子发芽的潜在能力或种胚所具有的生命力。种子生活力测定在农业生产上具有重要的意义表现在以下两方面。

①测定休眠种子的生活力　许多植物种子因存在休眠，暂时不能萌发，导致发芽率很低，尤其是新收获的种子和野生性较强的种子，必须进行生活力测定，才能了解种子的发芽潜力，以便合理利用种子。播种前对发芽率低而生活力高的种子，应进行适当处理。种子检验时，若发芽试验末期有新鲜不发芽种子或硬实，也应接着进行生活力测定，以正确评定种子品质。

②快速预测种子的发芽力　休眠种子可借助各种处理措施解除休眠，然后进行发芽试验，但所需时间较长。而种子贸易中，有时因时间紧迫，不可能采用标准发芽试验来测定发芽力，因为发芽试验所需时间更长，例如小麦需 8 d，水稻需 14 d，某些蔬菜和牧草种子需 2～3 周，而多数林木种子则需要更长的时间。在这种情况下，可用生物化学速测法测定种子生活力作为参考。

（2）种子生活测定的方法概述　种子生活力测定方法有 10 多种，根据其测定原理可大致分为 4 类：a. 生物化学法，例如四唑法、溴麝香草酚蓝法、甲烯蓝法、中性红法、二硝基苯法等；b. 组织化学法，例如靛红染色法、红墨水染色法、软 X 射线造影法等；c. 荧光分析法；d. 离体胚测定法。这里介绍四唑法。

11.3.1.2　四唑法概述

四唑法于 1942 年由德国 H. Lakon 教授发明。国际种子检验协会于 1950 年成立四唑测定技术委员会，1953 年首次将四唑测定列入《国际种子检验规程》。1974 年，国际种子检验协会四唑测定技术委员会主席 R. P. Moor 教授，为发展和推进四唑测定技术的标准化，主持编写《四唑测定手册》，其后经过多次国际种子检验协会会议讨论修改，于 1984 年正式公布发行。该手册汇集了世界上最先进实用的种子四唑测定技术，以及 650 多个属和种的农作物、蔬菜、林木、牧草、药材和花卉种子的具体测定技术，堪称最具权威性的四唑测定参考书。种子生活力四唑测定技术经过不断研究和完善，已在全世界广泛应用。

四唑测定具有原理可靠、简便快速、结果准确、不受休眠限制、成本低廉等特点。该法比按细胞膜选择透性不同的染色方法更为可靠，所需仪器设备和物品较少，程序比较简单，一般 24 h 之内即能获得测定结果，不论是休眠种子还是非休眠种子均可采用。因此该法是一种世界公认的最有效的种子生活力测定方法。

根据《国际种子检验规程》，四唑测定适用于下列范围：a. 测定休眠种子、收获后需马上播种种子以及发芽缓慢种子的发芽潜力；b. 测定发芽试验末期未发芽种子的生活力，特别是怀疑有休眠时；c. 测定种子收获或加工过程中的种子损伤原因；d. 解决发芽试验中遇到的问题，查明不正常幼苗产生的原因和杀菌剂、种子包衣等处理的伤害；e. 查明种子贮藏期间劣变衰老程度，按染色图形分级，评定种子活力水平；f. 调种时时间紧迫，快速测定种子生活力。

11.3.1.3　四唑法测定原理

有生活力的种子活细胞在呼吸过程中都会发生氧化还原反应。四唑（2,3,5-三苯基氯化四氮唑，TTC）溶液作为一种无色的指示剂，被种子活组织吸收后，参与活细胞的还原反应，从脱氢酶接受氢离子，在活细胞里产生红色、稳定、不扩散、不溶于水的三苯基甲臜（TTCH）。其化学反应式为

$$DPNH_2 + TTC \longrightarrow DPN + TTCH + HCl$$

还原型辅酶Ⅰ　四唑　　辅酶Ⅰ　三苯基甲臜　氯化氢

$$C_6H_5-C\begin{cases} =N-N-C_6H_5 \\ -N=N^+(Cl^-)-C_6H_5 \end{cases} \xrightarrow{2H} C_6H_5-C\begin{cases} =N-N(H)-C_6H_5 \\ -N=N-C_6H_5 \end{cases} + HCl$$

2,3,5-三苯基氯化四氮唑（无色）　　三苯基甲臜（红色）

依据四唑染成的颜色和部位，即可区分种子红色的有生活力部分和无色的死亡部分。一般来说，单子叶植物种子的胚和糊粉层、双子叶植物种子的胚和部分双子叶植物种子的胚乳、裸子植物种子的胚和配子体等属于活组织，含有脱氢酶，四唑渗入后能染成红色；而种皮和禾谷类胚乳等为死组织，不能染色。除完全染色的有生活力种子和完全不染色的无生活力种子外，还可能出现一些部分染色的种子。判断种子有无生活力，主要看胚和（或）胚乳（或配子体）不染色坏死组织的部位及面积大小，而不一定在于颜色的深浅，颜色的差异主要是将健全的、衰弱的和死亡的组织区别出来。根据上述原理，鉴定种子胚的死亡部分，还可以查明种子死亡的原因。

四唑染色是一酶促反应，不仅受酶活性的影响，还受底物浓度、反应温度、pH 等因素的影响。该酶促反应的适宜 pH 为 6.5～7.5，高于或者低于此 pH 范围，反应不能正常进行，也就无法测定种子活力的高低。因此对于游离酸含量高的四唑试剂应当用缓冲液配制。反应速度随温度的不同而变化，温度每提高 10 ℃反应速度提高 1 倍，譬如 20 ℃时需要反应时间 4 h，在 30 ℃时则需要 2 h，但反应最高温度不能超过 45 ℃。染色时底物的浓度要一致，一般染色部位切开的种子，测定时四唑溶液的浓度为 0.1%～0.2%；染色部位完整的种子，浓度为 1%～2%。种子预措时，采用的方法应根据种子的化学组成和种子结构确定。

11.3.1.4　四唑法测定程序

（1）试剂配制　四唑盐类有多种，最常用的是 2,3,5-三苯基氯化四氮唑，英文名为 2,3,5-triphenyl tetrazolium chloride，缩写为 TTC 或 TZ，分子式为 $C_{19}H_{15}N_4Cl$，相对分子质量为 334.8，亦称红四唑，为白色或淡黄色粉剂，溶点为 243℃，约 245 ℃时分解，易溶于水，具有微毒。试剂在光下会被还原成粉红色，因此需用棕色瓶盛装，且瓶外要裹一层黑纸。同样，配好的四唑溶液也应装入棕色瓶里，存放在暗处，种子染色也需在暗处和弱光处进行。

《国际种子检验规程》规定，正常使用四唑溶液浓度为 1.0%，但有些情况下，可使用较低或较高的浓度。《农作物种子检验规程　其他项目检验》（GB/T 3543.7—1995）规定，四唑染色通常使用浓度为 0.1%～1.0%的四唑溶液，一般切开胚的种子可用 0.1%～0.5%

的四唑溶液；整个胚、整粒种子或斜切、横切或穿刺的种子需用1.0%的四唑溶液。

四唑溶液的pH要求在6.5～7.5范围之内，若溶液的pH不在此范围时，建议采用磷酸缓冲液来配制。配好的四唑溶液应保存在棕色瓶中，一般有效期为几个月，如果存放在冰箱里，则有效期更长。已用过的四唑溶液不能再用。

（2）试验样品　从净度分析后并经充分混合的净种子中，每次随机数取100粒种子，4次重复。如果是测定发芽试验末期休眠种子的生活力，则单用发芽试验末期所发现的休眠种子。不同作物种子四唑染色技术见附表2。

①种子预湿　预湿的目的是使种子吸胀，便于切开或刺穿。同时，预湿使活组织酶系统活化，可提高染色的均匀度、深度、鉴定的可靠性和正确性。有些种子在预湿前还要进行预措处理，以利吸胀，例如水稻种子需脱去稃壳、豆科硬实种子需刺破种皮等，但须注意，预措不能损伤种子内部胚的主要结构。如果利用较高温度或较低温度进行预湿，则相应调整预湿时间，并将所采用的时间和温度填报在种子检验证书上。预湿方法有缓慢预湿和水浸预湿。

②染色前的种子处理　许多植物的种类，在染色前需将其胚的主要结构和活的营养组织暴露出来，以利于四唑溶液的渗透，便于正确鉴定。可采用刺穿、切开种子或剥去种皮的方式。处理后的种子应保持湿润。

（3）四唑染色　通过染色反应，能将胚和活的营养组织里的健壮、衰弱和死亡部分的差异正确地显现出来，以便进行鉴定，判断种子的生活力和活力。应根据不同作物种子选择合适的四唑浓度、染色温度和时间。

（4）鉴定前处理　为了确保鉴定结果的正确性，应将已染色的种子样品进行适当的处理，使胚的主要结构和活的营养组织更加明显地暴露出来，以便观察鉴定。目前国际上采用的方法有：直接观察、轻压出胚、扯开营养组织、切去一层营养组织、沿胚中轴纵切、沿种子中线纵切、剥去半透明的种皮或种子组织、掰开子叶、剥去种皮和残余营养组织、应用乳酸苯酚透明液等。

（5）观察鉴定　观察鉴定的目的是区别有生活力和无生活力种子。一般鉴定原则是，凡是胚的主要结构及有关活营养组织染成有光泽的鲜红色，且组织状态正常的，为有生活力种子。凡是胚的主要结构局部不染色或染成异常的颜色，并且活的营养组织不染色部分超过允许范围，以及组织软化的，为不正常种子。凡是完全不染色或染成无光泽的淡红色或灰白色，且组织已软腐或异常、虫蛀、损伤、腐烂的为死种子。不正常种子和死种子均作为无生活力种子。此外，胚或其他主要结构明显发育不正常的种子，不论染色与否，均应作为无生活力的种子。

鉴定时，可借助于放大器具进行观察。大中粒种子可直接用肉眼或5～7倍放大镜进行观察鉴定，小粒种子最好利用10～100倍体视显微镜进行仔细观察鉴定。鉴定时注意判断种子预措时胚部切偏和切面粗糙对观测结果的影响。

（6）结果计算及处理　在测定一个样品时，应统计各个重复中有生活力的种子数，并计算其平均值。重复间最大容许差距不得超过规定（表11-5），平均比例（%）修约至最近似的整数。

测定结果按规定格式填报。对豆科的一些种需增填测定中发现的硬实率，硬实率（%）应包括在所填报的有生活力的比例（%）中。

若是测定发芽试验末期未发芽种子生活力，结果应填报在发芽试验结果报告的相应栏中。

表 11-5　生活力测定重复间的容许差距

（2.5%显著水平的两尾测定）

平均生活力比例（%）		最大容许差距		
		4 次重复	3 次重复	2 次重复
99	2	5	—	—
98	3	6	5	—
97	4	7	6	6
96	5	8	7	6
95	6	9	8	7
93～94	7～8	10	9	8
91～92	9～10	11	10	9
90	11	11	11	9
89	12	12	11	10
88	13	13	12	10
87	14	13	12	11
84～86	15～17	14	13	11

注：引自《农作物种子检验规程　其他项目检验》（GB/T 3543.7—1995）。

11.3.2　种子活力测定

前文已述，种子活力是种子品质的重要指标，高活力种子具有明显的生长优势和生产潜力。种子活力测定方法很多，方法的分类也有多种。

国际种子检验协会（ISTA）活力测定委员会编写的《活力测定方法手册》（第三版，1995）列入两类种子活力测定方法，第一类是推荐的 2 种种子活力测定方法，即电导率测定和加速老化试验；第二类是建议的 7 种种子活力测定方法：低温处理试验、低温发芽试验、控制劣变试验、复合逆境活力测定、希尔特纳试验（砖粒试验）、幼苗生长测定和四唑测定。

另一种分类是将种子活力测定方法分成 3 种类型。a. 基于发芽行为的单项测定，例如发芽速率、幼苗生长测定、低温处理试验、低温发芽试验、希尔特纳试验、加速老化试验、控制劣变测定等；b. 生理生化测定，例如电导率、四唑测定、呼吸强度、ATP 含量、谷氨酸脱羧酶活性等测定；c. 多重测定，例如加速老化与低温处理结合而成的复合逆境活力测定、冷浸和低温处理结合而成的抗冷测定等。北美洲官方种子分析者协会（AOSA）（2000）颁布的《活力测定手册》则将种子活力测定方法分为逆境测定、幼苗生长和评定试验以及生物化学测定 3 种类型。该分类体系被广泛接受。一个较为实用的测定方法应当具备简单易行、快速省时、节约费用、结果准确、重演性好等特点。

11.3.2.1　标准发芽检验测定法

标准发芽检验测定法是一种普遍采用的简单方法，适用于各种作物种子的活力测定。其方法与标准发芽试验基本相同，不同的是需逐日记载正常发芽种子数（发芽缓慢的牧草、林木等种子，可隔一日或数日记载），发芽试验结束时（或在初次计数日）测定正常幼苗长度或重量（质量）。然后按公式计算常用的活力指标（发芽指数、活力指数），比较各样品种子活力的高低。

发芽指数（GI）的计算公式为

$$GI = \sum G_t / D_t$$

式中，D_t为发芽日数，G_t为与D_t相对应的每天发芽种子数。

活力指数（VI）的计算公式为

$$VI = GI \times S$$

式中，S为一定时期内正常幼苗单株长度（cm）或重量（质量）（g）。

11.3.2.2 低温处理、冷浸处理与低温发芽

（1）低温处理 低温处理主要适用于春播喜温作物，例如玉米、棉花、大豆、豌豆等。该法是将种子置于低温潮湿的土壤中处理一定时间后，移至适宜温度下生长，模拟早春田间逆境条件，观察种子发芽成苗的能力。一般是将种子置于潮湿的土壤床内，于 10 ℃低温黑暗条件下处理 7 d；然后转入适宜温度下交替光照（12 h 光照，12 h 黑暗）培养，玉米和水稻于 30 ℃下培养 3 d，大豆和豌豆于 25 ℃下培养 4 d，计算发芽率。高活力种子经低温处理后仍能形成正常幼苗，而低活力种子则不能形成正常幼苗。

（2）冷浸处理 冷浸处理是将种子浸泡在低温水中，使种子受到低温、快速吸水的伤害以及缺氧的损害。活力低的种子经过一定时间的冷浸处理后会丧失发芽力，活力高的种子由于其抗逆性强而能保持其发芽力。冷浸的温度一般比发芽的最低温度低 3～6 ℃。例如花生于 8～10 ℃下浸泡 2 d，小麦于 2～4 ℃浸泡 3 d，玉米于 6 ℃浸泡 3 d。将处理过的种子取出，按照普通发芽试验的温度置沙床中发芽，测定种子发芽势、发芽率、发芽指数、活力指数等指标。

（3）低温发芽试验 低温发芽试验主要适用于棉花，也可用于玉米、高粱、黄瓜、水稻等。棉花早春播种常遇低温，会引起胚根损伤，下胚轴生长速率降低。棉花发芽最低温度一般为 15 ℃，本法采用 18 ℃低温模拟田间低温条件。具体方法与标准发芽试验基本相同。种子置沙床或纸卷床后，于 18 ℃黑暗条件下发芽 6 d（硫酸脱绒）或 7 d（未脱绒），检查幼苗生长情况，凡苗高（根尖至子叶着生点的距离）达 4 cm 以上的即为高活力种子。

11.3.2.3 胚根出现数目测定

胚根出现数目测定方法主要适用于早春和晚秋播种的作物，例如玉米、棉花、西瓜、黄瓜、油菜、萝卜等。将种子置于纸上低温条件下发芽一定时间，测定胚根长于 2 mm 的种子比例（%），或计算平均发芽时间（MGT）。玉米于 20 ℃下发芽 66 h，或于 13 ℃下发芽 6 d。棉花于 18 ℃下发芽 3 d。西瓜于 25 ℃下发芽 68 h。萝卜于 20 ℃下发芽 48 h。黄瓜于 25 ℃下发芽 48 h。油菜于 20 ℃下发芽 30 h。

$$MGT = \sum n_i t_i / \sum n_i$$

式中，n_i为每天发芽数，t_i为与n_i相对应的时间（d）。

11.3.2.4 加速老化试验和控制劣变试验

（1）加速老化试验 加速老化试验（accelerated ageing test）简称 AA 测定。该法最早是由 Delouche（1965）创立的，用来预测种子的相对耐贮藏性。经过多年的发展，目前加

速老化试验主要用于两方面，一是预测田间出苗率，二是预测种子耐贮藏性。采用高温（40～50 ℃）高湿（100%相对湿度）处理种子，加速种子老化，其劣变程度在几天内相当于数月或数年。高活力种子经加速老化处理后仍能正常发芽，低活力种子则产生不正常幼苗或全部死亡。以大豆种子为例，将种子 200 多粒置于老化盒（内箱）内的支架网上铺平，箱内加水，水面距支架 6～8 cm，然后加盖密封，置于 41 ℃的水浴恒温箱（外箱）内，关闭外箱保持密闭，经 72 h 取出种子用风扇吹干，进行发芽试验。取试样 50 粒，4 次重复，按标准发芽试验方法进行发芽，将长出正常幼苗种子作为高活力种子。此法还适用于其他作物种子，不同作物种子加速老化温度和时间不同。

(2) 控制劣变试验　控制劣变试验类似于普通的加速老化试验，不同的是将种子在加速老化处理前预先处理到特定的种子含水量，一般为 20%的水分，并密封在铝箔袋内，在40～45 ℃恒温水浴 24～48 h，在种子加速老化期间种子含水量保持恒定，加速老化结果更加稳定。

11.4　品种真实性及品种纯度测定

品种真实性（cultivar genuineness）和品种纯度（varietal purity）是构成种子品质的两个重要指标，是种子品质评价的重要依据。这两个指标都与种子的遗传基础有关，因此都属于品种的遗传品质。品种纯度测定可分为田间测定、室内测定和小区种植测定 3 大部分。本节主要介绍品种真实性及品种纯度的含义及室内常用的测定方法。

11.4.1　品种纯度的含义

品种纯度应包括两方面内容，即种子的真实性和品种纯度。种子的真实性是指一批种子所属品种、种或属与文件描述（description）是否相符。如果种子真实性有问题，品种纯度测定就毫无意义了。品种纯度是指品种个体与个体之间在特征特性方面典型一致的程度，用本品种的种子数（或株数、穗数）占供检验本作物样品数的比例（%）表示。在纯度测定时主要鉴别与本品种不同的异型株（off-type plant）。异型株是指一个或多个性状（特征特性）与原品种的性状明显不同的植株。《国际种子检验规程》中明确指出，品种纯度测定适用的范围是只有当送验者对报检的种或品种已有说明，并且具有一个可供比较的、可靠的标准样品时，测定定才是有效的。品种纯度测定的对象可以是种子、幼苗（seedling）或较成熟的植株。

品种真实性和品质纯度是保证良种优良遗传特性充分发挥的前提，是正确评定种子等级的重要指标。因此品种真实性和品种纯度测定在种子生产、加工、贮藏及经营贸易中具有重要意义和应用价值。研究表明，玉米种子纯度每降低 1%，造成的减产幅度就会接近 1%。在农业生产中，除种子纯度影响外，假种子的影响更大，有时会造成绝产。除此之外，品种真实性和品种纯度测定在品种登记管理、品种产权保护、品种亲缘关系研究以及遗传多样性研究中都有很高的应用价值。

11.4.2　种子纯度室内测定方法

品种纯度室内测定的方法很多，根据其所依据的原理不同主要可分为形态鉴定（morphological identification）、物理化学法鉴定（physical and chemical method）、生理生化法鉴定（physiological and biochemical method）、分子生物学方法鉴定（molecular biology method）、细胞学方法鉴定（cytological method）。除此之外，还可依据测定的对象分为：种子纯度测定、幼苗纯度测定、植株纯度测定。根据测定的场所分为：田间纯度测定、室内纯度测定和田间小区种植测定等。不管哪一种分类方法，在实际应用中，理想的测定方法要求：测定结果在不同实验室或同一实验室能重演；方法应简单易行；省时快速；成本低廉。总之，要求测定方法准确可靠，简单易行。由于有些测定技术鉴别能力差，在我国新修订的《农作物种子检验规程》中，只保留了电泳测定、分子测定和田间小区鉴定。

11.4.2.1　种子纯度的电泳测定

（1）种子纯度电泳测定的发展　电泳是指溶液中的带电粒子在电场中移动的现象。应用电泳技术进行品种测定至今已有 60 多年的历史，国外早在 1961 年德国的 H. Stegemann 博士就利用聚丙烯酰胺凝胶电泳技术对马铃薯块茎组织蛋白质谱带类型进行了研究。随后，R. J. Cook 等（1983）利用电泳技术对燕麦、大麦品种鉴定进行研究；M. J. Burbidge 利用不同凝胶成分和 pH 进行大麦品种测定的研究。利用电泳技术测定品种纯度的研究较多，至今已对马铃薯、豌豆、菜豆、芸薹、甜菜、玉米、小麦、大麦、水稻、燕麦、黑麦、大豆及部分牧草和林木种子进行过研究。但到 1986 年国际种子检验协会才将蛋白（醇溶蛋白）电泳法测定大麦、小麦品种列入《国际种子检验规程》。我国山东农业大学（1992）利用玉米种子蛋白电泳分析玉米自交系及杂交种的纯度，建立了 AU-PAGE 快速测定技术，已在国内广泛采用。研究的结果认为：小麦、燕麦、大麦可用醇溶蛋白进行鉴定，大豆可用等电聚焦电泳鉴定，黑麦草可用种子蛋白进行鉴定。聚丙烯酰胺凝胶电泳（PAGE）测定豌豆品种纯度与真实性、薄层等电聚焦电泳（UTLIEF）测定玉米品种纯度和真实性现已被列入《国际种子检验规程》。

（2）种子纯度电泳测定的原理

①种子纯度电泳测定的遗传基础　电泳法测定种子纯度，主要利用电泳技术对品种的同工酶及蛋白质的组分进行分析，找出品种间差异的生物化学标记，以此区分不同品种。蛋白质或酶组分的差异最终是由于品种遗传基础的差异造成的，因此分析酶及蛋白质的差异从本质上说是分析遗传的差异，分析种子蛋白质或同工酶的差异，进而区分不同品种，测定种子纯度。通过测定品种带型与标准样品的一致性来估计品种的纯度。通过测定杂种一代的带型是否具有父本特异的条带（母本没有的条带）来估计杂交种的纯度。

种子内的蛋白质或同工酶是在种子发育过程中形成的，它只反映了种子形成过程中的遗传差异。因此有些作物种子中的某类贮藏蛋白或同工酶在品种之间没有差异，这就需要通过研究寻找在品种之间存在差异的蛋白质（或同工酶），以此作为该作物纯度测定的电泳对象。

应该指出的是，同工酶往往具有组织或器官特异性，即同一时期不同器官内同工酶的数目不同。例如过氧化物酶同工酶在玉米幼苗中有 5 种，在叶片中有 5～6 种，在干种子内有 2 种。此外，同工酶在不同发育时期，数目也不同。Scandalios（1974）曾列出过 46 种同工酶系统，它们的酶谱皆随发育阶段或营养状况而改变。

由于某些同工酶在种子贮藏和萌发过程中，种类数目易随生活力和发育进程的变化而变化，加之种子萌发速度不一致，所以对种子纯度测定不利，要利用同工酶只能对种子内的同工酶进行研究。此外，酶的提取和电泳条件比一般蛋白质要求严格，需在低温下进行。因此在纯度测定的研究中，应以蛋白质电泳为主。

②聚丙烯酰胺凝胶电泳的原理　普通电泳通过电荷效应和分子筛效应的作用，在凝胶上经过一定时间的电泳使分子大小、电荷多少、等电点（pI）不同的蛋白质等得到分离，性质相似的蛋白质聚集到一起，在凝胶的不同部位形成一定的谱带。电泳产生的蛋白质带型是由品种的遗传组成决定的，称为品种指纹。根据电泳过程对蛋白质处理的方法不同，可分为变性电泳和非变性电泳。变性电泳是指将蛋白质复合体处理为单亚基进行电泳，例如 SDS、醋酸尿素处理均为变性电泳。同工酶电泳为非变性电泳。

等电聚焦电泳（IEF）是一种基于等电点（pI）分离蛋白质的电泳技术。利用两性电解质在凝胶内制造一个 pH 梯度，从阳极到阴极，pH 逐渐增大。电泳时，在碱性区域蛋白质分子带负电荷向阳极移动，位于酸性区域的蛋白质分子带正电荷向阴极移动，每种蛋白质迁移到等于其等电点（pI）的 pH 处（蛋白质不再带有净电荷）停止移动，形成一个很窄的区带。

聚丙烯酰胺是丙烯酰胺通过交联剂甲叉双丙烯酰胺（Bis）在催化剂的作用下聚合而成的高分子胶状聚合物。通过改变丙烯酰胺和交联剂的浓度可有效控制凝胶孔径的大小。其凝胶透明，有弹性，机械强度高，可操作性强；化学稳定性好，对 pH、温度变化稳定；该凝胶属非离子型，没有吸附和电渗现象；因此在种子纯度电泳分析中广泛应用。

分子筛效应是指由于蛋白质分子的大小、形状不同在电场作用下通过一定孔径的凝胶时，受到的阻力大小不同，小分子较易通过，大分子较难通过。凝胶孔径随丙烯酰胺和交联剂浓度的增加而变小，反之亦然。一般相对分子质量为 1 万～10 万的蛋白质可用 15%～20%的凝胶，相对分子质量在 10 万～100 万的蛋白质用 10%左右的凝胶，相对分子质量大于 100 万的可用小于 5%的凝胶。电荷效应是指由于蛋白质带的电荷多少不同，受电场的作用力不同，电荷多受到的作用力大时移动较快，反之较慢。溶液的 pH 与蛋白质的 pI 相差越大，蛋白质带电荷越多。蛋白质在凝胶中的运动速度与荷质比有着密切关系。经过一定时间的电泳，性质相同的蛋白质就运动在一起，性质不同的蛋白质就得到了分离。

描述蛋白质泳动速度一般用迁移率（m）或相对迁移率（R_f）值表示。

$$m=dl/(Vt)$$

式中，m 为迁移率 [$cm^2/(V\cdot s)$]，d 为蛋白质谱带移动的距（cm），l 为凝胶的有效长度（cm），V 为电压（V），t 为电泳时间（s）。以标准蛋白或标准样品作为蛋白质泳动速度的参考更加科学。

$$R_f=\frac{\text{谱带在分离胶上的迁移距离}}{\text{前沿指示剂在分离胶上的迁移距离}}$$

(3) 电泳测定的一般过程　电泳的方法很多，不同方法其具体操作过程也有差异。在种子纯度电泳测定时一般包括：样品的提取、凝胶的制备、上样电泳、染色、谱带分析等步骤。

①电泳所需样品数量及样品的提取　一般每个样品测定 100 粒种子，若要更准确地估测品种纯度，则需更多的种子。如果分析结果要与某个纯度标准值比较，可采用顺次测定法（sequential testing）来确定，即 50 粒作为 1 组，必要时可连续测定数组。如果只鉴定真实性，可用 50 粒。

电泳方法不同提取液和提取的程度不同，应按具体方法，配制提取液和操作。

根据 Osborne（1907）的划分，清蛋白能很好地溶于水、稀酸、碱、盐溶液中；球蛋白难溶于水，但能很好地溶于稀盐溶液及稀酸和稀碱溶液中；醇溶蛋白不溶于水，但能很好地溶于70%～80%的乙醇中；谷蛋白不溶于水、醇，可溶于稀酸、稀碱中。因此可依次用水、10%NaCl、70%～80%乙醇或0.2%碱液提取。种子所有贮藏蛋白可用Mereditch和Wren（1996）的AUC提取液，含：0.1 mol/L乙酸、3 mol/L尿素、0.01 mol/L十六烷基三甲基溴化铵（CTAB）。小麦中的谷蛋白的提取液含：2%SDS、0.8%Tris、5% β-巯基乙醇和10%甘油，用HCl调到pH 6.8。

②凝胶的制备　连续电泳只有分离胶，不连续电泳有分离胶和浓缩胶。不同方法凝胶浓度、缓冲系统、pH、离子强度等都不一样，使用的催化系统也不同。此外，由于使用的仪器设备不同，特别是电泳槽不同，凝胶制备的方法不同，药剂配制也不同。以四甲基乙二胺（TEMED）为催化剂的凝胶系统，温度低于20 ℃时，聚合变慢，可将密封好的玻璃板适当预热至30～35 ℃。样品梳取出后，适当调整样品槽，使之大小一致，并将槽内残余的溶液用针管吸出。

③上样电泳　上样量应根据提取液中蛋白质（或酶）的含量确定，一般为10～30 μL。电泳时一般可选用稳压或稳流方式，电压的高低根据电泳的具体方法、使用的电泳仪种类以及凝胶板的长度及厚度等确定，一般以凝胶板在电泳时不过热为准。对同工酶，电泳在上样前最好进行一段时间的预电泳，电泳最好在低温下进行。

电泳时为了指示电泳的过程，可加入指示剂，对阴离子电泳系统可用溴酚蓝作示踪指示剂。这时点样端接负极，另一端接正极。对阳离子电泳系统，可采用亚甲基绿作为示踪指示剂，点样端接正极，另一端接负极。根据指示剂移动的速度确定电泳时间。

④染色　电泳的对象不同染色的方法也不同。蛋白质目前用得较多的染色液是10%三氯乙酸、0.05%～0.10%考马斯亮蓝R-250，该染色液染色后一般不需要脱色。

⑤谱带分析　谱带分析主要依据遗传基础差异造成的蛋白质组分的差异区分本品种与异品种。鉴定品种和自交系时，根据蛋白质谱带的组成和一致性区分本品种与异品种。通过与标准样品和其他品种的蛋白质带型比较来确定品种的真实性。在变性电泳的条件下，父本和母本中所具有的谱带同时在F_1显现（图11-3），这种谱带称为互补带。根据互补带的有无区分自交粒和杂交种。在互补带存在的情况下，如果同时出现了父本和母本所没有的谱带，可判为亲本不纯引起的谱带差异。如果缺少互补带中的一条，则为自交粒。也可把母本、父本和杂交种的蛋白质带型进行比较，若发现一条或更多的父本所特有的带，则可作为标记带。只要待测样品中没有父本谱带，就不是该父本的杂交种。如果找到了这样的标记，就可以通过测定一定数量的杂交种种子来计算这批种子的纯度。只带有父本或母本的蛋白质带型的种子被判断是自交粒。外来花粉造成的种子一般会显示出双亲以外的带型。当然这种情况也可能是由于种子混杂造成的。

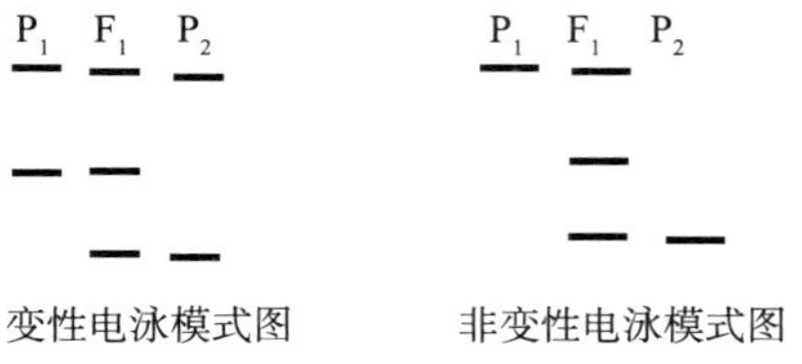

P_1　F_1　P_2　　　　P_1　F_1　P_2

变性电泳模式图　　　　非变性电泳模式图

图11-3　电泳模式

11.4.2.2　种子纯度的分子测定

（1）种子纯度分子测定的原理　分子生物学方法种类非常多，目前主要应用的是基于DNA的纯度和真实性测定。通过DNA提取和聚合酶链式反应（PCR）扩增，扩增产物通过检测，根据等位基因（DNA指纹）的差异区分不同的品种。不同品种简单序列重复（SSR）和单核苷酸多态性（SNP）具有丰富的多态，是用于品种和杂交种纯度和真实性测定的主要分子标记。

多重 PCR 技术，是将多个引物放在一个反应管中，一次性扩增的技术。多重 PCR 的技术方案很多，扩增效率有较大差异。张春庆等发明的通用多重 PCR 技术（UM-PCR）解决了引物选择性，扩增效率高，一次可以扩增多达 10 对引物。在原简单序列重复的引物的基础上，上游引物增加了接头序列 5′-CTCGTAGACTGCGTACCA-3′，下游引物增加了接头序列 5′-TACTCAGGACTCATCGTC-3′，增加的接头序列的引物变为通用多重 PCR 接头（F-primer）。通用接头引物长度延长，引物间退火温度的差异比原简单序列重复引物间的差异小，通用接头引物的退火温度达到 70 ℃左右。

通用多重 PCR 技术的扩增程序为两段循环模式，其原理如图 11-4 所示。第一段循环按照未加接头的简单序列重复引物退火温度从高到低的顺序逐一进行退火 20 s，3 个循环，退火保证每对引物都能进行正常扩增，减少非特异扩增。第二段循环将退火和延伸过程合并，退火温度提升为 70 ℃，维持 50 s，30 个循环，进一步减少非特异扩增产物。

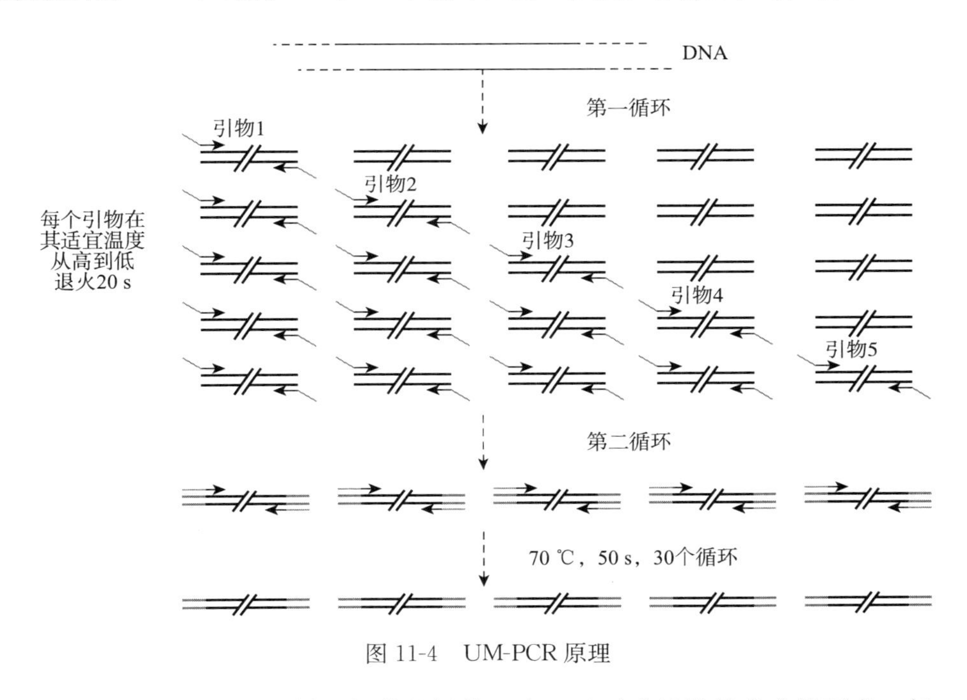

图 11-4　UM-PCR 原理

简单序列重复技术虽然提供了推荐的操作程序，只要满足结果准确的要求，每一个步骤都可以调整，但依据的简单序列重复引物或单核苷酸多态性位点是确定的。在某些情况下，会遇到推荐的简单序列重复引物或单核苷酸多态性位点不能区分所有的品种，这种情况下可以采用推荐的附加引物或增加适宜的位点进一步分析。

（2）种子纯度分子测定的一般步骤

①DNA 的提取　一般取 100 粒种子或幼苗提取 DNA。常用的 DNA 的提取方法有：SDS 提取法、CTAB 提取法和 KOH 提取法。SDS 提取法可以应用于所有材料样品的提取，例如种子、幼苗、茎叶、秸秆等。CTAB 法只适用于蛋白质、淀粉含量较低的幼嫩叶片和种苗的 DNA 提取。KOH 可以用于普通 PCR 扩增的种子 DNA 提取，特别是禾谷类种子，用 0.04 mol/L KOH 提取。小麦、玉米种子沿胚纵切放入 1.5 mL 的离心管（玉米取一半），

小麦种子加入 100～120 μL 提取液，玉米加入 500～600 μL 提取液，混匀提取 5～10 min，振荡后离心取上清 1～2μ L，用于 PCR 扩增。除上述方法外，也可采用商业试剂盒提取，使用前须经过试验能满足 PCR 扩增要求。

②普通 PCR 反应程序

A. 引物选择与合成：品种纯度测定时，应从推荐的引物中选用具有多态性的 3 个以上核心引物测定。采用荧光标记测定时，F-primer 的 5′端加上 M13 引物的序列 5′-CACGACGTTCTAAAACGAC-3′，同时对 M13 引物加荧光标记。

B. 反应体系：每个反应 20 μL，各成分用量见表 11-6；采用荧光标记引物时，各成分见表 11-7。如果 PCR 过程不采用热盖程序，每个反应加 15 μL 矿物油，以防止扩增过程中的水分蒸发。

C. 反应程序：94 ℃预变性 5 min，1 个循环；94 ℃变性 40 s，50～60 ℃（根据引物 T_m 值选择）退火 35 s，35 个循环；72 ℃延伸 10 min；4 ℃保存。

表 11-6　聚丙烯酰胺凝胶测定 PCR 反应体系

PCR 反应成分	每个反应用量	最终浓度
DNA 模板（50～100 ng/μL）	1 μL	
缓冲液（10 倍，pH 8.9）	2 μL	1 倍
$MgCl_2$（25 mmol/L）	1.5 μL	1.875 mmol/L
dNTPmix（2.5 mmol/L dNTP）	1.6 μL	0.2 mmol/L
Tagase（5 U/μL）	0.2 μL	0.05 U/μL
F-primer（2 μmol/L）	0.5 μL	0.05 μmol/L
R-primer（2 μmol/L）	0.5 μL	0.05 μmol/L
超纯水	12.7 μL	

表 11-7　荧光标记测定 PCR 反应体系

PCR 反应成分	每个反应用量	最终浓度
DNA 模板（50～100 ng/μL）	1 μL	
缓冲液（10 倍，pH 8.9）	2 μL	1 倍
$MgCl_2$（25 mmol/L）	1.5 μL	1.875 mmol/L
dNTPmix（2.5 mmol/L dNTP）	1.6 μL	0.2 mmol/L
Tagase（5 U/μL）	0.2 μL	0.05 U/μL
F-primer（2 μmol/L）	0.5 μL	0.05 μmol/L
R-primer（2 μmol/L）	0.5 μL	0.05 μmol/L
荧光标记的 M13 引物（2 μmol/L）	0.5 μL	0.05 μmol/L
超纯水	12.2 μL	

③通用多重 PCR 扩增程序

A. 引物选择与合成：通用多重 PCR 方法，一次扩增多个目的片段，而且能显著降低非特异性扩增。种子纯度测定时，应从推荐的引物中选用具有多态性的 3～5 个或以上核心引物。在每对特异性上游引物和下游引物的 5′端都分别加上通用 PCR 接头 universal adapter-F

（5′-CTCGTAGACTGCGTACCA-3′）和 universal adapter-R（5′-TACTCAGGACTCATCGTC-3′），引物加上接头后命名为通用 PCR 接头引物。

B. 反应体系：通用多重 PCR 扩增采用 20 μL 体系，由于选择的引物对数不同，超纯水最后的用量不同，最终用超纯水补足 20 μL（表 11-8）。

表 11-8　通用多重 PCR 扩增体系

PCR 反应成分	每个反应用量	最终浓度
DNA 模板（50～100 ng/μL）	2 μL	
缓冲液（10 倍，pH8.9）	2 μL	1 倍
$MgCl_2$（25 mmol/L）	1.5 μL	1.875 mmol/L
dNTPmix（2.5 mmol/L dNTP）	1.6 μL	0.2 mmol/L
Tagase（5 U/μL）	0.2 μL	0.05 U/μL
每对引物 F-primer（10 μmol/L）	0.5 μL	0.05 μmol/L
每对引物 R-primer（10 μmol/L）	0.5 μL	0.05 μmol/L
超纯水	补足 20 μL	

C. 反应程序：采用两段循环模式进行 PCR 扩增。94 ℃预变性 5 min。第一段扩增循环，94 ℃变性 40 s；根据引物 T_m值从高到低逐一退火，退火时间为 20 s；72 ℃延伸 30 s；每个引物 3 个循环。第二段扩增循环，30 个循环：94 ℃变性 40 s，将退火和延伸过程合并（70 ℃，50 s）；72 ℃终延伸 10 min。

④PCR 扩增产物测定

A. 聚丙烯酰胺凝胶（PAGE）测定：

a. 凝胶的制备：将玻璃制胶板用洗涤剂清洗干净后用清水冲洗，再用蒸馏水冲洗，然后晾干。将晾干后的玻璃制胶平板水平放在支架上，在玻璃制胶平板的左右两边放上 0.5 mm厚的制胶条，把玻璃制胶凹板放在上面，用文件夹将两块板夹紧。把 9%聚丙烯酰胺凝胶（PAGE）溶液［100 mL 凝胶溶液中，含：蒸馏水 50 mL、5 倍 TBE 20 mL、30%丙烯酰胺和甲叉双丙烯酰胺溶液（Acr-Bis）30 mL、10%过硫酸铵 750 μL、四甲基乙二胺（TEMED）75 μL］，沿玻璃制胶板凹槽一侧缓慢灌入，然后插入梳子。聚合 1 h 以上，待凝胶溶液凝固后拔出梳子，吸净点样孔内的残留的液体。将玻璃制胶板组合到电泳槽上，向电泳槽的上下槽内各注入 600 mL 1 倍 TBE 电极缓冲液。

b. 样品制备与电泳：在 20 μL PCR 扩增液中加入 4 μL 6 倍加样缓冲液，混匀，在95 ℃下变性 5 min，取出迅速置于冰上。用移液器吸取 3～5 μL 样品，加入点样孔内。注意加入参照样品。150 V 稳压电泳至前沿指示剂接近凝胶底部。

c. 染色与谱带分析：电泳结束后，将凝胶从玻璃制胶板中取出，用去离子水漂洗 1 min，放入 500 mL 0.2% $AgNO_3$溶液，轻轻振荡染色 3 min。倒掉 $AgNO_3$溶液，加入 500 mL去离子水，漂洗 1 min。加入 500 mL 显影液（含 2% NaOH 溶液和 0.1%甲醛），将塑料盒置于摇床上轻轻摇晃，直至条带清晰为止。加入 500 mL 去离子水，漂洗 1 min。将凝胶置于胶片观察灯上观察、照相。根据谱带的一致性，结合不同品种的等位变异，测定种子纯度。杂交种根据等位变异的互补带的有无区分亲本、杂交种和杂粒。

B. 毛细管电泳荧光检测：将不同引物用不同荧光标记物进行标记，扩增产物等体积稀释，然后分别取相同体积溶液混合，从混合液中吸取 1 μL 加入到 DNA 分析仪专用的 96 孔板中，同时每孔加入 0.1 μL 分子内标和 8.9 μL 去离子甲酰胺，将样品在 PCR 仪上 95 ℃变性 5 min。取出后，迅速置冰上，冷却 10 min。离心，然后置 DNA 分析仪上分析。按照仪器的操作手册，分析比较样品的一致性。

11.4.2.3　结果处理

（1）结果计算　在种子、种苗鉴定时，品种纯度以正常种子、种苗的比例（%）表示，保留一位小数。

$$品种纯度=\frac{本作物的总粒数（株数）-变异粒数（株数）}{本作物的总粒数（株数）}\times 100\%$$

如果设置重复，重复之间测定结果在允许差距范围之内时，可以计算重复间的平均数。如果重复间测定结果超出允许差距范围，再做第三个重复，然后比较与前两个结果之间的差异，取在允许误差范围内的结果平均。在 95%的概率保证下，用下列公式容许差距（T），重复之间的差距应小于 T。

$$T=1.96\sqrt{p\times q\ (1/n_1+1/n_2)}$$

式中，T 为容许差距，p 为重复结果的平均值，$q=100-p$，n_1、n_2 为重复样品的粒数或株数。

（2）结果报告　根据鉴定结果，建议如下描述。

a. 如果没有发现不一致种子或种苗，描述为："未检测出与送验者描述的不一致的种子（或种苗）。"

b. 如果发现不确定的种子（或种苗），描述为："在____粒（或株）检测的种子（或种苗）中，发现____粒（或株）种子（或种苗）与送验者所述的样品性状描述不一致，纯度为____%。"

c. 如果整个检验样品的性状与送验者所述标准样品性状描述不一致，描述为："该样品与送验者所述的标准样品性状描述不一致。"

测定结果与规定值比较参见第 12 章的 12.3.6 部分。

11.5　种子水分测定

种子水分是维持种子生命活动所必需的物质。但种子水分过高或过低，都会引起其生命活动发生变化，致使贮藏不稳定。因此必须正确及时地测定水分，使种子处在适宜的含水量范围内，以保证种子安全贮藏。所以种子水分是种子品质评定的重要指标之一。种子水分测定的标准方法是烘干减重法，包括低恒温烘干法、高温烘干法和高水分种子预先烘干法。除标准方法外，还有滴定法、蒸馏法、快速法。这些方法可用于种子科学的研究中，或在种子实际工作中作为参考，但不能用于种子品质（质量）检验报告和标签值的测定。常用的种子水分快速测定主要是应用电子仪器。

11.5.1　种子水分的含义及测定的重要性

11.5.1.1　种子水分的含义

种子水分（seed moisture content）也称为种子含水量，是指按规定程序把种子样品烘干所失去水分的重量（质量）占供检验样品原始重量（质量）的比例（%）。它是以湿样品质量为基数计算的比例（%）。

种子水分通常有两种存在状态，即自由水和束缚水。自由水因其性质常与外界环境呈动态平衡，所以在种子水分测定前和测定过程中要防止这种水分蒸发，尤其对高水分种子更应注意，否则会使水分测定结果偏低。束缚水不具有普通水的性质，较难从种子中蒸发出去，只有在较高温度条件下，经较长时间的加热才能使其全部蒸发出来。在种子水分测定过程中，特别是在样品处理过程中要防止水分的散失，对于超干种子要防止种子吸湿；在烘干后称量过程中，要特别防止样品的吸湿。

在种子中还有一种化合水，又称为组织水。它并不以水分形式存在，而是以一种潜在的可以转化为水的形态存在于种子里，例如种子内糖类中的水分子。当水分测定应用103 ℃较低的温度时，这种水分不受影响；假若应用高温、长时间烘干，这些化合物就会被破坏，引起化合水丧失，而导致样品炭化，从而使水分测定结果偏高。所以高温烘干测定种子水分要严格掌握规定的温度和时间。

有些种子含亚麻酸等不饱和脂肪酸，如果种子磨碎或剪碎、或烘干温度过高，不饱和脂肪酸易氧化，使不饱和键上结合氧分子，增加样品重量（质量），会使测定结果偏低。因此应严格控制烘干温度，不必磨碎或剪碎。有些种子含较多的脂肪，其沸点低，尤其含芳香油较高的种子，温度过高会导致芳香油受热汽化蒸发而使烘干减重增加，测定结果偏高。对这类含易挥发性物质的种子应采用低恒温烘干测定水分。

综上所述，测定种子水分必须保证使种子中自由水和束缚水充分全部除去，同时，要尽最大可能减少氧化、分解或其他挥发性物质的损失，尤其注意烘干温度、种子磨碎和种子原始水分的影响。

11.5.1.2　种子水分测定的重要性

种子贮藏期间，其水分高易引起种子呼吸作用旺盛，产生大量呼吸热和水分，会导致种子堆发热。呼吸旺盛使氧气消耗较多，又会造成种子缺氧呼吸而产生大量酒精，使种胚细胞受毒害而丧失活力。高水分的种子易招致细菌、霉菌、仓库害虫的侵染和危害，使种子发芽率降低。由于高水分种子呼吸旺盛以至在熏蒸防治仓库害虫时，会因吸药量过量而使种子遭受毒害，从而降低生活力。此外，高水分种子还易遭受冻害而发芽率降低。因此在种子在加工、包装前、运输前、熏蒸前及种子贮藏期间，都必须测定种子水分，确保种子安全贮藏。

11.5.2　种子水分的标准测定方法

11.5.2.1　水分测定仪器设备

水分测定需电热恒温干燥箱、电动粉碎机、样品盒、干燥器和干燥剂、感量 0.001 g 分析天平等，这些仪器设备必须达到水分测定的性能要求。其他用具如磨口瓶、量匙、线手套、毛笔、坩埚钳等也是水分测定所必需的。

11.5.2.2　烘干减重法的原理

随着加热箱内空气的温度不断提高，箱内相对湿度降低，种子样品的温度也随着升高，种子内水分受热汽化，样品内部水蒸气压大于箱内干燥空气的水蒸气压，种子内水分向外扩散到空气中而蒸发。在 103 ℃条件下，种子中的水分很快汽化，不断扩散到样品外部，经过一段时间，样品内的自由水和束缚水便被烘干，根据减重法即可求得水分。在 130 ℃的条件下，自由水和束缚水可在短时间内被蒸出。

对于未完全成熟的种子，其糖分含量较高，在烘干时糖分容易形成栅状结构，影响水分的扩散，进而影响水分的测定。此类种子应采用真空干燥箱。对于水分高的种子，应采用预先烘干法，防止在样品处理时水分的散失。

11.5.2.3 种子水分测定方法

(1) 低恒温烘干法 低恒温烘干法（low constant temperature oven method）适用于葱属、花生、芸薹属、辣椒属、大豆、棉属、向日葵、亚麻、萝卜、蓖麻、芝麻和茄子。该法必须在相对湿度 70%以下的室内进行，否则结果偏低。

①预调烘箱温度　按要求使烘箱预热至 110～115 ℃。

②制备样品　首先将装在密封容器内的送验样品，经充分混合，从中取出两个独立试样 15～25 g，放入磨口瓶。按表 11-9 规定进行处理。处理后，将样品立即装入磨口瓶，并密封备用。最好立即称样（ISTA 规程要求样品暴露于空气中短于 30 s），以减少样品水分的变化。剩余的送验样品应继续存放在密闭容器中，以备复检。

③称样、烘干、称量　先将样品盒预先烘干、冷却、称量，并记下盒号。将处理好的样品在瓶内混匀，在感量 0.001 g 天平上称取试样 4.000～5.000 g 二份（取样时勿直接用手触摸样品，应用样品勺或铲子），放在预先烘干和称量过的铝盒内，摊平，放入烘箱。要求试样在铝盒内的分布为每平方厘米不超过 0.3 g。样品盒放在距温度计的水银球约 2.5 cm 处，迅速关闭烘箱门，使箱温在 5～10 min 内回升至 101～105 ℃，并在温度升至 101～105 ℃时开始计算时间。国家标准《农作物种子检验规程》规定 8 h，《国际种子检验规程》规定烘干 16～18 h。烘干结束后，即用坩埚钳或戴上手套盖好盒盖（在箱内加盖），取出后放入干燥器内冷却至室温，然后再称量。

表 11-9　必须磨碎的种子种类及磨碎细度

作物种类	磨碎细度
燕麦属（*Avena*） 水稻（*Oryza sativa*） 甜荞（*Fagopyrum esculentum*） 苦荞（*Fagopyrum tataricum*） 黑麦（*Secale cereale*） 高粱属（*Sorghum*） 小麦属（*Triticum*） 玉米（*Zea mays*）	至少有 50%的磨碎成分通过 0.5 mm 筛孔的金属丝筛，而留在 1.0 mm 筛孔的金属丝筛子上不超过 10%
大豆（*Glycine max*） 菜豆属（*Phaseolus*） 豌豆（*Pisum sativum*） 西瓜（*Citrullus lanatus*） 巢菜属（*Vicia*）	需要粗磨，至少有 50%的磨碎成分通过 4.0 mm 筛孔
棉属（*Gossypium*） 花生（*Arachis hypogaea*） 蓖麻（*Ricinum communis*）	磨碎或切成薄片

注：数据引自《农作物种子检验规程　水分测定》（GB/T 3543.6—1995）。

④结果计算　根据烘干后失去的重量（质量）计算种子水分百分率，保留一位小数，计

算公式为

$$种子水分=\frac{M_2-M_3}{M_2-M_1}\times 100\%$$

式中，M_1为样品盒和盖的重量（质量）（g），M_2为样品盒和盖及样品的烘前重量（质量）（g），M_3为样品盒和盖及样品的烘后重量（质量）（g）。

两份试样结果允许差距不超过 0.2%，否则重做。其结果用两次测定值的算术平均数表示。

⑤结果报告　结果填报在检验结果报告单的规定空格中，精确度为 0.1%。

(2) 高温烘干法　高温烘干法（high constant temperature oven method）适用于粉质种子，例如芹菜、石刁柏、燕麦属、甜菜、西瓜、甜瓜属、南瓜属、胡萝卜、甜荞、苦荞、大麦、莴苣、番茄、苜蓿属、草木樨属、烟草、水稻、黍属、菜豆属、豌豆、鸦葱、黑麦、狗尾草属、高粱属、菠菜、小麦属、巢菜属和玉米的种子。

其操作方法基本同低恒温烘干法，但烘干的温度与时间不同。首先将烘箱预热至 140～145 ℃，打开箱门将试验样品迅速放入烘箱内，关好箱门，待箱内温度回升至 130 ℃时，开始计算时间，国家标准《农作物种子检验规程》规定 130～133 ℃烘干 1 h。《国际种子检验规程》规定，130 ℃烘干时间，玉米为 4 h±12 min，其他禾谷类为 2 h±6 min，其他作物为 1 h±3 min。该法要注意严格控制烘干温度和时间，若温度过高或时间过长，易使种子的干物质氧化而导致试样重量（质量）降低，最后使水分测定结果偏低。

(3) 高水分种子预先烘干法　高水分种子预先烘干法（pre-drying）此法适用于需磨碎的高水分种子。2007 年版《国际种子检验规程》规定，玉米、麦类、高粱、棉花等种子水分超过 17%时，水稻种子水分超过 13%时，大豆种子水分超过 12%时为高水分种子。因为高水分种子难以磨碎到规定的细度，而且在磨碎过程中容易丧失水分，所以需采用预先烘干法。测定时，先称取两份试样各 25.00±0.02 g，置于直径大于 8 cm 的样品盒内，以 130 ℃烘 5～10 min；玉米种子水分超过 25%时，于 60～70 ℃干燥 2～5 h；水分超过 30%时需放在温暖的地方（>45 ℃）过夜。取出放在室温冷却，称量。然后将两份预烘过的种子按照表 11-9 处理，每份样品准确称取 4.000～5.000 g 试样（精确到 0.001 g），再用 101～105 ℃烘干法或 130 ℃烘干法烘干，称量，按下列公式计算种子水分。两个重复的允许误差为 0.2%，否则重做。

计算公式有以下两个。

$$种子水分=\frac{W\times W_2-W_1\times W_3}{W\times W_2}\times 100\%$$

式中，W 为整粒样品重量（质量）（g），W_1为整粒样品预烘后重量（质量）（g），W_2为磨碎试样重量（质量）（g），W_3为磨碎试样烘后重量（质量）（g）。

$$种子水分=S_1+S_2-\frac{S_1\times S_2}{100}$$

式中，S_1为第一次整粒种子烘后失去的水分（%），S_2为第二次磨碎种子烘后失去的水分（%）。

(4) 电阻式水分测定仪测定　电阻式水分测定仪的原理是欧姆定律，$I=V/R$，在一闭合电路中，当电压一定时，电流与电阻呈反比，电阻越大电流就越小；种子内的自由水可以看作为溶剂，溶解种子内的可溶性物质，如无机离子和有机酸等，自由水含量越多，溶解可溶性物质就越多，电阻越小；相反，种子内的自由水越少，电阻越大。因此种子电阻大小取决于种子内自由水含量的高低，把种子作为电阻接入电路中，电流就随着种子自由水含量的高低而变化，即种子自由水水分越低，电阻越大，电流越小，反之，电流越大。通过测定求得种子自由水含量与电流变化的关系，并做出表盘，从表盘就可以直接读出种子水分。

但是种子水分与电流的关系非是直线关系，属于倒数函数关系。加之，当种子水分很低或很高时，种子样品的电阻与水分也不呈比例关系。当种子内仅存在束缚水或少量自由水时，种子的电阻将变得很高。当种子内的自由水含量很高时，种子样品的电阻也变化很小。由于以上原因，在电流表上的刻度不是均等的，同时也限制了电阻式水分测定仪的测定范围。

每种作物种子由于化学成分的不同，束缚水的多少，可溶性物质的多少、种类也不同，因此每种作物种子应有相应的刻度线，或者在仪器上设有作物种类选择旋钮。

同时电阻是随着温度的高低而变化的。随着温度的升高，被溶解的物质离子运动加快，在相同含水量的条件下，电阻降低，电流提高，度数值升高；相反，度数值降低。因此在不同温度条件下测定种子水分，还需进行温度校正。不同型号的仪器校正的方法不同。国产的电阻水分测定仪，一般以 20 ℃为标准，每变化 10 ℃相当于 1 个水分。按照以下校正公式计算：实际水分（%）＝读数值－0.1×［种子温度（℃）－20］。但有些水分测定仪，例如日本生产的 Kett L 型数字显示谷物水分仪已用热敏补偿方法来解决，所以不再进行温度校正。

不同型号的电阻式水分测定仪在使用时，方法存在差异，一般都有电压校正、作物选择、满度校正、零点校正等环节。电压校正，主要使不同次测定之间在相同的电压水平上，防止因长期使用电池电压不同而引起的测量差异。满度和零点校正主要是调整测量精度。

在我国应用较普遍的有国产的 KLS-1 型粮食水分测定仪、TL-4 型钳式水分测定仪和日本 Kett L 型数字显示谷物水分仪等。

（5）电容式水分测定仪测定　电容式水分测定仪的原理基于电容量与电容极板面积和介质介电常数的关系。电容是表示导体容纳电量的物理量，电容量的大小与物质的介电常数（ε）和两极板对应面积（S）呈正比，与两极间的距离（d）呈反比，当两极板的距离一定，测试的样品量一定（即两极的对应面积一定）时，电容量的变化只与介电常数变化有关。空气的介电常数为 1，种子中的干物质为 10，水分为 81，因此种子内水分变化，就会引起介电常数的变化，从而引起电容的变化。若将种子放在电路中，作为电容的一个组成部分，测得电容的大小就可间接测得种子水分。

在利用电容式水分测定仪测定种子水分时应注意，由于种子形状、成熟度和混入的夹杂物不同，相同重量（质量）的种子在传感器中的体积不同，就会引起传感器中两电极间对应面积和介电常数（ε）的变化，从而影响测定结果的正确性，因此在测定时，采用固定容积的种子较为合理。要准确测定不同作物、不同品种的种子水分，就应分作物或分品种准备高、中、低 3 种水平的标准水分样品标定仪器。当种子水分在一定范围时，表现为线性关系。例如洋葱种子水分在 6%～10%时，电容量与种子水分呈线性关系，测定结果比较准确。但在 2%～6%或 10%～14%的，并非线性关系，这时测定准确性较差。因此在配制标准水分样品时其水分的差异不宜太大。

同时，温度对电容值的影响是很大的。水分仪上都装有一个或两个温度传感器，对测定结果进行温度补偿。为减少温度传感器的测定误差，应保证样品和仪器在相同温度下，如果温度相差较大，可将样品装入仪器样品杯，然后倒出，再装入，反复几次，使样品和仪器之间达到热平衡。冰箱中取出的样品至少放置16 h，才能达到热平衡。大量生产实践证明，电容式水分仪是比较好的电子水分速测仪的类型，已在全世界普遍采用。

目前在我国使用的电容式水分测定仪种类很多，应用比较普遍的有国产的LSD型和DSR型电脑式水分仪、美国帝强十二型数字式水分仪以及日本的PM600和PM888等水分测定仪。

11.6　种子健康测定

种子健康测定（seed health test）主要是对种子是否携带有病原菌（如真菌、细菌及病毒）以及有害动物（例如线虫、昆虫）即所携带病虫害种类及数量进行检验。种子健康测定对保护正常种子贸易、保证生产安全、防止人畜中毒、降低生产成本、保证作物产量和产品品质都有极其重要的意义。

11.6.1　种子健康测定目的

种子健康测定的目的是测定种子样品的健康状况，据此推测种子批的健康状况，从而获得比较不同种子批种用价值和种子品质的信息。通过种子健康测定可以有效防止和控制病虫的传播蔓延，保证作物产量和商品价值；防止种子批将病虫害带入新区，为国内外种子贸易提供可靠的保证；了解幼苗的价值或田间出苗不良的原因，弥补发芽试验的不足；也对种子安全贮藏起重要作用。种传病虫还影响人畜生命健康和安全。因此种子健康检验已成为一个国际化的问题，日益得到重视。各国制定检疫法规、确定检疫对象（quarantine subject），加强对种子病虫害的控制。

11.6.2　种子健康测定的内容

种子健康测定包括田间测定和室内测定两部分。田间测定是根据病虫害的发生规律，在一定生长时期进行测定。作物在田间生长时期，病虫表现明显，容易进行检查。田间测定主要依靠肉眼测定，是比较粗放的，但田间测定在病害测定中是占有重要地位的，因为有些带病种子，在实验室内是很难加以鉴别的。例如一些病毒病，在种子外表无明显症状，又难以分离培养的方式来诊断，而结合田间测定就比较容易确定病害类型。室内测定的方法较多，是贮藏、调种、引种过程中进行病虫检验的主要手段。

11.6.3　种传病害及其测定的基本方法

种传病害（seed-borne disease）是指在病害侵染循环中的某阶段和种子联系在一起，其病原物附着、寄生或存在于种子表面、内部或混杂于种子中间，主要通过种子携带而传播的植物病害。种传病害因种类不同，其病原物的侵染和传播方式也不相同，所以测定方法也不一样。种传病害的侵染（infection）是指病原物侵入种子的方式及在种子上潜存的情况。种传病害的传播（dissemination）则是指不同病原物如何伴随种子进行近距离和远距离传播。病原物随着种子传播，必须与种子建立关系，即病原物与种子结合，其结合方式可分为：a. 种子黏附，指病原物黏附在种子表面，而不侵入种子内部；b. 种子感染，是指病原物侵入种子组织内部；c. 种子伴随性污染，指种子中夹杂含有病原物的组织体。

种子健康测定方法主要有未经培养检查和培养后的检查。未经培养检查包括直接检查、吸胀种子检查、洗涤检查、剖粒检查、比重检查、X射线检查和染色检查。培养后检查包括吸水纸法、沙床法、琼脂皿法、噬菌体法、血清学酶联免疫吸附试验法等。选择哪种方法取决于所研究的病原物种类及其与种子结合方式、病害种类、研究条件、种子种类和测定目的。一般来说，选择的健康测定方法应能简便和准确地识别病原菌，提供重演性的结果，价廉和快速并符合标准化规则。同时，在选择方法和评定结果时，测定者应具有并掌握被选择方法的有关知识和经验。

11.6.4　种子健康测定的基本程序

11.6.4.1　试验样品的量

根据测定方法，可把整个送验样品或其一部分作为试验样品。通常试验样品不得少于400粒净种子，或从送验样品取得相当重量（质量）的种子。如有必要，要设定一定数量种子的重复。取样时应当注意避免交叉污染。

11.6.4.2　种子健康测定的传统方法

（1）未经培养检查　未经培养检查不能说明病原菌的生活力。其主要方法有以下几种。

①直接检查　直接检查适合于较大的病原体或杂质外有明显症状的病害，例如麦角、线虫瘿、黑穗病孢子等。必要时可用双目显微镜、剖粒、软X射线仪等对试验样品进行检查。取出病原体或病粒，称其重量（质量）或计其数。

②吸胀种子检查　为使子实体、病症或害虫更容易观察到或促进孢子释放，把试验样品浸入水中或其他液体中，种子吸胀后检查其表面或内部，最好用双目显微镜进行观察。

③洗涤物检查　试验样品浸在加过湿润剂的水里或酒精里，用力振荡，把混在种子里或附在种子上的真菌孢子、菌丝、线虫等冲洗下来。然后把洗涤液进行过滤、浓缩或者蒸发，除去过剩的液体，并用显微镜检查提取物。

（2）生长植株检查　生长植株检查是将种子培育成植株，然后检查其病症，这是测定样品中是否存在细菌、真菌或病毒等最有效而切实可行的办法。可从供检验样品中取得接种体，以供对健康幼苗或植株一部分进行感染试验。严格各种条件，必须防止植株从别处来的次生感染。

11.6.4.3　真菌测定方法

（1）吸水纸法　吸水纸法适用于许多类型种子的种传病原真菌的测定，尤其是对于许多半知菌，有利于分生孢子的形成和致病真菌在幼苗上的症状发展。为了促进孢子形成，在培育期内可给予12 h的黑暗和12 h的近紫外光（NUV）的交替处理。光源使用黑光荧光灯（峰值360 nm），日光荧光灯管亦可。

操作程序为：a. 在培养皿内放入3层吸水纸，用无菌水湿润，沥去多余水分；b. 将种子排在纸上，加盖；c. 20 ℃放置1 d，让种子吸胀；d. 于－20 ℃冷冻过夜，杀死种子；e. 在18～20 ℃下，每天12 h的黑暗和12 h的近紫外光（NUV）的交替处理5～7 d，培养皿距光源40 cm；f. 在双目显微镜下观察，注意用冷光，以防止孢子脱水。

（2）琼脂皿法　琼脂皿法主要用于发育较慢的潜伏在种子内部的病原菌，也可用于测定种子外部的病原菌。其测定程序为：a. 将试验样品用1%～2%次氯酸钠消毒5 min后沥干；b. 把已灭菌的琼脂倒入直径为9 cm的培养皿中，待其冷却凝固后，将种子间隔排在琼脂上，于 20 ℃下黑暗培养 7 d 以上；c. 目检每粒种子表面长成的典型菌落。对有怀疑的菌落，可将长有菌落的琼脂块切出，用吸水纸法在 20 ℃条件下培养，诱导孢子发育后在显微镜下观察鉴定。

(3) 发芽法　通过发芽法可以比较未处理种子病原体的作用和影响。其测定程序为：a. 取1 张纸巾，制作成 1 cm 宽折叠纸，在无菌蒸馏水中浸湿；b. 将种子排在纸巾上；c. 将另 1 张纸巾盖在种子上，与播有种子的纸巾折叠吻合，用橡皮筋捆好；d. 将纸卷放在器皿中于20 ℃下培养；e. 观察感病幼苗异常情况，例如根部变褐部分；f. 与琼脂皿培养的鉴定结果比较。

(4) 分子测定　以病原微生物独特的基因序列为靶标，利用病原物的保守区段设计引物，利用实时定量 PCR（real-time PCR）和多重 PCR（multiplex PCR）结合的原理，对病原菌的多重靶标实现高灵敏性和高特异性扩增及检测，从而对样品中目标微生物做出定性和定量测定。与传统方法相比，分子测定具有准确、快速和标准化的优势。

(5) 质谱分析测定　质谱技术分为：电喷雾离子化（electrospray ionization，ESI）质谱技术、基质辅助激光解吸电离飞行时间质谱（MALDI-TOF-MS）和串联质谱技术。含5～6 个氨基酸的肽段在一个蛋白质组中具有很高的特异性，可用于鉴定蛋白质，称为肽序列标签。可以依据病原物的肽序列标签鉴定病原物。梅里埃公司采用 MALDI-TOF-MS 技术建立了微生物肽标签数据库，用于鉴别各种病原微生物。

11.6.4.4　细菌测定方法

(1) 生长植株鉴定　种植有种传细菌的种子，鉴定幼苗的症状。

(2) 实验室方法　该法的测定程序为：a. 通过浸泡种子或破碎种子后将其浸泡来提取病原体；b. 将提取液原液或者稀释液涂在琼脂皿上，可分生出单个或多个菌落；c. 可通过生物化学测定、血清测定、噬菌体测定、致病体测定等对细菌进行鉴定；d. 也可进行分子测定和质谱测定，参考真菌测定方法。

11.6.4.5　病毒测定方法

种传病毒的测定也可以与细菌测定一样，利用田间种植测定和室内测定。田间种植测定是将种子样品播种后，观察幼苗症状。也可以将种子或幼苗的提取液接种至“指示植物”上，更易观察和鉴定症状。在实验室内测定种传病毒常采用血清学方法。血清学测定是采用特制的抗血清，利用血清学反应测定细菌、病毒、类菌原体的方法。

血清学反应又称为免疫学反应，是指抗原（antigen）与抗体（antibody）之间发生的各种作用。抗原指的是能诱导产生抗体的物质，它可以是病毒、细菌、真菌、支原体等微生物，也可以是酶类、DNA、RNA、类脂、多糖等有机化合物，甚至还可以是叶片、枝条、梢头等各类组织。抗体是指由抗原注射到动物体内诱导产生、并能与抗原在体外进行特异性反应的物质，主要是一些免疫球蛋白。含有抗体的血清通常称为抗血清（antiserum）。抗原能与由其诱导产生的抗体发生凝集、沉淀等反应。利用病原物中特异性强的抗原与相应的抗体反应，就能实现对病原物测定、鉴定。

病毒的分子测定和质谱测定方法，参考真菌的分子测定和质谱分析测定。

11.6.4.6　线虫测定方法

测定种子携带的线虫，常用的方法有肉眼测定、洗涤测定和漏斗分离测定。漏斗分离测定的原理是种传线虫在水中和有空气的条件下会活化，具有趋水性和向地性，钻出种子游进水中，再用显微镜检查水中的线虫。这种方法主要用于测定种子外部所携带的线虫，例如水稻干尖线虫。其方法是将种子用 2 层纱布包好，放入备好的 10～15 cm 口径的漏斗内，漏斗下口接约 10 cm 长的橡皮管 1 根，用弹簧夹夹住。然后加入水使种子浸没，放在 20～25 ℃ 的环境中浸 10～24 h。用离心管接取浸出液，以 2 000 r/min 离心 5 min，取下部沉淀液置于载玻片上检查线虫。

11.6.4.7　种子害虫测定

对于明显感染害虫的种子或害虫散布于种子间时，可用过筛结合肉眼测定；对于隐伏感染的害虫，可用剖粒测定。检查害虫头数，计算每千克样品的害虫头数。隐匿在种子内部的幼虫、蛹、成虫、粪便和虫蛀孔经 X 射线照射，即可清楚可辨，又可确定种子虫害的类别及其存在部位等情况。对于一些隐伏感染的害虫，例如米象、谷蠹，在种内产卵后，能分泌出一种胶质将产卵孔堵塞，一般肉眼难以看出，可用化学染色法将塞状物染色进行检查，例如可用高锰酸钾染色法和碘化钾染色法。凡被米象、谷蠹、豆象和麦蛾危害过的病种子、虫蛀种子与健康种子间存在比重差异，用不同比重的溶液区分沉浮，然后捞取浮种进一步检查。

11.6.4.8　结果表示与报告

结果用供检验的样品重量（质量）中被感染种子数的比例（%）或病原体数目表示。填报结果要填写病原菌的学名，同时说明所用的测定方法，包括所用的预措方法，并说明用于测定的样品或部分样品的数量。

特别指出，有些种子所带的病害或有时不易发现症状或病原物，有些所带的杂草种子也不易发现，需要在生长发育阶段进行病害观察或分析鉴定。从国内外引进某种种子时，如果不了解原产地有某种病毒病是一种检疫对象，也需隔离种植检验。隔离种植应在温室或其极为严密的隔离区进行，并在各生长发育阶段进行观察。

综上所述，种子健康测定技术可有效地防止新病原物传入，阻止危险性病害的扩散，但这些主要基于病原物形态学及病害症状的常规检测方法，有时会存在时间长、难以做出准确判断的问题，需继续探索更加快速、灵敏、特异以及操作方便的新方法。目前通过对传统血清学方法改进建立的点免疫结合技术（dot immunobinding assay，DIBA）、单克隆抗体检测（monoclonal antibody detection，MAD）、传统血清学方法与电子显微镜技术相结合而建立的免疫吸附电子显微镜技术（immunosorbent electron microscopy，ISEM）以及核酸分子杂交技术、dsRNA 电泳技术、聚合酶链式反应技术等分子生物学技术，为种子病害测定带来了广阔的前景。

复习思考题

1. 种子净度的概念及其分析步骤各是什么？
2. 如何做好标准发芽试验？正常幼苗和非正常幼苗的鉴定标准是什么？
3. 四唑测定种子生活力的原理和步骤各是什么？
4. 品种纯度蛋白电泳法的原理和步骤各是什么？
5. 低恒温烘干法和高温烘干法的异同点各有哪些？
6. 简述高水分种子二次烘干法的方法步骤。

第12章

种子田间检验与种子纯度的种植鉴定

种子田间检验（field inspection）是指在种子生产过程中，在田间对品种真实性进行验证，对品种纯度进行评估，同时对作物的生长状况、异作物、杂草等进行调查，并确定其与特定要求符合性的活动。田间检验与种子纯度的种植鉴定（control plot test）都是确保种子纯度的重要措施。虽然二者是在种子的不同时期，采用不同的程序与方法来完成的，但二者均是在植株不同的生长发育时期依据被检品种的特征特性（即植株性状）将混杂品种区分开来。因此要做好种子纯度的种植鉴定和田间检验工作，熟悉植物的特征特性（性状），掌握检验程序和方法是至关重要的。

12.1 种子田间检验概述

12.1.1 种子田间检验的目的与作用

种子田间检验目的是核查种子生产田的品种特征特性是否名副其实，以及影响收获种子品质的各种情况，从而根据这些检查的品质信息，采取相应的措施，减少剩余遗传分离、自然变异、外来花粉、机械混杂和其他不可预见的因素对种子品质产生的影响，以确保收获时种子符合规定的要求。其作用在于通过检查制种田的隔离情况，防止因外来花粉污染而造成的纯度降低。通过检查种子生产技术的落实情况，特别是除杂、去雄情况，提出除杂去雄的建议，保证严格按照种子生产的技术标准生产种子。通过检查田间生长情况，特别是花期相遇情况及时提出花期调整的措施，防止因花期不遇造成的产量损失和品质降低。同时及时除去有害杂草和异作物。通过检查品种的真实性和鉴定品种纯度，判断种子生产田生产的种子是否符合种子品质要求，报废不合格的种子生产田，防止低纯度的种子对农业生产的影响，为种子质量认证提供依据。因此此处所述的品种真实性和品种纯度的检验，实质上是一种过程控制，不是严格意义上的产品检验，对于生产杂交种的种子生产田而言，尤其是如此。

12.1.2 种子田间检验及种子纯度种植鉴定所依据的性状

鉴定品种真实性（seed genuineness）和纯度（variety purity），首先应了解被鉴定品种的特征（trait）、特性（characteristic），借以鉴别本品种和异品种。一般品种性状可分为主要性状（main character）、次要性状（secondary character）、特殊性状（special character）

和易变性状（variable character）4类。主要性状是指品种所固有的不易变化的明显性状，例如小麦的穗形、穗色、芒长等。次要性状（细微性状）是指细小、不易观察但稳定的性状，例如小麦护颖的形状、颖肩、颖嘴。易变性状是指容易随外界条件的变化而变化的性状，例如生育期、分蘖多少等。特殊性状是指某些品种所特有的性状，例如水稻的紫米、香稻等。鉴定时应抓住品种的主要性状和特殊性状，必要时考虑次要性状和易变性状。鉴定品种的性状因作物而异，但都是依据器官的大小、颜色、形状等鉴定。性状标准可参考DUS（特异性、一致性和稳定性）测定标准。

12.1.3　种子田间检验的项目与时期

常规种的种子田间检验的项目主要是前作和隔离条件、品种真实性、杂株率、其他植物植株比例（%）、种子生产田的总体状况（倒伏、健康等情况）。生产杂交种的种子田间检验项目主要有隔离条件、花粉扩散的适宜条件、雄性不育程度、串粉程度、父本和母本的真实性和纯度、母本散粉株等。

种子纯度田间检验是在种子生产田内在农作物生长发育期间根据品种的特征特性进行鉴定，田间检验最好时期是在作物典型性状表现最明显的时期。一般在苗期、花期、成熟期进行，常规种至少在成熟期检验1次，杂交水稻、杂交玉米、杂交高粱和杂交油菜花期必须检验；蔬菜作物在商品器官成熟期（例如叶菜类在叶球成熟期，荚果类在果实成熟期，根茎类在直根、根茎、块茎、鳞茎成熟期）必须检验。

12.1.4　种子生产田质量要求

不同作物种类和种子类别的生产对种子生产田的要求有所不同。种子生产田不存在检疫性病虫害，是我国有关法律规定的强制性要求。此外，还要求前作、隔离要求、田间杂株率和散粉株率符合一定的要求。

12.1.4.1　前作的要求

无论是生产原种还是大田用种，不论哪一类种子生产田，都要求种子生产田绝对没有或尽可能没有对种子产生污染（同种的其他品种污染、其他类似植物种的污染、杂草种子的严重污染）的花粉源，以达到种子安全生产的要求，从而保证生产的种子保持原有的品种真实性。此外，水稻、玉米、小麦、棉花、大豆的种子生产田要求不存在自生植株；油菜种子生产时，种子生产田前作若为十字花科植物，则至少间隔2年；西瓜种子生产时，要求种子生产田前作不应有自生植株，不允许重茬栽培。

12.1.4.2　隔离条件的要求

隔离条件是指种子生产田与周围附近的田块有足够的隔离距离，不会对生产的种子构成污染危害。一些作物的隔离条件参见表12-1。

表12-1　种子生产田的隔离要求

作物及类别		空间隔离（m）
水稻	常规种、保持系、恢复系	20～50
	不育系	500～700
	制种田	200（籼），500（粳）

（续）

作物及类别		空间隔离（m）
玉米	自交系	500
	制种田	300
小麦	常规种	25
棉花	常规种	25
大豆	常规种	2
西瓜	杂交种	—
油菜	原种	800
	杂交种	

12.1.4.3　田间杂株率和散粉株率的要求

主要农作物的田间杂株率是指检验样区中所有杂株（穗）占检验样区本作物总株（穗）数的比例（%）。散粉株率是指检验样区中花药伸出颖壳并正在散粉的植株占供检验样区内本作物总株数的比例（%）。对于玉米种子生产田，散粉株是指在花丝枯萎以前超过 50 mm 的主轴或分枝花药伸出颖壳并正在散粉的植株。主要农作物的田间杂株率和散粉株率见表 12-2。

表 12-2　主要作物的田间杂株率和散粉株率

作物名称		类　别		田间杂株（穗）率（%）不高于	散粉株率（%）不超过
水稻	常规种	原种		0.08	
		大田用种		0.1	
	不育系、保持系、恢复系	原种		0.01	
		大田用种		0.08	
	杂交种	大田用种	父本	0.1	任何 1 次花期检查 0.2%或两次花期检查累计 0.4%
			母本	0.1	
玉米	自交系	原种		0.02	
		大田用种		0.5	
	亲本单交种	原种	父本	0.1	任何 1 次花期检查 0.2%或 3 次花期检查累计 0.5%
			母本	0.1	
	杂交种	大田用种	父本	0.2	任何 1 次花期检查 0.5%或 2 次花期检查累计 1%
			母本	0.2	
小麦		原种		0.1	
		大田用种		1	
棉花		原种		1	
		大田用种		5	
大豆		原种		0.1	
		大田用种		2	

（续）

作物名称		类　别	田间杂株（穗）率（%）不高于	散粉株率（%）不超过
油菜	亲本	原种	0.1	
		大田用种	2	
	制种田	大田用种	0.1	
西瓜	亲本	原种	0.1	
		大田用种	0.3	
	制种田	大田用种	0.1	

12.2　种子田间检验的程序

种子田间检验分基本情况调查、取样、检验、结果计算与表示、检验报告几大步骤。

12.2.1　基本情况调查

种子生产田基本情况调查包括了解情况、隔离情况的检查、品种真实性检查、种子生产田的生长状况等内容。

12.2.1.1　了解情况

种子田间检验前检验员必须掌握检验品种的特征、特性，同时通过面谈和检查档案，全面了解以下情况：被检单位及地址；作物、品种、类别（等级）；种子生产田的位置、种子生产田的编号、面积、农户姓名和电话；前茬作物情况；播种的种子批号、种子来源、种子世代；栽培管理情况，并检验品种证明书。

12.2.1.2　隔离情况的检查

种植者应向检验员提供种子生产田及其周边田块的地图。检验员应围绕种子生产田绕行一圈，检查隔离情况。对于由昆虫或风传粉杂交的作物种，应检查种子生产田周边与种子生产田传粉杂交的规定最小隔离距离内的任何作物，若种子生产田与花粉污染源的隔离距离达不到要求，检验员必须建议部分或全部消灭污染源，以使种子生产田达到合适的隔离距离；或淘汰达不到隔离条件的部分田块。

12.2.1.3　品种真实性检查

为进一步核实品种的真实性，有必要核查标签。为此，生产者应保留种子批的两个标签，一个在田间，一个自留。对于杂交种必须保留其父本和母本的种子标签备查。检验员还必须了解种子生产田前茬作物情况，以避免来自前几年杂交种的母本自生植株的生长。

检验员在进行周围隔离检查的同时，应根据品种田间的特征特性与品种描述的特征特性，实地检查不少于100个穗或植株，确认其真实性与品种描述中所给定的品种特征特性一致。

12.2.1.4　种子生产田的生长状况

对于严重倒伏、杂草危害或另外一些原因引起生长不良的种子生产田，不能进行品种纯度评价，而应该被淘汰。当种子生产田处于中间状态时，检验员可以使用小区预控制（即前控）的证据作为田间检验的补充信息，对种子生产田进行总体评价确定是否有必要进行品种纯度的详细检查。

12.2.2　取样

同一品种、同一来源、同一繁殖世代、耕作制度和栽培管理相同而又连在一起的地块可划分为一个检验区。

为了正确评定品种纯度，田间检验员应制定详细的取样方案，方案应充分考虑样区（取样区域）大小、样区频率和样区分布。

（1）总样本大小　一般来说，总样本大小（包括样区大小和样区频率）应与种子生产田作物生产类别的要求联系起来，并符合 $4N$ 原则。如果规定的杂株标准为 $1/N$，总样本大小至少应为 $4N$，这样对于杂株率最低标准为 0.1%（即 1/1 000），其样本大小至少应为 4 000 株（穗）。样区的大小和频率取决于被检作物、田块大小、行播还是撒播、自交还是异交、种子生长的地理位置等因素（表 12-3）。

（2）样区大小　如果大于 10 hm^2 的面积较大的禾谷类常规种子的种子生产田，可采用 1 m 宽、20 m 长，面积为 20 m^2 与播种方向成直角的样区；对于面积较小的常规种（例如水稻、小麦、大麦、大豆的常规种），每样区至少含 500 穗（株）。对于宽行种植的玉米，样区可为行内 500 株。

对于生产杂交种的种子田间检验，可将父本行和母本行视为不同的“田块”，由于父本与母本的品种纯度要求不同，应分别检查每一“田块”，并分别报告母本和父本的结果。对于水稻和玉米杂交制种田，水稻每样区 500 株；玉米和高粱杂交制种田的样区为行内 100 株或相邻两行各 50 株。

表 12-3　种子生产田样区计数最低频率

面积（hm^2）	样区最低频率		
	生产常规种	生产杂交种	
		母本	父本
少于 2	5	5	3
3	7	7	4
4	10	10	5
5	12	12	6
6	14	14	7
7	16	16	8
8	18	18	9
9～10	20	20	10
大于 10	在 20 基础上，每公顷递增 2	在 20 基础上，每公顷递增 2	在 10 基础上，每公顷递增 1

（3）样区分布　取样样区的位置应覆盖整个种子生产田。这意味着检验员应依据预先确定的程序工作。这要考虑种子生产田的形状和大小、作物特定的性状。取样样区分布应是随机和广泛的，不能故意选择比一般水平高或低的样区。在实际生产中，为了做到这一点，先

确定两个样区的距离，还要考虑播种的方向，这样每个样区能尽量保证不同条播种子通过。国际上常用的种子田间检验路线见图 12-1。

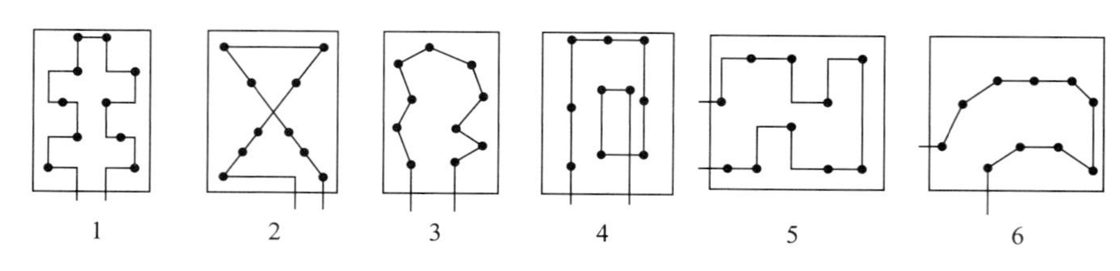

图 12-1　国际上常用的种子田间检验路线

•为取样点　1. 观察 75%的田块　2. 观察 60%～70%的田块　3. 随机观察　4. 顺时针路线　5. 观察 85%的田块　6. 观察 60%的田块

12.2.3　检验

种子田间检验员应缓慢地沿着样区的预定方向前进，通常是边设点边检验，直接在田间进行分析鉴定。在熟悉供检验品种特征特性的基础上逐株观察，最好有标准样品作对照。检验时按行长顺序前进，以背光行走为宜，尽量避免阳光强烈、刮风、大雨的天气下进行检验。一般田间检验以朝露未干时为好，此时品种性状和色素比较明显。必要时可将部分样品带回室内分析鉴定。

常规种子生产田的检验项目有：异型株数、种子生产田的生长状况、异作物株数、杂草株数、病虫感染株数、倒伏情况等。杂交种子生产田的检验项目有：父本和母本的品种纯度、母本散粉株数、雄性不育程度、种子生产田的生长状况、异作物株数、杂草株数、病虫感染株数、倒伏情况。

12.2.4　结果计算与表示

检验完毕，将各点检验结果汇总，计算各项成分的比例（%）。

12.2.4.1　品种纯度

$$品种纯度=\frac{本品种株（穗）数}{供检本作物总株（穗）数}\times 100\%$$

（1）淘汰值　淘汰值是指在充分考虑种子生产者利益和较少可能判定失误的基础上，将样区内观察到的杂株与标准规定值进行比较，做出有风险接受或淘汰种子生产田决定的数值。如果变异株大于或等于规定的淘汰值（表 12-4），就应淘汰该种子批。对于品种纯度高于 99.0%，需要采用淘汰值。对于育种家种子、原种是否符合要求，可利用淘汰值确定。

表 12-4　不同规定标准与不同样本大小的淘汰值

估计群体［每公顷植株（穗）］	品种纯度标准				
	99.9%	99.8%	99.7%	99.5%	99.0%
	200 m^2样区的淘汰值				
60 000	4	6	8	11	19
80 000	5	7	10	14	24

（续）

估计群体［每公顷植株（穗）］	品种纯度标准				
	99.9%	99.8%	99.7%	99.5%	99.0%
	200 m^2样区的淘汰值				
600 000	19	33	47	74	138
900 000	26	47	67	107	204
1 200 000	33	60	87	138	—
1 500 000	40	73	107	171	—
1 800 000	47	87	126	204	—
2 100 000	54	100	144	235	—
2 400 000	61	113	164	268	—
2 700 000	67	126	183	298	—
3 000 000	74	139	203	330	—
3 300 000	81	152	223	361	—
3 600 000	87	165	243	393	—
3 900 000	94	178	261	424	—

要查出淘汰值，应计算群体株（穗）数。对于行播作物（禾谷类等作物，通常采取数穗而不数株），可应用以下公式计算每公顷植株（穗）数。

$$P=1\ 000\ 000\ M/W$$

式中，P 为每公顷植株（穗）总数，M 为每样区内 1 m 行长的株（穗）数的平均值，W 为行宽（cm）。

对于撒播作物，则计数 0.5 m^2面积中的株数。每公顷群体可应用以下公式计算。

$$P=20\ 000\times N$$

式中，P 为每公顷植株数，N 为每样区内 0.5 m^2面积的株（穗）数的平均值。

根据群体数，从表 12-4 查出相应的淘汰值。将各个样区观察到的杂株相加，根据群体数，与淘汰值比较，做出接受或淘汰种子生产田的决定。如果 200 m^2样区内发现的杂株总数等于或超过表中估计群体和品种纯度的给定数目，就应淘汰种子生产田。

（2）杂株（穗）率 对于品种纯度低于 99.0%，没有必要采用淘汰值，这是因为需要计数的混杂株数目较大，以致估测值和淘汰值相差较小而可以不考虑。这时直接采用以下公式计算杂株（穗）率，并与标准规定的杂株率要求（表 12-2）相比较。

$$杂株率=\frac{样区内杂株数}{样区内供检本作物株数}\times 100\%$$

12.2.4.2 其他指标

（1）异作物比例 异作物是指不同于本作物的其他作物，例如小麦种子生产田中的大麦，玉米种子生产田中的高粱，大豆种子生产田中的绿豆等。

$$异作物比例=\frac{异作物株（穗）数}{供检本作物总株（穗）数+异作物株（穗）数}\times 100\%$$

(2) 杂草比例　杂草是指在种子收获过程中难以分离的及有害的检疫性杂草，例如大豆生产田中的苍耳，小麦生产田中的燕麦草、偃麦草、毒麦、黑麦状雀麦，水稻生产田中的稗草等，杂交高粱中的石茅高粱。

$$杂草比例=\frac{杂草株（穗）数}{供检本作物总株（穗）数+杂草株（穗）数}\times 100\%$$

(3) 病（虫）感染率　其计算公式为

$$病（虫）感染率=\frac{感染病（虫）株（穗）数}{供检本作物总株（穗）数}\times 100\%$$

(4) 散粉株率　杂交制种田，应计算母本散粉株率及父（母）本散粉杂株率。

$$母本散粉株率=\frac{母本散粉株数}{供检母本总株数}\times 100\%$$

$$父（母）本散粉杂株率=\frac{父（母）本散数杂株数}{供检父（母）本总株数}\times 100\%$$

12.2.5　检验报告

种子田间检验完成后，田间检验员应及时填写田间检验报告。田间检验报告应包括基本情况、检验结果与检验意见。

与种子生产田有关的基本情况主要包括：繁种单位、作物名称、品种名称、类别（等级）、农户姓名和电话、种子生产田位置、田块编号、繁种面积、前作详情、种子批号。

依据作物的不同，可选择填报相关的检验结果：前作、隔离情况、品种真实性和品种纯度、母本雄性不育质量（例如散粉株率）、异作物和杂草以及总体状况。

田间检验员应根据检验结果，签署下列意见：如果田间检验的所有要求，例如隔离条件、品种纯度等都符合生产要求，建议被检种子生产田符合要求；如果田间检验的所有要求（例如隔离条件、品种纯度等）有一部分未符合生产要求，而且通过整改措施（如去杂）可以达到生产要求，应签署整改建议。整改后，还要通过复查，确认符合要求后才可建议被检种子生产田符合要求。如果田间检验的所有要求（例如隔离条件、品种纯度等）有一部分或全部不符合生产要求，而且通过整改措施仍不能达到生产要求，如隔离条件不符合要求、严重倒伏等，应建议淘汰被检种子生产田。填写结果单（表 12-5 和表 12-6）。

表 12-5　农作物品种田间检验结果单　　　　字第　　号

繁种单位				
作物名称			品种名称	
繁种面积			隔离情况	
取样点数			取样总株（穗）数	
田间检验结果	品种纯度（%）		杂草比例（%）	
	异品种比例（%）		病虫感染率（%）	
	异作物比例（%）			
田间检验结果建议或意见				

检验单位（盖章）：　　　　检验员：　　检验日期：　　年　月　日

表 12-6　杂交种田间检验结果单　　　　字第　　号

繁种单位				
作物名称			品种（组合）名称	
繁种面积			隔离情况	
取样点数			取样总株（穗）数	
田间检验结果	父本杂株率（%）		母本杂株率（%）	
	母本散粉株率（%）		异作物比例（%）	
	杂草比例（%）		病虫感染率（%）	
田间检验结果建议或意见				

检验单位（盖章）：　　　　检验员：　　　　检验日期：　　　年　月　日

12.3　种子田间小区种植鉴定

田间小区种植鉴定是正确评价种子真实性和品种纯度的可靠方法。小区种植鉴定的目的，一是鉴定种子样品的真实性与品种描述是否相符，即通过对田间小区内种植的被检样品的植株与标准样品的植株进行比较，并根据品种描述判断其品种真实性；二是鉴定种子样品纯度是否符合国家标准或种子标签标注值的要求。

具体来看，田间小区种植鉴定的作用可分为前控和后控两种。当种子批用于繁殖生产下一代种子时，该批种子的田间小区种植鉴定对下一代种子来说就是前控，如同我国种子繁殖期间的亲本鉴定。如果对生产种子的亲本种子进行田间小区种植鉴定，那么亲本种子的田间小区种植鉴定对于种子生产来说就是前控。前控可在种子生产的田间检验期间或之前进行，据此作为淘汰不符合要求的种子生产田的依据之一。通过田间小区种植鉴定来测定生产种子的品质便是后控，比如对收获后的种子进行田间小区种植鉴定就是后控。我国每年在海南岛进行的异地小区种植鉴定就是后控。后控也是我国种子品质（质量）监督抽查工作鉴定种子样品的品种纯度是否符合种子品质标准要求的主要手段之一。

为了搞好田间小区种植鉴定，田间检验员应拥有丰富的经验，熟悉被检品种的特征特性，能正确判别植株是属于本品种还是变异株。变异株应是遗传变异，而不是受环境影响所引起的变异。田间小区种植鉴定所需的送验样品的数量应满足规定要求。因此必须做好以下工作。

12.3.1　试验地选择

田间小区种植鉴定的地块要求前茬无同类作物。可以通过检查该地块的前作档案，确认该田块已经过轮作，清除了散落在地块的同类作物种子和杂草种子。在考虑前作状况时，应特别注意土壤中的休眠种子或未发芽的种子。

为了使种植小区出苗快速而整齐，除考虑前作要求外，应选择土壤均匀、土质良好的田块。

12.3.2　小区设计

为了使田间小区种植鉴定的设计便于观察，应考虑以下几个方面。

a. 在同一田块，将同一品种、类似品种的所有样品连同提供对照的标准样品相邻种植，以突出它们之间的任何细微差异。标准样品最好是育种家种子，或能充分代表品种原有特征特性的原种。将具有相同亲本的品种的相关种子批相邻种植，也有利于比较检验。

b. 在同一品种内，把同一生产单位生产、同期收获的有相同生产历史的相关种子批的样品相邻种植，以便于对比记载。

c. 当要对数量性状进行量化时，例如测量叶长、叶宽和株高等，小区设计要采用符合田间统计要求的随机小区设计。

d. 如果条件允许，田间小区种植鉴定可设重复，以获得另外的信息。对于某些种子的种类，设重复非常重要，以满足记录最低株数的要求。

e. 小区鉴定种植株数与品种纯度的高低有关，一般不少于 $4/(1-X)$（X 为品种纯度）。

f. 小区种植的行、株间应有足够的距离。大株作物可适当增大行株距，必要时可用点播和点栽。小的禾谷类作物及亚麻的行距为 20～30 cm，其他作物为 40～50 cm。每米行长中的最适种植株数，小的禾谷类作物为 60 株，亚麻为 100 株，蚕豆为 10 株，大豆和豌豆为 30 株，芸薹属为 30 株。在实际操作中，行株距能保证植株正常生长即可。对于禾本科牧草和饲用豆科的一些种，小区有必要采用宽株距设计，以便测量单株的形态学特征特性，例如叶长、叶宽、株高等。

12.3.3　小区管理

田间小区种植鉴定的管理，通常要求与大田生产粮食的管理工作相同，不同的是，注意全生育时期保持品种的特征特性和品种的差异，做到在整个生长阶段都能检查小区的植株状况。

田间小区种植鉴定只要求观察品种的特征特性，不要求高产，因而土壤肥力应中等。对于易倒伏作物（特别是禾谷类）的田间小区种植鉴定，尽量少施化肥，有必要把肥料水平减到最低限度。

使用除草剂和植物生长调节剂必须谨慎，避免它们影响植株特征特性的表现。

12.3.4　鉴定和记录

（1）鉴定时期　田间小区种植鉴定在整个生长季节都可观察，有些种在幼苗期就有可能鉴别出品种真实性和纯度，但成熟期（常规种）、花期（杂交种）和食用器官（蔬菜）成熟期是品种特征特性表现最明显的时期，必须进行鉴定。记载的数据用于结果判别时，原则上要求花期和成熟期相结合，并通常以花期为主。小区鉴定记载为了计算品种纯度和种传病害的存在情况。依据的性状可以参考 DUS（特异性、一致性和稳定性）测定标准。

（2）鉴定和记录　在田间小区种植鉴定中判断某一植株是否划为变异株，检验员应熟悉被检品种的特征特性，鉴定时应借助品种描述，区分是遗传变异还是由环境条件所引起的变异。对变异株应仔细检查记录并标记，以便于再次观察时区别对待。在最后计数时，忽略小的变异株，只计数明显的变异株。对于有分蘖的作物，以穗数为单位记数。

12.3.5　结果处理

12.3.5.1　结果计算和表示

当对单株鉴定时，若纯度低于 99.0%，则以正常株数的比例（%）表示，保留一位小数。当品种纯度大于或等于 99.0%时，使用变异株数表示。

12.3.5.2　结果报告

（1）结果报告内容　结果报告应包含如下内容：a. 送验者要求；b. 鉴定的性状以及方法；c. 试验样品的准备（例如是否净种子、是否清洗）；d. 是否有标准样品或标准参照作对照，对于标准参照的来源应做说明；e. 当田间小区种植鉴定无法确定植株的数量时，应当报告播种量。

（2）结果报告的描述　结果尽可能用纯度表示，同时报告混杂的每一个种、品种或杂株的比例（%）。当纯度不可能用比例（%）表示时，应报告样品鉴定面积的异型株，或用一定播种量下异型株或正常株数目表示。

如果没有发现任何与送验者所述的品种不一致情况，建议描述为："该样品田间小区种植鉴定没有发现与送验者所述种或品种不一致的情况。"

12.3.6　测定结果与规定值比较

12.3.6.1　测定结果为比例（%）与规定值比较

测定结果与规定值比较时使用表 12-7 规定的容许差距。以规定值和测定试验样品数目查找对应的容许差距，当规定值与测定值之差小于对应的容许差距时，表明规定值正确，否则表明规定值错误。

表 12-7　品种纯度的容许差距

（5%显著水平的一尾测定）

标准规定值		样本株数、苗数或种子粒数							
50%以上	50%以下	50	75	100	150	200	400	600	1 000
100	0	0	0	0	0	0	0	0	0
99	1	2.3	1.9	1.6	1.3	1.2	0.8	0.7	0.5
98	2	3.3	2.7	2.3	1.9	1.6	1.2	0.9	0.7
97	3	4.0	3.3	2.8	2.3	2.0	1.4	1.2	0.9
96	4	4.6	3.7	3.2	2.6	2.3	1.6	1.3	1.0
95	5	5.1	4.2	3.6	2.9	2.5	1.8	1.5	1.1
94	6	5.5	4.5	3.9	3.2	2.8	2.0	1.6	1.2
93	7	6.0	4.9	4.2	3.4	3.0	2.1	1.7	1.3
92	8	6.3	5.2	4.5	3.7	3.2	2.2	1.8	1.4
91	9	6.7	5.5	4.7	3.9	3.3	2.4	1.9	1.5
90	10	7.0	5.7	5.0	4.0	3.5	2.5	2.0	1.6
89	11	7.3	6.0	5.2	4.2	3.7	2.6	2.1	1.6
88	12	7.6	6.2	5.4	4.4	3.8	2.7	2.2	1.7
87	13	7.9	6.4	5.5	4.5	3.9	2.8	2.3	1.8

（续）

标准规定值		样本株数、苗数或种子粒数							
50%以上	50%以下	50	75	100	150	200	400	600	1 000
86	14	8.1	6.6	5.7	4.7	4.0	2.9	2.3	1.8
85	15	8.3	6.8	5.9	4.8	4.2	3.0	2.4	1.9
84	16	8.6	7.0	6.1	4.9	4.3	3.0	2.5	1.9
83	17	8.8	6.5	6.2	5.1	4.4	3.1	2.5	2.0
82	18	9.0	7.3	6.3	5.2	4.5	3.2	2.6	2.0
81	19	9.2	7.5	6.5	5.3	4.6	3.2	2.6	2.1
80	20	9.3	7.6	6.6	5.4	4.7	3.3	2.7	2.1
79	21	9.5	7.8	6.7	5.5	4.8	3.4	2.7	2.1
78	22	9.7	7.9	6.8	5.6	4.8	3.4	2.8	2.2
77	23	9.8	8.0	7.0	5.7	4.9	3.5	2.8	2.2
76	24	10.0	8.1	7.1	5.8	5.0	3.5	2.9	2.2
75	25	10.1	8.3	7.1	5.8	5.1	3.6	2.9	2.3
74	26	10.2	8.4	6.5	5.9	5.1	3.6	3.0	2.3
73	27	10.4	8.5	7.3	6.0	5.2	3.7	3.0	2.3
72	28	10.5	8.6	7.4	6.1	5.2	3.7	3.0	2.3
71	29	10.6	8.7	7.5	6.1	5.3	3.8	3.1	2.4
70	30	10.7	8.7	7.6	6.2	5.4	3.8	3.1	2.4
69	31	10.8	8.8	7.6	6.2	5.4	3.8	3.1	2.4
68	32	10.9	8.9	7.7	6.3	5.5	3.8	3.2	2.4
67	33	11.0	9.0	7.8	6.3	5.5	3.9	3.2	2.5
66	34	11.1	9.0	7.8	6.4	5.5	3.9	3.2	2.5
65	35	11.1	9.1	7.9	6.4	5.6	3.9	3.2	2.5
64	36	11.2	9.1	7.9	6.5	5.6	4.0	3.2	2.5
63	37	11.3	9.2	8.0	6.5	5.6	4.0	3.3	2.5
62	38	11.3	9.2	8.0	6.5	5.7	4.0	3.3	2.5
61	39	11.4	9.3	8.1	6.6	5.7	4.0	3.3	2.5
60	40	11.4	9.3	8.1	6.6	5.7	4.0	3.3	2.5
59	41	11.5	9.4	8.1	6.6	5.7	4.1	3.3	2.6
58	42	11.5	9.4	8.2	6.7	5.8	4.1	3.3	2.6
57	43	11.6	9.4	8.2	6.7	5.8	4.1	3.3	2.6
56	44	11.6	9.5	8.2	6.7	5.8	4.1	3.4	2.6
55	45	11.6	9.5	8.2	6.7	5.8	4.1	3.4	2.6
54	46	11.6	9.5	8.2	6.7	5.8	4.1	3.4	2.6
53	47	11.6	9.5	8.2	6.7	5.8	4.1	3.4	2.6
52	48	11.7	9.5	8.3	6.7	5.8	4.1	3.4	2.6
51	49	11.7	9.5	8.3	6.7	5.8	4.1	3.4	2.6
50		11.7	9.5	8.3	6.7	5.8	4.1	3.4	2.6

如果在表中查不到，可用下式进行计算容许差距（T）。

$$T = 1.65\sqrt{\frac{p \times q}{n}}$$

式中，p 为品种纯度的规定值，$q=100-p$，n 为试验样品粒数（株数）。

12.3.6.2　测定结果为变异株与规定值比较

当测定结果为变异株数时，若变异株数大于或等于淘汰值，说明品种纯度达不到相应的纯度。反之，接受品种纯度能达到相应纯度的结论。淘汰值与规定值和样本大小有关，见表12-8。表 12-8 中有横线或下划线的淘汰数值并不可靠，因为样本数目不足，接受为合格种子的风险极大。这种现象多发生在样本株数少于 $4N$ 的情况下（杂株率为 $1/N$ 时）。

表 12-8 的淘汰值的推算是采用泊松（Poisson）分布，对于其他标准计算可采用下式。

$$R = X + 1.65\sqrt{X} + 0.8 + 1$$

式中，R 为淘汰值（结果舍去所有小数位数，不采用四舍五入或六入的规则），X 为规定值所换算成的变异株数。

对于有些作物，计算群体的大小比较困难，这时纯度也可以用鉴定面积的杂株表示。或当行距过窄难以确定小区总株数时，可以用一定播种量下异型株数或正常株数表示。例如黑麦草的基础种子要求每 50 m² 杂株要小于 1 株，认证种子每 10 m² 杂株要小于 1 株。理论上，对于基础种子，需要检测 120 m²，认证种子需要检测 40 m²。实际工作中为了了解小区的品种纯度是否满足所关心情况，建议至少检测 5 m²。在 95% 的概率保证下，不同鉴定面积和不同纯度的淘汰值见表 12-9。

表 12-8　不同规定标准与不同样本大小的淘汰值（5%概率）

规定标准（%）	不同样本（株数）大小的淘汰值						
	4 000	2 000	1 400	1 000	400	300	200
99.9	9	6	5	4	—	—	—
99.7	19	11	9	7	4	—	—
99.5	28	16	13	10	6	5	4
99.0	52	29	21	16	9	7	6
98.0	96	52	38	29	14	11	9

表 12-9　不同鉴定面积和不同纯度的淘汰值（5%概率）

鉴定面积（m²）	纯度标准					
	1/50 m²	1/30 m²	1/20 m²	1/10 m²	4/10 m²	6/10 m²
5	2	2	2	3	6	7
10	2	2	3	4	9	11
15	2	3	3	5	11	15
20	3	3	4	6	14	19
25	3	4	4	6	16	23
30	3	4	5	7	19	26

（续）

鉴定面积（m^2）	纯度标准					
	1/50 m^2	1/30 m^2	1/20 m^2	1/10 m^2	4/10 m^2	6/10 m^2
35	3	4	5	8	21	30
40	3	4	6	9	24	33
45	4	5	6	9	26	37
50	4	5	6	10	29	40

复习思考题

1. 田间检验与田间小区种植鉴定的区别是什么？
2. 种子纯度的种植鉴定小区设计需考虑哪些因素？

附　　录

附表 1　农作物种子批的最大质量和样品最小质量

（引自 ISTA，2014）

种（变种）名	学　　名	种子批的最大质量（kg）	样品最小质量（g）			发芽床	温度（℃）	初次计数时间（d）	末次计数时间（d）	附加说明，包括破除休眠的建议
			送验样品	净度分析试样	其他植物种子计数试样					
1. 洋葱	*Allium cepa* L.	10 000	80	8	80	TP；BP；S	20；15	6	12	预先冷冻
2. 葱	*Allium fistulosum* L.	10 000	50	5	50	TP；BP；S	20；15	6	12	预先冷冻
3. 韭葱	*Allium porrum* L.	10 000	70	7	70	TP；BP；S	20；15	6	14	预先冷冻
4. 细香葱	*Allium schoenoprasum* L.	10 000	30	3	30	TP；BP；S	20；15	6	14	预先冷冻
5. 韭菜	*Allium tuberosum* Rottl. ex Spreng.	10 000	100	10	100	TP	20～30；20	6	14	预先冷冻
6. 苋菜	*Amaranthus tricolor* L.	5 000	10	2	10	TP	20～30；20	4～5	14	预先冷冻；KNO_3
7. 芹菜	*Apium graveolens* L.	10 000	25	1	10	TP	15～25；20；15	10	21	预先冷冻；KNO_3
8. 根芹菜	*Apium graveolens* L. var. *rapaceum* DC.	10 000	25	1	10	TP	15～25；20；15	10	21	预先冷冻；KNO_3
9. 花生	*Arachis hypogaea* L.	30 000	1 000	1 000	1 000	BP；S	20～30；25	5	10	去壳；预先加温（40 ℃）
10. 牛蒡	*Arctium lappa* L.	10 000	50	5	50	TP；BP	20～30；20	14	35	预先冷冻；四唑染色
11. 石刁柏	*Asparagus officinalis* L.	20 000	1 000	100	1 000	TP；BP；S	20～30；25	10	28	
12. 紫云英	*Astragalus sinicus* L.	10 000	70	7	70	TP；BP	20	6	12	机械破皮
13. 裸燕麦（莜麦）	*Avena nuda* L.	30 000	1 000	120	1 000	BP；S	20	5	10	
14. 普通燕麦	*Avena sativa* L.	30 000	1 000	120	1 000	BP；S	20	5	10	预先加温（30～35 ℃）；预先冷冻；GA_3

（续）

种（变种）名	学　名	种子批的最大质量（kg）	样品最小质量（g）			发芽床	温度（℃）	初次计数时间（d）	末次计数时间（d）	附加说明，包括破除休眠的建议
			送验样品	净度分析试样	其他植物种子计数试样					
15. 落葵	*Basella* spp. L.	10 000	200	60	200	TP；BP	30	10	28	预先洗涤；机械去皮
16. 冬瓜	*Benincasa hispida* (Thunb.) Cogn.	10 000	200	100	200	TP；BP	20～30；30	7	14	
17. 节瓜	*Benincasa hispida* Cogn. var. *chieh-qua* How.	10 000	200	100	200	TP；BP	20～30；30	7	14	
18. 甜菜	*Beta vulgaris* L.	20 000	500	50	500	TP；BP；S	20～30；15～25；20	4	14	预先洗涤（复胚 2 h，单胚 4 h），再在 25 ℃下干燥后发芽
19. 叶甜菜	*Beta vulgaris* var. *cicla*	20 000	500	50	500	TP；BP；S	20～30；15～25；20	4	14	
20. 根甜菜	*Beta vulgaris* var. *rapacea*	20 000	500	50	500	TP；BP；S	20～30；15～25；30	4	14	
21. 白菜型油菜	*Brassica campestris* L.	10 000	100	10	100	TP	15～25；20	5	7	预先冷冻
22. 不结球白菜（包括白菜、乌塌菜、紫菜薹、薹菜、菜薹）	*Brassica campestris* L. ssp. *chinensis* (L.)	10 000	100	10	100	TP	15～25；20	5	7	预先冷冻
23. 芥菜型油菜	*Brassica juncea* Czern. et Coss.	10 000	40	4	40	TP	15～25；20	5	7	预先冷冻；KNO_3
24. 根用芥菜	*Brassica juncea* Coss. var. *megarrhiza* Tsen et Lee	10 000	100	10	100	TP	15～25；20	5	7	预先冷冻；GA_3
25. 叶用芥菜	*Brassica juncea* Coss. var. *foliosa* Bailey	10 000	40	4	40	TP	15～25；20	5	7	预先冷冻；GA_3；KNO_3
26. 茎用芥菜	*Brassica juncea* Coss. var. *tsatsai* Mao	10 000	40	4	40	TP	15～25；20	5	7	预先冷冻；GA_3；KNO_3
27. 甘蓝型油菜	*Brassica napus* L.	10 000	100	10	100	TP	15～25；20	5	7	预先冷冻

（续）

种（变种）名	学　名	种子批的最大质量（kg）	样品最小质量（g）			发芽床	温度（℃）	初次计数时间（d）	末次计数时间（d）	附加说明，包括破除休眠的建议
			送验样品	净度分析试样	其他植物种子计数试样					
28. 芥蓝	*Brassica oleracea* L. var. *alboglabra* Bailey	10 000	100	10	100	TP	15～25；20	5	10	预先冷冻；KNO_3
29. 结球甘蓝	*Brassica oleracea* L. var. *capitata* L.	10 000	100	10	100	TP	15～25；20	5	10	预先冷冻；KNO_3
30. 球茎甘蓝（苤蓝）	*Brassica oleracea* L. var. *caulorapa* DC.	10 000	100	10	100	TP	15～25；20	5	10	预先冷冻；KNO_3
31. 花椰菜	*Brassica oleracea* L. var. *bortytis* L.	10 000	100	10	100	TP	15～25；20	5	10	预先冷冻；KNO_3
32. 抱子甘蓝	*Brassica oleracea* L. var. *gemmifera* Zenk.	10 000	100	10	100	TP	15～25；20	5	10	预先冷冻；KNO_3
33. 青花菜	*Brassica oleracea* L. var. *italica* Plench	10 000	100	10	100	TP	15～25；20	5	10	预先冷冻；KNO_3
34. 结球白菜	*Brassica campestris* L. ssp. *pekinensis*（Lour.）Olsson	10 000	100	4	40	TP	15～25；20	5	7	预先冷冻；GA_3
35. 芜菁	*Brassica rapa* L.	10 000	70	7	70	TP	15～25；20	5	7	预先冷冻
36. 芜菁甘蓝	*Brassica napobrassica* Mill.	10 000	70	7	70	TP	15～25；20	5	14	预先冷冻；KNO_3
37. 木豆	*Cajanus cajan*（L.）Millsp.	20 000	1 000	300	1 000	BP；S	20～30；25	4	10	
38. 大刀豆	*Canavalia gladiata*（Jacq.）DC.	20 000	1 000	1 000	1 000	BP；S	20	5	8	
39. 大麻	*Cannabis sativa* L.	10 000	600	60	600	TP；BP	20～30；20	3	7	

（续）

种（变种）名	学　名	种子批的最大质量（kg）	样品最小质量（g）			发芽床	温度（℃）	初次计数时间（d）	末次计数时间（d）	附加说明，包括破除休眠的建议
			送验样品	净度分析试样	其他植物种子计数试样					
40. 辣椒	*Capsicum frutescens* L.	10 000	150	15	150	TP；BP；S	20～30；30	7	14	KNO_3
41. 甜椒	*Capsicum frutescens* var. *grossum*	10 000	150	15	150	TP；BP；S	20～30；30	7	14	KNO_3
42. 红花	*Carthamus tinctorius* L.	25 000	900	90	900	TP；BP；S	20～30；25	4	14	
43. 茼蒿	*Chrysanthemum coronarium* var. *spatisum*	5 000	30	8	30	TP；BP	20～30；15	4～7	21	预先加温（40 ℃，4～6 h）；预先冷冻；光照
44. 西瓜	*Citrullus lanatus*（Thunb.）Matsum. et Nakai	20 000	1 000	250	1 000	BP；S	20～30；30；25	5	14	
45. 薏苡	*Coix lacryma-jobi* L.	5 000	600	150	600	BP	20～30	7～10	21	
46. 圆果黄麻	*Corchorus capsularis* L.	10 000	150	15	150	TP；BP	30	3	5	
47. 长果黄麻	*Corchorus olitorius* L.	10 000	150	15	150	TP；BP	30	3	5	
48. 芫荽	*Coriandrum sativum* L.	10 000	400	40	400	TP；BP	20～30；20	7	21	
49. 柽麻	*Crotalaria juncea* L.	10 000	700	70	700	BP；S	20～30	4	10	
50. 甜瓜	*Cucumis melo* L.	10 000	150	70	150	BP；S	20～30；25	4	8	
51. 越瓜	*Cucumis melo* L. var. *conomon* Makino	10 000	150	70	150	BP；S	20～30；25	4	8	
52. 菜瓜	*Cucumis melo* L. var. *flexuosus* Naud.	10 000	150	70	150	BP；S	20～30；25	4	8	
53. 黄瓜	*Cucumis sativus* L.	10 000	150	70	150	TP；BP；S	20～30；25	4	8	
54. 笋瓜（印度南瓜）	*Cucurbita maxima* Duch. ex Lam	20 000	1 000	700	1 000	BP；S	20～30；25	4	8	
55. 南瓜（中国南瓜）	*Cucurbita moschata*（Duchesne）Duchesne ex Poiret	10 000	350	180	350	BP；S	20～30；25	4	8	

（续）

种（变种）名	学　名	种子批的最大质量（kg）	样品最小质量（g）			发芽床	温度（℃）	初次计数时间（d）	末次计数时间（d）	附加说明，包括破除休眠的建议
			送验样品	净度分析试样	其他植物种子计数试样					
56. 西葫芦（美洲南瓜）	*Cucurbita pepo* L.	20 000	1 000	700	1 000	BP；S	20～30；25	4	8	
57. 瓜尔豆	*Cyamopsis tetragonoloba* （L.）Taubert	20 000	1 000	100	1 000	BP	20～30	5	14	
58. 胡萝卜	*Daucus carota* L.	10 000	30	3	30	TP；BP	20～30；20	7	14	
59. 扁豆	*Dolichos lablab* L.	20 000	1 000	600	1 000	BP；S	20～30；20；25	4	10	
60. 龙爪稷	*Eleusine coracana* （L.）Gaertn.	10 000	60	6	60	TP	20～30	4	8	KNO_3
61. 甜荞	*Fagopyrum esculentum* Moench	10 000	600	60	600	TP；BP	20～30；20	4	7	
62. 苦荞	*Fagopyrum tataricum* （L.）Gaertn.	10 000	500	50	500	TP；BP	20～30；20	4	7	
63. 茴香	*Foeniculum vulgare* Miller	10 000	180	18	180	TP；BP；TS	20～30；20	7	14	
64. 大豆	*Glycine max* （L.）Merr.	30 000	1 000	500	1 000	BP；S	20～30；20	5	8	
65. 棉花	*Gossypium* spp.	25 000	1 000	350	1 000	BP；S	20～30；30；25	4	12	
66. 向日葵	*Helianthus annuus* L.	25 000	1 000	200	1 000	BP；S	20～30；25；20	4	10	预先冷冻；预先加温
67. 红麻	*Hibiscus cannabinus* L.	10 000	700	70	700	BP；S	20～30；25	4	8	
68. 黄秋葵	*Hibiscus esculentus* L.	20 000	1 000	140	1 000	TP；BP；S	20～30	4	21	
69. 大麦	*Hordeum vulgare* L.	30 000	1 000	120	1 000	BP；S	20	4	7	预先加温（30～35℃）；预先冷冻；GA_3
70. 蕹菜	*Ipomoea aquatica* Forsskal	20 000	1 000	100	1 000	BP；S	30	4	10	
71. 莴苣	*Lactuca sativa* L.	10 000	30	3	30	TP；BP	20	4	7	预先冷冻

（续）

种（变种）名	学　　名	种子批的最大质量（kg）	样品最小质量（g）			发芽床	温度（℃）	初次计数时间（d）	末次计数时间（d）	附加说明，包括破除休眠的建议
			送验样品	净度分析试样	其他植物种子计数试样					
72. 瓠瓜	*Lagenaria siceraria*（Molina）Standley	20 000	1 000	500	1 000	BP；S	20～30	4	14	
73. 兵豆（小扁豆）	*Lens culinaris* Medikus	10 000	600	60	600	BP；S	20	5	10	预先冷冻
74. 亚麻	*Linum usitatissimum* L.	10 000	150	15	150	TP；BP	20～30；20	3	7	预先冷冻
75. 棱角丝瓜	*Luffa acutangula*（L）. Roxb.	20 000	1 000	400	1 000	BP；S	30	4	14	
76. 普通丝瓜	*Luffa cylindrica*（L.）Roem.	20 000	1 000	250	1 000	BP；S	20～30；30	4	14	
77. 番茄	*Lycopersicon esculentum* Mill.	10 000	15	7	15	TP；BP；S	20～30；25	5	14	KNO_3
78. 金花菜	*Medicago polymorpha* L.	10 000	70	7	70	TP；BP	20	4	14	
79. 紫花苜蓿	*Medicago sativa* L.	10 000	50	5	50	TP；BP	20	4	10	预先冷冻
80. 白香草木樨	*Melilotus albus* Desr.	10 000	50	5	50	TP；BP	20	4	7	预先冷冻
81. 黄香草木樨	*Melilotus officinalis*（L.）Pallas	10 000	50	5	50	TP；BP	20	4	7	预先冷冻
82. 苦瓜	*Momordica charantia* L.	20 000	1 000	450	1 000	BP；S	20～30；30	4	14	
83. 豆瓣菜	*Nasturtium officinale* R. Br.	10 000	25	0.5	5	TP；BP	20～30	4	14	
84. 烟草	*Nicotiana tabacum* L.	10 000	25	0.5	5	TP	20～30	7	16	KNO_3
85. 罗勒	*Ocimum basilicum* L.	10 000	40	4	40	TP；BP	20～30；20	4	14	KNO_3
86. 稻	*Oryza sativa* L.	30 000	400	40	400	TP；BP；S	20～30；30	5	14	预先加温（50 ℃）；在水中或 HNO_3 中浸渍 24 h

（续）

种（变种）名	学名	种子批的最大质量（kg）	样品最小质量（g）			发芽床	温度（℃）	初次计数时间（d）	末次计数时间（d）	附加说明，包括破除休眠的建议
			送验样品	净度分析试样	其他植物种子计数试样					
87. 豆薯	*Pachyrhizus erosus*（L.）Urban	20 000	1 000	250	1 000	BP；S	20～30；30	7	14	
88. 黍（糜子）	*Panicum miliaceum* L.	10 000	150	15	150	TP；BP	20～30；25	3	7	
89. 美洲防风	*Pastinaca sativa* L.	10 000	100	10	100	TP；BP	20～30	6	28	
90. 香芹	*Petroselinum crispum*（Miller）Nyman ex A. W. Hill	10 000	40	4	40	TP；BP	20～30	10	28	
91. 多花菜豆	*Phaseolus multiflorus* Willd.	30 000	1 000	1 000	1 000	BP；S	20～30；20	5	9	
92. 利马豆（莱豆）	*Phaseolus lunatus* L.	30 000	1 000	1 000	1 000	BP；S	20～30；25；20	5	9	
93. 菜豆	*Phaseolus vulgaris* L.	30 000	1 000	700	1 000	BP；S	20～30；25；20	5	9	
94. 酸浆	*Physalis pubescens* L.	10 000	25	2	20	TP	20～30	7	28	KNO_3
95. 茴芹	*Pimpinella anisum* L.	10 000	70	7	70	TP；BP	20～30	7	21	
96. 豌豆	*Pisum sativum* L.	30 000	1 000	900	1 000	BP；S	20	5	8	
97. 马齿苋	*Portulaca oleracea* L.	10 000	25	0.5	5	TP；BP	20～30	5	14	预先冷冻
98. 四棱豆	*Psophocarpus tetragonolobus*（L.）DC.	20 000	1 000	1 000	1 000	BP；S	20～30；30	4	14	
99. 萝卜	*Raphanus sativus* L.	10 000	300	30	300	TP；BP；S	20～30；20	4	10	预先冷冻
100. 食用大黄	*Rheum rhaponticum* L.	10 000	450	45	450	TP	20～30	7	21	
101. 蓖麻	*Ricinus communis* L.	20 000	1 000	500	1 000	BP；S	20～30	7	14	
102. 鸦葱	*Scorzonera hispanica* L.	10 000	300	30	300	TP；BP；S	20～30；20	4	8	预先冷冻
103. 黑麦	*Secale cereale* L.	30 000	1 000	120	1 000	TP；BP；S	20	4	7	预先冷冻；GA_3
104. 佛手瓜	*Sechium edule*（Jacp.）Swartz	20 000	1 000	1 000	1 000	BP；S	20～30；20	5	10	

（续）

种（变种）名	学　　名	种子批的最大质量（kg）	样品最小质量（g）			发芽床	温度（℃）	初次计数时间（d）	末次计数时间（d）	附加说明，包括破除休眠的建议
			送验样品	净度分析试样	其他植物种子计数试样					
105. 芝麻	*Sesamum indicum* L.	10 000	70	7	70	TP	20～30	3	6	
106. 田菁	*Sesbania cannabina* (Retz.) Pers.	10 000	90	9	90	TP；BP	20～30；25	5	7	
107. 粟	*Setaria italica* (L.) Beauv.	10 000	90	9	90	TP；BP	20～30	4	10	
108. 茄子	*Solanum melongena* L.	10 000	150	15	150	TP；BP；S	20～30；30	7	14	
109. 高粱	*Sorghum bicolor* (L.) Moench	10 000	900	90	900	TP；BP	20～30；25	4	10	预先冷冻
110. 菠菜	*Spinacia oleracea* L.	10 000	250	25	250	TP；BP	15；10	7	21	预先冷冻
111. 黎豆	*Stizolobium* ssp.	20 000	1 000	250	1 000	BP；S	20～30；20	5	7	
112. 番杏	*Tetragonia tetragonioides* (Pallas) Kuntze	20 000	1 000	200	1 000	BP；S	20～30；20	7	35	除去果肉；预先洗涤
113. 婆罗门参	*Tragopogon porrifolius* L.	10 000	400	40	400	TP；BP	20	5	10	预先冷冻
114. 小黑麦	*Triticosecale* Wittm.	30 000	1 000	120	1 000	TP；BP；S	20	4	8	预先冷冻；GA_3
115. 小麦	*Triticum aestivum* L.	30 000	1 000	120	1 000	TP；BP；S	20	4	8	预先加温（30～35 ℃）；预先冷冻；GA_3
116. 蚕豆	*Vicia faba* L.	30 000	1 000	1 000	1 000	BP；S	20	4	14	预先冷冻
117. 箭筈豌豆	*Vicia sativa* L.	30 000	1 000	140	1 000	BP；S	20	5	14	预先冷冻
118. 毛叶苕子	*Vicia villosa* Roth	30 000	1 000	140	1 000	BP；S	20	5	14	预先冷冻
119. 赤豆	*Vigna angularis* (Willd) Ohwi et Ohashi	30 000	1 000	250	1 000	BP；S	20～30	4	10	
120. 绿豆	*Vigna radiata* (L.) Wilczek	30 000	1 000	120	1 000	BP；S	20～30；25	5	7	

（续）

种（变种）名	学　名	种子批的最大质量（kg）	样品最小质量（g）			发芽床	温度（℃）	初次计数时间（d）	末次计数时间（d）	附加说明，包括破除休眠的建议
			送验样品	净度分析试样	其他植物种子计数试样					
121. 饭豆	*Vigna umbellata*（Thunb.）Ohwi et Ohashi	30 000	1 000	250	1 000	BP；S	20～30；25	5	7	
122. 长豇豆	*Vigna unguiculata* W. ssp. *sesquipedalis*（L.）Verd.	30 000	1 000	400	1 000	BP；S	20～30；25	5	8	
123. 矮豇豆	*Vigna unguiculata* W. ssp. *unguiculata*（L.）Verd.	30 000	1 000	400	1 000	BP；S	20～30；25	5	8	
124. 玉米	*Zea mays* L.	40 000	1 000	900	1 000	BP；S	20～30；25；20	4	7	

注：TP代表纸上，BP代表纸间，S代表沙间，TS代表沙上。

附表 2　农作物种子四唑染色技术规定

［引自《农作物种子检验规程　其他项目检验》（GB/T 3543.7—1995）］

种（变种）名	学　名	预湿方式	预湿时间（h）	染色前的准备	溶液浓度（%）	35 ℃染色时间（h）	鉴定前的处理	有生活力种子允许不染色、较弱或坏死的最大面积	备注
小麦 大麦 黑麦	*Triticum aestivum* L. *Hordeum vulgare* L. *Secale cereale* L.	纸间或水中	30 ℃恒温水浸种3～4 h，或纸间12 h	a. 纵切胚和3/4胚乳 b. 分离带盾片的胚	0.1	0.5～1.0	a. 观察切面 b. 观察胚和盾片	a. 盾片上下任一端1/3不染色 b. 胚根大部分不染色，但不定根原始体必须染色	盾片中央有不染色，表明受到热损伤
普通燕麦 裸燕麦	*Avena sativa* L. *Avena nuda* L.	纸间或水中	30 ℃恒温水浸种3～4 h，或纸间12 h	a. 除去稃壳，纵切胚和3/4胚乳 b. 在胚部附近横切	0.1	0.5～1.0	a. 观察切面 b. 沿胚纵切	a. 盾片上下任一端1/3不染色 b. 胚根大部分不染色，但不定根原始体必须染色	盾片中央有不染色，表明受到热损伤

（续）

种（变种）名	学 名	预湿方式	预湿时间（h）	染色前的准备	溶液浓度（%）	35 ℃染色时间（h）	鉴定前的处理	有生活力种子允许不染色、较弱或坏死的最大面积	备注
玉米	*Zea mays* L.	纸间或水中	30 ℃恒温水浸种 3～4 h，或纸间 12 h	纵切胚和大部分胚乳	0.1	0.5～1.0	观察切面	胚根；盾片上下任一端 1/3 不染色	盾片中央有不染色组织，表明受到热损伤
黍 粟	*Panicum miliaceum* L. *Setaria italica* Beauv.	纸间或水中	30 ℃恒温水浸种 3～4 h，或纸间 12 h	a. 在胚部附近横切 b. 沿胚乳尖端纵切 1/2	0.1	0.5～1.0	切开或撕开，使胚露出	胚根顶端 2/3 不染色	
高粱	*Sorghum bicolor* (L.) Moench	纸间或水中	30 ℃恒温水浸种 3～4 h，或纸间 12 h	纵切胚和大部分胚乳	0.1	0.5～1.0	观察切面	a. 胚根顶端 2/3 不染色 b. 盾片上下任一端 1/3 不染色	
水稻	*Oryza sativa* L.	纸间或水中	12	纵切胚和 3/4 胚乳	0.1	0.5～1.0	观察切面	胚根顶端 2/3 不染色	必要时可除去内外稃
棉花	*Gossypium* spp.	纸间	12	a. 纵切 1/2 种子 b. 切去部分种皮 c. 去掉胚乳遗迹	0.5	2～3	纵切	a. 胚根顶端 1/3 不染色 b. 子叶表面有小范围的坏死或子叶顶端 1/3 不染色	有硬实应划破种皮
甜荞 苦荞	*Fagopyrum esculentum* Moench *Fagopyum tataricum* (L.) Gaertn.	纸间或水中	30 ℃水中 3～4 h，纸间 12 h	沿瘦果近中线纵切	1.0	2～3	观察切面	a. 胚根顶端 1/3 不染色 b. 子叶表面有小范围的坏死	

（续）

种（变种）名	学　名	预湿方式	预湿时间（h）	染色前的准备	溶液浓度（%）	35 ℃染色时间（h）	鉴定前的处理	有生活力种子允许不染色、较弱或坏死的最大面积	备注
菜豆 豌豆 绿豆 花生 大豆 豇豆 扁豆 蚕豆	*Phaseolus vulgaris* L. *Pisum sativum* L. *Vigna radiata*（L.）Wilczek *Arachis hypogaea* L. *Glycine max*（L.）Merr. *Vigna unguiculata* Walp. *Dolichos lablab* L. *Vicia faba* L.	纸间	6～8	无须准备	1.0	3～4	切开或除去种皮，掰开子叶，露出胚芽	a. 胚根顶端不染色，花生为1/3，蚕豆为2/3，其他为1/2 b. 子叶顶端不染色，花生为1/4，蚕豆为1/3，其他为1/2 c. 除蚕豆外，胚芽顶部不染色1/4	
南瓜 丝瓜 黄瓜 西瓜 冬瓜 苦瓜 甜瓜 瓠瓜	*Cucurbita moschata*（Duchesne）Duchesne ex Poinet *Luffa* spp. *Cucumis sativus* L. *Citrullus lanatus*（Thunb.）Matsum. et Nakai *Benincasa hispida*（Thunb.）Cogn. *Momordica charantia* L. *Cucumis melo* L. *Lagenaria siceraria*（Molina）Standley	纸间或水中	在20～30 ℃水中浸6～8 h，或纸间24 h	a. 纵切1/2种子 b. 剥去种皮 c. 西瓜用干燥布或纸揩擦，除去表面黏液	1.0	2～3 h，但甜瓜1～2 h	除去种皮和内膜	a. 胚根顶端不染色1/2 b. 子叶顶端不染色1/2	

（续）

种（变种）名	学　名	预湿方式	预湿时间（h）	染色前的准备	溶液浓度（%）	35 ℃染色时间（h）	鉴定前的处理	有生活力种子允许不染色、较弱或坏死的最大面积	备注
白菜型油菜 不结球白菜 结球白菜 甘蓝型油菜 甘蓝 花椰菜 萝卜 芥菜	*Brassica campestris* L. *Brassica campestris* L. ssp. *chinensis*（L.）Makino. *Brassica campestris* L. ssp. *pekinensis*（Lour.）Olsson *Brassica napus* L. *Brassica oleracea* var. *capitata* L. *Brassica oleracea* L. var. *botrytis* L. *Raphanus sativus* L. *Brassica juncea* Coss.	纸间或水中	30℃温水中浸种 3～4 h，或纸间 5～6 h	a. 剥去种皮 b. 切去部分种皮	1.0	2～4	a. 纵切种子使胚中轴露出 b. 切去部分种皮使胚中轴露出	a. 胚根顶端 1/3 不染色 b. 子叶顶端有部分坏死	
葱属（洋葱、韭菜、葱、韭葱、细香葱）	*Allium*	纸间	12	a. 沿扁平面纵切，但不完全切开，基部相连 b. 切去子叶两端，但不损伤胚根及子叶	0.2	0.5～1.5	a. 扯开切口，露出胚 b. 切去一薄层胚乳，使胚露出	a. 种胚和胚乳完全染色 b. 不与胚相连的胚乳有少量不染色	
辣椒 甜椒 茄子 番茄	*Capsicum frutescens* L. *Capsicum frutescens* var. *grossum* *Solanum melongena* L. *Lycopersicon esculentum* Mill.	纸间水中	在 20～30 ℃水中 3～4 h，或纸间 12 h	a. 在种子中心刺破种皮和胚乳 b. 切去种子末端，包括一小部分子叶	0.2	0.5～1.5	a. 撕开胚乳，使胚露出 b. 纵切种子使胚露出	胚和胚乳全部染色	

（续）

种（变种）名	学 名	预湿方式	预湿时间（h）	染色前的准备	溶液浓度（%）	35 ℃染色时间（h）	鉴定前的处理	有生活力种子允许不染色、较弱或坏死的最大面积	备注
芫荽 芹菜 胡萝卜 茴香	*Coriandrum sativum* L. *Apium graveolens* L. *Daucus carota* L. *Foeniculum vulgare* Miller	水中	在 20～30 ℃水中 3 h	a. 纵切种子 1/2，并撕开胚乳，使胚露出 b. 切去种子末端 1/4 或 1/3	0.1～0.5	6～24	a. 进一步撕开切口，使胚露出 b. 纵切种子露出胚和胚乳	胚和胚乳全部染色	
苜蓿属 草木樨属 紫云英	*Medicago* *Melilotus* *Astragalus sinicus* L.	水中	22	无须准备	0.5～1.0	6～24	除去种皮使胚露出	a. 胚根顶端 1/3 不染色 b. 子叶顶端 1/3，如在表面可 1/2 不染色	
莴苣 茼蒿	*Lactuca sativa* L. *Chrysanthemum coronarium* var. *spatisum*	水中	在 30 ℃水中浸 2～4 h	a. 纵切种子上半部（非胚根端） b. 切去种子末端包括一部分子叶	0.2	2～3	a. 切去种皮和子叶使胚露出 b. 切开种子末端轻轻挤压，使胚露出	a. 胚根顶端 1/3 不染色 b. 子叶顶端 1/2 表面不染色，或 1/3 弥漫性不染色	
向日葵	*Helianthus annuus* L.	水中	3～4	纵切种子上半部或除去果壳	1.0	3～4	除去果壳	a. 胚根顶端 1/3 不染色 b. 子叶顶部表面 1/2 不染色	
甜菜	*Beta vulgaris* L.	水中	18	a. 除去盖着种胚的帽状物 b. 沿胚与胚乳的界线切开	0.1～0.5	24～48	扯开切口，使胚露出	a. 胚根顶端 1/3 不染色 b. 子叶顶端 1/3 不染色	
菠菜	*Spinacia oleracea* L.	水中	3～4	a. 在胚与胚乳的边界刺破种皮 b. 在胚根与子叶之间横切	0.2	0.5～1.5	a. 纵切种子，使胚露出 b. 掰开切口，使胚露出	a. 胚根顶端 1/3 不染色 b. 子叶顶端 1/3 不染色	

主要参考文献

丁劲松，张志祥，宋卫兵，等，2017. 微波处理小麦种子在减少农药使用量中的探析．安徽农学通报，23（13）：78-79.

丁绍欢，张明生，史梦娜，2011. 植物人工种子技术研究进展．种子，30（3）：60-66.

段晓明，刘焕军，吴红，等，2012. 微波处理水稻种子对水稻发芽率和产量的影响．东北农业科学，37（1）：15-16.

方向前，边少锋，徐克章，等，2004. 等离子体处理玉米种子对生物性状及产量影响的研究 [J]. 玉米科学，12（4）：60-61.

方向前，赵洪祥，包君善，等，2010. 等离子体处理种子对烟草生物学性状、产量及品质的影响．江苏农业科学（1）：104-105.

方向前，赵洪祥，高德全，等，2009. 等离子体处理茄子种子对产量及产值的效果分析．东北农业科学，34（4）：49-50.

方向前，赵洪祥，李忠芹，等，2009. 等离子体处理香瓜种子试验研究．现代农业科技（4）：14.

方向前，张建华，赵洪祥，等，2008. 等离子体处理种子在农业上的应用．现代农业科技，20：336-338.

冯金胜，2016. 等离子体处理种子对冬小麦生育特性的影响．现代农业科技，13：28-28.

付婷婷，程红焱，宋松泉，2009. 种子休眠的研究进展．植物学报，44（5）：629-641.

高烽焱，2016. 控制水稻粒型基因 *GLW*2 的功能验证及调控机理．成都：四川农业大学．

高荣岐，张春庆，2009. 种子生物学．北京：中国农业出版社．

高荣岐，张春庆，2010. 作物种子学．北京：中国农业出版社．

顾勇，2014. 玉米灌浆期胚乳发育分子调控分析．四川农业大学．

郭世华，何中虎，马庆，等，2005. 小麦籽粒硬度研究进展．麦类作物学报，25（2）：107-111.

胡晋，2014. 种子学．2 版．北京：中国农业出版社．

胡晋，2006. 种子生物学．北京：高等教育出版社．

黄荟，姜孝成，程红焱，等，2008. 种子蛋白质组的研究进展．植物学通报，25（5）：597-607.

康志钰，王建军，2014. 种子加工实用技术．昆明：云南大学出版社．

李凯荣，樊金拴，1998. 新型植物激素——油菜素内酯类在农林上的应用研究进展．干旱地区农业研究（04）：106-112.

李青丰，1993. 种子活力实质及活力测定方法论．内蒙古草业，2：29-37.

李鑫，2015. 玉米籽粒产量相关性状 QTL qKW7 的精细定位．北京：中国农业科学院．

李振华，王建华，2015. 种子活力与萌发的生理与分子机制研究进展．中国农业科学，48（4）：646-660.

里佐威，裴力，1996. 微波处理种子对水稻性状的影响．农业与技术（2）：12-14.

刘福平，张小杭，崔寿福，2015. 植物人工种子研究概况．江西科学，33（4）：484-490.

刘双喜，傅生辉，王金星，等，2016. 基于多阈值分割技术的玉米角质率定量测定方法研究．中国粮油学报，31（9）：141-145.

罗杰，陈季楚，1998. 油菜素内酯的生理和分子生物学研究进．植物生理学通讯（2）：81-87.

麻浩，孙庆泉，2007. 种子加工与贮藏．北京：中国农业出版社．

马爱平，崔欢虎，史忠良，等，2005. 离子体激活小麦种子增产技术研究．陕西农业科学（2）：27-29.

马金虎，2015. 油菜素内酯调控低温胁迫下玉米种子萌发的生理机制．太谷：山西农业大学．

马晓萍，杨光宇，王洋，等，2006. 等离子体处理对大豆生长发育及产量影响的初步研究．东北农业科学，31（4）：6-7.

邱义图，方向前，郑在环，等，2013. 等离子体处理水稻种子效果研究．现代农业科技（1）：33.

石玉海，方向前，许东恒，等，2010. 等离子体不同剂量处理大豆种子对生物学性状、产量及产值的影响．东北农业科学，35（6）：6-7.

舒英杰，陶源，王爽，等，2013. 高等植物种子活力的生物学研究进展．西北植物学报，33（8）：1709-1716.

宋松泉，傅家瑞，1993. 种子萌发和休眠的调控．植物学通报，10（4）：1-10.

孙朋朋，蔡东林，吴建浩，2016. 等离子体处理技术在小麦生产中的探索．安徽农学通报，22（14）：47-48.

孙群，胡晋，孙庆泉，2008. 种子加工与贮藏．北京：高等教育出版社．

孙伟，范开业，王斌，等，2013. 新型植物激素油菜素内酯研究进展及在农业生产中的应用．农业科技通讯（2）：116-118

佟屏亚，2009. 简述1949年以来中国种子产业发展历程．古今农业，1：41-50.

王明明，2017. 授粉方式对玉米果穗不同部位种子活力差异的影响研究．泰安：山东农业大学．

王鹏凯，施季森，张艳娟，等，2013. 植物的胚形态建成及其基因调控机制研究进展，37（5）：134-138.

文斌，2008. 种子贮藏生理学发展史概略．自然辩证法通讯，30（177）：69-74

徐恒恒，黎妮，刘树君，等，2014，种子萌发及其调控的研究进展．作物学报，40（7）：1141-1156.

徐云姬，2016. 三种禾谷类作物强、弱势粒灌浆差异机理及其调控技术．扬州：扬州大学．

杨俊红，郭锦棠，江莎，等，2003. 微波处理对白菜种子萌发特性及其耐盐性的影响．微波学报，19（3）：83-86.

于涛，2017. 玉米粒位效应的差异蛋白质组学机制及其对6-BA调控的响应．泰安：山东农业大学．

张小玲，胡伟明，2016. 种子学基础．北京：中国农业大学出版社．

张亚东，2014. 水稻不同粒型基因的鉴定与基因互作效应分析．南京：南京农业大学．

郑慧琼，2017. 微重力下的植物生长．科学，69（3）：28-31.

中华人民共和国农业部令，2016. 农作物种子标签和使用说明管理办法：第6号．

周良强，2005. 水稻千粒重的遗传相关分析和定位克隆研究．成都：四川农业大学。

Albertos P，Romero-Puertas M C，Tatematsu K，et al，2015. S-nitrosylation triggers ABI5 degradation to promote seed germination and seedling growth. Nature communications（6）：8669.

Alboresi A，Gestin C，Leydecker M T，et al，2005. Nitrate，a signal relieving seed dormancy in *Arabidopsis*. Plant，Cell & Environment，28（4）：500-512.

Arc E，Sechet J，Corbineau F，et al，2013. ABA crosstalk with ethylene and nitric oxide in seed dormancy and germination. Frontiers in Plant Science，63（4）：63.

Arc E，Galland M，Cueff G，et al，2011. Reboot the system thanks to protein post-translational modifications and proteome diversity：how quiescent seeds restart their metabolism to prepare seedling establishment. Proteomics，11（9）：1606-1618.

Bahin E，Bailly C，Sotta B，et al，2011. Crosstalk between reactive oxygen species and hormonal signalling pathways regulates grain dormancy in barley. Plant，Cell & Environment，34（6）：980-993.

Baskin C C，Baskin J M，1998. Seeds：ecology，biogeography，and evolution of dormancy and germination. San Diego：Academic Press.

Baskin J M，Baskin C C，2004. A classification system for seed dormancy. Seed Science Research（14）：1-16.

Bassel G W，Zielinska E，Mullen R T，et al，2004. Down-regulation of DELLA genes is not essential for germination of tomato, soybean, and *Arabidopsis* seeds. Plant Physiology, 136 (1): 2782-2789.

Bethke P C, Libourel I G, Aoyama N, et al, 2007. The *Arabidopsis* aleurone layer responds to nitric oxide, gibberellin, and abscisic acid and is sufficient and necessary for seed dormancy. Plant Physiology, 143 (3): 1173-1188.

Bewley J D, Bradford K J, Hilhorst H W M, et al, 2013. Seeds. 3rd ed. New York: Springer.

Boubriak I I, Grodzinsky D M, Polischuk V P, et al, 2008. Adaptation and impairment of DNA repair function in pollen of *Betula verrucosa* and seeds of *Oenothera biennis* from differently radionuclide-contaminated sites of Chernobyl. Annals of botany, 101 (2): 267-276.

Bray C M, West C E, 2005. DNA repair mechanisms in plants: crucial sensors and effectors for the maintenance of genome integrity. New Phytologist, 168 (3): 511-528.

Brenac P, Horbowicz M, Downer S M, et al, 1997. Raffinose accumulation related to desiccation tolerance during maize (*Zea mays* L.) seed development and maturation. Journal of Plant Physiology, 150 (4): 481-488.

Cadman C S, Toorop P E, Hilhorst H W, et al, 2006. Gene expression profiles of *Arabidopsis* seeds during dormancy cycling indicate a common underlying dormancy control mechanism. The Plant Journal, 46 (5): 805-822.

Catusse J, Meinhard J, Job C, et al, 2011. Proteomics reveals potential biomarkers of seed vigor in sugarbeet. Proteomics, 11 (9): 1569-1580.

Chahtane H, Kim W, Lopez-Molina L, 2017. Primary seed dormancy: a temporally multilayered riddle waiting to be unlocked. Journal of Experimental Botany, 68 (4): 857-869.

Châtelain E, Satour P, Laugier E, et al, 2013. Evidence for participation of the methionine sulfoxide reductase repair system in plant seed longevity. Proceedings of the National Academy of Sciences, 110 (9): 3633-3638.

Chen H, Chu P, Zhou Y, et al, 2012. Overexpression of AtOGG1, a DNA glycosylase/AP lyase, enhances seed longevity and abiotic stress tolerance in *Arabidopsis*. Journal of Experimental Botany, 63 (11): 4107-4121.

Chen H H, Chu P, Zhou Y L, et al, 2016. Ectopic expression of NnPER1, a Nelumbo nucifera 1 - cysteine peroxyredoxin antioxidant, enhances seed longevity and stress tolerance in *Arabidopsis*. The Plant Journal, 88 (4): 608-619.

Cho J N, Ryu J Y, Jeong Y M, et al, 2012. Control of seed germination by light-induced histone arginine demethylation activity. Developmental Cell, 22: 736-748.

Chono M, Matsunaka H, Seki M, et al, 2013. Isolation of a wheat (*Triticum aestivum* L.) mutant in ABA 8′-hydroxylase gene: effect of reduced ABA catabolism on germination inhibition under field condition. Breeding Science, 63 (1): 104-115.

Clouse S D, Sasse J M, 1998. Brassinosteroids: essential regulators of plant growth and development. Annual Review of Plant Physiology & Plant Molecular Biology, 49: 427.

Comai L, Harada J J, 1990. Transcriptional activities in dry seed nuclei indicate the timing of the transition from embryogeny to germination. Proceedings of the National Academy of Sciences, 87: 2671-2674.

Derkx M P M, Karssen C M, 1993. Variability in light, gibberellin and nitrate requirement of *Arabidopsis thaliana*, seeds due to harvest time and conditions of dry storage. Journal of Plant Physiology, 141 (5): 574-582.

Dekkers B J, He H, Hanson J, Willems L A, et al, 2016. The *Arabidopsis DELAY OF GERMINATION 1* gene affects *ABSCISIC ACID INSENSITIVE 5* (ABI 5) expression and genetically interacts with ABI

3 during *Arabidopsis* seed development. The Plant Journal, 85 (4): 451-465.

El-Maarouf-Bouteau Hayat, Sajjad Y, Bazin J, et al, 2015. Reactive oxygen species, abscisic acid and ethylene interact to regulate sunflower seed germination. Plant, cell & environment, 38 (2): 364-374.

Ellis R H, Black M, Murdoch A J, et al, 1995. Basic and applied aspects of seed biology. Dordrecht: Springer.

Erasmus C, Taylor J R, 2004. Optimising the determination of maize endosperm vitreousness by a rapid non-destructive image analysis technique. Journal of the Science of Food & Agriculture, 84 (9): 920-930.

Evenari M, 1984. Seed physiology: its history from antiquity to the beginning of the 20th century. The Botanical Review, 50 (2): 119-142.

Palmiano E P, Juliano B O, 1972. Biochemical changes in the rice grain during germination. Plant Physiology, 49: 751-756.

Finch-Savage W E, Bassel G W, 2015. Seed vigour and crop establishment: extending performance beyond adaptation. Journal of Experimental Botany, 67 (3): 567-591.

Finch-Savage W E, Cadman C S C, Toorop P E, et al, 2007. Seed dormancy release in *Arabidopsis* Cvi by dry after ripening, low temperature, nitrate and light shows common quantitative patterns of gene expression directed by environmentally specific sensing. The Plant Journal, 51: 60-78.

Finchsavage W E, Footitt S, 2017. Seed dormancy cycling and the regulation of dormancy mechanisms to time germination in variable field environments. Journal of Experimental Botany, 68 (4): 843-856.

Foley M E, 2001. Seed dormancy: an update on terminology, physiological genetics, and quantitative trait loci regulating germinability. Weed Science, 49 (3): 305-317.

Gallardo K, Job C, Groot S P, et al, 2002. Proteomics of *Arabidopsis* seed germination: a comparative study of wild-type and gibberellin-deficient seeds. Plant Physiology, 129 (2): 823-837.

Goeres D C, van Norman J M, Zhang W P, et al, 2007. Components of the *Arabidopsis* mRNA decapping complex are required for early seedling development. The Plant Cell , 19: 1549-1564.

Ghassemian M, Nambara E, Cutler S, et al, 2000. Regulation of abscisic acid signaling by the ethylene response pathway in *Arabidopsis*. Plant Cell, 12 (7): 1117-1126.

Gibbs D J, Isa N M, Movahedi M, et al, 2014. Nitric oxide sensing in plants is mediated by proteolytic control of group VII ERF transcription factors. Molecular Cell, 53 (3): 369-379.

Gibbs D J, Conde J V, Berckhan S, et al, 2015. Group Ⅶ ethylene response factors coordinate oxygen and nitric oxide signal transduction and stress responses in plants. Plant Physiology, 169 (1): 23-31.

Steinbach H S, Benech-Arnold R L, Sanchez R A, 1997. Hormonal regulation of dormancy in developing sorghum seeds. Plant Physiology, 113 (1): 149-154.

Hamptonl J G, 1993. The ISTA perspective of seed vigor testing. Journal of Seed Technology, 17 (2): 105-109.

He D L, Han C, Yang P F, 2011. Gene expression profile changes in germinating rice. Journal of Integrative Plant Biology, 53 (10): 835-844.

Hilhorst H W, Downie B, 1996. Primary dormancy in tomato (*Lycopersicon esculentum* cv. Moneymaker): studies with the sites mutant. Journal of Experimental Botany, 47 (1): 89-97.

Holdsworth M J, Finch-Savage W E, Grappin P, et al, 2008. Postgenomics dissection of seed dormancy and germination. Trends in Plant Science, 13 (1): 7-13.

Huang Y, Lin C, He F, et al, 2017. Exogenous spermidine improves seed germination of sweet corn via involvement in phytohormone interactions, H_2O_2 and relevant gene expression. BMC Plant Biology, 17: 1.

Hunt L, Holdsworth M J, Gray J E, 2007. Nicotinamidase activity is important for germination. The Plant

Journal，51 (3)：341-351.

Huo H，Dahal P，Kunusoth K，et al，2013. Expression of 9-cis-*EPOXYCAROTENOID DIOXYGENASE*4 is essential for thermoinhibition of lettuce seed germination but not for seed development or stress tolerance. The Plant Cell，25 (3)：884-900.

Ishibashi Y，Tawaratsumida T，Kondo K，et al，2012. Reactive oxygen species are involved in gibberellin/abscisic acid signaling in barley aleurone cells. Plant Physiology，158 (4)：1705-1714.

Kimura MNambara E，2010. Stored and neosynthesized mRNA in *Arabidopsis* seeds：effects of cycloheximide and controlled deterioration treatment on the resumption of transcription during imbibition. Plant Molecular Biology，73 (1-2)：119-129.

Konishi M，Yanagisawa S，2010. Identification of a nitrate-responsive cis-element in the Arabidopsis NIR1 promoter defines the presence of multiple cis-regulatory elements for nitrogen response. The Plant Journal，63 (2)：269-282.

Konishi M，Yanagisawa S，2011. The regulatory region controlling the nitrate-responsive expression of a nitrate reductase gene，*NIA*1，in *Arabidopsis*. Plant and Cell Physiology，52 (5)：824-836.

Konishi M. Yanagisawa S，2013. An NLP-binding site in the 3′ flanking region of the nitrate reductase gene confers nitrate-inducible expression in *Arabidopsis thaliana* (L.) Heynh. Soil Science and Plant Nutrition，59 (4)：612-620.

Koornneef M，Bentsink L，Hilhorst H，2002. Seed dormancy and germination. Current Opinion in Plant Biology，5 (1)：33-36.

Kucera B，Cohn M A，Leubner-Metzger G，2005. Plant hormone interactions during seed dormancy release and germination. Seed Science Research，15：281-307.

Li T，Zhang Y，Wang D，et al，2017. Regulation of seed vigor by manipulation of raffinose family oligosaccharides in maize and *Arabidopsis thaliana*. Molecular Plant，10 (12)：1540-1555.

Liu Y，Zhang，J，2009. Rapid accumulation of no regulates aba catabolism and seed dormancy during imbibition inArabidopsis. Plant Signaling & Behavior，4 (9)：905-907.

Lu T C，Meng L B，Yang C P，et al，2008. A shotgun phosphoproteomics analysis of embryos in germinated maize seeds. Planta，228 (6)：1029-1041.

Luo M，Wang Y Y，Liu X，et al，2012. HD2C interacts with HDA6 and is involved in ABA and salt stress response in *Arabidopsis*. Journal of Experimental Botany，63 (8)：3297-3306.

Mcdonald M B，1993. The history of seed vigor testing. Journal of Seed Technology，17 (2)：93-100.

Macovei A，Balestrazzi A，Confalonieri M，et al，2011. New insights on the barrel medic MtOGG1 and MtFPG functions in relation to oxidative stress response in planta and during seed imbibition. Plant Physiology and Biochemistry，49 (9)：1040-1050.

Mandava N B，1988. Plant growth-promoting brassinosteroids. Annual Review of Plant Physiology and Plant Molecular Biology，39 (1)：23-52.

Manz B，Müller K，Kucera B，et al，2005. Water uptake and distribution in germinating tobacco seeds investigated in vivo by nuclear magnetic resonance imaging. Plant Physiology，138：1538-1551.

Matakiadis T，Alboresi A，Jikumaru Y，et al，2009. The *Arabidopsis* abscisic acid catabolic gene *CYP707A2* plays a key role in nitrate control of seed dormancy. Plant Physiology，149 (2)：949-960.

Miura K，Lee J，Jin J B，et al，2009. Sumoylation of ABI5 by the *Arabidopsis* SUMO E3 ligase SIZ1 negatively regulates abscisic acid signaling. Proceedings of the National Academy of Sciences，106 (13)：5418-5423.

Morris K，Barker G C，Walley P G，et al，2016. Trait to gene analysis reveals that allelic variation in three genes determines seed vigour. New Phytologist，212（4）：964-976.

Nakabayashi K，Okamoto M，Koshiba T，et al，2005. Genome-wide profiling of stored mRNA in *Arabidopsis thaliana* seed germination：epigenetic and genetic regulation of transcription in seed. The Plant Journal，41（5）：697-709.

Nakabayashi K，Bartsch M，Ding J，et al，2015. Seed dormancy in *Arabidopsis* requires self-binding ability of DOG1 protein and the presence of multiple isoforms generated by alternative splicing. Plos Genetics，11（12）：e1005737.

Nambara E，Nonogaki H，2012. Seed biology in the 21st century：perspectives and new directions. Plant and Cell Physiology，53（1）：1-4.

Nikolaeva M G，2004. On criteria to use in studies of seed evolution. Seed Science Research，14：315-320.

Nonogaki H，2014. Seed dormancy and germination-emerging mechanisms and new hypotheses. Frontiers in Plant Science，5：233.

Nonogaki H，2017. Seed biology updates-highlights and new discoveries in seed dormancy and germination research. Frontiers in Plant Science，8：524.

Nonogaki M，Sekine T，Nonogaki H，2015. Chemically inducible gene expression in seeds before testa rupture. Seed Science Research，25（3）：345-352.

Nonogaki H，Bassel G W，Bewley J D，2010. Germination：still a mystery. Plant Science，179（6）：574-581.

Ogé L，Bourdais G，Bove J，et al，2008. Protein repair L-isoaspartyl methyltransferase1 is involved in both seed longevity and germination vigor in *Arabidopsis*. The Plant Cell，20（11）：3022-3037.

Penfield S，2017. Seed biology：from lab to field. Journal of Experimental Botany，68（4）：761.

Perazzolli M，Dominici P，Romero-Puertas M C，et al，2004. *Arabidopsis* nonsymbiotic hemoglobin AHb1 modulates nitric oxide bioactivity. The Plant Cell，16（10）：2785-2794.

Rajjou L，Gallardo K，Debeaujon I，et al，2004. The effect of alpha-amanitin on the *Arabidopsis* seed proteome highlights the distinct roles of stored and neosynthesized mRNAs during germination. Plant Physiology，134：1598-1613.

Rajjou L，Lovigny Y，Groot S P，et al，2008. Proteome-wide characterization of seed aging in *Arabidopsis*：a comparison between artificial and natural aging protocols. Plant Physiology，148（1）：620-641.

Rajjou L，Duval M，Gallardo K，et al，2012. Seed germination and vigor. Annual Review of Plant Biology，63：507-533

Ralph D S，1968. A model of seed dormancy. The Botanical Review，34（1）：1-31.

Rathjen J R，Strounina E V，Mares D J，2009. Water movement into dormant and nondormant wheat（*Triticum aestivum* L.）grains. Journal of Experimental Botany，60（6）：1619-1631

Schramm E C，Nelson S K，Kidwell K K，et al，2013. Increased ABA sensitivity results in higher seed dormancy in soft white spring wheat cultivar 'Zak'. Theoretical and Applied Genetics，126（3）：791-803.

Steber C M，Mccourt P，2001. A role for brassinosteroids in germination in arabidopsis. Plant Physiology，125（2）：763-769.

Stone S L，Williams L A，Farmer L M，et al，2006. Keep on going，a ring E3 ligase essential for *Arabidopsis* growth and development，is involved in abscisic acid signaling. The Plant Cell，18（12）：3415-3428.

Terskikh V V，Feurtado J A，Ren C，et al，2005. Water uptake and oil distribution during imbibition of seeds of western white pine（*Pinus monticola* Dougl. ex D. Don）monitored in vivo using magnetic resonance imaging. Planta，221（1）：17-27.

Tessadori F，van Driel R，Fransz P，2004. Cytogenetics as a tool to study gene regulation. Trends in Plant

Science, 9: 147-153.

vanZanten M, Liu Y, Soppe W J J, 2013. Epigenetic signalling during the life of seeds//Grafi G, Ohad N. Epigenetic memory and control in plants. Berlin: Springer-Verlag Heidelberg.

vanZanten M, Koini M A, Geyer R, et al, 2011. Seed maturation in *Arabidopsis thaliana* is characterized by nuclear size reduction and increased chromatin condensation. Proceedings of the National Academy of Sciences, 108: 20219-20224.

Vernon B Cardwell, 1984. Physiological basis of crop growth and development. American Society of Agronomy, Crop Science Society of America.

WangW, Liu S, Song S, et al, 2015. Proteomics of seed development, desiccation tolerance, germination and vigor. Plant Physiology and Biochemistry, 86: 1-15.

Wang Y X, Xiong G H, Hu J, et al, 2015. Copy number variation at the *GL7* locus contributes to grain size diversity in rice. Nature Genetics, 47 (8): 944-948.

Wang S K, Li S, Liu Q, et al, 2015. The *OsSPL16-GW7* regulatory module determines grain shape and simultaneously improves rice yield and grain quality. Nature Genetics, 47 (8): 949-954.

Waterworth W M, Masnavi G, Bhardwaj R M, et al, 2010. A plant DNA ligase is an important determinant of seed longevity. The Plant Journal, 63 (5): 848-860.

Weitbrecht K, Müller K, Leubner-Metzger G, 2011. First off the mark: early seed germination. Journal of Experimental Botany, 62 (10): 3289-3309.

Wen D, Xu H, Xie L, et al, 2017. A loose endosperm structure of wheat seed produced under low nitrogen level promotes early germination by accelerating water uptake. Scientific Reports, 7 (1): 3116.

Wen D, Hou H, Meng A, et al, 2018. Rapid evaluation of seed vigor by the absolute content of protein in seed within the same crop. Scientific Reports, 8 (1): 5569.

Wu M, Li J, Wang F, et al, 2014. Cobalt alleviates GA-induced programmed cell death in wheat aleurone layers via the regulation of H_2O_2 production and heme oxygenase-1 expression. International Journal of Molecular Sciences, 15 (11): 21155-21178.

Wu X, Liu H, Wang W, et al, 2011. Proteomic analysis of seed viability in maize. Acta Physiologiae Plantarum, 33 (1): 181-191.

Xiang Y, Soppe W J J, 2014. Reduced dormancy 5 encodes a protein phosphatase 2c that is required for seed dormancy in *Arabidopsis*. Plant Cell, 26 (11): 4362-4375.

Yacoubi R, Job C, Belghazi M, et al, 2013. Proteomic analysis of the enhancement of seed vigour in osmoprimed alfalfa seeds germinated under salinity stress. Seed Science Research, 23 (2): 99-110.

Yam T W, Arditti J, 2009. History of orchid propagation: a mirror of the history of biotechnology. Plant Biotechnology Reports, 3 (1): 1.

Yamauchi Y, Ogawa M, Kuwahara A, et al, 2004. Activation of gibberellin biosynthesis and response pathways by low temperature during imbibition of *Arabidopsis thaliana* seeds. Plant Cell, 16 (2): 367-378.

Yan D, Vanathy E, Vivian C, et al, 2016. Nin-like protein 8 is a master regulator of nitrate-promoted seed germination in *Arabidopsis*. Nature Communications, 7: 13179.

Zhang L, Qiu Z, Hu Y, et al, 2011. ABA treatment of germinating maize seeds induces *VP1* gene expression and selective promoter-associated histone acetylation. Physiologia Plantarum, 143: 287-296.

Zhou Y, Chu P, Chen H, et al, 2012. Overexpression of *Nelumbo nucifera* metallothioneins 2a and 3 enhances seed germination vigor in *Arabidopsis*. Planta, 235 (3): 523-537.

Zuo J R, Li J Y, 2014. Molecular genetic dissection of quantitative trait loci regulating rice grain size. Annual Review of Genetics, 48: 99-118.